제3의 침팬지

THE THIRD CHIMPANZEE

THE THIRD CHIMPANZEE
by Jared Diamond

◆ 일러두기

1.《제3의 침팬지》는 한국에서 1996년 9월 처음 출간되었습니다. 이 책은 좀 더 오래 소장할
  수 있도록 하드커버로 제작된 스페셜 에디션입니다.
2. 이 책에 쓰인 용어는 현행 표준국어대사전의 표기법과 띄어쓰기 및 외래어표기법에 따랐
  으므로 기존의 책과 다를 수 있습니다.

제3의 침팬지
THE THIRD CHIMPANZEE

재레드 다이아몬드 지음

김정흠 옮김 | 이현복 해설

문학사상

우리가 어디에서 와서 어디로 가는지
그것을 나의 아들 맥스와 조슈아가 이해하는 데
도움이 되길 바라며 이 책을 바친다.

짧은 역사 동안 사람이라는 동물은 어떻게
단순한 대형 포유류에서 세계의 지배자로 비약할 수 있었고
또 그러한 진보를 순식간에 수포로 만들 수 있는 능력을
지니게 되었을까?

인류는 심각한 존망의 위기에 서 있다

내가 방문했던 한국, 그리고 한국의 여러 친구에 대한 따뜻한 추억 때문에, 나의 저서 《제3의 침팬지》 한국어판 출간에 즈음하여, 각별한 감회와 기쁨을 금할 수가 없습니다. 나는 오랫동안 인류의 발전 역사를 연구하면서, 여러 인종과 민족이 사용하는 언어(문자)가 매우 중요하다는 것을 깨닫고, 일찍부터 그 방면에 깊은 관심을 기울여 왔습니다. 그 연구 과정에서 여러분이 쓰고 있는 한글의 우수성을 발견하고 오랫동안 감탄해 왔습니다.

한글은 세계의 어느 문자 못지않게 매우 다양한 음을 가지고 있고 '일자-字 일음-音'의 원칙이 철저하게 지켜지는 매우 과학적인 언어입니다. 또한 배우기 쉽고 익히기 쉽다는 점에서, 한글은 세계에서 가장 탁월한 문자 중 하나라고 확신하고 있습니다.

많은 양서를 출판해온 문학사상에서 나의 저서를 번역 출판하게 된 계기로 한글에 대한 나의 생각을 한국의 독자에게 널리 알릴 수 있어

한층 더 큰 보람을 느낍니다.

내가 이 책을 쓰게 된 동기는 우리 인류가 직면해 있는 생존에 대한 위협, 즉 환경 파괴와 대량 살육 그리고 약물 남용이 이미 위험수위에 이른 것에 대한 경각심을 널리 알리려는 열망에서 비롯되었습니다.

냉전의 막이 내려졌고 이데올로기의 시대가 지났다고 하지만 민족, 국가, 지역 간의 복합적인 이해관계의 대립으로 인한 갈등은 우리에게 핵폭발의 위험성을 경고하고 있습니다.

30~40년 사이에 세계 인구가 두 배로 격증하는 현상은 머지않아 고갈되고 있는 지구의 자원을 놓고 참혹한 살육전이 벌어질 가능성을 보여주고 있습니다. 나는 그것을 이 책에서 여러 가지 과거의 실례를 들어 알기 쉽게 설명했습니다.

그밖에도 여러 가지 새로운 분쟁의 씨앗이 계속 돌출하고 있고 지구를 몇 번이나 잿더미로 만들 수 있는 핵무기는 버려지지 않은 채 그대로 남아 있습니다.

나는 문학사상의 임홍빈 회장께서 "기나긴 지구의 역사에 비하면 인류의 역사는 한순간에 지나지 않는다"고 한 나의 이 저서의 취지를 한 일간지 칼럼에서 인용하면서, 한국이야말로 환경 파괴와 남북한 대립으로 인한 살육전의 위험이 남아 있고, 최근 청소년들 사이에 급속하게 스며들고 있는 약물 남용과 마약류의 범람으로 인해 어쩌면 인류 멸망의 맨 앞줄에 서 있는 것이 아닌가, 하는 우려를 표명했다는 말을 전해 들었습니다.

그렇습니다. 지금 우리 인류에게 있어 안전지대는 어느 곳에도 있을 수 없게 되어가고 있습니다.

미국 사람 못지않게 한국의 국민이 환경의 파괴 등으로 인해 인류 존폐의 위기를 느끼는 강도는 남북 분단의 현실과 함께 매우 심각할 것이라고 생각합니다.

1995년 한국을 방문했을 때, 비행기에서 한국 땅을 내려다보고, 또 한국의 여러 친구들과 의견을 나누면서 그와 같은 느낌을 지울 수 없었습니다.

실제 도심을 돌아보고 교외를 빠져나갔을 때 서울의 환경이 악화된 상태를 피부로 느낄 수가 있었습니다.

만약 그러한 환경의 악화를 막지 못한다면 오늘의 어린이들이 장성할 무렵이 되면, 다른 어느 나라 못지않게 한국의 어린이들은 위험한 미래를 맞이할 것이라고 생각됩니다. 만일 우리가 인류의 과거로부터 교훈을 배우지 못하고 인류 생존을 위협하는 상황에 대한 대책을 게을리 한다면 우리의 장래는 더욱 암담할 것이 틀림없을 것입니다.

그러나 한국 국민이 지난날 전쟁의 참화에서 벗어나 기적적인 발전을 이룩한 슬기롭고 강인한 민족임을 생각할 때 결심만 한다면 그러한 위험과 싸우는 최일선에서 위기를 잘 극복하여 다른 지역의 사람들에게 모범을 보일 수 있을 것으로 확신합니다.

비록, 한반도가 차지하고 있는 지구상의 면적은 미미하여도 한반도의 세계사적 중요성은 그 면적과는 비교될 수 없을 만큼 크다고 생각합니다.

한국 민족은 지난 1만 년 동안 유목 생활에서 농경 사회를 거치면서 도자기 제작부터 문자의 발명에 이르기까지 창의적 발명을 통해 문명상의 이정표를 이룩했습니다. 그러한 발전을 통하여 주변 지역에서 세계 무대로 일찍 진입할 수 있었던 것입니다.

그러므로 나는 한국 국민이 우리가 직면하고 있는 위험 요소를 제거하는 데 있어서 다시 한 번 전 세계에 어떻게 극복할 수 있는가를 보여줄 것으로 낙관하고 있습니다.

아무쪼록 나름의 노력을 다하여 쓴 이 책이 한국 국민에게 알기 쉽고 재미있게 읽혀 여러분께 도움이 되었으면 하는 바람을 전합니다.

재레드 다이아몬드

차례 ───────────────────────────────────────

한국 독자에게 보내는 글   8

프롤로그 • 인류의 종말이 다가오고 있다는 예언은 적중할 것인가   17

1부   인간은 대형 포유류의 일종

1장   세 종류의 침팬지 이야기   35
2장   대약진   60

2부   신기한 라이프사이클을 가진 동물

3장   인간의 성 행동의 진화   109
4장   혼외정사의 과학   136
5장   어떻게 섹스 상대를 찾아내는가?   156
6장   성선택과 인종의 기원   172
7장   우리는 왜 늙고 죽을까?   190

3부   인간의 특수성

8장   사람의 언어로 가는 다리   219
9장   예술의 기원   258
10장   인간에게 농업은 축복인가?   276
11장   왜 흡연과 음주와 마약에 빠지는가?   293
12장   광활한 우주 속의 외톨이   312

4부   세계의 정복자

13장   최후의 첫 대면   334
14장   어쩌다가 정복자가 된 인간들   351
15장   말馬, 히타이트어, 그리고 역사   370
16장   종족 학살의 성향   409

5부   갑자기 역전된 진보

17장   황금시대의 환상   468
18장   신세계에서의 전격진과 추수감시절   500
19장   제2의 구름   513

에필로그 • 아무 교훈도 얻지 못하고 모든 것을 잊고 말 것인가?   534

추천의 말 • 과학적인 글쓰기의 걸작 | 에드워드 O. 윌슨   543
작품 해설 • 1.6퍼센트 차이로 인간이 된 '제3의 침팬지' | 이현복   545
옮긴이의 말 • 소설처럼 재미있고 쉽게 쓴 인류 역사의 쾌저 | 김정흠   549

참고 문헌 소개 555   찾아보기 601

프롤로그

인류의 종말이 다가오고 있다는
예언은 적중할 것인가

인간이 동물과는 전혀 다른 존재라는 것은 의문의 여지가 없다. 동시에 인간은 신체 구조나 신체 분자의 가장 미세한 부분까지 대형 포유류의 한 종류라는 것도 틀림없는 사실이다. 이러한 모순이야말로 인간이라는 종種이 지닌 가장 흥미로운 특징일 것이다. 그것은 누구나 잘 아는 사실인데도 정작 어떻게 해서 그렇게 되었는지, 또 그것이 무엇을 의미하는지 여전히 파악하기 어려운 일이다.

한편 인간과 다른 동물과의 사이에는 도저히 넘어설 수 없는 높은 벽이 가로놓여 있는 것처럼 보인다. 그래서 인간은 '동물'이라는 범주를 따로 만들어놓고 인간이 동물이라는 사실을 인정하려 들지 않는다. 지네, 침팬지, 조개류 등은 짐승이나 벌레로서의 생물체 특성을 지니고 있을 뿐, 인간만이 지닌 고유한 특징은 없다고 우리는 생각하고 있다.

인간만이 지닌 독특한 특징으로는 말하기, 쓰기, 복잡한 기계를 만들 수 있는 기술 등을 들 수 있다. 인간은 생활하기 위해서 맨손이 아니라 도구를 활용한다. 거의 모든 인간은 옷을 입고 예술을 사랑하며 종교를 믿는다. 인간은 지구 구석구석까지 퍼져 지구상의 숱한 에너지와 생산의 대부분을 지배하고 있으며, 대양의 깊은 바다부터 우주에 이르기까지 그 영역을 확대하고 있다. 한편 집단 살육이나 고문을 하면서 쾌감을 느끼는 심리, 마약 같은 유독 물질 중독, 다른 종을 멸종시키는 부정적인 행동도 인간만의 독특한 일면이다.

미숙하게나마 인간만의 독특한 특징 중(예를 들면 도구 사용) 한두 가지를 보이는 동물도 간혹 있지만 인간과는 비교도 되지 않는다. 따라서 실제로든 법률상으로든 인간은 동물이라고 생각되지 않는다.

1859년에 찰스 다윈이 '인간은 유인원에서 진화했다'는 이론을 발표했을 때, 신이 인간을 창조했다고 믿어왔던 사람들은 그의 이론을 받아들이지 않았다. 아직도 미국에서는 대학 졸업자의 4분의 1을 비롯한 수많은 사람이 그렇게 믿고 있다.

그러나 다른 측면에서 보면 인간은 동물임이 분명하다. 여느 동물과 신체 구조가 같고 분자나 유전자도 같다. 인간이 특별히 어떤 종류의 동물인가를 생각해보면 더욱 분명해진다. 인간은 외견상 침팬지와 매우 비슷해서 신이 인간을 창조했다고 굳게 믿었던 18세기의 해부학자들조차 이미 인간과 침팬지의 유연성類緣性을 알고 있었다.

인간에게서 옷을 벗기고 모든 소유물을 빼앗은 후, 말하는 능력마저 없애버리고, 오로지 으르렁거리는 소리밖에 낼 수 없게 만든 다음 그들을 동물원의 침팬지 우리 옆에 넣어보자. 이제 동물원 우리에 갇힌 침팬지와 인간을 비교해보자. 동물원에 갇힌 인간은 두 발로 서서 걸을 줄 아는 털 없는 침팬지일 뿐이다.

외계에서 동물학자가 온다면 그는 우리를 자이르의 보노보(일명 '피그미침팬지')와 열대 아프리카에 사는 일반적인 침팬지와 함께 '제3의 침팬지'로 분류할 것이다.

분자유전학 연구에 따르면 우리 인간의 유전자 구조는 다른 두 종의 침팬지와 98퍼센트 이상이 동일하다는 사실이 밝혀졌다. 인간과 침팬지의 유전적 차이는 유전적으로 매우 가까운 사이인 북아메리카의 붉은눈비레오와 흰눈비레오라는 두 종류의 새가 지닌 차이보다 더 작다. 즉 인간은 아직 과거의 생물학적 유산을 거의 전부 짊어진 채 살고 있는 것이다.

다윈 시대 이래로 유인원과 현대인 사이에 별로 차이가 없다는 것을 증명하는 몇 백 가지의 생물 화석이 발견되었으므로, 이성理性을 지닌 인간이라면 더 이상 명백한 증거를 거부할 수 없을 것이다. 인간은 유인원의 한 종에서 진화했다는—예전에는 어처구니없게만 여겨지던—이론은 확실한 과학적 근거에 따라 증명된 것이다. 과학적 연결 고리가 발견됐지만 완전히 풀리지 않는 흥미로운 문제점 또한 제기되어 왔다.

인간이 새롭게 찾아낸 아주 작은 새로운 부분—인간과 침팬지 유전자가 1.6퍼센트 다르다는 점—이 인간만의 고유한 특성을 지니게 했다는 것은 의문의 여지가 없다.

우리 인류가 그 특이한 유전자 때문에 겪게 된 체험은 커다란 진화의 귀결 중 몇 가지의 작은 변화에서 시작한다. 인간이 진화한 과정을 전체로 볼 때 1.6퍼센트의 특이한 유전자 덕분에 인간이 비로소 인간답게 된 것은 극히 최근의 변화이다.

실제로 불과 10만 년 전에 만약 우주에서 온 동물학자가 있었다면 인간을 단지 대형 포유류의 한 종류로 보았을 것이다. 물론 인간은 두 가지의 기발한 행동을 보였을 것이다. 불火과 도구의 사용이 바로 그것이다.

그러나 만약 외계에서 온 방문자가 인간의 그런 행동들을 보았다고 해도, 비버와 바우어새(비버와 바우어새는 재료를 이용하여 집을 짓는다)의 행동과 비슷하게 여길 뿐, 특별히 신기하게 생각하진 않았을 것이다.

아무튼 불과 수만 년—개인 기억에 비추어보면 정신이 아득해질 정도로 거의 무한한 시간이지만, 인간이라는 종의 역사로 볼 때는 불과 한순간에 지나지 않는 시간— 사이에 인간은 독특하면서도 위험스런 성질을 확실하게 나타내기 시작했다.

인간을 인간이게 하는 극히 미미한 요소는 도대체 무엇이었을까? 인간의 독특한 특성은 매우 단기간에 나타났고 육체적 변화는 거의 일어나지 않았으므로, 인간이 지닌 여러 특성은 동물에게 이미 존재하고 있었던 게 틀림없다. 또 예술과 언어, 집단 학살과 약물 남용 같은 인간의 특성도 동물에게서 그 선례를 찾아볼 수 있을 것이다.

오늘날 인간이 하나의 동물류에서 생물학적인 성공을 거둔 것은 그 독특한 성질 때문이다. 어떤 대형 동물(이른바 거대 동물군)도 사막과 한대, 열대우림 등 모든 대륙에서 살 수 없으며 어디서나 번식할 수 있는 동물도 없다. 따라서 어떤 대형 동물도 개체의 수효 면에서 인간을 따라갈 수 없다.

인간의 독특한 성질 가운데 서로 죽이는 것과 환경 파괴라는 두 가지 성향이 인간 존재를 위태롭게 하고 있다. 이런 성향은 다른 동물에게도 있다. 예컨대 사자를 비롯한 많은 동물이 동료를 죽이고, 코끼리를 비롯한 일부 동물은 환경을 파괴하기도 한다. 그러나 인간의 기술력과 폭발적인 인구 증가는 다른 어떤 동물보다도 훨씬 위협적이다.

만약 인간이 그런 못된 성향을 반성하고 고치지 않는다면 세계의 종

말이 머지않았다는 예언은 별로 새삼스럽지 않을 것이다. 새로운 것이 있다면 그 예언이 두 가지 이유 때문에 실현될지도 모른다는 사실이다. 첫 번째 이유는 인간을 순식간에 몰살시킬 핵무기가 인간의 손에 있기 때문이다. 인류는 일찍이 그런 것을 가졌던 적이 없었다. 두 번째 이유는 지구의 실제 생산량(태양에서 얻는 실질적인 에너지의 양)의 약 40퍼센트를 인간이 독점하고 있기 때문이다.

지금처럼 세계의 인구가 증가한다면 인간의 생물학적인 성장이 한계에 이를 것은 자명한 일이다. 그때가 되면, 지구상의 한정된 자원의 몫을 둘러싸고 인류는 혈안이 되어 서로 생존을 위한 싸움을 전개하게 될 것이다. 게다가 앞으로도 지금과 같은 속도로 생물의 종을 멸종시켜 나간다면, 현재 지구에서 생존하고 있는 생물의 반 이상이 다음 세기 안에 멸종되든지 멸종 위기에 처하게 될 것이다.

인간은 자신의 생존과 생활을 많은 종에 의지하면서 살아가고 있는데, 많은 종의 씨를 계속 말려간다면 마침내 자신의 씨까지도 말리게 되는 위기를 맞을 것이다.

그렇다면 누구나 알고 있는 이런 우울한 사실을 왜 반복하는가? 또 왜 동물에게까지 인간의 파괴적인 성질의 해독을 끼치려 하는가? 만약 그것들이 진정 진화적인 유산의 일부라면, 그런 악독한 성질은 유전적으로 고정되어 있어 도저히 바꿀 수 없는 것인가?

어쩌면 자신에게 이롭지 못한 상대자나 성적인 경쟁자를 죽이려는 충동은 인간의 본능일지 모른다. 그렇다고 해서 인간 사회가 그러한 본능을 억제하지 못한다거나, 죽어가는 많은 사람의 목숨을 구할 수 없는 것은 아니다. 인간이 처한 오늘날의 상황에서도 희망은 찾을 수 있다. 두 번의 세계대전을 합쳐 생각해 보더라도 20세기의 선진 국가 사이에서 폭력으로 죽은 사람은, 석기시대의 부족사회에서 폭력으로 죽은 사람보다 상대적으로 훨씬 적다. 과거의 인류와 비교할 때 현대인의 수명은 훨씬 연장됐다. 또 개발업자나 파괴자와의 투쟁에서 환경보호론자가 언제나 지는 것만은 아니다. 페닐케톤뇨증과 청소년 당뇨병 같은 몇몇 유전적 질환도 이제는 그 증상을 경감하고 치료할 수 있다.

인간이 현재 처해 있는 상황을 내가 계속 강조하는 까닭은 같은 잘못을 되풀이하지 않기 위해서다. 행동 양식을 바꾸기 위해서는 인간의 과거와 성향을 잘 파악한 후 그 지식을 이용해야만 한다. 이것이야말로 이 책의 헌사에 깔려 있는 간절한 희망이다.

오늘날 인류가 처한 곤경에 대하여 특별한 해결책을 제시하는 데 이 책의 목적이 있는 건 아니다. 인간이 받아들여야 할 해결책은 이미 그 윤곽이 명백히 드러나 있다. 그것은 인구 증가의 억제, 핵무기의 제한이나 폐기, 국제분쟁을 해결할 평화적인 수단의 발견, 환경 파괴의 완화와 근절, 동식물의 종을 보존하고 그들의 자연 서식지의 보호 등이다.

이러한 정책들을 제시한 훌륭한 책도 이미 몇 권인가 나와 있다. 그 정책 가운데 일부는 이미 실행되고 있다. 우리에게 부족한 것은 정책을 실천하려는 정치적인 의지이다. 인류의 멸망을 막을 수 있는 정책의 중요성을 확신만 한다면 내일이라도 실행할 수 있는 방법을 우리는 알고 있기 때문이다. 그리고 우리는 이런 정책을 앞으로 훨씬 더 많이, 꾸준하게 실천해나가야 한다. 나는 이 책을 통해 종으로서의 인간 역사를 밟아봄으로써 그 의지를 되새겨보려 한다.

우리가 당면한 문제의 대부분은 인간의 조상인 동물로부터 계승됐다. 그 문제들은 인간이 인구를 증가시키면서 점점 더 커져왔다.

과거의 많은 사회가 지금의 인류보다 파괴력이 훨씬 약했지만, 우리의 조상은 생존에 필요한 자원을 스스로 파괴함으로써 파멸하였다. 따라서 우리가 지금과 같은 근시안적인 태도를 계속 견지한다면 조만간 파멸을 초래할 수도 있다.

정치사를 연구하는 학자들은 과거로부터 교훈을 얻기 위해 여러 나라와 지도자들을 연구한다고 말한다. 인간의 역사를 배우는 이유는 그런 목적에 부합한다. 인류의 역사에서 얻을 수 있는 교훈은 훨씬 더 단순하고 명백하기 때문이다.

이 책처럼 광범위한 분야를 다루는 책은 모든 것을 다 포함시킬 수 없어 그 내용이 선택적일 수밖에 없다. 많은 독자가 자신의 관심 부분이 생략되고 다른 내용만 길게 다루었다고 느낄지도 모른다. 그래서 독자가 오해하지 않게끔 아예 처음부터 나의 관심 분야와 동기를 분명하게 밝힌다.

나의 아버지는 의사이시고 어머니는 어학에도 뛰어난 음악가이시다. 어릴 때 커서 어떤 사람이 되고 싶으냐는 질문을 받을 때마다 나는 아버지처럼 의사가 되고 싶다고 대답했다. 그 계획은 약간 바뀌어 의학과 관련된 연구를 하고 싶다는 생각이 들었다. 그래서 생리학을 공부했고 지금은 로스앤젤레스의 캘리포니아 의과대학에서 강의하며 연구하고 있다.

어쨌든 나는 일곱 살 때부터 새를 관찰하는 일에 흥미를 가졌고 학교에서 외국어와 역사를 배울 수 있었던 것은 무척 다행스러운 일이었다. 박사 학위를 얻은 후에는 일생을 생리학이라는 단 하나의 전문 분야에만 바쳐야 한다는 것이 답답하게 여겨졌다.

그 시점에서 다행스럽게도 뜻밖의 사람들을 만나 뉴기니 섬의 고지에서 여름을 보냈다. 그 여행의 표면적인 목적은 뉴기니에 사는 새가 둥지를 성공적으로 짓는 방법을 관찰하고 기록하는 것이었지만, 나는 정글 속에서 단 하나의 둥지도 발견하지 못했다. 결국 도착한 지 몇 주 만에 그 계획은 실패로 돌아갔다. 그러나 그 여행에서 내가 기대했던 진짜 목적만큼은 완벽하게 달성되었다. 이 세계에 남아 있는 가장 훌륭한 비경 속에서 새를 관찰하며 나의 모험심을 만족시킬 수 있었던 것이다.

바우어새와 극락조 같은 전설적인 뉴기니 새와의 만남을 계기로 나는 조류생태학, 진화론, 생물지리학을 제2의 전공으로 삼게 되었다. 그 이후 조류를 연구하기 위해 몇 번이나 뉴기니와 그 주변의 태평양에 흩어진 여러 섬을 여행했다.

그러나 점점 파괴당하는 삼림 속에서 일하다 보니 자연보호학에 관심을 갖게 되었다. 그래서 나의 학문적 연구와 실질적인 활동을 결합시켜 정부의 자문 역으로 일했다. 동물의 분포에 대한 내 지식을 응용해 국립공원 건설을 계획하고 공원을 세울 마땅한 장소를 찾기도 했다.

뉴기니에서의 연구는 몹시 힘들었다. 새에 대한 뉴기니인들의 방대한 지식을 소화하기 위해서는 그 지방의 말로 새 이름을 알아야 했는데, 그들이 사용하는 언어는 20킬로미터마다 달랐다. 그 점에서는 외국어에 대한 나의 흥미가 크게 도움이 되었다.

그러나 새의 진화와 머지않아 닥칠 멸종에 대한 연구를 하면 할수록 호모사피엔스의 진화와 인간의 멸종에 대해 깊이 생각하게 되었다. 인류라는 종에 대한 관심은 다양한 부족들이 살고 있는 뉴기니에서는 무시할 수 없는 것이었다. 인류에 대한 나의 관심은 이렇게 형성된 것이다.

인류학자나 고고학자가 인류의 진화에 관해 쓴 훌륭한 책이 많이 있다. 그 책들은 대부분 도구나 뼈를 바탕으로 인류의 진화를 연구하고 있기 때문에 이 책에서는 그 부분에 대해 간단히 언급할 것이다.

그러나 내가 참고한 책들은 인류의 진화에 있어 중요한 문제인 인간의 생활사life cycle와 지리적 분포, 인간이 생태계에 끼치는 영향, 동물로서의 인간 등에 대해서는 그다지 많은 지면을 할애하지 않고 있다. 이런 관점은 지금까지 항상 인류학이나 고고학에서 다루어왔던 인간의 뼈나 그들이 쓰던 도구에 대한 연구 못지않게 인류의 진화를 규명하는 데 필요한 중요한 열쇠이다.

뉴기니의 예를 너무 많이 들먹이는 것처럼 보일 수 있지만 뉴기니는 그럴 만한 가치가 있다. 뉴기니는 그저 하나의 섬이자 세계의 일부(열대 태평양 지대)에 지나지 않기 때문에 오늘날 인류의 표본으로 적당하지 않다고 생각할지 모른다. 그러나 뉴기니는 그 크기에 비해 상당히 다양한 부족이 살고 있다. 오늘날 세계에서 사용되는 약 5,000개의 언어 중 1,000개는 뉴기니의 것이다. 또한 뉴기니에서는 현대사회에 잔재해 있는 문화적 다양성을 찾을 수 있다. 뉴기니의 고지대에 사는 사람들은 최근까지 석기시대의 농민이었지만 저지대에 사는 사람들은 수렵·채집·어업을 했고 농업은 별로 하지 않았다. 지역마다 다른 지역 사람을 싫어하는 경향이 강하고 각각의 사회는 별개의 문화를 가지고 있어서, 부족의 경계선 밖으로 여행하는 일은 자살행위나 마찬가지로 알려져 있다. 나와 함께 일했던 뉴기니인들도 대부분 아주 뛰어난 사냥꾼이어서 석기를 사용하고 외부인을 경계하는 풍토에서 어린 시절을 보냈다. 따라서 뉴기니는 아주 오래전 인류 세계가 어떤 형태로 존재했는지를 추측하는 데 큰 도움이 되는 훌륭한 모델이다.

인류의 흥망에 관한 이야기를 담은 이 책은 다섯 부분으로 이루어져 있다.

1부에서는 수백만 년 전부터 시작해서 1만 년 전쯤, 인간이 농업을 시작하기 전까지 다루겠다. 1부 2장에서는 뼈와 도구, 유전자 증거, 고고학적 유적이나 생화학적인 기록 같은 증거들을 집중적으로 분석하고 해설했다. 화석화된 뼈와 도구는 연대를 알 수 있는 것이 많기 때문에 인류가 언제쯤 변화를 겪었는지 짐작할 수 있게 해준다. 여기에서는 우리 유전자의 98퍼센트가 침팬지의 유전자와 같다는 결론에 대해 음미하고 남은 2퍼센트의 특성으로 인류의 대약진이 어떻게 가능했는가를 살펴본다.

2부에서는 인간의 생활사에 일어난 변화를 다룰 것이다. 생활사의 변화는 1부에서 다룬 골격상의 변화와 마찬가지로 언어와 예술의 발달에 중요한 역할을 한다. 여기서는 아이가 젖을 뗀 뒤에도 혼자서 먹을 것을 찾도록 내버려두지 않고 계속해서 먹이고 키워주는 것, 성장한 남녀가 짝을 이루는 것, 어머니뿐만 아니라 아버지도 함께 아이를 돌보는 것, 대부분의 사람이 손자를 볼 때까지 오래 사는 것, 폐경을 맞는 여성 등 우리가 익히 알고 있는 사실에 대해 다시 깊이 살펴본다. 우리에게는 상식적인 일이지만 인간과 가장 가까운 연관을 가진 동물의 눈으로 본다면 하나같이 기괴한 일이다.

인간의 생활사는 화석으로 남아있지 않아서 언제부터 그렇게 변했는지 정확히 알 수는 없지만 매우 중요한 변화인 것만은 사실이다. 인류의 진화를 말할 때 뇌의 크기와 골반 형태의 변화보다도 이런 것을 많이 다루는 이유는 인류만의 독특한 문화 발달에 중요한 역할을 했기 때문이다. 이처럼 1부와 2부에서는 인류의 문화를 번영할 수 있게 한 생물학적 기반에 대해서 검토한다.

3부에서는 인간과 동물을 확연히 구분 짓는 문화적 특징에 대해 다루겠다. 언어, 예술, 기술, 농업 등은 인간이 가장 자랑스럽게 내세울 만한 주요한 특징이다. 그러나 이런 놀랄 만한 문화적 특징에는 유독성 화학물질의 남용 같은 어두운 그림자도 포함되어 있다.

이런 특징들이 인간에게서만 볼 수 있는 것인지 어떤지는 아직 확실한 결론이 나지 않았지만, 최소한 인간의 유독성 물질 남용은 동물에게 볼 수 있는 사례에서 진보한 것이라고 짐작되고 있다. 진화의 역사에서 볼 때 그 특징들이 최근에서야 뚜렷해진 것으로 보아 동물들 사이에 선례가 있었을 것이다.

이런 선례들은 어떤 형태로 나타났을까? 진보는 지구상에 존재하는 생명의 역사에 필연적인 일이었을까? 필연이라면, 우주 저편의 다른 많은 행성에도 진보한 생물이 살고 있는 것은 아닐까?

화학물질의 남용 외에도 인류를 멸망시킬 수 있는 어두운 그림자가 두 개나 더 있다. 4부에서 다루게 될, 외부 집단을 살육하는 성향은 동물들 사이에 이미 그 예가 확실히 있다. 개체와 집단 간의 대립으로 인하여 상대를 죽이는 동물은 인류 외에도 많이 있다. 다만 동물과 달리 인류는 기술적인 진보를 통해 살인 능력을 키워온 것이다.

4부에서는 정치적인 의미를 띤 국가들이 형성됨으로써, 문화적으로 동일화되기 전에는 항상 외부인을 경계하고 극단적으로 격리되어 있었던 인류의 상황을 검토한다. 여기서는 역사상 일찍이 볼 수 없었던 두 번에 걸친 처참한 세계대전에서 집단과 집단 사이에 벌어졌던 대립의 결말이 기술, 문화, 지리적 관계에 따라 어떻게 좌우됐는가를 알아본다. 그리고 세계 역사에서 볼 수 있는 타민족 대량 학살도 검토한다. 이 일은 다시 생각하는 것조차 괴로운 문제지만 역사를 올바르게 인식하지 않으면 과거의 잘못을 반복할 수 있으므로 대량 학살에 대한 검토는 살아있는 예로써 중요하다.

인류의 생존을 위협하는 또 하나의 어두운 그림자는 인류가 환경을 대규모로 파괴하고 있다는 것이다. 동물의 세계에서도 그 징조를 찾아볼 수 있다. 어떤 이유로든 포식자나 기생자의 통제에서 벗어난 동물은 자신들 내부의 개체 수를 조정하지 못하여 그들의 자원 기반을 파괴하는 지점까지 증가한 후 그대로 멸종하는 일이 있다. 이러한 위험은 인류도 안고 있다. 인류는 특히 자기 파멸의 힘이 크다. 인류는 자연이나 동물로부터의 위험을 무시해도 좋을 만큼 힘이 커졌고, 어떤 환경도 통제할 수 있으며 동물을 죽이고 그 서식지를 파괴할 수 있을 정도로 그 힘이 지속적으로 증대하고 있다.

불행하게도 우리 중에는 그런 상황이 산업혁명 이후에 나타난 것이고 이전의 인류는 자연과 조화를 이루며 살았다는 루소 식의 꿈같은 환상을 믿는 사람들이 적지 않다. 만약 그 환상이 사실이라면 '예전에는 얼마나 뛰어난 미덕을 가지고 있었고, 지금은 그 미덕이 어떻게 타락하고 말았는가'라는 것 외에는 과거의 역사에서 배울 것이라곤 전혀 없을 것이다.

5부에서는 4부에서 다룬 인류의 현재 상황이 더욱 심해졌다는 것 외에는 전혀 새로울 게 없다는 점에 초점을 맞추고자 한다. 인간이 환경 관리를 그르치면서 인간 사회를 관리하려는 시도는 과거에도 몇 번이나 되풀이된 것이다.

에필로그에서는 우리가 동물의 상태에서 진화해온 과정을 더듬어보면서 인류를 멸망으로 이끄는 속도가 점점 빨라지고 있다는 사실을 강조하려 한다.

　그 위험이 아직 먼 앞날의 일이거나 당장 코앞의 일이라고 생각했다면 나는 이 책을 쓰지 않았을 것이다. 독자는 인류의 과거와 현재가 절망스럽더라도 희망의 징조가 보이고 있으며 과거로부터 배울 점이 있다는 나의 메시지를 간과하지 말기를 바란다.

1부

인간은 대형 포유류의 일종

인간이 언제부터, 왜 그리고 어떻게 해서 '단순한 대형 포유류의 한 종'에서 벗어나게 되었는지를 밝혀내는 단서로 세 가지 종류의 증거를 들수 있다.

1부에서는 화석과 원시 인류가 쓰던 도구의 유물 등을 연구하는 고고학에서 얻을 수 있는 전통적인 증거와 분자생물학에서 가장 최근에 밝힌 증거에 대해서 검토해보기로 한다.

가장 기본적인 의문은 '도대체 인간과 침팬지 사이에는 어느 정도의 유전적인 차이가 있는 것일까?'이다. 그 대답은 10퍼센트, 50퍼센트, 혹은 90퍼센트인가?

그저 대충 눈에 보이는 차이만으로는 아무런 도움이 안 된다. 그 이유는 유전적인 변화들은 눈에 띄는 결과가 없는 경우가 많기 때문이다.

예를 들어 개의 품종인 그레이트데인과 발바리는 인간과 침팬지와의 사이보다도 외형상의 차이가 훨씬 크다. 그럼에도 개의 품종끼리는 모두 교배가 가능하고 기회만 있으면(구조적으로 가능하기만 하다면) 서로 교배할 수 있으므로 전부 같은 종에 속한다.

보통은 그레이트데인과 발바리가 유전적으로 침팬지와 인간의 사이보다 훨씬 동떨어진 것처럼 느껴진다. 개의 품종 사이에서 볼 수 있는 크기, 신체 비율, 털 색깔 등의 외형상 차이는 비교적 적은 수의 유전자 변화에 따른 것이어서, 번식 기능에는 그다지 영향을 주지 않는다.

그렇다면 인간과 침팬지와의 유전적 거리는 어떻게 추정할 수 있을까? 이 문제는 분자생물학자들에 의해 풀렸다. 그 해답은 단지 지적 흥미 차원에서뿐만 아니라, 침팬지라는 생물의 취급 방식에 대해서도 실질적·윤리적으로 암시하는 바가 있다. 즉 인간과 침팬지의 유전적 차이가 개의 품종 간의 차이와 비교하면 클 수도 있겠지만, 다른 비슷한 종 사이의 차이에 비하면 훨씬 작다는 것이다.

확실히 침팬지의 유전적 프로그램에 일어난 불과 몇 퍼센트의 변화는 우리 인간의 행동에 절대적인 영향을 끼쳤다. 분자생물학자들은 인간과 침팬지가 공통 선조로부터 언제쯤 갈려졌는지 대강이나마 알아냈다. 그 시기는 대충 700만 년 선쯤인 것으로 추정된다.

분자생물학의 성과를 통해 전체적인 유전적 차이와 경과 시간에 대해서 어느 정도 알 수 있게 되었지만, 침팬지와 인간을 구분 짓는 차이점이 언제부터 생겨난 것인지는 아직 알 수 없다.

따라서 지금부터 현대인과 선조 유인원 사이에 다양한 형태로 존재했던 중간 단계의 생물들이 남겨놓은 뼈와 도구 등으로부터 어떤 점들을 더 밝혀낼 수 있는지 검토하겠다. 뼈에 어떠한 변화가 일어났는가 하는 것은 오래전부터 자연인류학의 핵심 과제 중 하나였다. 그중에서도 특히 중요한 점은 인류의 뇌 용량이 커지고, 직립보행에 따라 여러 가지 골격의 변화가 일어난 것, 두개골의 두께, 이의 크기, 턱 근육의 축소와 같은 것이라고 할 수 있다.

큼직한 두뇌는 언어와 발명 능력을 발전시킬 수 있는 전제 조건이다. 그러므로 뇌의 크기가 커질수록 도구도 그만큼 더 정교해져 가는 과정이 화석으로 확인되기를 기대할 법도 하다. 그런데 실제로는 이런 병행 관계가 전혀 맞아떨어지지 않는다. 이것은 인류 진화의 수수께끼이다.

뇌가 완전히 커지고 난 몇 천 년 뒤에도 석기는 상당히 조잡한 상태에 불과했다. 비교적 최근이라고 할 수 있는 4만 년 전, 현재 인류보다 큰 뇌를 가졌던 네안데르탈인의 도구에서조차 혁신의 흔적이나 예술성을 찾아볼 수 없었다. 네안데르탈인은 다만 대형 포유류의 일종에 지나지 않았던 것이다. 현 인류의 골격 구조와 흡사한 뇌를 가진 집단이 출현한 지 몇 만 년이 흐르는 동안에도 인류의 도구는 네안데르탈인의 도구와 거의 같은 수준의 한심한 것이었다.

이러한 모순은 분자생물학상의 성과에서 얻을 수 있는 결론을 더욱 견고하게 한다. 우리와 침팬지 사이에는 아주 작은 유전자 차이가 있고, 그보다 더 작은 차이는 뼈 형태에서 발생하는 것이 아니라 발명·예술·복잡한 도구 같은 인간의 독특한 특성에서 발생하는 것이 틀림없다. 적어도 유럽에서는 네안데르탈인이 크로마뇽인으로 바뀔 즈음 이러한 인간의 특징이 돌연 어떤 예고도 없이 나타났다. 그때 인류는 '대형 포유류의 일종'이기를 그만둔 것이다.

1부의 마지막에서는 인간 지위의 급상승을 가져온 아주 미세한 변화에 대해서 자세히 살펴보려고 한다.

세 종류의 침팬지 이야기

우리가 사는 시대의 창조 설화

동물원에 가게 된다면 유인원의 우리에 가보라. 그리고 털이 거의 없는 유인원의 모습을 상상해보라. 상상을 더 진전시켜서, 털 없는 유인원 옆에 인간 하나가 갇혀 있는 모습도 떠올리자. 그 인간은 불행하게도 옷을 입지 않았고 말도 못하지만 다른 면에서는 정상적인 인간과 비슷하다.

그렇다면 그 유인원과 인간의 유전자는 얼마나 비슷할까? 여러분은 침팬지의 유전자 프로그램이 인간과 얼마나 같다고 생각하는가? 10퍼센트, 50퍼센트, 아니면 99퍼센트? 동물원의 유인원들은 왜 우리에 갇혀서 구경거리가 되고 있는 것일까? 왜 유인원은 의학 실험에 이용되고 있는 것일까? 인간에게는 그런 짓을 할 수 없는데 왜 침팬지들은 그런 혹독한 일을 당하고 있는 것인가를 자문해보라.

침팬지의 유전자는 99.9퍼센트나 인간과 똑같고, 인간과 침팬지의 결정적인 차이는 불과 0.1퍼센트의 유전자 때문이라는 것을 알았다고 하자. 그래도 침팬지를 우리에 넣거나 실험에 이용해도 아무 상관없다고 생각하겠는가?

문제 해결 능력과 자신의 주변을 정리하는 능력, 의사소통과 사회관계 형성 능력, 그리고 아픔을 느끼는 능력까지 침팬지보다 못한 불행한 지적장애아를 생각해보라. 지적장애아를 의학 실험용으로 사용해서는 안 되고 침팬지는 괜찮다는 논리적 근거는 무엇인가?

'침팬지는 동물이고 인간은 인간이기 때문에'라는 대답만으로도 충분하다고 생각할 수 있다. 그것은 어떤 동물의 유전자가 인간의 유전자와 거의 닮았고, 그 동물이 사회적 관계를 유지하는 능력이나 고통을 느끼는 능력이 있어도, 인간에게 적용되는 윤리 조항을 '동물'까지 적용시킬 필요는 없다는 뜻이다. 이런 주장은 자의적인 해석이지만 일관성이 있어 간단하게 무시할 수 없다. 이 경우, 조상의 계통 관계를 아는 것이 윤리적인 결론을 내려주진 않았지만, 우리가 어디에서 왔는지 알고 싶다는 지적 호기심은 만족시킬 수 있다.

모든 인간 사회는 그 기원에 대해서 납득할 수 있는 설명을 들으려는 강렬한 욕망을 품어왔다. 그리고 각각 독자적인 창조 설화를 가짐으로써 그 희망을 충족시켰다. '세 종류의 침팬지 이야기'는 우리가 사는 시대의 창조 설화이다.

사람과 유인원의 계통 관계

인간이 동물계의 어디쯤 위치하는가 하는 것은 몇 세기 전부터 잘 알려져 있었다. 몸에 털을 가지고 있는 것, 어린아이에게 수유하는 것, 그 외의 특징으로 보아 우리가 포유류의 일종인 것만은 확실하다. 그중에서도 원숭이나 유인원을 포함한 영장류에 속한다.

사람의 손톱과 발톱은 갈고리 같지 않고 평평하며, 손으로 물건을 잡을 수 있고, 엄지손가락은 다른 네 개의 손가락과 마주보게 되어 있다. 또 페니스는 복부에 착 달라붙어 있지 않고 그저 매달려 있다. 이러한 특징은 다른 영장류도 마찬가지지만 대부분의 다른 포유류에서는 찾아볼 수 없다.

약 2세기 무렵 그리스의 의학자 갈레노스Clandios Galenos는 여러 종류의 동물을 해부한 끝에 '내장, 근육, 정맥, 신경, 골격 구조면에서 원숭이가 인간과 가장 비슷하다'는 사실을 발견함으로써 자연계 안에서 인간이 대강 어느 정도의 위치에 속하는지 밝혀냈다.

인간이 영장류 중에서 어디에 위치하는가도 쉽게 알 수 있다. 인간은 영장류 중 원숭이보다는 유인원(긴팔원숭이, 오랑우탄, 고릴라, 침팬지)과 더 많이 닮았다. 예컨대 원숭이에게는 꼬리가 있지만 인간과 유인원에게는 꼬리가 없다는 것이 구체적인 증거다.

긴팔원숭이는 몸이 작은 대신 팔은 유달리 긴, 가장 특이한 유인원이다. 오랑우탄, 침팬지, 고릴라, 사람 간의 관계는 긴팔원숭이와의 관계보다 더 밀접하다. 그러나 인간의 이웃 관계를 더 이상 상세하게 서술하기란 의외로 어려운 일이다. 이 문제는 과학사의 대논쟁을 불러일으켜왔는데, 논점은 다음 세 가지이다.

첫째, 인간과 현존하는 유인원 그리고 멸종한 선조 유인원 간의 정확한 계통도系統圖는 어떤 것인가? 예를 들어 현존하는 유인원 중 어떤 종이 인간과 가장 가까운가?

둘째, 인간과 가장 가까운 유인원이 어느 종이든, 그것과 인간은 공통의 선조로부터 언제 분기했는가?

셋째, 인간은 인간과 가장 가까운 유인원과 유전적 프로그램을 어느 정도 공유하고 있는가?

첫 번째 논점의 해답은 비교해부학에 의해서 이미 나와 있다. 인간은 특히 침팬지나 고릴라와 닮았지만, 뇌가 크고 두 발로 서며 몸에 난 털이 적고 그 밖의 많은 미묘한 점들로 볼 때 침팬지나 고릴라와는 다르다. 그러나 조금 더 조사해보면 이런 해부학적 특징들은 결코 결정적이라고는 말할 수 없다.

여러 가지 해부학적 특징 중에서 어느 것을 가장 중시하고 어떻게 해석하는가에 따라서 생물학자의 의견은 크게 달라진다. 인간은 오랑우탄에 가장 가깝고, 침팬지와 고릴라는 인간과 오랑우탄이 분리되기 전에 이미 계통도에서 나누어졌다는 의견도 있고(소수 의견), 인간은 침팬지와 고릴라에 가장 가까우며 오랑우탄의 선조는 훨씬 옛날부터 분리되어 있었다는 의견도 있다(다수 의견).

다수파에 속하는 생물학자들은 고릴라는 인간보다 침팬지와 더 가까운 관계여서 침팬지와 고릴라가 분기하기 전에 인간의 선조가 갈라져 나왔다고 생각한다. 그것은 침팬지와 고릴라는 '유인원'이라 부르고, 인간은 어딘가 다르다는 상식적인 의견을 반영하고 있다.

인간이 다르게 보이는 것은 침팬지와 고릴라는 인간과 공통된 선조를 가지고 있었던 때와 비교해 크게 변하지 않았지만, 인간은 직립보행이든지 뇌의 크기처럼 매우 뚜렷한 특질들을 갖추면서 상당한 변화를 겪었다. 만약 그렇다면 인간은 고릴라나 침팬지에 더욱 가까울지도 모른다. 전체적인 유전적 구성에서는 인간과 침팬지 그리고 고릴라는 대체로 비슷한 이웃일지도 모른다.

해부학자들은 첫 번째 의문인 정확한 계통도에 관해 끊임없이 논의해왔다. 그러나 어느 계통도를 따르더라도 해부학적인 연구만으로는 우리가 언제쯤 분기했고, 유인원으로부터의 유전적 거리는 어느 정도인가 하는 두 번째와 세 번째 의문에 대한 대답이 되지 못한다.

유전적 거리에 대한 의문은 별도로 하더라도 올바른 계통도와 연대 측정에 대해서는 화석의 증거로 해결할 수 있다. 따라서 화석이 많이 발견될 수만 있다면, 그중에서 연대를 알 수 있는 일련의 고인류 화석과 침팬지 선조 화석을 찾아내어 그 두 가지가 약 1,000만 년 전의 공통된 선조에 근접하고, 그것이 또 약 1,200만 년 전의 일련의 고릴라 선조 화석에 가까워진다는 사실을 발견할 수도 있을 것이다.

그러나 유감스럽게도 화석 연구에 대한 기대는 무너지고 말았다. 결정적인 시기인 약 500만~1,400만 년 전에 아프리카에 살았던 유인원들의 화석이 거의 발견되지 않고 있기 때문이다.

분자시계, 계통을 연구하는 새로운 방법

인류의 기원에 관한 의문을 푸는 열쇠는 뜻밖에도 새의 분류에 사용되었던 분자생물학에서 나왔다. 약 30년 전에 분자생물학자들은 식물과 동물을 구성하고 있는 화학물질을 조사하면, 서로 같은 유전적 거리와 진화적 분기 연도를 측정할 수 있는 '시계時計'를 얻을 수 있으리라고 생각했다. 그 구상은 다음과 같다.

모든 종 안에는 일련의 분자라는 것이 존재하며, 그 분자는 종에 따라 유전적으로 각기 다른 구조를 갖고 있다고 가정해보자. 그리고 그 분자 구조는 몇 백만 년이라는 시간의 경과와 함께 돌연변이로 인해 천천히 변화하고 있으며, 그 속도는 모든 생물이 같다고 가정해보자.

공통의 선조에게서 파생한 두 종의 생물은 원래는 공통의 선조에게서 물려받은 동일한 형태의 분자를 가지고 있을 것이다. 그러나 독립적으로 돌연변이가 일어나면서 두 종의 분자 사이에 구조 변화가 일어날 것이고, 그 두 종의 분자는 점점 다른 구조로 바뀌어갈 것이다.

만약 100만 년마다 평균적으로 어느 정도의 구조적 변화가 생기는지 알고 있다면, 임의의 두 종의 동물 사이에 존재하는 분자 구조의 차이를 그 두 종이 공통의 선조로부터 분리된 후 얼마만큼의 시간이 지났는가 시계를 사용하여 계산할 수 있다.

예를 들어 화석으로 사자와 호랑이가 500만 년 전에 분리되었음을 알아냈다고 하자. 그런데 사자 몸속에 있는 어떤 분자가 호랑이 몸속에 있는 같은 분자와 1퍼센트 다르다고 해보자. 이 말은 1퍼센트의 유전적 차이가 500만 년의 독자적 진화에 해당한다는 뜻이다. 과학자들이 두 현생 종을 비교하고 싶은데 진화사를 알려줄 화석이 없다면, 두 종에 공통된 분자를 비교하면 된다. 몸속 분자의 차이가 3퍼센트라면 두 종이 공통 조상으로부터 1500만 년—즉, 500만 년의 세 배—전에 갈라졌음을 알 수 있다.

이것은 아주 논리 정연한 방법 같지만 생물학자들은 실제로 그렇게 될지 확인하기 위해 많은 노력을 기울여왔다. 분자시계를 실제로 사용하기 위해서는 다음의 네 가지를 확인해야 한다.

우선 조사하기에 가장 적당한 분자를 찾아내야 하고, 구조상의 변화를 재빨리 측정하는 방법도 찾아내야 한다. 또한 시계의 진행 속도가 일정하다는 것(분자 구조가 진화하는 속도는 모든 생물이 일정하다는 것)을 증명해야 하며, 마지막으로 그 속도를 측정해야 한다.

1970년대에 앞의 두 가지는 해결되었다. 조사에 가장 적합한 분자는 디옥시리보핵산(DNA)임을 알아냈는데, 그것은 제임스 왓슨과 프랜시스 크릭이 이중나선 구조로 이루어져 있다는 것을 증명해서 유전학 연구에 혁명을 불러일으킨 유명한 물질이다. DNA는 상호보완적이고 매우 긴 두 개의 사슬로 이루어져 있으며, 각각의 사슬은 네 종류의 작은 분자로 이루어져 있다. 그 네 종류의 분자가 사슬 안에서 배열되어 있는 차례에 따라 부모로부터 자녀에게 유전 정보가 전달되는 것이다. DNA의 구조에 일어난 변화를 재빨리 측정하는 방법은 두 종의 DNA를 혼합한 뒤 혼합(하이브리드) DNA의 용해점이 각각의 종으로부터 얻은 순수한 DNA의 용해점보다 몇 도나 낮아지는지를 측정하는 것이다. 이 방법을 보통 DNA 하이브리디제이션이라고 한다. 이 실험에서 두 종류의 DNA 구조가 1퍼센트 가량 다를 때, 용해점이 섭씨 1도 내려간다는($\Delta T = 1℃$) 사실이 밝혀졌다.

1970년대까지만 해도 분자생물학자와 분류학자는 서로의 연구에 거의 관심이 없었다. 예일대학 피바디박물관의 관장이자 조류학 교수였던 조류학자 찰스 시블리는 DNA 하이브리디제이션이라는 새로운 기술의 잠재력을 깨달은 소수의 분류학자 가운데 한 사람이었다.

새는 나는 데 불가피한 해부학적 제약 조건을 가지고 있으므로, 조류를 계통적으로 분류한다는 것은 무척 어려운 일이다. 가령 하늘을 날면서 곤충을 잡을 수 있는 재주를 가진 새는 한정되어 있기 때문에 비슷한 습성을 가진 새는 그 선조의 연관 관계가 어떻든 간에 해부학적으로는 상당히 비슷하다.

예를 들어 미국의 독수리는 구세계(아프리카와 유라시아 대륙-옮긴이)의 독수리와 외형이나 행동은 똑같지만, 사실 미국의 독수리는 황새에 가깝고 구대륙의 독수리는 매에 가깝다. 그들이 닮은 것은 생활양식이 비슷하기 때문이다.

새들의 관계를 밝히기 위해 고민하던 시블리와 존 알퀴스트는 1973년에 DNA시계에 관심을 갖고, 분자생물학적 방법을 분류학에 응용한 연구로서는 지금도 최대 규모라 할 만한 연구에 착수했다. 그들의 연구는 현생 전조류의 5분의 1에 해당하는 1,700종이 넘는 새를 DNA시계로 분석하는 광대한 연구로써, 1980년이 되어서야 비로소 연구 결과가 발표되었다.

시블리와 알퀴스트의 업적은 기념비적인 것이었음에도 그것을 이해하는 데 필요한 전문적 지식을 겸비한 사람들이 적었기 때문에 처음에는 많은 논쟁을 일으켰다. 다음은 과학자인 내 친구들에게서 들은 여러 가지 반응을 적은 것이다.

> "이 이야기는 많이 들었다. 그들이 쓴 것에 대해서는 이제 더 이상 관심이 없다." _ 해부학자
>
> "그들의 방법에 불만은 없지만, 새의 분류라는 하찮은 일에 그렇게 연연할 필요가 있겠는가?" _ 분자생물학자
>
> "흥미롭긴 하지만 결론을 믿기 전에 다른 방법으로 검증할 필요가

있다고 생각한다." _ 진화생물학자

"그들이 밝힌 것은 확실히 '파헤쳐진 진실'이다. 그러니 믿을 수밖에 없다." _ 유전학자

나는 그중에서 마지막 의견이 옳다고 생각한다. DNA시계의 원리는 논쟁의 여지가 없는 것이고 시블리와 알퀴스트의 방법은 최고 수준이었다. 그리고 1만 8,000마리가 넘는 혼혈새의 DNA로부터 유전적 거리를 측정하는 과정에서도 일관성이 지켜졌으므로 그들의 연구 결과는 타당하다고 할 만하다.

DNA로 본 인간의 진화

다윈은 무척 사려 깊었기 때문에 인류 사이에 존재하는 여러 가지 변이라는 주제로 논의를 불러일으키기 전에, 따개비 사이에 존재하는 변이에 대해서 많은 증거를 제시했다. 마찬가지로 시블리와 알퀴스트도 처음 10년간은 DNA시계에 관한 연구 대상을 새에 한정시켰다.

1984년까지 그들은 같은 DNA 방법을 이용해서 인류의 기원을 연구한 결과를 공표하지 않고, 그 후의 논문에서 결론을 다듬었다. 그들의 연구는 인류와 인류에 가장 가까운 모든 종, 즉 침팬지, 보노보, 고릴라, 오랑우탄, 두 종의 긴팔원숭이 그리고 일곱 종의 구대륙 원숭이의 DNA를 근거로 한 것이다. 〈그림 1〉은 그 결과를 정리한 것이다.

해부학자들이 예상했던 대로 DNA 용해점의 하강으로 알 수 있는 유전적 구조의 차이는 사람 및 모든 유인원과 원숭이 사이에서 가장 크게

고등 영장류의 계통도

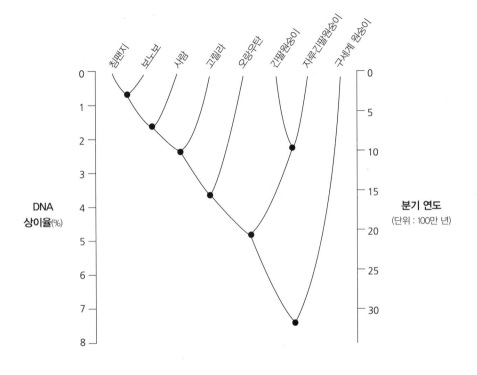

그림 1

현생 고등 영장류의 계통 관계는 동그라미 부분에서 각각의 영장류가 결부되어 시대를 거슬러 올라간다. 왼쪽의 숫자는 영장류 간의 DNA의 상이율을, 오른쪽의 숫자는 공통 선조에서 분기된 후 대강의 연수를 나타낸다. 예를 들어 침팬지와 보노보는 DNA가 약 0.7퍼센트 다르고, 분기 후 거의 300만 년이 지났다. 사람의 DNA는 두 종의 침팬지 DNA와는 약 1.65퍼센트 다르고, 거의 700만 년 전에 두 종의 침팬지의 공통 선조로부터 분기했다. 고릴라의 DNA는 사람 혹은 두 종의 침팬지의 DNA와는 약 2.3퍼센트 다르고, 거의 1,000만 년 전에 이 세 종류의 공통 선조로부터 분기했다.

나타났다. 이 사실은 유인원의 존재가 과학적으로 알려진 이후 누구나 알고 있는 명백한 사실, 즉 사람과 유인원이 사람과 원숭이 및 유인원과 원숭이와의 사이보다도 가깝다는 사실에 숫자를 덧붙인 것에 불과하다. 그 숫자라는 것은 사람과 유인원의 DNA와 원숭이의 DNA는 그 구조의 93퍼센트는 똑같고 7퍼센트만 다르다는 수치이다.

그 다음으로 차이가 큰 것은 긴팔원숭이와 그 외의 유인원 및 사람이고, 그 차이가 거의 5퍼센트라는 것도 이미 오래전부터 잘 알려진 사실이다. 이것도 우리가 긴팔원숭이보다 고릴라, 침팬지, 오랑우탄에 더 가깝다는 지금까지의 견해를 확인하는 데에 지나지 않는다. 최근의 해부학자들은 나중에 열거한 세 종의 유인원 사이에서 오랑우탄이 약간 다르다고 생각해왔으며 DNA의 증거도 이와 일치한다. 오랑우탄의 DNA와 사람, 고릴라, 침팬지의 DNA는 3.6퍼센트 정도 차이가 있다.

사람, 고릴라, 침팬지의 세 종이 꽤 오래전에 오랑우탄과 긴팔원숭이에서 분기했다는 것은 지리적 분포에서도 확인된다. 긴팔원숭이와 오랑우탄의 화석 분포는 동남아시아에 한정되어 있지만, 현생하는 고릴라 및 침팬지와 초기 인류의 화석은 전부 아프리카에만 분포하고 있다.

침팬지와 보노보의 DNA는 99.3퍼센트가 똑같고 0.7퍼센트의 차이밖에 없다는 사실 역시 새로운 것은 아니다. 이 두 종의 침팬지는 외형이 아주 닮았기 때문에 해부학자들은 1929년까지 이름도 따로 붙이지 않았었다. 중앙아프리카 자이르의 적도 지대에 살고 있는 침팬지를 보노보라고 부르는데 적도 북측의 아프리카 대륙을 가로지르는 더 넓은 지역에 분포하고 있는 침팬지에 비해 몸이 작고 날씬하며 긴 발을 가지고 있다.

그러나 최근에 와서 침팬지의 행동에 관한 지식이 늘어나면서 보노보와 침팬지는 해부학적으로는 별 차이가 없지만, 생식 생물학적으로는 크게 다르다는 것이 밝혀졌다. 보노보는 침팬지와 달리 인간처럼 얼굴과 얼굴을 서로 마주 보는 자세를 포함해 실로 여러 가지 자세로 교미하는데, 수컷만이 아니라 암수 서로가 교미를 유도한다. 암컷의 성적 수용 기간은 상당히 길다. 또한 수컷끼리뿐만 아니라 암컷끼리도, 또 수컷과 암컷들도 서로 강력한 결속 관계를 갖는다.

보노보와 침팬지는 유전자상 0.7퍼센트밖에 차이가 없지만 그 작은 차이가 성의 생리와 성적 역할에 중대한 변화를 가져왔다. 유전자상의 불과 몇 퍼센트의 차이가 중대한 결과를 가져온다는 문제는 이 장과 다음 장에서 사람과 침팬지 사이에 존재하는 유전적 차이를 설명할 때 다시 다룰 것이다.

지금까지 설명한 어떤 예를 보더라도 유연관계에 관한 해부학적 근거는 충분히 납득이 가며, DNA를 근거로 한 결론은 해부학자의 결론을 재확인하는 것이었다. 그러나 DNA는 해부학이 해결하지 못했던 의문도 쉽게 풀어낼 수 있었다. 바로 사람, 고릴라, 침팬지 사이의 관계이다.

〈그림 1〉에서 볼 수 있듯이 침팬지 및 보노보와 사람과의 DNA 차이는 1.6퍼센트에 불과하고, 나머지 98.4퍼센트를 공유하고 있다. 고릴라는 사람이나 침팬지 두 종과도 2.3퍼센트가 다르다.

여기서 잠시 이들 숫자가 갖는 중대한 의미에 대해서 생각해보자. 고릴라는 인류가 침팬지와 보노보에서 분기하기 전의 계통도에서 분기했음에 틀림없다. 고릴라보다 침팬지가 우리와 가장 가까운 종인 것이다. 다시 말하면 침팬지와 가장 가까운 것은 고릴라가 아니라 사람이다.

고대부터 행해져온 분류법은 위대한 인류가 고고하게 높은 위치를 차지하고 있고, 그 외의 우글우글한 많은 짐승과 똑같은 징그러운 유인원은 근본적으로 인간과 다르다는 이분법을 취함으로써 인간 중심적 사고에 박차를 가해왔다.

그러나 미래의 분류학자는 침팬지의 입장에서 이것을 보게 될지도 모른다. 약간 고등한 유인원('인간 침팬지'도 포함한 세 종의 침팬지)과 약간 하등한 유인원(고릴라, 오랑우탄, 긴팔원숭이)을 느슨하게 이분하는 것이다. 유인원(침팬지와 고릴라로 정의)과 사람을 구별하는 종래의 방법은 사실을 왜곡하는 것이다.

보노보 및 침팬지와 우리를 구별하는 유전적 차이(1.6퍼센트)는 고작 보노보와 침팬지를 구별하는 차이(0.7퍼센트)의 두 배에 지나지 않는다. 침팬지와 사람을 구별하는 거리는 두 종의 긴팔원숭이끼리의 차이(2.2퍼센트)나, 붉은눈비레오red-eyed vireo 와 흰눈비레오white-eyed vireo 처럼 비슷한 새끼리의 차이(2.9퍼센트)보다도 가깝다.

우리의 DNA 중 98.4퍼센트는 침팬지의 DNA와 같다. 예를 들어 혈액에 붉은색을 띠게 하고 산소를 운반하는 역할을 하는 단백질인 헤모글로빈은 287개의 단위 수까지도 침팬지의 헤모글로빈과 똑같다. 이 점에 있어서도 인간은 단지 제3의 침팬지일 뿐이다.

침팬지와 보노보에게 해딩되는 것은 우리에게도 해낭된다. 직립보행이라든가 커다란 두뇌, 말하는 능력, 숱이 적은 체모, 독특한 성생활 등 인간이 다른 침팬지와 구별되는 중요한 특징은 인간의 유전자 중에 있는 1.6퍼센트 속에 전부 모여 있는 것이다.

종 사이의 유전적 거리가 시간과 함께 일정한 비율로 축적되어 있다면, 유전적 거리는 일정하게 움직이는 시계의 역할을 하고 있는 셈이다. 유전적인 거리와 각각의 화석을 통해 얻은 분기 시점, 그 두 가지를 모두 알 수 있는 한 쌍의 종을 기준으로 잡기만 하면 두 종 간의 유전적

거리는 공통의 선조로부터 그것들이 나뉜 후 경과한 시간의 절대치로 환산할 수 있다.

고등 영장류에서는 이 두 가지 자료를 모두 알 수 있다. 화석 자료에 의하면 원숭이류와 유인원이 분기한 것은 2,500만 년~3,000만 년 전이고 DNA 사이에는 7.3퍼센트의 차이가 있다.

한편 오랑우탄이 침팬지, 고릴라에서 분기된 것은 1,200만 년~1,600만 년 전이고 양자의 DNA는 대략 3.6퍼센트 다르다. 이 두 예를 비교해보면, 1,200만 년~1,600만 년에서 2,500만 년~3,000만 년에 이르는 약 두 배의 진화 시간에 따라 유전적 거리(3.6~7.3퍼센트)도 약 두 배 정도 증가한 것을 알 수 있다. 그러므로 고등 영장류의 DNA시계는 비교적 일정한 속도로 움직여왔다고 할 수 있다.

이러한 기준을 사용해 시블리와 알퀴스트는 인류의 진화 연대를 다음과 같이 추정했다. 사람과 침팬지 사이의 유전적 차이(1.6퍼센트)는 오랑우탄과 침팬지와의 차이(3.6퍼센트)의 거의 반이기 때문에, 우리가 침팬지와 나뉘어 독자적인 길을 걷게 된 후 경과한 시간은 오랑우탄이 침팬지와 나뉜 다음 유전적 변이를 쌓아온 1,200만 년~1,600만 년의 거의 절반일 것이다. 따라서 사람과 '사람 이외의 침팬지'는 600만 년~800만 년 전에 그 계통이 나누어진 셈이다.

이와 마찬가지로 제3의 침팬지인 사람과 고릴라의 공통 선조가 나뉜 것은 약 900만 년 전이며, 보노보와 침팬지가 나뉜 것은 약 300만 년 전이라는 계산이 나온다.

하지만 내가 대학 1학년이던 1954년의 교과서에는 사람이 유인원의 계통에서 나뉜 지는 1,500만 년~3,000만 년 전이라고 쓰여 있었다. DNA시계는 단백질의 아미노산 배열과 미토콘드리아 DNA, 글로빈 의

사擬似 유전자 DNA 등에 근거한 다른 분자시계의 결론도 강력하게 지지하고 있다. 모든 시계가 예전의 고생물학자들이 추정하던 것과는 달리, 인류가 다른 유인원에서 분리된 후 독자적인 종으로서 지내온 역사가 짧음을 보여주고 있다.

침팬지는 인간이었다!

이러한 연구 결과는 동물계 안에서의 우리의 위치에 대해 무엇을 시사하는 것일까? 생물학은 생물을 계층적으로 분류한다. 생물은 아종亞種·종·속·과·상과上科·목·강·문으로 분류된다. 각 분류 단위의 범주는 그다음에 오는 것이 보다 더 광범위하다. 브리태니커 백과사전이나 내 서재에 있는 모든 생물학 책에는 사람과 유인원은 다 같이 영장 목, 사람 상과에 속하되 서로 다른 과, 즉 사람은 사람과에, 유인원은 오랑우탄과에 속한다고 쓰여 있다.

시블리와 알퀴스트의 연구 결과로써 이 분류 방식을 바꿀 것인가 아닌가는 분류에 대한 각자의 생각에 달려 있다. 전통적인 분류학자들은 종 사이의 차이가 얼마나 중요한가에 대해서 주관적인 판단을 함으로써 종을 더 상위의 범주로 분류해왔다. 그런 분류학은 커다란 뇌와 직립보행이라는 상당히 두드러진 기능적 특징 때문에 사람을 별도의 과로 분류한 것이지, 그 분류 자체가 유전적 거리 측정의 영향을 받은 것은 아니다.

그러나 분기분류학이라는 분류학의 한 분야에서는 분류는 객관적이고 일관성이 있어야 하며, 유전적 거리와 분기의 연대에 근거한 것이어야 한다고 믿고 있다. 모든 분류학자는 붉은눈비레오와 흰눈비레오 같은 비레오Vireo 속에 속하고, 긴팔원숭이의 여러 가지 종류는 모두 기번원숭이Hylobates 속에 속한다는 데에 의견이 일치한다. 그렇지만 이들 종 간의 유전적 차이는 사람과 다른 두 종의 침팬지와의 차이보다 크고 분기 연대도 훨씬 오래전이다.

이런 점에서 보면 사람은 별도의 과와 속조차도 형성하고 있지 않으며 침팬지나 보노보와 같은 속에 속한다. 사람의 속명인 '호모Homo'는 '다른' 침팬지를 위해 지어진 속명인 '팬Pan'보다 먼저 정해졌기 때문에 동물학상의 명명 규칙에 따라 호모에게 우선권이 있다.

그러므로 오늘날 지구상에는 호모 속에 속하는 종이 하나가 아니라 세 개가 되는 셈이다. 침팬지인 호모트라글로다이트스Homo troglo-dytes, 보노보인 호모패니스쿠스Homo paniscus 그리고 세 번째 침팬지, 즉 사람 침팬지인 호모사피엔스Homo sapiens이다. 고릴라도 거의 차이가 없기 때문에 네 번째 '호모'에 포함시킬 수 있다.

분기분류학을 신봉하는 분류학자들도 역시 인간 중심적 사고를 갖고 있기 때문에 사람과 침팬지를 같은 속에 넣는다는 사실을 받아들이기 힘들 것이다. 그러나 침팬지가 분기분류학을 공부한다면, 또 외계에서 분류학자가 와서 지구에 사는 생물의 리스트를 만든다면, 이 새로운 분류 방법을 채택할 것이라는 것은 의심할 여지가 없다.

인간과 침팬지의 미묘한 차이

사람과 침팬지 사이의 유전자는 특별히 어떻게 다른 것일까? 이 의문을 검토하기에 앞서, 유전 물질인 DNA는 도대체 무슨 일을 하는 것인지 알아둘 필요가 있다.

우리 DNA의 대부분은 그 기능이 알려져 있지 않으며 단순한 '분자의 잡동사니'일 수도 있다. 다시 말해 복제되었거나 예전의 기능을 잃어버린 DNA 분자들, 그리고 우리에게 해롭지 않아 자연선택되지 않은 잡동사니이다.

확실하게 밝혀진 DNA의 주요 기능은 단백질이라고 불리는 기다란 아미노산 사슬과 깊은 관계가 있다. 머리카락을 구성하고 있는 케라틴과 결합 조직을 구성하고 있는 콜라겐처럼 어떤 종류의 단백질은 우리의 몸을 형성하고 있고, 효소라고 불리는 다른 단백질은 몸속에 있는 여러 분자를 합성하거나 분해한다. DNA의 구성 요소인 작은 분자(핵산기) 배열이 단백질의 아미노산 배열을 결정하는 것이다. 기능적인 DNA의 다른 부분은 단백질의 합성을 통제한다.

눈으로 볼 수 있는 여러 특징 중 유전적으로 이해하기가 가장 쉬운 것은 단일한 단백질과 단일한 유전자들이 나타내는 특징이다. 예를 들면, 혈액 속의 산소를 운반하는 단백질인 헤모글로빈은 두 개의 아미노산 고리로 만들어져 있고 그 고리는 각각 한 조각의 DNA(단일 유전자)로 이루어져 있다.

이 두 개의 유전자는 적혈구 안에 들어 있는 헤모글로빈의 구조를 정하는 것 외에는 눈에 보이는 일은 아무것도 하지 않는다. 거꾸로 말하자면, 헤모글로빈의 구조는 두 개의 유전자에 의해 완전히 결정되는 것이다. 당신이 어느 정도 먹고 얼마만큼 운동하는가는 헤모글로빈을 얼마나 만드는가에 영향을 주지만, 헤모글로빈의 구조에는 영향을 주지 않는다.

앞의 예는 단순한 예이다. 눈에 보이는 특징에 영향을 끼치는 유전자도 있다. 예를 들어 테이색스Tay-Sachs 병이라는 치명적인 유전병이 있다. 일단 이 병에 걸리면 침을 흘리고 몸이 경직되며, 피부가 누렇게 변하고 머리가 기형적으로 성장하는 등의 해부학적 이상과 함께 이상행동도 많이 나타난다. 눈에 보이는 이런 영향은 그 전부가 '테이색스 유전자'라는 특수 유전자에 따라 결정되는 단일 효소의 변화에서 비롯된다는 것은 알려져 있다. 그러나 그것이 어떻게 일어나는지는 아직 밝혀지지 않았다.

이 효소는 우리 몸의 많은 조직 속에 존재하며 수많은 분자 성분을 분해하기 때문에, 이 효소에 변화가 생기면 광범위한 곳에 치명적인 영향을 끼친다. 반대로, 성인의 신장 같은 형질은 유전자의 지배와 함께 환경의 영향(어릴 적의 영양 상태 등)도 받는다.

개개의 단백질의 구조를 결정하는 많은 유전자의 기능에 대해서 과학자들은 여러 가지 사실을 알고 있지만, 행동과 같은 복합적으로 결정되는 형질에 관한 유전자의 기능에 대해서는 거의 모르고 있다. 예술, 언어, 공격성이라는 인간 특성의 형질이 단일한 유전자에 의해 지배된다고 생각하는 것은 어리석은 일이다. 개인 간의 행동 차이가 환경에 의해 크게 영향 받는 것은 확실하지만, 유전자에 의한 개인의 차이 또한 상당히 활발하게 논의되고 있는 문제이다. 그러나 침팬지와 사람에게서 일관되게 보이는 행동의 차이가 어떠한 유전자 때문인지는 잘 모른다 하더라도 유전적인 차이에서 비롯된 것만은 분명하다.

예를 들어 사람에게는 언어 능력이 있고 침팬지에게는 없는데, 이 차이는 성대의 구조와 뇌신경의 배선을 결정하는 유전자 차이에 의한 것이다. 심리학자의 가정에서 그 집의 아기와 함께 자란 같은 나이의 침팬지는 역시 침팬지처럼 보였고, 말을 하지도 두 발로 걷지도 않았다. 그러나 어떤 사람이 영어로 말하게 되는가 한국어로 말하게 되는가 하는 것은 유전자와는 전혀 관계가 없고 전적으로 유아 시절의 언어 환경에 의해 결정된다. 그것은 영어로 말하는 가정에 입양된 한국인 아이가 어떤 언어를 구사하게 되는지를 보면 알 수 있다.

앞의 설명을 종합했을 때 인간과 침팬지의 DNA가 1.6퍼센트 다르다는 것은 무엇을 말해주는가? 헤모글로빈을 만드는 중요한 유전자가 기본적으로 같다는 사실은 이미 알고 있으며, 어떤 종의 유전자는 큰 차이가 없다는 사실도 알고 있다.

지금까지 사람과 침팬지 양쪽에서 조사된 아홉 종류의 단백질 사슬의 아미노산 총 1,271개 가운데 다른 것은 다섯 개뿐이었다. 한 개는 근육질을 만드는 단백질의 한 종인 미오글로빈이고, 다른 하나는 그다지 중요하지 않은 헤모글로빈의 사슬인 델타 사슬이다. 나머지 세 개는 탄산 탈수 효소라는 효소 안에 포함된 것이다.

2장부터 7장까지 논의하겠지만 사람과 침팬지 간의 중요한 기능적 차이인 뇌 크기, 골반, 성대, 생식기 구조, 체모의 양, 암컷의 월경 주기, 폐경 그리고 그 외의 차이가 우리 DNA의 어느 부분에 의한 것인가에 대해서는 아직 모른다. 이런 중요한 차이는 지금까지 알려져 있는 나섯 개의 아미노산의 차이 때문이 아닌 것만은 확실하다.

자신 있게 말할 수 있는 것은 우리 DNA의 거의 일부분이 잡동사니라는 것, 사람과 침팬지의 1.6퍼센트 차이 중 적어도 일부는 잡동사니라는 것, 그리고 기능적으로 중요한 차이를 일으키는 유전자는 1.6퍼센트 안의 아직 밝혀지지 않은 작은 부분에 있다는 게 틀림없다는 사실이다.

침팬지와 다른 인간의 DNA 중 어떤 것은 신체에 커다란 영향을 준다.

대부분의 단백질 아미노산은 DNA에 있는 대체 가능한 최소 두 가지의 뉴클레오타이드nucleotide 기의 배열로 결정된다. 한 배열로부터 다른 대체 배열로 바뀌며 변화하는 것은 '침묵하는' 돌연변이며, 단백질의 아미노산 배열에 어떤 변화도 가져오지 않는다. 또 하나의 기에서 일어난 변화가 아미노산의 치환을 가져오는 경우, 어떤 아미노산은 다른 아미노산과 화학적 특성에 있어서 매우 흡사하며 단백질 속에서도 비교적 반응이 둔한 부분에 위치하기도 한다.

그러나 단백질의 어떤 부분은 상당히 중요한 역할을 한다. 중요한 부분에 있는 아미노산을 화학적으로 다른 성질을 가진 아미노산으로 치환하면 커다란 변화가 일어난다. 예를 들어 겸상적혈구빈혈증(흑인에게서 볼 수 있는 유전성 질환)은 치명적인 상태에 이르는 경우도 있는데, 그것은 헤모글로빈의 용해도 변화 때문이다.

그 변화는 헤모글로빈을 만들고 있는 287개의 아미노산 중 단 하나—아미노산을 결정하는 세 개의 뉴클레오타이드 중 하나—에서 일어난 변화 때문이다. 이 변화는 전기적으로 중성인 아미노산을 부전하를 가진 아미노산으로 치환해버리기 때문에 헤모글로빈 분자 전체의 전하를 바꿔버리고 마는 것이다.

어떤 유전자(또는 뉴클레오타이드 기)가 우리와 침팬지를 다르게 만들고 눈에 보이는 변화를 일으키는 결정적인 역할을 하는가는 확실히 모르지만, 단 하나의 유전자가 중대한 영향을 일으키는 예는 얼마든지 알려져 있다. 테이색스 환자와 정상인과의 차이에 대해서 이미 서술했듯이, 변화는 한 개의 효소에서 일어났다. 이것은 동종에 속하는 개체 간의 차이에 대한 예다.

아프리카의 빅토리아 호수에 사는 시클리드cichild는 이웃 종 간의 차이를 보여준다. 시클리드는 애완용으로 인기 있으며 그중 200종 이상이 빅토리아 호수 한곳에서, 단 하나의 선조 종으로부터 20만 년쯤 진화해 왔다.

이 200종이나 되는 시클리드는 그 식성이 호랑이와 소처럼 다른 것도 있다. 해초를 먹는 것, 다른 고기를 먹는 것, 조개를 부숴 먹는 것, 플랑크톤을 먹는 것, 곤충을 잡아먹는 것, 다른 고기의 비늘을 갉아 먹는 것, 다른 물고기의 어미가 양육하고 있는 새끼 물고기를 잡아먹는 것 등이 있다. 그럼에도 지금까지의 연구에 따르면 빅토리아 호수에 서식하는 시클리드의 DNA 사이에는 단 0.4퍼센트의 차이밖에 없다. 따라서 인간과 침팬지를 구별하는 유전적 돌연변이보다도 더 적은 변이만으로도 조개를 부숴 먹던 물고기가 치어稚魚를 잡아먹는 습성의 어종魚種으로 바뀔 수 있는 것이다.

침팬지의 '인권' 문제 — 의학 실험은 허용되는가?

인류와 침팬지 간의 유전적 차이에 대한 새로운 발견들은 분류학상의 명명에 관한 기술적 문제 외에, 무언가 더 폭 넓은 의미를 가지고 있을까? 아마 가장 중요한 의미는 전 세계에 분포되어 있는 인간과 유인원의 위치에 관한 우리의 생각과 관계가 있을 것이다.

명칭은 세세한 기술적 내용이 아니라 태도를 분명하게 드러내는 것이다(그것을 확실히 하기 위해 오늘 밤 배우자에게 '당신(그대)'이라는 호칭과 '이 돼지야'라는 호칭을 같은 표정과 말씨로 말해보라). 새로운 발견은 우리가 사람과 침팬지에 대해서 어떻게 생각해야 할지를 명시해주는 것은 아니다. 다윈의 《종의 기원》처럼 그 발견은 우리의 생각에 영향을 줄 것이다. 그리고 우리의 입장을 재조정하는 것은 아마 여러 해가 걸릴 것이다. 여기서는 영향 받기 쉬운 논쟁의 영역, 즉 유인원의 이용 문제를 예로 들어볼 생각이다.

현대의 사람들은 동물(유인원도 포함)과 인간과의 사이에 근본적인 경계를 두고 있고, 이 구분은 우리의 윤리 기준과 행동의 길잡이가 되고 있다.

예를 들어 유인원을 우리에 넣고 동물원에서 구경거리로 만드는 것은 아무렇지도 않게 생각하는 데 비해, 인간에게 같은 짓을 하는 것은 있을 수 없는 일이라고 생각한다. 동물원의 침팬지 우리 앞 팻말에 '호모트라글로다이트스'라 쓰여 있다면 관광객은 어떻게 반응할까? 동물원의 유인원에 대해 사람들이 동정이나 관심을 갖지 않는다면, 야생에서의 유인원 보호에 관한 재정적 지원은 지금보다 훨씬 줄어들 것이다.

의학 연구를 위한 치명적인 실험에 본인의 승낙 없이 유인원을 이용하는 것은 상관없는 일이지만 인간에게는 안 된다고 생각한다는 것은 앞에서도 서술한 바 있다. 실험에 유인원을 이용하는 이유는 유인원이 유전적으로 인간과 상당히 비슷하기 때문이다. 유인원도 인간과 같은 병에 걸리고, 병원체에 대해서도 인간과 같은 반응을 보인다. 그렇기 때문에 유인원을 실험에 이용하면 다른 동물을 이용하는 것보다도 인간에 대한 치료법을 향상시키는 데 도움이 된다.

이러한 윤리적 선택은 유인원을 우리에 넣고 구경시킬 수 있는가 없는가 하는 문제보다도 훨씬 심각한 문제를 안고 있다. 결국 우리도 몇 백만 명이 되는 범죄자를 동물원의 유인원보다도 열악한 상태에 철저히 가둬두고 있다. 그러나 침팬지보다는 인간을 실험 대상으로 삼는 것이 의학자들에게 더욱 중요한 정보를 제공하여도 의학 연구에 인간을 동물과 같은 식으로 이용한다는 것은 사회적으로 용납할 수 없는 일이다.

나치의 의사들이 강제수용소에서 행했던 인체 실험은 나치가 저질렀던 수많은 언어도단적인 행위 중에서도 가장 나쁜 짓으로 일컬어지고 있다. 그런데 침팬지에게는 왜 그러한 실험을 해도 괜찮다는 것인가?

우리는 박테리아에서 인간에 이르는 범위 중 어디까지가 살인이며, 고기를 먹는 행위가 식인종이 되는 것인지 기준선을 정해야 한다.

보통 인간과 다른 모든 동물과의 사이에는 선이 그어져 있다. 그러나 세상에는 어떤 동물도 먹고 싶어 하지 않는 채식주의자도 많이 있다. 또한 동물의 권리 보호 운동에 참여하고 있는 사람도 점점 증가하고 있다. 이들은 의학 실험에 동물을 이용하는 것, 또는 최소한 어떤 종의 동물을 이용하는 것에 반대하고 있다. 특히 개와 고양이와 영장류에 대한 의학 실험을 규탄하고 있는데, 쥐에 대해서는 그 정도가 조금 덜하고, 곤충과 박테리아에 대한 실험은 반발하지 않는다.

만약 우리의 윤리관이 인간과 다른 동물과의 사이에 완전히 독단적인 경계를 설정해둔 것이라면, 그것은 더 이상 높은 차원의 원칙은 없다는 식의 공공연한 이기심에 근거한 것이다. 지능과 사회적인 관계, 그리고 고통을 느끼는 능력에 있어서 동물보다 훨씬 우수하다는 점을 근거로 경계를 나눈다면, 인간과 다른 동물 사이에 절대적인 선을 긋는 논리를 정당화하기 어려워질 것이다. 왜냐하면 실험 대상이 되는 종이 바뀔 때마다 서로 다른 윤리적 규제를 적용해야 할 테니 말이다.

유전적으로 인간과 가장 가까운 동물에게는 특별한 권리를 주자는 주장은 공공연한 이기심의 형태를 바꾼 것에 불과하다. 그러나 지금 거론되는(지능, 사회적인 관계 등) 점을 고려한다면 침팬지와 고릴라가 곤충이나 박테리아보다 상대적으로 나은 대우를 받을 만하다는 객관적인 주장이 나올 수는 있다. 현재 의학 연구에 사용되고 있는 동물 중 의학 실험 이용을 전면적으로 금지시켜야 할 동물이 있다면, 그건 바로 침팬지다.

동물 실험에 따른 윤리적 딜레마는 침팬지가 멸종 위기에 처해 있기 때문에 발생한다. 의학 실험은 침팬지의 개체를 죽일 뿐만 아니라, 침팬지 종 자체를 사라지게 할 위험을 안고 있다. 실험 목적으로 침팬지를 잡아들였던 것이 야생 침팬지 집단에 대한 유일한 위협이었다고 말하는 것은 아니다. 서식지를 파괴하고 동물원에 보내기 위해 마구 포획해 온 것도 커다란 원인이다. 그러나 실험을 위한 수요가 하나의 중대한 위협이었다는 사실만으로도 충분히 문제가 된다.

윤리적 딜레마를 심화시키는 요인은 이외에도 더 있다. 한 마리의 침팬지를 생포하여 의학 연구실로 보내기 위해 여러 마리의 야생 침팬지를 죽이는 것(예를 들어 어미를 죽이고 새끼를 잡는 등)과 야생 침팬지 보호 운동에 협력하는 것은 자신들의 이익과 직결되는데도 의학자들이 보호 운동에 거의 참여하고 있지 않고 있다. 또 연구용으로 이용되는 침팬지의 상당수가 매우 열악한 환경에서 사육되고 있다.

의학 실험에 이용되는 침팬지를 처음 본 것은 미국의 국립 의학 연구소에서였는데 그 침팬지는 서서히 작용하는 치명적 바이러스에 감염되어, 수년 동안 놀이 도구도 없는 작은 실내 우리에 혼자 갇힌 채 죽음만을 기다리고 있었다.

사로잡아 사육한 침팬지를 실험에 이용하면 야생 침팬지 집단을 멸종시킨다는 반대에는 부딪히지 않게 된다. 그러나 그것이 기본적인 딜레마를 해결해주지는 않는다. 아프리카 노예무역이 폐지된 후에도 미국에서 태어난 흑인을 노예로 부림으로써, 19세기의 미국에서 흑인 노예제가 허용된 경우와 다를 바 없다.

사람Homo sapiens은 실험에 이용하면 안 되고, 침팬지Homo troglodytes은 실험에 이용해도 좋은 것인가? 반대의 상황을 생각해보자. 현재 침팬지를 이용해 A라는 난치병 연구를 진행하고 있다. A난치병에 걸려 죽어가고 있는 아이를 둔 부모에게 당신의 아이보다 침팬지가 더 중요하므로 연구를 중단해야 한다고 어떻게 설명할 수 있을까?

단순히 과학자만이 아니라 궁극적으로는 우리가 그 가혹한 결정을 내리지 않으면 안 된다. 이때 사람과 유인원에 관한 견해가 그 결정을 좌우할 것이다.

결국 유인원이 야생의 세계에서 계속 생존할 수 있느냐의 문제는 우리의 태도에 달려 있다. 현재 유인원들은 그들의 서식처인 아프리카와 아시아에 걸친 열대우림의 파괴와 합법적·위법적 포획으로 인해 위기에 놓여 있다. 만약 지금의 상태가 계속되면, 올해 태어난 아기가 대학에 들어갈 때쯤에는 마운틴고릴라(아래위 턱뼈와 이빨이 길며 팔은 짧다-옮긴이), 오랑우탄, 보닛긴팔원숭이pileated gibbon(태국 남서부, 캄보디아에 분포-옮긴이), 클로스긴팔원숭이kloss gibbon(온몸의 털은 광택이 있는 검은색으로 수마트라 서부에 분포-옮긴이) 그리고 그 외의 유인원들도 동물원에서나 겨우 볼 수 있게 될 것이다.

우간다, 자이르, 인도네시아의 정부를 상대로 그곳에 살고 있는 유인원을 보호해야 한다고 호소하는 것만으로는 부족하다. 그들 나라는 가난해서 국립공원을 조성하여 유지하는 데 드는 엄청난 비용을 감당할 수 없다.

그러므로 제3의 침팬지인 우리가 제2의 침팬지도 보호할 가치가 있다고 생각한다면, 부유한 나라에 살고 있는 우리가 그 비용을 부담해야 한다. 유인원들의 입장에서는 인간이 세 종류의 침팬지에 대해 배움으로써 파생되는 여러 효과들 가운데서도 특히 '부유한 나라의 비용 부담'이 가장 큰 관심사일 것이다.

대약진

갑자기 출현한 인간성

유인원의 계통에서 분기된 후 몇 백만 년 동안에는 인간도 살아가는 방식에 있어서 약간 영악한 침팬지에 지나지 않았다. 불과 4만 년 전만 해도 서유럽에는 기술도 진보도 거의 없는 원시 상태의 네안데르탈인이 살고 있었다. 그러다 해부학적으로 현대인과 같은 인간들이 기술, 악기, 램프, 무역과 진보를 가지고 유럽에 출현해 갑작스럽게 변화가 일어난 것이다. 그러자 아주 짧은 기간 안에 네안데르탈인은 자취를 감추고 말았다.

유럽에 일어난 그 대약진은 이보다 수만 년 앞서 서아시아와 아프리카에서 일어난 것과 같은 진보 중 하나다. 몇 만 년이라고는 하지만 인간이 유인원에서 분기해 지내온 오랜 역사 속에서 보면 그저 한순간에 지나지 않는다(1퍼센트 이하). 역사상 우리가 인간으로 불릴 수 있게 된 시기가 있다면 바로 이 대약진의 시기이다. 인간이 동물을 사육하고 농사를 짓고 문자를 발명하기까지, 수만 년 정도의 시간밖에 걸리지 않았다. 따라서 인류를 다른 동물로부터 분리하고, 메울 수 없는 차이를 가져온 문명의 기념비적인 것들—〈모나리자〉, 〈영웅 교향곡〉, 에펠탑, 인공위성, 다카우 강제수용소의 소각로, 드레스덴 공습—에 이르기까지 그로부터 불과 몇 발자국이었던 것이다.

이 장에서는 갑작스럽게 출현한 인간의 특성에 관련된 문제를 다룰 것이다. 무엇이 이러한 변화를 가져왔고, 왜 그렇게 돌연히 일어났을까? 네안데르탈인을 몰락시킨 원인은 무엇이고, 그들은 도대체 어떻게 되었을까? 네안데르탈인과 현생 인류는 한 번이라도 얼굴을 마주친 적이 있었을까? 만약 얼굴을 마주쳤다면 서로 어떻게 대했을까?

이 대약진을 이해하기는 어렵고 설명하는 것도 쉽지 않다. 직접적인 자료는 보존된 뼈와 석기 유물에 관한 전문적인 연구 자료이다. 고고학자가 쓴 논문에는 '횡단 후두부의 융기'라든지 '뒤로 기운 이마뼈'라든지 '샤텔페르니아의 등을 댄 칼' 등 일반인은 알아들을 수 없는 언어로 표현되어 있다. 우리의 선조가 어떤 생활을 했고 어떤 특성이 있었는가를 알 수 있는 자료들이 그대로 보존되어 있는 것이 아니므로, 뼈와 도구에 관한 전문적인 기술을 이용해 유추할 수밖에 없다.

자료는 턱없이 부족하고 그나마 남아 있는 자료의 해석을 둘러싼 고고학자들의 의견도 늘 대립되고 있다. '뒤로 기운 이마뼈'에 관해서 더 알고자 하는 사람은 책 마지막 부분의 '참고 문헌 소개'에 있는 책과 문헌을 읽어보면 될 테니, 여기서는 뼈와 도구의 유물에서 유추할 수 있는 것에 대해 서술해보겠다.

원인猿人에서 원인原人, 그리고 호모사피엔스로

지구상에 최초의 생명이 탄생한 것은 수십억 년 전이다. 공룡은 약 6,500만 년 전에 멸종했다. 우리 조상이 침팬지 조상과 갈라진 것은 불과 600만~1,000만 년 전 사이였다. 인류의 역사는 생명의 역사에서 보면 정말 하찮은 것이다. 원시인이 공룡을 피해 달아나는 공상과학 영화는 그야말로 공상과학일 뿐이다.

사람, 침팬지, 고릴라의 공통 선조는 아프리카에서 살았다. 침팬지와 고릴라는 지금도 그곳에 살고 있으며 우리도 수백만 년 전까지는 그곳에서만 살았다. 우리의 선조도 원래는 유인원의 일종이었지만 잇달아 일어난 세 가지 변화를 계기로 현재의 인류로 향하기 시작했다.

그 변화 중 최초의 것은 약 400만 년 전쯤의 일이다. 당시의 팔다리 뼈 화석을 보면 그 구조상 인류가 습관적으로 뒷발을 딛고 서서 걷게 된 것이 바로 그때부터라는 걸 알 수 있다. 이에 비해 고릴라와 침팬지는 보통 네발로 걷다가 어쩌다 두 발로 서곤 한다. 뒷발로 걷게 된 덕분에 우리의 선조는 앞발을 다른 용도로 사용할 수 있게 되었는데, 그중에서도 도구를 사용할 수 있게 된 것이 가장 중요한 변화다.

두 번째 변화는 300만 년 전, 우리의 계통이 크게 두 종으로 나누어진 것이다. 같은 지역에 살고 있는 두 종의 동물은 생태학적으로 각각의 역할이 다를 뿐만 아니라 대개는 서로 교미할 수도 없었다. 예를 들어 코요테와 늑대는 분명히 가까운 종으로(늑대가 미국 전역에서 멸종되기 전), 대부분 북아메리카에서 함께 살고 있었다. 그러나 늑대가 몸집이 크고 사슴과 고라니 같은 대형 포유류를 사냥하며 대부분 큰 무리를 지어 살고 있는 데 비해, 코요테는 몸집이 작고 주로 토끼나 쥐 같은 작은 포유류를 사냥하며 한 쌍이나 작은 가족 단위로 살고 있다. 대개 코요테는 코요테끼리 교미하고 늑대는 늑대끼리 교미한다.

그와 대조적으로 현재의 인간 집단은 폭넓게 접촉하는 다른 인간 집단과도 교미가 가능하다. 현생 인류 사이에 존재하는 생태학적인 차이는 순전히 어린 시절 교육의 산물이다. 인간의 어떤 집단은 날카로운 이를 가지고 사슴 사냥에 적합하도록 태어난 데 비해, 다른 집단은 나무열매 채취에 적합하도록 뭉툭한 이를 가지고 태어나며, 사슴을 사냥하는 집단과는 결혼하지 않는다. 그럼에도 현생 인류는 모두 같은 종에 속한다.

그러나 과거에 인류의 계통은 늑대와 코요테처럼 별개의 종으로 갈라지게 된 기회를 두 번쯤 겪었다. 뒤에 설명하겠지만, 그 두 기회 중 나중의 것은 대약진의 시기와 일치하는 것 같다. 앞서의 기회는 약 300만 년쯤 전의 것으로 그때 우리의 계통이 둘로 나누어졌다.

하나는 두꺼운 두개골과 상당히 큰 치아를 가지고 섬유질 식물을 먹었던 것으로 짐작되는 원인猿人으로, 오스트랄로피테쿠스 로우버스투스Australopithecus robustus('튼튼한 남쪽 원숭이'라는 뜻)로 불리는 것이다. 또 하나는 연약한 두개골과 작은 치아를 가진 잡식성 원인으로, 오스트랄로피테쿠스 아프리카누스Australopithecus africanus('아프리카의 남쪽 원숭이'라는 뜻)라고 불리는 것이다. 후자는 그 후 뇌가 좀 더 큰 호모하빌리스Homo habilis('솜씨 있는 사람'이라는 뜻)라고 불리는 종으로 진화했다.

그러나 일부 고생물학자들은 호모하빌리스의 암컷과 수컷이라는 화석의 두개골 크기와 치아 크기가 아주 다르다는 것을 발견했다. 따라서 이들은 분명하게 구분되는 두 종류의 하빌리스, 말하자면 호모하빌리스와 미지의 '제3의 인간'을 만들어낸 또 다른 분기점이 있었음을 나타내고 있다. 이렇게 200만 년 전에는 적어도 두 종, 어쩌면 세 종의 선행 인류가 있었다.

우리의 선조가 유인원보다 조금 더 인간답게 바뀌게 된 세 번째 변화는 석기를 일상적으로 사용하게 된 것이다. 도구 사용은 인류의 특징 가운데 하나이지만 동물들도 종종 도구를 사용한다. 딱따구리핀치 woodpecker finch, 이집트민목독수리egyption vulture, 해달을 비롯한 많은 종이 각각 독립적으로 먹이를 손으로 잡기도 하고 가공하기 위해서 도구를 사용한다. 그러나 인간처럼 도구에 많이 의존하지는 않는다. 침팬지도 빈번히 도구를 사용하고 때로는 석기도 사용하지만 자연을 바꾸어 버릴 정도로 사용하지 않는다.

그러나 250만 년쯤 전 선행 인류가 살았던 동아프리카 땅에 대량의 조잡한 석기가 나타나게 되었다. 그곳에는 두 종 또는 세 종의 선행 인류가 살았었는데, 도구를 만든 것은 과연 누구였을까? 아마도 연약한 두개골을 가진 종일 것이다. 왜냐하면 연약한 두개골을 가진 종과 도구가 함께 존재했으며 같이 변화해나갔기 때문이다. 수백만 년 전에는 두종 또는 세 종의 인류가 존재했지만 현재는 한 종밖에 없으니, 나머지는 멸종한 것이 분명하다.

어느 것이 우리의 선조이고, 어느 것이 진화의 먼지 속으로 사라져버렸으며, 언제쯤 분리된 것일까?

살아남은 것은 연약한 두개골을 가진 호모하빌리스이고 그들의 뇌와 몸의 크기는 커져갔다. 약 170만 년 전에는 인류학자들이 호모에렉투스Homo erectus('직립인간'이라는 뜻으로 화석인류 가운데서 170만~50만 년 전에 존재했던 원인-옮긴이)라는 새로운 이름을 붙일 만큼 충분한 변화가 일어났다(호모에렉투스 화석은 앞에서 언급한 어떤 화석보다도 먼저 발견되었기 때문에, 이 종에 이름을 붙인 과학자들은 앞선 원인들도 똑바로 서서 걸어 다녔다는 사실을 몰랐다).

튼튼한 원인은 120만 년 전보다 뒤인 어떤 시점에서 소멸했고, '제3의 인간'—만약 그러한 것이 존재했다면—도 그때쯤 멸종했다. 왜 호모에렉투스가 살아남고 튼튼한 원인은 살아남지 못했는가에 대해서는 추측만 할 수 있다. 호모에렉투스는 육식과 채식을 하며 커다란 뇌와 도구를 가지고 있었기 때문에, 채식만 하며 살았던 튼튼한 원인보다 살아남는 데 훨씬 유리했다는 것이 그럴듯한 추측이다. 호모에렉투스가 이 친척들을 먹잇감으로 사냥하여 멸종시켰을 가능성도 있다. 지금까지 이야기한 것은 전부 아프리카 대륙에서 일어난 일이다.

결과적으로 아프리카 무대에는 호모에렉투스만이 단 한 종의 선행 인류로 남았다. 호모에렉투스가 드디어 자신들의 세계를 넓게 된 것은 겨우 100만 년 전부터다. 그들의 석기와 유골은 서아시아와 극동아시아(한국, 일본, 중국 지역. 이곳에는 베이징 원인原人과 자바 원인原人이라는 유명한 화석이 있다)를 거쳐 유럽에 도달했음을 보여주고 있다. 그들의 뇌는 더욱 커지고 둥글어져 현생 인류의 모습을 갖추었다. 약 50만 년 전에 우리 조상의 일부는 초기의 호모에렉투스와는 다른 현재의 우리와 비슷한 외형을 갖추었다. 따라서 두개골과 이마의 융기 부분이 두껍긴 하지만 그들은 현생 인류와 같은 종인 호모사피엔스Homo sapiens(생각하는 사람-옮긴이)로 분류된다.

인류 진화의 상세한 내용을 잘 모르는 독자는 호모사피엔스가 출현한 것이 대약진의 기초가 되었다고 생각하겠지만, 그것은 잘못된 생각이다. 50만 년쯤 전에 우리 인류가 혜성처럼 사피엔스의 지위로 등장하고, 그때까지 별의미가 없는 행성이었던 지구에 드디어 예술과 세련된 기술이 꽃피면서 지구의 역사에 영광의 순간이 찾아온 것일까? 당치도 않은 말이다. 호모사피엔스의 등장은 하나의 사건이 될 수 없었다. 동굴 벽화, 집 그리고 활과 화살 등의 출현은 그로부터 수십만 년은 지난 뒤의 일이다. 그들이 사용하던 석기도 호모에렉투스가 100만 년 가까이 사용하던 조잡한 것 그대로였다. 초기의 호모사피엔스가 호모에렉투스보다 뇌가 커졌다고는 하지만 생활 방식에는 아무런 영향도 주지 못했다.

호모에렉투스와 초기의 호모사피엔스가 아프리카 이외의 땅에서 살았던 오랜 주거 기간에 비해 문화의 변화는 매우 느리게 진행되었다. 사실 중요한 진보라 불릴 만한 사건은 불의 사용뿐인지도 모른다. 베이징 원인이 살았던 동굴에 재, 목탄, 불에 탄 뼈 등, 불을 사용했다는 가장 오래된 증거가 있다. 이 증거들이 번개 때문이 아니라 정말 인간이 사용한 불에 의한 것이라면, 이러한 진보도 그나마 호모사피엔스가 아닌 호모에렉투스 때에 이루어진 것이다. 호모사피엔스의 출현은 우리가 인간성을 가지게 된 것은 유전자의 변화와 직접적인 관계가 없다는 것을 설명한다. 초기의 호모사피엔스는 침팬지 시대부터 진보되어 가면서 문화보다는 해부학적으로 진보하고 있었다. 제3의 침팬지가 시스티나성당에 그림을 그릴 생각을 할 수 있기까지는 몇몇 결정적인 요소가 첨가되어야 했다.

원인原人은 위대한 사냥꾼이었는가?

호모에렉투스와 호모사피엔스가 등장하기까지의 150만 년 동안 우리의 선조는 어떤 생활을 했을까?

사람 과科의 계통도

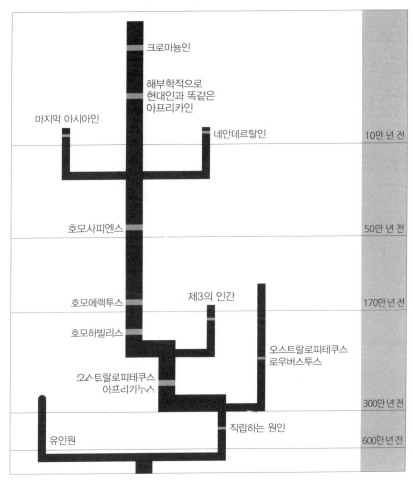

크로마뇽인

해부학적으로
현대인과 똑같은
아프리카인

마지막 아시아인

네안데르탈인

10만 년 전

호모사피엔스

50만 년 전

호모에렉투스

제3의 인간

170만 년 전

호모하빌리스

오스트랄로피테쿠스
로우버스투스

오스트랄로피테쿠스
아프리카누스

300만 년 전

직립하는 원인

유인원

600만 년 전

그림 2

지금까지 사람과 중에서 많은 가지가 멸종해왔다. 오스트랄로피테쿠스 로우버스투스, 네안데르탈인 등은 잘 알려진 예지만, 그 외에도 미지의 '제3의 인간'과 네안데르탈인, 네안데르탈인과 동시대의 아시아인 등도 포함된다. 호모하빌리스의 마지막 후예 중 한 사람이 현대인으로 진화했다. 이 계통에 나타나는 화석의 변화를 알기 쉽게 명명하면 대략 다음과 같이 나눌 수 있다. 호모하빌리스, 약 170만 년 전에 출현한 호모에렉투스, 약 50만 년 전에 나타난 호모사피엔스다.

이 시기에 사용되던 도구 중 지금까지 남아 있는 것은 석기뿐이지만, 그 석기라는 것도 바로 최근까지 폴리네시아인과 아메리카 원주민 그리고 신석기시대 사람들이 만든 아름답고 세련된 석기와 비교하면 아주 조잡한 물건이다.

초기의 석기에는 여러 가지 크기와 형태가 있어 고고학자들은 그 차이에 따라 '손도끼', '고기 자르는 칼', '도끼' 등으로 각각 이름을 붙였다. 이렇게 이름을 붙이면 기능이 분명했던 것처럼 생각되지만, 사실 초기 석기는 훨씬 뒤에 크로마뇽인이 만들었던 낚싯바늘이나 작살의 촉처럼 특정한 기능을 하는 일관되고 명확한 차이는 없었다.

도구가 마모된 상태를 보면 이 석기들은 고기, 뼈, 가죽, 목재, 그리고 식물의 목질木質 이외의 부분 등 여러 가지 것을 자르는 데 사용되었음을 알 수 있다. 그러나 크기나 형태가 어떠하든 모든 석기는 무엇인가를 자르는 데 사용되었던 것이어서 고고학자가 붙인 도구의 이름은 일련의 석기를 임의로 구분한 것일 따름이다.

이 점에서도 부정적인 증거는 충분히 있다. 호모에렉투스나 초기의 호모사피엔스에게서는 대약진 이후에 도구에 나타난 여러 가지 진보를 볼 수 없다. 또 뼈로 만든 노구나 그물을 만드는 데 쓰이는 밧줄 그리고 낚시 도구도 없었다. 초기의 석기는 어느 것이나 직접 손으로 쥐고 사용한 듯하다. 즉 우리가 나무 손잡이에 쇠로 된 도끼날을 박아 넣어 사용하듯 도구의 힘을 증가시키기 위해 다른 어떤 것을 덧붙인 흔적은 찾아볼 수 없다.

우리의 초기 선조들은 이렇게 조잡한 도구로 어떤 식량을 어떻게 구했을까? 이 점에 대해 인류학 교과서는 보통 '사냥하는 사람'과 같은 제목을 붙여 설명을 늘어놓고 있는데, 그 요점은 개코원숭이, 침팬지, 그 외의 몇몇 영장류는 가끔 소형 척추동물을 잡아먹지만 부시먼과 같은 현대의 석기인들은 대형 동물을 많이 사냥했다는 것이다. 여러 가지 고고학적 증거에 의하면 크로마뇽인들도 그랬다.

초기의 선조들은 고기를 먹었던 것으로 보인다. 동물의 뼈에 석기의 흔적이 남아 있기도 하고, 석기로 고기를 자른 흔적도 보이기 때문이다. 그러나 정말로 문제가 되는 것은 우리의 초기 선조가 대형 동물 사냥을 얼마나 많이 했는가 하는 것이다. 과거 150만 년 동안 대형 동물 사냥 기술은 서서히 진보해온 것일까? 그렇지 않다면 대약진 이후에야 비로소 대형 동물 사냥이 우리의 식생활에 커다란 비중을 차지하게 된 것일까?

인류학자들은 인간은 오랫동안 대형 동물 사냥의 명수였다고 말해왔다. 그 이야기를 뒷받침해주는 증거는 주로 50만 년쯤 전에 그들이 거주한 것으로 보이는 세 군데의 유적에서 찾아볼 수 있다. 하나는 호모에렉투스(베이징 원인)의 뼈와 도구가 수많은 동물의 뼈와 함께 발견된 베이징 근처에 있는 저우커우뎬周口店 동굴이고 나머지는 코끼리 등 대형 동물의 뼈와 석기가 함께 나온 스페인의 토랄바torralba과 암브로나 ambrona 유적이다. 보통은 도구를 남긴 사람들이 동물을 사냥하여 시체를 그곳까지 운반해서 거기에서 고기를 먹었던 것으로 추측된다.

그러나 이 세 곳의 유적에서는 하이에나의 뼈와 배설물도 발견되었기 때문에 사냥을 하고 고기를 먹었던 것은 하이에나일 수도 있다. 특히 스페인의 두 유적지는 사냥꾼의 캠프라기보다는 현재의 아프리카에 있는 웅덩이에서 자주 볼 수 있는 썩은 고기와 물을 찾아 헤매다 죽은 동물의 뼈 무덤처럼 보인다.

초기 인류가 고기를 먹었다고는 하지만 얼마나 먹었는지, 직접 사냥

을 해서 먹었는지, 아니면 죽은 동물의 시체를 찾아 헤맸는지에 대해서
는 자세히 알 수 없다. 인류의 수렵 기술에 대한 충분한 증거가 보이는
시기는 그보다 훨씬 뒤인 10만 년 전부터인데, 그때에도 여전히 인류는
대형 동물의 수렵자로서는 대단하지 않았다. 때문에 50만 년 이전의 초
기 인류는 사냥꾼으로서는 아주 미숙했음에 틀림없다.

'사냥하는 사람'이라는 신화는 우리에게 아주 친숙한 것이 되었기 때
문에, 오랫동안 수렵이 상당히 중요했다는 신앙을 버리기는 아주 어렵
다. 오늘날에는 대형 동물을 사냥하는 것이 궁극적인 남자다움의 표현
으로 여겨지고 있다. 이런 생각에 사로잡혀 있기 때문에 남자 인류학자
들은 인류 진화에 있어서 대형 동물 사냥의 역할을 과대평가하는 경향
이 있다.

그리고 그들은 초기 인류의 남자들이 서로 협력하고, 언어를 발달시
키고, 커다란 뇌를 가지게 되고, 그룹을 만들고, 식량을 분배하게 된 것
도 모두 대형 동물 사냥의 결과였다고 생각하고 있다. 또한 여자도 남
자들이 하는 대형 동물 사냥에 의해 변화했다고 생각하고 있다. 침팬지
처럼 매월 배란의 징후가 겉으로 드러날 경우, 여기를 둘러싼 경쟁에 남
자들이 이성을 잃어 수렵을 위한 협력 관계에 지장을 주기 때문에, 여
자는 배란의 징후를 나타내지 않게 되었다고 한다.

그런 축구장의 탈의실에서나 있을 법한 남자들의 시끌벅적한 성적인
자극에 따른 떠들썩한 상태를 과장되게 열거한 문장의 전형적인 예로,
인류의 진화에 대해서 쓴 책인 로버트 아드레이Robert Ardrey의 《아프리
카의 기원African Genesis》을 보도록 하자.

"지금은 잊힌 불모의 땅 어딘가에서 어렵게 살아왔던 전前 인류의 집

단 가운데, 어디에서 왔는지 알 수 없는 미지의 입자가 어떤 유전자를 파괴하고 육식 영장류로 탄생했다. 그것은 영구히 잊혀지는 않을 것이다. 그것이 좋은 것이건 나쁜 것이건, 비극으로 인도하건 승리로 인도하건, 궁극적으로 영광을 가져오게 되든가, 파국을 초래하게 되든가는 물을 것도 없이, 어쨌든 지능이 살인의 길을 가는 데 결부됐고, 카인은 곤봉과 돌을 손에 들고 황야를 뛰어다니는 발을 가지고 고원지대에 나타났던 것이다."

이 얼마나 어처구니없는 환상인가! 수렵에 대해서 과장된 시각을 가지고 있는 건 서구의 남성 작가나 인류학자들만은 아니다. 나는 뉴기니에서 최근에야 비로소 석기시대에서 벗어난 진짜 수렵인들과 같이 지내고 있었다. 캠프파이어 앞에 둘러앉아 여러 종류의 사냥물과 그들의 습성, 잡는 방법 등에 대해 나누는 이야기는 끝이 없었다. 독자들이 그들의 이야기를 듣는다면, 그들이 매일 저녁식사로 사냥한 캥거루 고기를 먹고 거의 날마다 사냥만 하는 것처럼 생각할 것이다. 그러나 실제로 뉴기니인 사냥꾼들은 일생 동안 단지 몇 마리의 캥거루만을 잡을 수 있다는 점을 알고 있다.

나는 아직도 뉴기니의 고지에서 활과 화살로 무장한 열두 명의 남자들과 함께 사냥을 나갔던 첫날 아침을 생생하게 기억한다. 일행이 쓰러져 있는 나무 옆을 지날 때 갑자기 흥분된 외침이 들렸고 사람들이 쓰러진 나무를 둘러싸고 있었다. 화살의 시위를 당기는 사람들도 있었고, 나뭇가지를 밟으면서 덤불 속으로 돌진하는 사람들도 있었다. 나는 틀림없이 흥분한 수퇘지나 캥거루가 격투를 벌이고 있을 거라고 생각하고, 안전한 장소로 피신하기 위해 기어오를 수 있을 만한 나무를 찾왔다. 그때 환호성이 들리고 덤불 안에서 건장한 사냥꾼 두 명이 노획물을 높이 쳐들며 나타났다. 그 손에는 아직 홀로 날 수도 없고, 10그램도 안 돼 보이는 두 마리의 굴뚝새 새끼가 있었다. 그들은 순식간에 새의 날개를 뜯고 불에 구워서 먹어버렸다. 그날의 다른 소득이라고 해봤자 고작 개구리 몇 마리와 버섯뿐이었다.

초기의 호모사피엔스의 것보다 훨씬 성능 좋은 무기를 가지고 있는 현대의 수렵·채집인에 대한 연구에서도, 한 가족에게 필요한 열량의 대부분은 여성이 채집해오는 식물이 차지하는 것을 알 수 있다. 남성이 가지고 오는 것은 토끼 같은 작은 동물뿐, 모닥불 옆에 앉아서 떠들 만한 영웅담은 못 된다. 이따금 남성이 큰 동물을 잡아 단백질을 공급하는 커다란 역할을 완수하기도 한다. 그러나 그것은 식량이 될 만한 식물이 거의 없고 대형 동물 사냥이 주요 식량 공급원이 되는 북극 지방에 국한된 것이다. 그리고 인류가 북극에서 거주하기 시작한 것도 과거 수천 년에 지나지 않는다.

인간이 현재와 같은 인류의 몸 구조와 행동을 완전히 갖추게 되기까지 대형 동물 사냥이 일상의 식량 공급에 크게 보탬이 되지는 않았다고 여겨진다. 나는 수렵 활동이 인류 특유의 뇌나 사회를 발달시키는 추진력이 되었다는 일반론을 그다지 믿지 않는 편이다. 오랜 역사 속에서의 인간은 위대한 수렵인이 아니라 식물이나 소형 동물을 얻기 위해 석기를 사용하는 약삭빠른 침팬지였던 것이다. 가끔 커다란 동물을 죽인 적도 있긴 하나, 좀처럼 보기 드문 일에 관한 이야기들이 과장되어 계속 되풀이되었던 것이라고 생각된다.

네안데르탈인의 조잡한 생활

대약진이 일어나기 전 구대륙의 몇몇 지역에는 적어도 세 가지 다른 인류 집단이 살고 있었다. 이들은 최후의 진정한 원시인이었으며 대약진 시기에 현생 인류에 의해 밀려났다. 최후의 원시인 중 신체 구조가 가장 잘 알려져 있고 원시인의 대명사 격인 네안데르탈인(네안데르탈인이라는 이름은 최초의 화석 중 하나가 발견되었던 독일의 네안데르탈이라는 지명—탈Thal, Tal은 독일어로 골짜기라는 의미—에서 유래)에 대해서 살펴보자.

그들은 언제, 어디서 살았을까? 분포 지역은 서유럽에서 남부 유럽 쪽으로부터 러시아와 서아시아 지역을 거쳐 아프가니스탄 국경과 가까운 중앙아시아의 우즈베키스탄까지 펼쳐져 있다. 그들이 최초로 등장한 시기는 두개골에 네안데르탈인의 출현을 예고하는 특징들이 나타나기 시작하던 때이다. 최초의 네안데르탈인의 기원은 13만 년 전으로 거슬러 올라가지만 우리가 얻을 수 있는 표본은 대부분 그보다 나중인 7만 4,000년 전의 것들이다. 그들의 출현 시기는 들쭉날쭉하지만 최후는 갑작스럽고 분명했다. 최후의 네안데르탈인이 숨을 거둔 것은 대략 4만 년 전 이후다.

네안데르탈인이 번성하던 시기의 유럽과 아시아는 마지막 빙하기가 한창이었다. 네안데르탈인이 한랭 기온에 적응했던 것은 확실하지만 한계는 있었을 것이다. 그들은 영국 남부, 독일 북부, 키예프 그리고 카스피해 너머로는 북상하지 않았다. 시베리아와 북극 지방에 최초로 발을 디딘 것은 현생 인류다.

네안데르탈인의 머리 모양은 상당히 독특하기 때문에 그들에게 양복이나 디자이너 브랜드의 옷을 입혀서 오늘의 뉴욕이나 런던 거리를 걷게 한다면 거리를 걷고 있는 모든 이(모든 호모사피엔스)가 놀라서 쳐다볼 것이다. 부드러운 점토로 현대인의 얼굴을 만들고, 얼굴의 한가운데를 잡고 콧대에서 턱 아래까지 쭉 앞으로 잡아 늘여 그대로 굳혔다고 상상해보라. 그러면 어느 정도 네안데르탈인의 얼굴을 상상할 수 있을 것이다.

눈썹은 움푹 들어간 뼈의 모서리에 놓여 있고, 코와 턱과 치아는 유난히 앞으로 돌출해 있다. 안구는 돌출한 코와 안구 위의 푹 들어간 구멍에 잠겨 있다. 이마는 높고 수직인 현대인과는 달리 낮고 기울었으며 아래턱은 뒤쪽으로 빠져 있다. 이렇듯 명확하게 원시적인 특징을 여러 가지 가지고 있지만 네안데르탈인의 두뇌는 우리보다도 10퍼센트 가까이 컸다.

치의학자가 네안데르탈인의 이를 조사한다면 더 깜짝 놀랄 것이다. 성인 네안데르탈인의 앞니는 얼굴 바깥쪽으로 향한 부분이 마모되어 있는데, 이런 것은 현대인에게서는 볼 수 없다. 치아의 마모 패턴은 치아를 도구로 사용했기 때문이 틀림없는데, 그 기능은 정확히 무엇이었을까?

하나의 가능성으로는 아기가 우유병을 이로 물고 두 손으로 자유롭게 기어 다니듯이 네안데르탈인은 물건을 잡을 때 이를 사용했을지도 모른다. 그렇지 않으면 이로 가죽을 벗겨 피혁 제품을 만들기도 하고, 도구를 만들기 위해 이로 나무를 물었을지도 모른다.

네안데르탈인은 양복을 입거나 드레스를 입고 얼굴만 노출된다면 충분히 눈길을 끌겠지만, 반바지나 비키니 차림으로 나타나기라도 한다면 그야말로 놀라 자빠지게 될 것이다. 네안데르탈인은 혹독하리만큼 꾸준한 노력을 하는 현대의 보디빌더보다도 근육—특히 어깨와 목

근육—이 발달되어 있었다. 그렇게 발달한 근육을 수축하는 데 필요한 힘을 항상 받고 있기 때문에 그들의 팔다리뼈는 오늘날 인간의 뼈보다 훨씬 튼튼했다.

대퇴부와 상박부가 오늘날 인간에 비해 상대적으로 짧기 때문에 그들의 팔과 다리는 몽땅하게 보였을 것이다. 손의 힘도 인간보다 훨씬 강해서 네안데르탈인과 힘껏 악수한다면 뼈가 으스러질지도 모른다. 그들의 평균 신장은 165센티미터 정도였지만 체중은 근육 때문인지 같은 신장의 현대인보다 10킬로그램 정도 더 나갈 것이다.

또 한 가지 해석하기 어렵고 실제로 존재했는지조차 확실치 않지만, 매우 흥미로운 해부학적 차이가 한 가지 있다. 네안데르탈인 여성의 산도産道는 현대 여성의 산도보다 넓어서 출산 전 태아가 모체 내에서 더 크게 성장할 수 있도록 했을 것이다. 그게 만약 사실이라면 네안데르탈인의 임신 기간은 10개월보다 긴 약 1년쯤 되었을 것이다.

네안데르탈인이 사용했던 석기 역시 뼈처럼 그들에 관한 주요 정보를 준다. 초기 인류의 도구처럼 네안데르탈인의 도구는 손잡이 없이 돌을 직접 쥐는 형태였을 것이다. 도구는 특정한 기능을 가진 것으로 분화되지 않았고 뼈로 만든 규격화된 도구나 활, 화살도 없었다.

석기 중에는 나무 도구를 만드는 데 사용하던 것이 분명히 있었을 테지만 거의 남아 있지 않다. 단 하나 주목할 만한 예외가 있다면, 독일의 유적지에서 발견된 멸종된 코끼리의 늑골에 꽂혀 있던 230센티미터나 되는 나무창이다. 그처럼 코끼리 같은 큰 동물을 '운 좋게' 잡는 일도 있었겠지만 네안데르탈인이 대형 동물 사냥에는 서툴렀다고 짐작된다. 그 이유는 그들의 유적지 수가 많지 않다는 사실에 비추어 네안데르탈인의 인구는 후세의 크로마뇽인보다 훨씬 적었고, 네안데르탈인과 동시대에 아프리카에 살았던 해부학적 현생 인류도 능숙한 사냥꾼은 아니었다.

네안데르탈인이라고 하면 먼저 무엇이 떠오르느냐고 물으면 아마 '동굴인'이라고 대답할 것이다. 지금까지 발굴된 네안데르탈인의 유적은 거의 전부가 동굴이었다. 평지에 있는 유적은 빨리 사라져버려 보존된 유적이 드물기 때문이다. 뉴기니에 남아 있는 나의 수백 개 캠프 가운데 동굴은 단 하나뿐이지만, 미래의 고고학자가 내가 먹다 버린 통조림통을 발견할 수 있는 곳은 동굴 캠프뿐이다. 그 고고학자는 내가 동굴인이었다고 오해할 것이다.

네안데르탈인들은 추운 곳에서 살았기 때문에 추위를 막기 위한 대피소를 만들었을 테지만 분명 조잡했을 게 틀림없다. 남아 있는 것이라곤 얼마 안 되는 돌 더미와 기둥 구멍뿐으로, 후세의 크로마뇽인들이 세워놓았던 훌륭한 집터와는 비교도 되지 않는다.

이 외에도 네안데르탈인이 갖지 못했던 현대인의 속성들은 얼마든지 있다. 그들은 기술이라 부를 수 있는 것은 아무것도 남기지 않았다. 추운 환경에 있었기 때문에 옷을 걸치고 있었겠지만, 비늘이나 그 외의 재봉 도구는 전혀 없었으니 옷도 무척 조잡했을 것이다.

네안데르탈인이 거주하고 있었던 스페인의 해안에서 지브롤터(이베리아반도 남단에 있는 영국령 항구도시-옮긴이) 해협을 가로질러 8마일 떨어져 있는 북아프리카에서조차 네안데르탈인인의 유적이 존재하지 않는 것으로 보아, 그들에게는 배도 없었을 것이다. 또 네안데르탈인의 도구가 모두 그 지역의 수 킬로미터 내에서 구할 수 있는 돌로 만들어진 것을 보면 장거리의 육로 교역 역시 없었을 것이다.

오늘날 우리는 다른 지역에 살고 있는 사람들 사이에서 나타나는 문화적 차이를 당연시하고 있다. 현대의 모든 인간 집단은 각각 고유한 주거 양식과 가구류 그리고 기술을 가지고 있다. 만약 여러분에게 젓가락과 기네스guinness(쓴맛이 도는 흑맥주-옮긴이) 맥주병, 그리고 바람총blow-gun(입으로 불어서 쏘는 화살통-옮긴이)을 보여주면서 그것들을 각각 중국, 아일랜드, 보르네오와 연결해보라고 한다면, 별 어려움 없이 정답을 맞출 수 있을 것이다. 그러나 네안데르탈인에게는 그러한 문화적 다양성이 거의 없었다. 프랑스에서 왔건 러시아에서 왔건, 그들의 도구에는 별차이가 없다.

또한 우리는 시간에 따른 문화적 진보도 당연하게 받아들인다. 로마시대의 부락에서 나온 도구와 중세의 성에서 나온 도구, 1990년 뉴욕의 아파트에서 사용되고 있는 도구들은 확실히 다르다. 2000년이 되어내 아이들이 내가 1950년대부터 사용하고 있는 계산기를 본다면 깜짝놀랄 것이다. "아버지가 그렇게 옛날 사람이야?" 하고 말이다. 그러나네안데르탈인의 도구는 10만 년 전의 것이나 4만 년 전의 것이나 완전히 똑같다.

간단하게 말하면, 네안데르탈인의 도구는 시간적으로도 공간적으로도 다양성이 없고 인류의 가장 현저한 특징인 '혁신'을 찾아볼 수 없다. 어떤 고고학자가 말했듯이 네안데르탈인은 '아름답지만 우둔한 도구'를 가지고 있었던 것이다. 네안데르탈인은 커다란 뇌를 가지고 있었음에도 지능은 부족했던 모양이다.

조부모가 되는 것, 그리고 우리가 노년이라고 부르는 인생의 시기도네안데르탈인들 사이에서는 희귀한 현상이었을 것이다. 뼈를 보면 그들의 수명은 30대나 40대 초반쯤으로, 45년 이상 사는 사람은 드물었다. 인간이 문자로 기록하는 방법도 모르고 45년 이상 사는 사람도 없다면, 정보를 축적하고 전달하는 인간의 사회적 능력이 얼마나 곤란을 겪을지 상상해보라.

네안데르탈인이 현대인에게 뒤지는 점에 대해 이렇게 여러 가지를 열거했지만, 인간과 비슷한 그들의 속성을 알려주는 증거가 세 가지 있다.

첫째, 보존 상태가 좋은 네안데르탈인의 모든 동굴에 재나 목탄이 쌓인 터가 있는 것으로 보아, 간단한 형태의 난로를 사용했음을 알 수 있다. 베이징 원인이 몇 만 년 전에 불을 사용했던 것은 틀림없지만, 네안데르탈인은 일상적으로 불을 사용했다는 확고한 증거를 남긴 최초의 인간이다.

둘째, 네안데르탈인은 죽은 사람을 매장하는 관습을 가지고 있었다. 그러나 여기에 대해서는 반론이 많고, 그것이 종교적인 의미를 갖는지 아닌지는 추측에 지나지 않는다.

마지막으로 그들은 환자와 노인을 보살펴주었다. 늙은 네안데르탈인의 뼈에서는 뒤틀린 발, 치료는 했지만 움직이지는 못했을 부러진 뼈, 치아 결손, 중증 관절염 등 심각한 장애의 흔적을 찾아볼 수 있다. 이런 상황에서 그 나이까지 살 수 있었다면 젊은 네안데르탈인이 보살펴주었다고 추정할 수 있다.

빙하기의 마지막 시기를 살았던 네안데르탈인은 몸은 인간이지만 정신적으로는 인간이라고 할 수 없는 기묘한 존재이다.

네안데르탈인은 우리와 같은 종에 속할까? 그 문제는 네안데르탈인과 인간이 성관계를 맺고 함께 아이를 키울 수 있는가의 여부에 달려 있다. 공상과학소설은 이러한 시나리오를 상상하기 좋아한다. 책 표지에 인쇄된 다음과 같은 광고 문구를 종종 볼 수 있다.

탐험대가 아프리카 깊은 곳, 깎아지른 듯한 낭떠러지에 둘러싸인 협곡에서 길을 잃었다. 그곳은 시간 속에 잊힌 계곡이었다. 그 계곡에서 탐험대는 몇 천 년 전에 석기시대의 선조가 버리고 간 것과 같은 생활을 하고 있는, 놀랄 정도로 원시적인 부족과 만난다. 그들은 우리와 같은 종에 속하는 것일까? 그것을 확실하게 하는 길은 한 가지밖에 없다. 그러나 불굴의 정신으로 가득 찬 탐험대(물론 남자 탐험대원이다) 중 누가 솔선해서 그러한 시련에 뛰어들 것인가?

이 시점에서 뼈를 씹어 먹는 혈거인穴居人 여자 중 한 사람이 원시적인 에로티시즘으로 가득 찬 섹시한 미인으로 등장하고, 현대의 독자는 용감한 탐험대원의 딜레마를 있을 수 있는 것으로 받아들인다. 그는 그녀와 섹스를 할까, 하지 않을까?

믿거나 말거나 이와 비슷한 상황이 실제로 있었다. 그것은 지금부터 거의 4만 년 전의 대약진 시기에 되풀이해서 일어났다.

중석기시대의 아프리카인 — 대약진 전후

네안데르탈인은 10만 년쯤 전에 구대륙의 여러 곳에 흩어져 살았던 세 개의 인류 집단 중 하나였다. 그중 하나는 동아시아에 살았다. 동아시아에서 출토되는 몇 가지 화석을 보면 그곳 사람들은 네안데르탈인이나 현생 인류와 달랐다. 그러나 뼈가 많이 발견되지 않아서 자세한 특징은 알려지지 않았다.

네안데르탈인과 동시대에 살았던 인류 중 특징이 가장 분명한 집단은 아프리카에 살았던 인류이다. 일부는 현대인과 거의 동일한 두개골을 가지고 있었다. 이러한 사실이 10만 년 전 아프리카에서 인류의 문화가 급작스레 발전했다는 것을 의미할까? 대답은 여전히 '아니다'이다.

상당히 현대적인 모양을 갖춘 그 아프리카인들의 도구는 전혀 현대적이지 않은 네안데르탈인의 것과 거의 흡사해서, 우리는 그들을 '중석기시대 아프리카인'이라고 부른다. 그들에게는 뼈로 만든 규격화된 도구와 활·화살·어망·낚싯바늘을 만들 수 있는 기술이 없었으며, 각 지역 도구마다 문화적 다양성도 없었다. 몸체는 현대인과 거의 비슷하지만 아프리카인은 완전한 인간이라 부르기에는 석연치 않은 점이 있었던 것이다. 여기서 우리는 다시 한 번 현대인과 거의 같은 유전자를 가지고 있다는 사실만으로는 현대인과 같은 행동 양식을 나타낼 수 없다는 역설과 맞닥뜨린다.

약 10만 년 전 사람이 살았던 남아프리카의 동굴 유적들은 그들이 무엇을 먹고 살았는가에 관한 상세한 정보를 알려줌으로써, 인류 진화의 첫 출발이 어떠했는가를 추측할 수 있다.

이런 확신은 아프리카의 동굴들에서 석기와 석기로 잘린 자국이 있는 동물의 뼈 그리고 인산의 뼈가 많이 발견됐지만, 하이에나와 같은 육식동물의 뼈는 거의 발견되지 않았다는 사실에서 나온 것이다.

따라서 동굴로 뼈를 가져온 것은 하이에나가 아니라 인간인 것이 확실하다. 또 이곳에서는 많은 물범과 펭귄의 뼈, 조개가 발견되었다. 이것으로 중석기시대 아프리카인이 해안을 이용하기 시작한 최초의 인간이었음을 알 수 있다. 그러나 동굴 안에는 물고기나 하늘을 나는 바닷새의 뼈는 없었는데, 그들이 아직 물고기와 새를 잡는 데 필요한 낚싯바늘이나 그물을 만들지 못했기 때문일 것이다.

동굴에서 나온 포유류의 뼈에는 중형 동물의 것이 많다. 가장 많은 것은 남아프리카산 영양의 뼈다. 거기에는 나이별 영양의 뼈가 모두 발견되어서 마치 사람들이 영양의 무리를 모조리 잡아 죽인 것처럼 보인다. 노획물 중에서 영양이 많다는 것은 놀라운 일이다. 왜냐하면 10만 년 전의 동굴의 주변 환경은 현재와 거의 같은데, 영양은 현재 이 지역에서도 가장 드문 큰 동물의 하나이기 때문이다.

이곳에서 영양 사냥이 가능했던 이유는 아마 영양이 유순해서 위험하지 않으며 무리를 쫓는 것이 간단했기 때문일 것이다. 따라서 사냥꾼들이 때로는 무리 전체를 낭떠러지로 쫓아 떨어뜨려 죽였을 것으로 상상해볼 수 있는데, 동굴에서 발견된 영양 뼈의 나이 분포가 살아 있는 영양의 무리와 같은 것도 그 때문이라고 생각된다. 남아프리카 들소나 멧돼지, 코끼리, 코뿔소 등과 같은 위험한 사냥감은 그 상태가 상당히 다르다. 동굴 안에 있는 들소의 뼈는 아주 어리거나 늙은 것이 대부분이고 멧돼지, 코끼리, 코뿔소 등은 거의 없었다.

중석기시대 아프리카인들이 중간 크기 동물 사냥꾼으로 간주되는 깃은 위험한 동물은 전혀 잡지 않고 약하고 어린 동물만을 사냥했기 때문이다. 이런 사실은 사냥꾼들이 매우 신중했었다는 것을 증명한다. 활과 화살이 없는 그들에게 무기라고는 공격할 때 쓰는 창뿐이었기 때문이다.

내가 아는 한 다 자란 코뿔소나 남아프리카 들소를 창으로 찔러 잡는 것은 스트리크닌strychnine(중추신경 흥분제-옮긴이) 칵테일을 마시는 것과 같은 자살행위다. 또 사냥꾼들이 영양의 무리를 쫓아 낭떠러지로 떨어뜨리는 일도 그리 쉽지는 않았기 때문에 영양이 멸종하지 않고 사냥꾼과 계속 공존해올 수 있었을 것이다.

초기의 인류나 신석기시대의 사냥꾼들과 마찬가지로, 솜씨가 그리 대단치 않았던 중석기시대의 사냥꾼들의 식량은 대부분 식물과 작은 동물이었을 것이다. 그들은 확실히 침팬지보다는 사냥에 능숙했지만 현대의 부시먼이나 피그미족 같은 기술에 이르지는 못했다.

거의 10만 년 전부터 5만 년 전쯤까지 인류가 세상에 전개한 장면은 대체로 이런 것이었다. 북유럽, 시베리아, 오스트레일리아, 대양의 섬들 그리고 아메리카 대륙에는 아직 사람이 살지 않았다. 유럽과 서아시아 에는 네안데르탈인이 살았고, 아프리카에는 해부학적으로 현대인과 유 사한 사람이 살고 있었다. 그리고 동아시아에는 네안데르탈인이나 아 프리카인과는 다른 인류가 살고 있었다. 적어도 처음에는 그들 세 집단 의 도구와 물건 그리고 행동은 원시적이었다. 거기서 대약진의 발판이 마련되었다. 그렇다면 그 세 집단 중 어떤 집단이 그러한 대약진을 이룩 했던 것일까?

크로마뇽인의 성공과 세계 정복

가장 뚜렷한 변화가 일어난 곳은 프랑스와 스페인으로 약 4만 년 전인 후기 빙하시대였다. 네안데르탈인이 살고 있었던 이 지역에서 해부학적 으로 확실히 현대인과 똑같은 사람이 출현했다(화석이 최초로 발견된 프랑 스 유적지 명을 따서 보통 크로마뇽인이라고 부른다).

그들 중 한 사람이 요즘 유행하는 양복을 입고 샹젤리제 거리를 걷는 다 해도 수많은 파리 사람 가운데 그를 주목하는 이는 아무도 없을 것 이다. 고고학자에게 크로마뇽인의 골격만큼이나 중요한 것은 그들의 도구이다. 이전의 고고학적 자료에 비춰볼 때 크로마뇽인의 도구는 그 형태가 눈에 띄게 다양해졌고 기능도 분명해졌다. 이 도구는 현대적인 신체 구조가 드디어 현대의 혁신적인 행동과 일치했다는 것을 보여준다.

도구는 대부분 돌로 만들어졌지만, 이제는 커다란 돌을 부수어서 만든 박편을 재료로 쓰기 때문에 이전보다 10배나 날카로운 것들을 만들어낼 수 있었다. 처음으로 뼈와 사슴뿔로 만든 규격화된 도구가 만들어졌고, 나무 막대기에 박은 화살촉, 나무 손잡이를 단 도끼처럼 몇 개의 부분을 연결해서 만든 복합적인 도구도 출현했다. 도구 종류도 바늘, 송곳, 절구와 절굿공이, 낚싯바늘, 그물추, 밧줄 등 기능이 확실한 여러 영역으로 나뉘었다.

또 밧줄(그물이나 올가미에 사용되었다)의 사용으로 크로마뇽인들의 유적에서 여우·위즐(족제비)·토끼의 뼈를 볼 수 있었고, 밧줄·낚싯바늘·그물추 덕분에 동시대의 남아프리카에서 물고기와 조류의 뼈를 볼 수 있게 되었다.

미늘이 달린 작살, 던지는 화살, 창을 쏘는 기구, 활과 화살 등 약간 멀리 떨어져서 안전하게 위험한 동물을 죽일 수 있는 세련된 무기도 출현했다.

사람들이 거주했던 남아프리카의 동굴에서는 다 자란 남아프리카들소와 멧돼지 같은 맹수들의 뼈가 발견되었고 유럽의 동굴에서는 들소, 큰사슴, 순록, 말, 야생 염소의 뼈가 발견됐다. 배율이 높은 망원렌즈가 달린 소총으로 무장한 현재의 수렵가들도 그러한 동물을 죽이기는 어렵다. 따라서 당시의 사람들은 그 동물들을 잡기 위해서 개개의 종의 행동을 세세한 부분까지 파악하여 고도의 협동 작업을 했던 게 틀림없다.

후기 빙하시대의 인류가 대형 동물 사냥에 탁월했음을 증명하는 증거가 몇 가지 있다. 그들의 유적 수는 네안데르탈인이나 중석기시대 아프리카인보다 많다. 이는 그들이 식량을 구하는 데 더 능숙했음을 의미한다. 그때까지 수차례 반복된 빙하기에도 살아남았던 많은 종류의 대형 동물은 후기 빙하시대가 끝나갈 무렵에 멸종했다. 아마도 사냥꾼들의 새로운 사냥 기술 때문이라고 생각된다.

나중에 다시 살펴보겠지만, 이 시기에 희생되었다고 생각되는 동물로는 북아메리카의 매머드, 유럽의 털이 난 코뿔소와 큰사슴, 남아프리카의 대형 들소와 케이프의 거대한 말, 오스트레일리아의 대형 캥거루 등이 있다. 인류가 진보하려는 가장 찬란한 순간에 인간 멸망의 원인이 되는 씨앗이 싹트고 있었던 것이다.

개선된 기술 덕택에 인류는 새로운 환경을 맞이하게 되었고, 그 이전부터 사람들이 살았던 유라시아와 아프리카 지역의 인구도 증가했다.

오스트레일리아에 최초로 인류가 도착한 것은 5만 년 전쯤의 일이다. 이로써 그 당시에 이미 인도네시아 동부와 오스트레일리아 사이에 가로놓인 100킬로미터 너비의 물을 건널 민한 뗏목 같은 게 있었음을 짐작할 수 있다.

적어도 2만 년 전 북러시아와 시베리아에도 인류가 이주했는데 그 배경에는 많은 기술적 진보가 있었다. 예를 들어 그들은 옷을 지어 입었는데, 유적에서 발견된 귀 있는 바늘과 동굴벽화에 그려진 파카 입은 사람, 셔츠나 바지 모양의 부장품 등을 통해서 알 수 있다. 또 발목 부분을 잘라낸 여우와 늑대의 뼈가 출토되는 것으로 보아 따뜻한 모피도 입었을 것이다(발목 부분은 가죽을 벗기기 전에 잘라내어 따로 모아두었다).

그들은 또 기둥을 세운 구멍, 포장한 바닥, 매머드의 뼈로 만든 벽

등이 말해주듯 잘 만든 집을 가지고 있었다. 집 안에서 멋진 난로와 동물 기름을 태우는 돌 램프로 북극의 기나긴 밤을 밝혔다. 시베리아와 알래스카에 이어 약 1만 1,000년 전에는 남북아메리카에도 인류가 도착했다.

네안데르탈인들은 주거 범위 몇 킬로미터 이내에서 도구의 재료를 조달했지만, 크로마뇽인들과 동시대인들은 도구의 재료뿐만 아니라 '쓸모없는' 장신구를 얻기 위해 유럽 전역에 걸친 장거리 교역을 했다. 흑요석, 벽옥, 부싯돌 같은 고급 돌들은 원산지에서 몇 백 킬로미터 떨어진 곳에서도 발견되고 있다. 발트해의 호박이 남유럽에서 발견되고, 지중해의 조개껍질은 프랑스와 스페인, 우크라이나까지 옮겨졌다. 현대판 석기시대인 뉴기니에서도 비슷한 유형이 발견되었다. 장식품으로 가치 있는 자패紫貝 껍데기는 해안 지방에서 고지대로, 그리고 극락조의 깃털은 고지대에서 해안 지방으로 교역되었고, 돌도끼의 재료인 흑요석은 질이 아주 좋은 몇몇 채석장에서 각 지방으로 운반되었던 것이다.

후기 빙하시대에 장식품의 교역이 이루어졌다는 것은 크로마뇽인에게 심미안이 있었다는 것을 말해주는데, 이는 그들의 성과 중에서도 우리가 가장 예찬하는 예술과 관계가 있다. 가장 잘 알려져 있는 것은 라스코Lascaux(구석기시대의 벽화로 유명하다—옮긴이) 동굴의 지금은 멸종된 동물들을 다채색으로 매우 훌륭하게 묘사한 벽화이지만 부조浮彫, 목걸이, 펜던트, 점토를 구워 만든 도기 조각, 거대한 유방과 엉덩이를 가진 비너스상, 피리에서 방울에 이르는 여러 가지 악기도 매우 인상 깊은 것들이다.

40세 이상 사는 사람이 거의 없었던 네안데르탈인과 달리 크로마뇽인의 뼈 중에는 60세쯤까지 살았을 것으로 추정되는 것도 있다. 그러므

세계의 정복

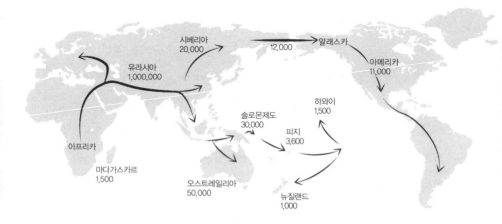

이 지도는 사람의 선조가 아프리카에서 세계 각지로 어떻게 확산되었는가를 보여주고 있다. 숫자는 현재에서 약 몇 년 전의 사건이었는가를 나타낸다. 미래에 어느 지역(예를 들면 시베리아와 솔로몬제도 등)에서 더 오랜 고고학적 유적이 발견된다면, 이 지도의 추정 연대 이전에 사람이 이주했던 사실이 밝혀질 것이다.

로 대부분의 크로마뇽인은 네안데르탈인들과 달리 손자도 볼 수 있었다. 책이나 텔레비전에서 얻는 정보를 당연하게 여기는 우리에게는 문자 이전의 사회에서 노인 한두 사람의 존재가 왜 그토록 중요한 것인지 이해되지 않을 것이다.

내가 뉴기니에 있을 때 젊은 사람에게 진귀한 새나 과일에 관해 질문하면, 그들은 마을에서 가장 나이 많은 사람에게 데리고 갔다. 또한 1976년에 솔로몬제도의 렌넬Rennell 섬을 방문했을 때 식용 야생 과일이 어떤 것인지 가르쳐준 사람들은 많았지만, 비상시에 굶어 죽지 않으려면 무엇을 먹어야 하는지를 가르쳐준 이는 단 한 사람의 노인이었다. 그 노인은 자신이 어렸을 때, 렌넬 섬에 폭풍우가 몰아닥쳐(1905년경) 경작지가 엉망이 되고 사람들이 굶주렸던 때를 기억하고 있었다.

그러므로 문자 이전의 사회에서는 경험을 지닌 사람에 의해 사회 전체의 생존이 결정되는 것이다. 따라서 크로마뇽인의 수명이 네안데르탈인보다 20년 더 길었다는 사실이 크로마뇽인이 발전하는 데 커다란 역할을 했을 것이다. 더 오래 살기 위해서는 생존 기술이 우수해야 할 뿐아니라 여성의 폐경기의 변화를 비롯한 생물학적인 변화도 필요하다.

앞에서는 도구와 기술면에서의 모든 진보가 4만 년 전에 일제히 일어나 성공을 거둔 것처럼 대약진을 묘사했지만, 사실 그러한 현상은 각기 다른 시기에 일어났다. 던지는 창이 작살과 활보다 먼저 만들어졌고, 구슬과 펜던트는 동굴벽화 이전에 존재했다. 또 이 혁신이 어디에서나 똑같이 일어난 것은 아니다. 후기 빙하시대의 아프리카인, 우크라이나인, 프랑스인 중에서 타조 알로 구슬을 만든 것은 아프리카인이었고 매머드의 뼈로 집을 지은 건 우크라이나인이었으며, 동굴의 벽에 털 달린 코뿔소의 그림을 그린 건 프랑스인이었다.

이렇게 시간적·공간적으로 다양했던 크로마뇽인의 문화는 획일적이었던 네안데르탈인의 문화와 상당히 달랐다. 이런 차이점은 이들이 현생 인류로 발전하는 데 가장 중요한 요소, 즉 혁신 능력을 갖췄음을 뜻한다.

1991년의 나이지리아인과 라트비아인이 기원전 50년의 로마인과 같은 물건을 소유하고 있다는 것은 상상도 할 수 없다. 이처럼 우리에게 혁신이란 지극히 당연한 것이다. 네안데르탈인이라면 물론 짐작도 못하겠지만.

크로마뇽인의 예술에는 누구나 금방 공감하지만 그들의 석기나 수렵·채집 생활양식이 원시적인 것 이상이라고 생각하기는 어렵다. 석기라고 하면 나무막대를 휘두르는 혈거인이 여자를 동굴에 끌어들이면서 무언가 중얼거리고 있는 만화를 떠올리게 된다.

그러나 미래의 고고학자가 1950년대 뉴기니의 촌락을 발굴하여 거기서 어떤 결론을 끌어낼지를 상상하면, 크로마뇽인의 정확한 인상을 그려볼 수 있을 것이다. 고고학자들은 단순한 형태로 만든 돌도끼를 몇 가지 발견하겠지만 그 이외의 도구들은 거의 나무로 만들었기 때문에 모두 사라져버렸을 것이다. 몇 층짜리 집이라든지 아름다운 바구니, 북이나 피리, 카누, 세계적으로 가치 있는 채색 조각도 모두 사라져버리고 없을 것이다. 마을 사람들이 사용했던 복잡한 언어나 노래, 사회적 관계, 자연계에 관한 여러 가지 지식도 전혀 남아 있지 않을 것이다.

뉴기니의 물질문화는 역사적인 기준으로 볼 때 거의 최근까지 '원시적'이었지만(석기시대와 똑같다), 뉴기니인은 틀림없는 현대 인류다. 부친이 석기시대 사람이었던 뉴기니인이 지금은 비행기를 조종하고 컴퓨터를 사용하며 현대의 국가를 통치하고 있다. 만약 타임머신을 타고 4만 년 전으로 되돌아갈 수만 있다면, 거기서 만나는 크로마뇽인들도 현대인과 똑같이 제트기 조종법을 배울 수 있다고 생각한다. 그들은 돌과 뼈로 간단한 도구를 만들었지만 그 이외의 도구는 아직 발명하지 않았기 때문에 다른 것을 배울 기회가 없었던 것이다.

크로마뇽인과 네안데르탈인 만남의 수수께끼

예전에 유럽에서는 네안데르탈인이 크로마뇽인으로 진화했다는 주장이 나오곤 했다. 그러나 지금은 그 가능성이 점점 희박해져가고 있다. 4만 년 전 이후에 살았던 최후의 네안데르탈인도 '완전한' 네안데르탈인에 지나지 않았지만, 바로 그 무렵 유럽에 출현한 크로마뇽인은 이미 해부학적으로 완전한 현생 인류였다. 해부학적으로 현생 인류라 부를 수 있는 사람들은 그보다도 몇 만 년 전에 이미 아프리카와 서아시아 지방에도 살고 있었기 때문에, 그곳의 현생 인류가 유럽으로 침입했다고 보는 관점이 유럽 내에서 진화한 것이라는 주장보다 타당하다.

　침입해온 크로마뇽인이 기존의 네안데르탈인과 만났을 때, 어떤 일이 일어났을까? 확실한 것은 얼마 지나지 않아 네안데르탈인이 멸종했다는 최종적 결과뿐이다. 내가 보기에는 크로마뇽인이 나타나면서 네안데르탈인이 멸종된 것은 불가피한 사실이다. 그런데도 대부분의 고고학자는 이러한 결론을 내리는 데 주저하며 환경 변화를 이유로 내세운다. 브리태니커 백과사전 제15판은 네안데르탈인 항목에서 다음과 같은 문장으로 끝맺고 있다.

네안데르탈인이 멸종한 원인은 잘 모르지만, 간빙기에 출현했기 때문에 아마 다음 빙하기의 혹독한 환경에 대처할 수 없었을 것이다.

사실 네안데르탈인은 마지막 빙하기에는 용케 견디다가, 3만 년 뒤 빙하기가 거의 끝나갈 무렵의 어느 시점에서 돌연히 사라져버렸다.

대약진의 시기에 유럽에서 일어난 일련의 사건들은 현대의 진보된 기술을 가진 다수 민족이 낙후된 기술을 가진 소수 민족이 살고 있는 땅으로 침입할 때마다 반복해서 일어났던 사건들과 그 양상이 비슷했을 것이다.

예를 들어 유럽인이 북아메리카에 침입했을 때, 북아메리카 원주민들의 대부분은 새로 발생한 병으로 죽었고 살아남은 사람 대부분도 어이없이 죽거나 쫓겨나고 말았다. 거기서 살아남은 사람들 중에는 유럽의 기술(말과 총)을 받아들여 잠시 저항한 이들도 있었지만, 대부분은 유럽인이 싫어하는 땅으로 쫓겨나거나 유럽인과 결혼했다. 오스트레일리아 원주민이 유럽인 침입자들로부터 쫓겨난 것이나 남부 아프리카의 부시먼들이 철기를 가진 반투족Bantu(남아프리카의 흑인-옮긴이)에게 침략당한 것도 모두 같은 과정을 거친 것이다.

마찬가지로 크로마뇽인의 침략에 따른 질병과 살육 때문에 네안데르탈인이 멸종되었다고 여겨진다. 네안데르탈인에게 크로마뇽인의 변화는 그다음에 올 상황의 징조였던 것이다. 크로마뇽인이 자기들보다 훨씬 더 육중한 네안데르탈인과 싸워 이길 수 있었던 것은 체력보다 무기가 결정적이었을 것이다.

현재 중앙아프리카에서는 인류 멸망의 위기 같은 것은 없다. 오히려 그 반대다. 근육질인 사람이 몸으로 일을 하면 많은 양의 음식을 필요로 한다. 이에 반해 날씬하고 머리 좋은 사람이 도구를 사용하면 근육질인 사람만큼 일을 할 수 있다.

대평원Great Plains(즉 로키산맥 동쪽의 캐나다, 미국에 걸친 대초원 지대-옮긴이)의 원주민과 마찬가지로 네안데르탈인 중에도 크로마뇽인의 기술을 배워 잠시나마 저항을 한 사람이 있었을지 모른다.

그렇게 생각하는 것만이 서유럽에 크로마뇽인이 도착한 후, 짧은 기간 동안 전형적인 크로마뇽의 문화(소위 오리냐크문화, 후기 구석기시대의 문화이다-옮긴이)와 공존했던 '샤텔페롱문화(프랑스 남서부를 중심으로 융성했던 후기 구석기시대 초엽의 문화-옮긴이)'라는 기묘한 문화를 해석할 수 있다.

샤텔페롱문화의 석기는 전형적인 네안데르탈인과 크로마뇽인의 그것이 혼합된 형태이지만, 골각기와 크로마뇽인 특유의 기술이 보이지 않는다. 샤텔페롱문화를 만든 이들이 누구인가에 대해서는 고고학자들 사이에서 논의가 분분했지만, 프랑스의 생세제르St. Cesaire 유적에서 샤텔페로니안의 기물器物들과 함께 출토된 인골은 네안데르탈인의 것으로 밝혀졌다. 네안데르탈인의 일부는 크로마뇽인의 도구 몇 가지를 만들 수 있게 되면서 아마 다른 네안데르탈인보다 얼마쯤은 더 오래 살았을 것이다.

잘 이해할 수 없는 것은 공상과학소설에서 다루어지는 이종교배異種交配 실험의 결과이다. 침입한 크로마뇽인 남자들이 네안데르탈인 여자와 교접한 적이 있었을까? 네안데르탈인과 크로마뇽인의 혼혈이라 할 만한 인골은 전혀 발견되지 않았다. 만약 네안데르탈인의 행동이 상대적으로 원시적이고 신체 구조의 차이가 컸다면, 네안데르탈인과 교접하고자 한 크로마뇽인은 거의 없었을 것이다. 마찬가지로 인류와 침팬지가 오늘까지 공존하고 있지만, 서로 성관계를 가졌다는 이야기는 들은 적이 없다.

크로마뇽인과 네안데르탈인은 인류와 침팬지만큼 다르지는 않지만, 바로 그 차이 때문에 서로 관심을 느끼지 못했으리라고 여겨진다. 게다가 만약 네안데르탈인 여성의 임신 기간이 12개월이었다면 혼혈의 태아는 생존할 수 없었을 것이다. 나는 부정적인 입장으로 혼성 교접은 이루어지지 않았고, 현생 유럽인의 혈통에는 네안데르탈인의 유전자가 거의 들어 있지 않다고 생각한다. 서유럽에서 일어난 대약진에 대해서는 이 정도로 마치고자 한다.

네안데르탈인이 현생 인류로 바뀐 것은 동유럽에서는 조금 더 빨리, 서아시아 지방에서는 그보다 더 먼저 일어났다. 이들 지역에서는 9만 년 전부터 6만 년 전에 걸쳐 대륙의 주인이 네안데르탈인에서 크로마뇽인으로 조금씩 바뀌어갔다. 서아시아 지방이 서유럽보다 교체가 느렸던 것으로 보아, 6만 년 전에 서아시아 지방에 살았던 해부학적인 현생 인류는 궁극적으로 네안데르탈인을 멸종시킨 현대적인 행동을 익히지 못했을 거라고 생각된다.

따라서 수만 년 전 아프리카에서 해부학적으로는 현생 인류와 똑같지만, 처음에는 네안데르탈인과 동일한 도구를 만드는 등 그들보다 나은 면이 없었던 인류가 출현했다고 잠정적으로 생각할 수 있다. 아마 6만 년 전쯤에는 어떤 신기한 행동의 변화가 현대적인 신체 구조에 덧붙여졌을 것이다. 그 신기한 변화—한순간에 일어난 것은 아니겠지만—가 혁신적이고 완전히 현대적인 인류를 만들어냈으며, 그들은 순식간에 서아시아에서 서유럽을 침입하여 유럽의 네안데르탈인들의 자리를 차지하고 만 것이다.

아마 그 현생 인류는 동아시아와 인도네시아로도 거주 지역을 넓혀 그곳에 살던 원주민을 몰아냈을 테지만, 그 원주민에 대해 지금 알려진 것은 거의 없다. 인류학자들 중에는 초기의 아시아와 인도네시아 원주민의 두개골에서 현대의 아시아인과 오스트레일리아 원주민의 특징이 있다고 주장하는 사람도 있다. 만약 그렇다면 이 지역을 침략한 현생 인류는 아시아의 원주민을 네안데르탈인처럼 완전히 멸종시키지는 않고 그들과 혼혈했을 것이다.

200만 년 전에는 분열로 인해 하나의 계통만이 살아남기 전까지 몇 몇 원인原人이 병존했다. 지난 6만 년 사이에도 비슷한 분열이 또 한 번 일어났던 것 같다. 현재 지구상에 사는 우리는 그러한 분열에서 살아남은 인류의 자손이다. 우리의 선조가 그 투쟁에서 승리했던 결정적인 요인은 도대체 무엇이었을까?

음성언어 ─ 대약진의 방아쇠

대약진을 낳은 요인은 아직 정확한 답을 찾아내지 못한 고고학상의 수수께끼다. 인골의 화석으로는 그 요인을 찾을 수 없다. 단 0.1퍼센트의 DNA에서 일어난 변화였는지도 모른다. 유전자에 일어난 작은 변화가 그토록 커다란 차이를 불러일으킬 수 있을까?

이 문제에 대해서 추측한 다른 과학자와 마찬가지로, 나도 그럴듯한 답으로는 한 가지밖에 떠오르지 않는다. 그것은 복잡한 음성언어를 가능케 한 해부학적 구조다. 침팬지와 고릴라, 원숭이는 음성언어를 사용하지 않지만 특정한 기호 체계를 이용해 의사를 전달하는 능력이 있다.

몸짓언어로 의사를 전달하는 훈련을 침팬지와 고릴라에게 행했는데, 침팬지는 커다란 컴퓨터에 접속된 키보드를 이용하여 의사소통 방법을 배울 수 있었다. 이렇게 해서 각 침팬지들은 수백 개의 기호로 된 '언어'를 습득했다. 이러한 의사소통 수단이 인간의 언어와 어느 정도 유사한가에 대해서는 과학자들 사이에서 여러 가지 논란을 일으켰지만 기호를 사용한 방식인 것만은 확실하다. 특정한 몸짓과 특정한 기호, 또는 컴퓨터 키보드가 특정한 무엇인가를 가리키는 것이다.

영장류는 몸짓과 컴퓨터 키보드 외에도 음성을 기호로 사용한다. 예를 들어, 야생 버빗원숭이savanna 혹은 vervet monkey (세네갈에서 소말리아, 남아프리카에까지 분포하며 사바나 근처에서 서식하고 반 지상 생활을 한다-옮긴이)의 상징적인 의사소통은 끙끙거리는 소리이다. 그들은 끙끙거리는 소리를 약간씩 다르게 냄으로써 '표범', '매', '뱀' 등 다른 의미를 나타낸다.

그리고 생후 1개월 된 비키라는 이름의 침팬지는 심리학자 부부의 집에서 딸처럼 길러졌는데, '파파papa', '마마mama', '컵cup', '업up'이라는 네 개의 단어를 인간과 거의 비슷하게 '말할 수' 있게 되었다(말이라기보다는 숨을 토해낸다는 쪽이 어울리지만 말이다). 이렇게 소리를 이용해 의사소통을 할 수 있는 능력이 있는데, 유인원은 왜 그들 고유의 자연언어를 좀 더 복잡하게 발달시키지 못했던 것일까?

그 답은 후두喉頭와 혀의 구조 그리고 여기에 연결된 각종 근육에 있다. 그 덕분에 인간은 말하는 데 필요한 섬세한 조정이 가능한 것이다. 많은 부품이 정확한 시간을 맞출 수 있도록 디자인되어 있는 스위스 시계처럼 인간의 성대도 많은 구성 요소와 근육이 정확하게 제 기능을 발휘하도록 되어 있다.

침팬지는 인류가 발음할 수 있는 모음 중 몇 개밖에 발음할 수 없다고 한다. 만약 몇 개의 모음과 자음밖에 발음할 수 없다면, 인간의 어휘 역시 상당히 한정되었을 것이다. 예를 들어 이 단락에서 모음을 '아'와 '이'만 남기고, 다른 모음도 두 개 중 하나로 바꿔보라. 또한 자음은 'ㄷ', 'ㅁ', 'ㅅ'만 남기고 다른 건 다 이 세 자음으로 바꿔보라. 그다음 이 단락의 내용을 어느 정도 이해할 수 있는지 가늠해보라.

앞의 예에서 보듯이, 원인의 성대에 변화가 생겨 섬세한 통제가 가능해짐으로써, 매우 다양한 소리를 낼 수 있게 된 것이 대약진의 숨겨진 요인이다. 화석의 두개골에는 그 같은 근육의 미세한 변화가 나타나지 않는다.

해부학적으로 미세한 변화가 생긴 결과 말하는 능력이 생겼고, 그것이 행동에 중대한 변화를 불러일으켰음을 쉽게 짐작할 수 있다. 언어가 있으면, "수컷 영양을 네 번째 나무에서 오른쪽으로 돌아 붉은 돌 쪽으로 몰아가라. 내가 거기에 숨어 있다가 창을 던지겠다"라는 메시지를 몇 초 안에 전달할 수 있다.

언어가 없다면 좋은 도구를 만들려면 어떻게 해야 할지, 동굴벽화에는 어떤 의미를 담을 것인가에 대해서 두 명의 원인이 서로 의논할 수도 없었을 것이다. 심지어 혼자 있을 때도 어떻게 하면 좋은 도구를 만들수 있을지 스스로 생각해내는 것조차 곤란했을 것이다.

혀와 후두의 구조에 돌연변이가 생기자마자 곧 대약진이 일어났다고 말하는 것은 아니다. 필요한 구조를 갖추고 있더라도 우리가 알고 있는 것과 같은 완벽한 언어 구조에 도달하는 데에는, 즉 어순과 활용 어미, 시제 등의 개념에 도달하고 어휘를 늘려가는 데에는 수천 년의 시간이 걸렸을 것이다.

8장에서는 우리의 언어가 완성되기까지 거쳐 왔을 법한 여러 단계에 대해서 생각해보기로 하겠다. 그러나 만약 어떤 요소가 우리의 성대에 변화를 가져와 섬세한 조절을 가능케 했다면, 결국 혁신의 능력이 뒤따라 생기는 것은 자연스러운 결과였을 것이다. 우리를 해방시킨 것은 음성언어였던 것이다.

이 해석으로 네안데르탈인과 크로마뇽인 사이에 혼혈이 없었다는 점에 대한 설명이 된 듯하다. 남자와 여자 그리고 그들의 아이와의 관계에서 언어는 무척 중요한 의미를 지닌다. 물론 청각·언어장애인이 문명사회 속에서 충분한 기능을 익힐 수 없다는 말은 아니다. 다만 그들은 이미 존재하고 있는 음성언어에 대신할 만한 기능을 습득함으로써 사회관계를 구축했다. 네안데르탈인의 언어가 우리보다 훨씬 단순했다거나 또는 아예 존재하지도 않았다면, 크로마뇽인이 네안데르탈인과 결혼하려 하지 않았다 해도 별로 이상할 게 없다.

문화적 진화의 속도

앞에서 4만 년 전의 인간은 완전히 현대적인 신체 구조와 행동 양식, 언어 능력을 구비하고 있었고 크로마뇽인에게는 제트기 조종법을 배울 만한 능력이 있었다고 했다. 만약 그것이 사실이라면 대약진이 있은 뒤 문자를 발명하고 파르테논신전을 건설하기까지는 왜 그렇게 오랜 시간이 걸렸을까? 그 해답은 위대한 기술자였던 로마인들이 왜 원자폭탄을 발명하지 않았는가에 대한 대답과 같을지도 모른다.

원자폭탄을 만들기까지는 화약과 계산기의 발명, 원자이론의 발전, 우라늄의 분리 등 로마인의 수준에서 2,000년 동안의 기술적 진보가 필요했다. 마찬가지로 크로마뇽인의 출현 이후 문자와 파르테논신전이 만들어지기까지는 몇 만 년 동안 활과 화살, 도기, 농경, 가축 사육 등을 포함한 여러 가지의 축적된 발전이 있었다.

대약진 이전의 인류 문화의 발달은 몇 백만 년이 지나도록 거북이걸음이었다. 이처럼 발달이 느렸던 것은 유전적 변화의 속도가 늦었기 때문이다. 약진이 있은 후 문화의 발달은 더 이상 유전적 변화에 구애받지 않았다. 우리의 신체 구조는 거의 변화하지 않았는데도 과거 4만 년 동안에 지난 수백만 년 동안 일어난 것보다 훨씬 많은 문화적 진화가 일어났다.

네안데르탈인 시대에 외계에서 지구를 찾아온 방문객이 있었다면, 그들이 보기에 인류는 이 세상에 존재하는 여러 종의 생물 중에서 그다지 특별해 보이지는 않았을 것이다. 기껏해야 비버, 바우어새, 군대개미(떼를 지어 행군하는 육식성 개미-옮긴이) 등과 함께 기묘한 행동을 하는 동물의 하나로 기록되었을 것이다. 그렇다면 그 방문객은 인류가 지구상에 생명체가 출현한 이후 모든 생명을 파괴하는 능력을 가진 최초의 종으로 변화하게 될 것을 과연 예감할 수 있었을까?

2부
신기한 라이프사이클을 가진 동물

지금까지 현대인과 같은 신체 구조를 갖추고 같은 행동 능력을 가진 인류가 나타나기까지 우리 인류의 진화적 역사를 추적해보았다. 이러한 지식이 인류가 언어와 예술 같은 위대한 문화적 유산을 어떻게 발전시켜왔는가에 대한 통찰로 이어지지는 않는다. 그 이유는 뼈와 도구라는 자료밖에 다루지 않았기 때문이다. 뇌가 커지고 직립 자세를 취하게 된 것이 언어와 예술의 발생에 있어서의 필요조건이었음은 확실하지만, 그것만으로는 불충분하다. 인체의 골격을 갖추었다고 해서 인간성도 갖추었다고는 볼 수 없기 때문이다. 지금의 인류처럼 '인간다움'을 가지기 위해서는 인간의 라이프사이클에 커다란 변화가 생겨야 할 필요가 있었다. 그것이 2부의 주제다.

　모든 생물은 생물학자가 '라이프사이클(생활사 혹은 생애 주기)'이라고 부르는 특성을 가지고 있다. 라이프사이클은 한 번 출산할 때 태어나는 새끼의 수, 태어난 그 새끼를 보살피는 것, 성체成體 간의 사회적 관계, 수컷과 암컷이 짝을 선택하는 방법, 성관계의 빈도, 폐경, 수명 등을 의미한다. 우리는 인간적 특징들을 당연하게 여긴다. 그러나 인간의 라이프사이클도 동물의 기준에서 보면 아주 색다르다.

앞에서 예로 든 여러 가지 특성은 종에 따라 매우 다양한데 인류는 거의 모든 점에서 극단적이다. 알기 쉬운 예를 몇 가지 들자면, 거의 모든 동물은 한 번에 한 마리 이상의 새끼를 낳고 수컷이 부모로서 자식을 돌보는 일은 거의 없으며 70년 이상 사는 동물도 거의 없다.

우리가 가지고 있는 이런 예외적인 특성 중 몇몇은 유인원 선조대에 이미 갖추었다고 볼 수 있다.

유인원도 보통 한 번에 한 마리밖에 낳지 않고 수십 년 동안 산다. 고양이, 개, 새, 금붕어 등 우리 생활과 가까운(그러나 계통상 먼)동물들은 이 두 가지의 성질을 모두 가지고 있지 않다.

유인원은 인간의 특징을 일부 공유하지만 다른 측면에서 보면 우리와 완전히 다르다. 뚜렷한 차이 중 하나는 사람은 젖을 떼고 나서도 음식물 전부를 부모에게 의존하지만 유인원은 젖을 떼면 스스로 먹이를 찾는다. 또 사람은 모친만이 아니라 부친도 자녀의 양육에 꽤 깊이 관여하지만 유인원은 어미만이 새끼를 돌본다. 그리고 인간은 갈매기처럼 명목상으로는 일부일처제—그중에는 혼외정사를 하는 사람도 있다—를 이루는 조밀한 번식 집단 속에서 살고 있다. 그러나 유인원 등 대부분의 포유류는 그렇지 않다.

이러한 모든 특징들은 커진 두개골과 마찬가지로 자녀의 생존과 교육에 있어서 필수적이다. 우리는 도구에 의존한 정교한 방법으로 음식을 얻기 때문에 사람은 젖을 떼고도 혼자서 음식을 먹을 수 없다. 사람은 태어난 후 한동안은 음식을 먹여주고, 교육을 시키고, 보호해 주어야만 한다. 그것은 유인원 어미의 경우에 비춰보면 훨씬 큰 투자다. 따라서 자신의 자녀가 살아남아 성장하기를 바라는 남편은 아내를 도와야 한다. 오랑우탄의 아비처럼 단지 정자를 제공하는 것에 그치지는 않는다.

사소한 부분에서도 인간의 라이프사이클은 야생의 유인원과 다르다. 대부분의 인간은 야생의 유인원보다 오래 산다. 수렵·채집인의 부족 중에도 매우 중요한 경험을 축적한 노인이 몇 명 있게 마련이다. 남성의 정소(고환)는 고릴라의 것보다는 훨씬 크지만 침팬지의 것보다는 작다. 그 이유는 나중에 이야기하겠다.

인간의 경우 여성에게는 반드시 폐경기가 온다. 포유류 가운데 인간과 가장 비슷한 것은 쥐같이 생긴 오스트레일리아의 몇몇 유대류有袋類(캥거루목)인데, 그들의 폐경기는 암컷이 아닌 수컷에 있다. 인간의 수명, 정소의 크기, 폐경기의 유무는 모두 우리가 인간답게 되기 위한 필요조건이었다.

인간의 라이프사이클의 다른 특징들 역시 정소의 크기 같은 차이 이상으로 유인원과 큰 차이가 있지만, 그렇게 잔재하는 신기한 특징들이 어떤 기능을 갖는지에 대해서는 아직까지도 논란이 계속되고 있다.

인간의 성생활은 여성이 임신 가능한 기간에만 공공연하게 이루어지는 것이 아니라 대체로 사적으로 즐기기 위해 행해진다는 점에서 특이하다. 유인원의 암컷은 자신이 현재 배란기라는 것을 선언하지만 인간의 여성은 배란기가 언제인지 자신도 모르는 게 일반적이다.

해부학자들은 남자의 정소 크기가 중간인 이유는 설명할 수 있지만, 페니스의 크기가 상대적으로 큰 이유에 대해서는 잘 모른다. 아무튼 이런 것들은 모두 인간 고유의 특징 중 일부다. 만약 여성이 배란기에 외음부가 빨개지고 오직 그때만이 섹스가 가능하다고 가정해보자. 섹스 시기에 외음부가 빨개진 여성이 공공연하게 지나가는 아무 남성과도 섹스하려 든다면 부부가 서로 원만하게 협력해서 아이를 기르기는 힘들 것이다.

이렇게 사람만이 가진 특이한 사회와 자녀 양육 방식은 1부에서 설명했듯이 골격상의 변화에 따른 것이 아니라 라이프사이클의 뚜렷한 특징에 바탕을 두고 있다. 그러나 골격의 변화와 달리 라이프사이클에 일어난 변화의 시기를 진화의 역사를 통해 되짚어보기란 불가능하다. 화석에는 그 변화가 남아 있지 않기 때문이다. 그 결과 상당히 중요한데도 그 변화에 대해서는 고고학 교과서에서나마 간단하게 취급할 수밖에 없다.

네안데르탈인의 언어 능력을 추정하는 열쇠가 되는 설골舌骨이 최근에 발견되었지만 그들의 페니스를 추정할 만한 흔적은 전혀 발견되지 않았다. 호모에렉투스의 뇌가 커지면서 비밀스럽게 성관계를 갖기 시작했는지 어떤지도 알 수 없다. 화석으로는 우리가 원형에서 갈라져 나온 라이프사이클을 갖게 된 당사자인지 검증할 길이 없다. 다만 우리의 라이프사이클이 현생 유인원뿐만 아니라 다른 영장류들에 비해 특이한 것으로 보아 많은 변화를 겪었다는 결론을 얻는 데 만족해야 한다.

19세기 중반 다윈은 동물의 해부학적 특징은 자연선택에 의해 형성되어 왔다고 밝혔다. 금세기의 생화학자들은 자연선택에 의해 동물의 생화학적 조성이 어떻게 변화되어 왔는지 연구했다. 그러나 동물의 번식이나 성적 습성 또한 그렇게 진화되어 왔다.

라이프사이클의 특징들은 유전적 요인의 영향을 많이 받아 동종에 속하는 개체들 사이에서도 상당히 다양한 양상을 보인다. 예를 들어 유전적으로 쌍둥이를 낳기 쉬운 여성이 있는가 하면, 장수하는 혈통이 있다는 것은 누구나 알고 있다는 이치다. 라이프사이클의 여러 요소는 이성에 대한 구애, 임신율, 자녀의 양육 방법, 성인이 된 후의 생존 확률 등에 영향을 끼쳐서 다음 세대에 유전자를 성공적으로 전달하는 것에도 영향을 준다.

자연선택에 의해 동물의 신체 구조가 그 생태학적 위치에 적응하게 되는 것과 마찬가지로, 라이프 사이클도 자연선택에 의해 형성되는 것이다. 가장 많은 자식을 남기는 개체나 뼈가 생화학적 조성뿐만 아니라 라이프 사이클을 결정하는 그 유전자를 더욱 많이 퍼뜨리는 것이다.

이 이론에서 곤란한 점은 폐경이나 나이를 먹는 등의 몇몇 특징은 언뜻 후손의 수를 늘리기보다는 감소시키는 것처럼 보이기 때문에 자연선택되어야 할 것으로 생각된다는 것이다. 이러한 모순을 해명하는 데는 '교환trade-offs' 개념을 사용하는 것이 효과적이다. 동물의 세계에는 완전하다거나 어디로 보나 훌륭한 것은 존재하지 않는 법이다. 모든 것에는 대가와 이득이 있다. 시간이나 공간이나 에너지를 이용하여 뭔가 다른 것에 투자하는 것이다.

폐경이 없는 여성은 폐경이 있는 여성보다 많은 자식을 낳는다고 생각할지도 모르겠으나 폐경기가 없는 경우의 드러나지 않는 손실을 감안한다면, 진화 과정에서 폐경기가 왜 없어지지 않았는지 알 수 있을 것이다. 마찬가지로 왜 나이를 먹고 죽어가는가 하는 슬픈 의문에 대해서도(상당히 좁은 진화적 의미에 있어서도), 배우자에게 충실한 쪽이 좋은가 그렇지 않은 쪽이 좋은가 하는 것에 관해서도 통찰할 수 있을 것이다.

사람의 라이프사이클의 여러 특징에는 어느 정도 유전적 기초가 있다. 1장에서 일반적인 유전자의 기능에 대해 언급했던 내용들이 여기서도 적용된다. 우리의 신장이나 그 외의 눈에 보이는 특징이 하나의 유전자에 의해 결정된 것이 아니듯이, 폐경기나 일부일처를 결정하는 유전자도 단 하나뿐인 것은 아니다.

실제로도 선택교배 실험을 통해 생쥐와 양의 정소의 크기를 조절하는 유전자에 대한 여러 사실을 알 수 있었으나, 사람의 라이프사이클의 특징을 결정하는 유전적인 기초에 대해서는 거의 아는 바가 없다. 자녀 양육에 어느 정도 관여해야 하는가, 혼외정사를 할 것인가 말 것인가 하는 것에는 문화적 영향이 상당히 크게 관여하는 만큼, 이런 문제에 개인차가 생기는 원인이 유전적인 것이라고 믿을 필요는 없다.

그러나 모든 인간 집단과 침팬지 집단의 라이프사이클 사이에 일관되게 나타나는 차이들은 아마도 인간과 다른 두 종의 침팬지 사이의 유전적인 차이 때문일 것이다. 문화적인 관습에 관계없이 남성은 침팬지와 비슷한 크기의 정소를 가지고 있고, 인간인 이상 폐경이 존재하지 않는 여성은 없다. 사람과 침팬지를 구별하는 1.6퍼센트의 유전자 중에서 상당한 부분이 우리의 라이프사이클의 특징을 결정하고 있다고 생각한다.

인간 특유의 라이프사이클에 대해서 논의하려면 먼저 특징적인 사회구조, 성에 관한 신체 구조, 생리, 행동부터 거론해야 한다. 앞에서도 설명했다시피 우리를 동물 중에서 신기하고 기묘한 존재로 만들고 있는 것은 표면적으로는 일부일처제 사회, 생식기 구조, 눈에 띄지 않는 곳이라면 언제라도 섹스를 할 수 있다는 점이다. 인간의 성생활의 특징은 생식기뿐만 아니라, 남성과 여성의 상대적인 신체의 크기에도 잘 나타나 있다(고릴라나 오랑우탄에 비하면 상대적인 차가 훨씬 작다). 잘 알려진 몇

몇 특징에는 의미를 모르는 특징도 많다. 이것에 대해서는 다음에 설명할 것이다.

인간의 라이프사이클에 대해서 솔직히 말하자면, 인간 사회가 일부일처라고는 하지만 그것은 어디까지나 명목상이라는 사실을 간과해서는 안 된다. 어느 정도 혼외정사를 갖는가는 각 개인의 성장 환경이나 사회적 기준에 따라 크게 좌우된다. 그러나 모든 문화적 영향을 고려해도 인간 사회에는 혼인 제도라는 것이 있음에도 여전히 혼외정사가 존재한다는 사실이다. 긴팔원숭이들은 '결혼(암컷과 수컷이 영속적 관계를 맺고 새끼를 돌봄)'은 있지만 혼외정사가 없으며 침팬지에게는 '결혼'이라는 것이 없기 때문에 혼외정사가 문제 되지 않는다.

그러므로 인간의 독특한 라이프사이클에 관해 제대로 논의하기 위해서는 혼인 제도와 혼외정사, 두 가지가 존재한다는 사실에 대한 설명이 선행되어야 한다. 지금부터 설명하겠지만 두 가지가 다 존재하는 것에 대한 진화적 의미를 이해하기 위해서는 동물의 예를 살펴보는 것이 도움이 된다.

남성과 여성은 혼외정사에 대한 태도에 차이가 있는데, 이것은 기러기나 오리의 경우와 매우 흡사하다. 다음에는 인간의 라이프 사이클의 또 다른 특징으로 결혼 여부와 관계없이 어떻게 섹스 상대를 고르는지 검토해보자.

개코원숭이baboon(보통 집단을 이루어 생활한다-옮긴이) 무리에서는 그것이 문제가 안 된다. 개코원숭이는 모든 수컷이 발정기에 있는 암컷 모두와 교미하려고 한다. 침팬지는 대개 상대를 고르는 경향이 약간 있지만, 그리 많지 않기 때문에 사람보다는 개코원숭이에 가깝다.

사람은 결혼해서 부부가 되면 성생활을 함께할 뿐만 아니라 부모로서의 책임도 공유하기 때문에 배우자를 결정하는 일은 라이프사이클에 중대한 영향을 끼친다. 자녀 양육에는 장기간에 걸친 막대한 투자가 필요하므로, 개코원숭이보다 훨씬 더 신중하게 공동투자자를 선택해야 한다. 이러한 섹스 상대 선택의 과정은 영장류를 넘어 쥐나 새에서도 비슷한 예들을 볼 수 있다.

인간이 배우자를 선택하는 기준은 인종의 변이에 관한 복잡한 의문과도 관련이 있다. 지구상의 여러 장소에 살고 있는 사람들 사이에는 고릴라나 오랑우탄 그리고 그밖에 지리적으로 넓게 분포해 사는 대부분의 동물처럼 외견상 큰 차이가 있다. 눈이 많이 내리는 지역의 위즐이 천적의 눈에 띄지 않도록 털을 하얀색으로 바꾸어 좀 더 오래 살게 되었듯이, 인간의 외견상 지리적 변이 가운데 몇 가지는 그 지역의 기후에 순응하려는 자연선택에 의한 것이 확실하다. 그러나 나는 눈으로 보이는 지리적 변이의 대부분은 배우자 선택의 결과(성선택)에 의해 생겼다고 생각한다.

사람의 라이프사이클에 관한 논의는 여기서 마치기로 하고 마지막으로 우리의 생명에는 왜 종말이 있는가에 대해 생각해보자. 나이를 먹어가는 것은 라이프사이클에서 아주 익숙한 현상이므로 특별히 이상하게 생각되지 않는다. 우리는 당연히 나이를 먹고 결국은 죽어간다. 동물의 개체는 모두 그러한 운명이지만 어느 정도의 속도로 나이를 먹는가는 종마다 차이가 있다. 동물 중에서 사람은 상대적으로 오래 사는 편인데, 네안데르탈인에서 크로마뇽인으로 바뀌면서 더 오래 살게 되었다.

수명이 길어진다는 것은 학습하고 획득한 여러 가지 기술을 다음 세대에 효과적으로 전할 수 있다는 점에서 인간이 인간다워지는 데에 중요한 역할을 해왔다. 인간은 누구나 나이를 먹는다. 우리의 신체는 우수한 자기 회복 기능을 갖추고 있는데, 왜 나이를 먹는 것이 불가피할까?

여기서는 이 책에서 다루는 다른 어떤 문제보다도 진화적 '교환'의 개념이 중요하다. 더 많은 자손을 남기려면 오래 사는 데 필요한 자기 회복 기능에 더 이상 투자를 할 수 없게 된다.

'교환'의 개념은 폐경의 수수께끼를 푸는 열쇠가 될 수도 있을 것이다. 출산을 제한하는 것은, 역설적이긴 하지만 더욱 많은 자손을 번창시키기 위한 자연적인 프로그램인 것이다.

인간의 성 행동의 진화

성의 수수께끼를 탐구하다

섹스에 관한 책이 매주 줄지어 출판되고 있다. 우리는 섹스에 대해서 알고 싶어 하는 욕망보다는 그것을 실제로 해보고 싶다는 욕망이 더 크다. 따라서 사람이 성 행동에 관한 기초적인 사실은 일반인에게도 잘 알려져 있고, 과학적으로도 해명되어 있다고 생각할지 모른다. 그럼, 다음의 다섯 가지 간단한 질문에 대답해보라. 당신이 성에 대해서 어느 정도 알고 있는가를 테스트하는 질문이다.

(1) 다양한 종의 유인원과 사람 중에서, 가장 거대한 페니스를 가지고 있는 것은 어느 쪽인가? 그리고 그 이유는 무엇인가?

(2) 왜 남성은 여성보다 몸집이 큰 것일까?

(3) 남성은 어떻게 침팬지보다 훨씬 작은 정소를 지니면서도 사용에 있어 충분한 것일까?

(4) 무리를 지어 생활하는 동물은 모두 다른 개체 앞에서도 교미를 하는데, 사람은 왜 남 앞에서는 섹스를 하지 않는 것일까?

(5) 임신 가능한 시기를 단번에 파악하고 그 시기에만 성관계를 갖는 모든 포유류의 암컷과 인간의 여성은 다르다. 그것은 무엇 때문일까?

첫 번째 질문에 '고릴라'라고 답했다면 틀렸다. 정답은 사람이다. 그 다음의 네 가지 질문에 차원 높게 답할 수 있는 사람은 논문을 출판해도 좋을 것이다. 대립하는 가설이 많아서 과학자들 사이에서도 아직까지 논란이 계속되고 있기 때문이다.

이들 다섯 가지 질문은 성의 해부학과 생리학에 관한 명백한 사실조차도 설명하기가 얼마나 어려운가를 잘 보여주고 있다. 섹스에 관해 노골적으로 얘기하기를 꺼리는 우리의 태도에도 문제가 있다. 과학자들이 이 문제를 신중하게 다루기 시작한 것은 불과 얼마 전의 일이고, 아직까지도 객관적으로 다루는 데 상당히 애를 먹고 있다. 또 다른 문제점이라면 콜레스테롤의 섭취량이나 이 닦는 습관 등을 조사하는 것과는 달리 인간의 성관계는 실험할 수 없기 때문이다.

생식기관이 단독으로 존재하지 않는 것도 하나의 어려움으로 작용한다. 생식기관은 그 사람의 사회 습관이나 라이프사이클에 적응하도록 만들어졌고, 사회 관습이나 라이프사이클은 식량 획득 방법에 적응하도록 만들어져 있다는 것이다. 우리 자신을 예로 들자면, 인간의 생식기관은 도구의 사용, 커다란 뇌, 자녀 양육 등과 밀접하게 관련을 맺으면서 진화했다. 그러므로 단지 대형 포유류의 한 종에 불과했던 우리가 독특한 존재인 인간으로 진화한 데에는 골반이나 두개골의 형태 변화뿐만 아니라 성 행동의 변화도 중요한 요인이었다.

가족의 기원

생물학자는 동물의 식생활을 알면 그 동물의 짝짓기나 생식기의 형태를 예측할 수 있다. 특히 인간의 성 행동이 왜 이렇게 되었는가를 알려면 먼저 식량과 사회의 진화 과정을 이해해야 한다. 인간은 채식성이던 유인원 선조로부터 갈라져서 진화된 후, 지난 수백만 년을 지내오는 동안 점차 육식과 채식을 함께 섭취했다. 하지만 인간의 치아와 손톱은 여전히 유인원과 똑같은 모양이어서 호랑이처럼 날카롭지 않다. 인간이 사냥에 뛰어난 것은 이와 손톱이 아니라 커다란 뇌 덕분이다. 신체 구조는 사냥에 불리하지만 우리의 선조들은 도구를 사용하고 협동 작업을 함으로써 성공적인 수렵 활동을 할 수 있었다. 사냥한 짐승은 서로 일정하게 나누어 가졌다. 마찬가지로 식물의 뿌리나 과실을 수집하는 데도 도구를 사용하였고 이를 위해서도 역시 커다란 뇌가 필요했다.

그 결과 인간의 아이가 한 사람의 유능한 수렵·채집인이 되기 위해서는 오랫동안 정보를 얻고 경험을 쌓아야 했는데, 그것은 오늘날 컴퓨터 프로그래머나 농부가 되기 위해 몇 년 동안 여러 가지를 습득해야하는 것과 다를 바 없다. 인간의 아이는 젖을 뗀 후에도 몇 년 동안은 스스로 식량을 구하지 못하므로 전적으로 부모에게 의존한다. 우리는 그러한 습성을 아주 자연스러운 일로 받아들이기 때문에 유인원의 새끼들이 젖을 떼자마자 혼자 먹이를 구한다는 사실을 잊고 있다. 어린아이가 식량을 스스로 얻는 데 있어 완전히 무력한 이유는 육체적인 면과 지적인 면 모두에 근거가 있다.

우선 식량을 획득하기 위해 사용하는 도구를 제작하는 데는 손재주가 필요한데, 그것을 익히는 데도 몇 년이 걸린다. 네 살짜리 우리 집 아이가 아직 혼자서 신발 끈을 매지 못하는 것처럼, 네 살배기 수렵·채집인의 아이도 혼자서 돌도끼를 갈거나 나무를 잘라 카누를 만들지 못한다.

다음으로 식량을 구할 때 인간은 다른 동물보다 훨씬 많이 두뇌에 의존한다. 그것은 인간이 매우 다양한 것을 먹고 식량을 구하기 위해 상당히 복잡한 기술을 사용하고 있기 때문이다. 예를 들어, 뉴기니에 있을 때 함께 일하던 사람들은 그들의 거주지 주변에 있는 대략 1,000여 종에 달하는 동물과 식물에 각각 이름을 붙여두고 있었다. 게다가 그 동식물의 분포 상황과 생활사, 분별법, 먹을 수 있는 것인지 혹은 그밖에 유용한 쓰임새가 있는지, 어떻게 하면 잘 잡히는지에 대해 상세히 알고 있었다. 그런 정보를 확실하게 익히는 데에는 몇 년이 걸린다.

인간의 아이는 젖을 뗀 후에도 한동안은 그런 육체적·지적 능력이 부족하기 때문에 스스로 자신을 돌볼 수 없다. 그들은 어른에게 여러 가지를 배워야 하고, 10년 또는 20년의 학습 시기 동안 어른이 돌봐주지 않으면 안 된다.

인간이 지닌 위대한 능력이 대부분 그렇듯이, 이런 점은 동물에게도 나타난다. 사자나 다른 동물도, 새끼들은 부모로부터 사냥을 배운다. 침팬지도 여러 가지 방법으로 식량을 구해 다양한 것을 먹으며 어린 침팬지에게 그 방법을 가르친다. 침팬지는 도구도 만들 줄 안다(보노보는 그렇지 않다).

인간이 동물과 다른 것은 정도의 문제이지 절대적인 차이는 없다. 왜냐하면 우리가 익혀야 하는 기술 그리고 그것을 가르쳐야 하는 부모의 짐은 사자나 침팬지보다는 훨씬 많기 때문이다.

그 결과 부모의 의무는 매우 무거워지고 아이를 키우기 위해서는 모친은 물론이고 부친의 보살핌도 중요하게 되었다. 오랑우탄의 수컷은 처음에 정자를 제공하는 것 외에는 아무것도 하지 않는다. 고릴라, 침팬지, 긴팔원숭이의 수컷은 그보다는 좀 더 새끼를 보호하는 편이다. 그러나 수렵·채집인의 아버지는 자식에게 식량을 가져다줄 뿐만 아니라 많은 것을 가르친다. 인간이 식량을 얻기까지는 사회 조직을 필요로 한다. 그 사회 안에서 한 남자는 한 여자를 임신시킨 뒤에도 태어난 아이를 돌보기 위해 그 여자와 장기간 관계를 유지한다. 그렇게 하지 않으면 아이는 살아남지 못할 가능성이 높고, 부친은 자신의 유전자를 보전할 수 없게 된다. 인간에게는 오랑우탄처럼 교미 후 수컷이 사라져버리는 사회구조는 성립되지 않는다.

또 침팬지처럼 발정기에 있는 암컷 한 마리가 수컷 여러 마리와 교미하는 방식도 인간에게는 통용되지 않는다. 그러한 방식 때문에 수컷 침팬지는 어떤 것이 자기 새끼인지 구별하지 못한다. 침팬지 수컷에게는 그것이 그리 대단한 일은 아니다. 그들은 새끼에게 거의 해주는 것이 없기 때문이다. 그러나 인간의 부친은 자기의 자식을 위해 헌신하기 때문에 아이의 모친과만 성관계를 가짐으로써 그 아이가 자신의 자녀라는 확신을 가진다. 진화의 관점에서 보면 남자는 자신이 친부인지 아는 것이 유리하다. 그렇지 않으면 기껏 아이를 키워놓았더니 다른 남자의 유전자를 후세에 전달하는 꼴이 될 수도 있기 때문이다.

만약 사람이 긴팔원숭이처럼 넓은 지역에 한 쌍씩 분산되어 살고 암컷이 배우자 이외의 다른 수컷과 만날 기회가 좀처럼 없다면, 어린 긴 팔원숭이들의 아버지가 누구인지를 확인해야 하는 문제는 없을 것이다. 그러나 누구의 자식인가를 확인해야 한다는 불안감에도 모든 사람은 집합체를 이루며 살고 있는 것은 나름대로 충분한 이유가 있다.

우선 인간의 수렵·채집 활동의 대부분은 남성끼리, 여성끼리 또는 남성과 여성의 공동 작업으로 이루어지기 때문이다. 또한 야생에서 채집하는 식량의 대부분은 넓게 분포해 있지만, 거기서도 어느 한곳에만 몰려 있기 때문에 한번 발견하면 많은 사람이 먹을 수 있다. 그리고 무리를 지어 살면 맹수나 침략자, 특히 다른 인간 집단으로부터 자신을 보호할 수 있다.

한마디로 유인원과는 다른 식생활 습성에 따라 진화해온 인간의 사회체제는 우리에게는 아주 당연한 것이지만, 유인원의 입장에서는 아주 이상한 일이고 일반적인 포유류의 입장에서 봐도 상당히 독특한 경우다. 다 자란 오랑우탄은 혼자서 살고, 긴팔원숭이는 암컷과 수컷이 일부일처의 형태로 짝을 짓고 산다. 고릴라는 대부분 힘이 센 수컷 한 마리가 여러 마리의 암컷을 거느리며, 침팬지는 수컷 한 마리에만 속하지 않는 암컷들로 이루어진 수컷 집단과 잡혼 사회 속에서 살고 있다. 그리고 보노보는 두 성性 모두가 상대를 가리지 않고 난잡한 성관계를 갖는다.

그러나 인간 사회는 음식 습관이 그렇듯이 사자나 늑대 집단처럼 많은 남성과 여성이 함께 집단을 이루어 살아가고 있다. 하지만 사자나 늑대와 다른 점이 있다면 남자와 여자가 한 쌍씩 짝을 이루며 살고 있는 점이다. 무리 속에 있는 사자의 수컷은 인간과는 달리 어떤 암컷과도 교미가 가능하다. 따라서 누가 누구의 아버지인지 전혀 알 길이 없다.

이렇듯 독특한 인간 사회와 가장 비슷한 형태를 이루고 사는 것은 역시 암컷과 수컷이 짝을 이루고 사는 갈매기나 펭귄과 같은 바닷새들의 집단이다.

현대의 법치국가에서 인간 사회의 혼인 형태는 적어도 공식적으로는 일부일처제가 대부분이다. 그러나 현대의 수렵·채집인 집단은 대부분 '조금은 일부다처제'의 형태를 취하고 있어, 지난 몇 백만 년 동안 인간이 어떻게 생활해 왔는가의 모델로 적당하다고 생각된다(여기서는 혼외의 성관계는 생략한다. 이것을 포함시키면 인간은 실질적으로 일부다처가 된다. 과학적으로 이 일부다처의 양상에 관해서는 다음 장에서 논의하겠다). '조금은 일부다처제' 라는 말은 수렵·채집인의 남성 대부분은 한 아내밖에는 먹여 살릴 수 없지만 소수의 능력 있는 남자들은 여러 명의 아내를 거느리고 있다는 의미이다.

코끼리물범은 힘센 수컷 한 마리가 수십 마리의 암컷을 거느리고 사는데, 이러한 규모의 일부다처제는 수렵·채집인에게는 불가능하다. 코끼리물범과는 달리 그들은 자녀를 양육해야 하기 때문이다.

인간의 역사 속에는 수십 명의 여인을 거느리고 산 것으로 유명한 군주들이 있는데, 그것은 농경 사회로 접어들고 중앙집권적인 정부가 들어서면서 백성으로부터 거둬들인 세금으로 왕실의 여인들이 낳은 아이들을 양육할 수 있었기 때문이다.

성별에 따른 몸의 크기와 사회구조

그러면 이러한 사회구조가 남녀의 신체 구조에 어떠한 영향을 주었는지 알아보자. 먼저 성인 남성은 비슷한 연령의 여성보다 몸집이 약간 크다는 사실을 들어보자(평균적으로 남성은 여성보다 키는 약 8퍼센트가 크고, 체중은 20퍼센트 무겁다). 외계에서 온 동물학자가 178센티미터의 나와 173센티미터의 내 아내를 본다면 우리를 약간 일부다처에 속하는 종이라고 추측할 것이다. 그렇다면 남녀 신체의 상대적인 크기로 어떻게 성관계의 습성을 짐작할 수 있는 것일까?

일부다처제의 동물들은 암컷에 비해 수컷의 몸집이 크면 클수록 거느리는 암컷의 수도 늘어난다는 사실이 잘 알려져 있다. 예를 들어 일부일처제의 긴팔원숭이는 수컷과 암컷의 몸집이 똑같지만, 3~6마리 정도의 암컷을 거느리는 전형적인 일부다처형 고릴라의 수컷은 암컷의 약 두 배로 크다. 평균 48마리의 암컷을 거느리고 있는 코끼리물범의 경우에는 수컷의 몸무게가 약 2,700킬로그램인 데 비해 암컷은 320킬로그램 정도밖에 안 된다.

일부일처제의 사회에서는 모든 수컷이 짝을 얻을 수 있는 데 반해, 일부다처제에서는 소수의 힘센 수컷이 많은 암컷을 차지하고 살기 때문에 대부분의 수컷은 짝 없이 외롭게 지낸다. 그래서 수컷 한 마리가 차지하는 암컷의 수가 많을수록 수컷들 간의 다툼이 더욱 치열해지고, 수컷의 몸집이 얼마나 큰가 하는 것이 더 중요해진다. 보통 몸집이 큰 쪽이 싸움에 유리하기 때문이다. 약간이나마 일부다처의 경향이 있고 남성 쪽의 몸집이 조금 큰 우리 인간도 이 패턴과 일치한다(그러나 인류 진화의 어느 시점부터 남성의 신체 크기보다는 지능이나 성격이 더 중요시되기 시작했다).

배우자를 둘러싼 경쟁은 일부일처제보다 일부다처제를 취하는 종이 훨씬 엄격하기 때문에, 후자에서는 몸집 크기 이외에도 수컷과 암컷 간에 분명한 차이가 있다. 그것들은 암컷들을 유인하는 역할을 하는 2차

성징이다. 예를 들어 일부일처제인 긴팔원숭이는 멀리서 보면 수컷과 암컷이 똑같이 생겼지만 일부다처제인 고릴라는 수컷의 머리에 화살 모양의 혹 같은 것이 있고 등도 은색이기 때문에 수컷과 암컷을 쉽게 구별할 수 있다.

이런 점에서 본다면 인간의 신체 구조는 약간이나마 일부다처제적인 경향을 반영하고 있다. 비록 고릴라나 오랑우탄만큼 차이가 있는 건 아니지만 체모나 얼굴의 털, 남성의 커다란 페니스, 첫 임신을 하기 전부터 매우 큰 여성의 유방(이 점은 영장류 중에서도 독특하다) 등으로 두드러진다. 외계에서 동물학자가 온다면 그는 쉽게 남자와 여자를 구분할 수 있을 것이다.

정소와 페니스 ― 생식기의 구조와 역할

이제 생식기 자체에 대해서 이야기해보자. 남성의 정소의 평균 중량은 약 42.5그램이다. 대략 200킬로그램 정도 나가는 수컷 고릴라의 정소가 그보다도 작다면 정력적인 남자는 아주 기분 좋아할 것이다. 하지만 체중이 45킬로그램밖에 안 되는 침팬지의 정소가 약 100그램인 것에 비하면 인간의 것은 정말 작은 편이다. 왜 고릴라는 인간에 비해 경제적이고 침팬지는 그렇게 거대한 것일까?

형질인류학의 커다란 공헌 중 하나가 있다면 정소 크기에 대한 이론이다. 영국의 인류학자들은 영장류 33종의 정소 중량을 측정한 결과 다음과 같은 사실을 발견했다.

보다 빈번하게 교미하는 종일수록 큰 정소를 지니고 있으며, 그중에서도 한 마리의 암컷이 짧은 주기로 여러 마리의 수컷과 교미를 하는 난혼적亂婚的인 종일수록 정소의 크기가 유난히 크다는 점이다(가장 많은 정액을 주입한 수컷이 수정시킬 확률이 제일 높기 때문이다). 복권 당첨처럼 치열한 경쟁 속에서만 수정이 가능한 경우 정소가 클수록 성공할 가능성도 높은 것이다.

이것으로 유인원과 사람의 정소의 크기가 왜 다른지에 대해 이해가 될 것으로 안다.

암컷 고릴라는 출산 후 성적 활동이 회복되기까지 3~4년이 걸리고, 다음 임신 때까지 성행위는 1개월 중 불과 며칠밖에 하지 못한다. 여러 마리의 암컷을 거느리고 있는 힘센 수컷 고릴라도 성행위는 거의 하지 못한다. 운이 좋으면 1년에 몇 번 정도다. 그들의 정소는 작은 편이지만 이런 금욕적인 생활에는 그 정도면 적당하다. 오랑우탄의 성생활은 조금 더 활발하지만 횟수는 그렇게 많지 않다. 하지만 수많은 난혼적인 암컷들 속에 살고 있는 침팬지의 수컷은 섹스 천국에서 사는 셈이다.

침팬지는 매일, 보노보는 하루에도 여러 번 교미할 기회가 있다. 게다가 난혼적인 암컷의 수정 경쟁에서 이기기 위해서 다른 침팬지를 능가하는 양의 정액을 생산해야 한다고 생각하면, 거대한 정소가 필요한 것은 당연하다.

인간의 정소가 중간 크기인 이유는 성행위의 횟수가 고릴라나 오랑우탄보다는 많지만 침팬지보다는 적기 때문일 것이다. 더욱이 생리 중인 여성은 침팬지처럼 여러 남성의 정자 경쟁을 유도하지 않는다.

따라서 영장류의 정소는 앞에서 설명한 '교환'의 원리와 진화적 손익의 분석 원리를 잘 보여주고 있다. 각각의 종은 나름대로 그들의 역할을 하는 데 충분한 크기의 정소를 가지고 있다. 정소가 필요 이상으로

암컷과 비교해 본 수컷의 몸집

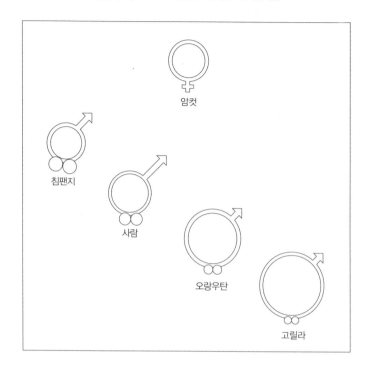

그림 4

사람과 대형 유인원은 암수의 체중 차, 페니스의 길이, 정소의 크기가 크게 다르다. 수컷 기호 원 부분의 크기는 동종 암컷과 비교한 수컷의 상대적인 체중을 나타낸다. 위의 암컷 기호 원 부분의 크기가 기준이 되는 암컷의 체중이다.

침팬지의 암수 체중은 그다지 다르지 않다. 사람은 남자가 약간 무겁다. 그러나 오랑 우탄이나 고릴라의 수컷은 암컷보다 훨씬 크다. 수컷 기호 화살표 부분의 길이는 상대적인 페니스의 길이를 나타내며, 두 개의 작은 원은 체중에 대한 정소 무게의 상대치를 나타낸다. 사람은 가장 긴 페니스를, 침팬지는 가장 큰 정소를, 오랑우탄과 고릴라는 가장 짧은 페니스와 가장 작은 정소를 각각 가지고 있다.

수컷과 비교해 본 암컷의 몸집

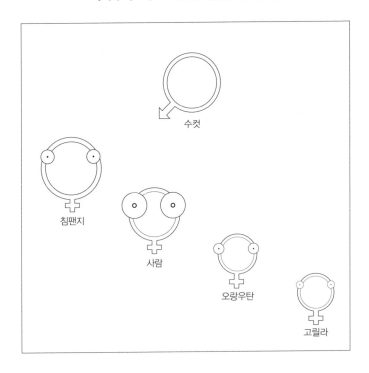

그림 5

여성의 신체에서 유방은 매우 독특하다. 첫 임신 전에도 대형 유인원의 것보다 크다.
암컷 기호의 원 부분은 동종 수컷의 체중과 비교한 상대 체중을 나타낸다.

크면 그 이외의 조직을 만드는 데 사용해야 할 에너지를 낭비할 뿐만 아니라 정소암에 걸릴 확률도 높기 때문에 이로울 것이 없다.

이처럼 잘된 과학적 분석에 비해서 페니스의 최적 길이를 설명하는 이론에 이르면 20세기 과학은 아주 참담한 수준이 된다. 발기한 페니스의 평균 길이는 대략 고릴라가 3.2센티미터, 오랑우탄이 3.8센티미터, 침팬지가 7.6센티미터, 사람이 12.7센티미터 정도다.

눈으로 볼 수 있는 정도도 같은 수준이다. 고릴라의 페니스는 검기 때문에 발기해도 쉽게 눈에 띄지 않지만 침팬지의 페니스는 분홍색이므로 주변의 흰 피부와 대비되어 유달리 두드러져 보인다. 발기하지 않은 유인원의 페니스는 밖에서 전혀 보이지 않는다. 그런데 왜 유독 인간의 페니스는 다른 영장류에 비해서뿐만 아니라 자신의 신체에 비해서도 커다랗고 눈에 잘 띄는 것일까? 그보다 훨씬 작은 페니스로도 충분히 번식이 가능한 수컷 유인원에 비추어볼 때, 그렇게 큰 페니스를 갖고 있다는 것은 세포 낭비이다. 남는 세포로 차라리 대뇌피질이나, 조금 더 쓸모 있는 손가락에 보내는 것이 더 바람직하지 않을까?

이 문제에 대해 생물학자인 친구에게 질문해 보았더니 그는 얼굴과 얼굴을 마주 보는 자세, 다양한 체위, 장시간의 성교 등 인간은 성교의 특수성 때문에 긴 페니스가 유리하다고 했다. 그러나 잘 검토해보면 그 말이 틀렸다는 것을 알 수 있다. 얼굴과 얼굴을 마주 보는 자세는 오랑우탄이나 보노보도 좋아하는 자세이고 고릴라도 종종 그 자세를 취한다. 오랑우탄은 얼굴을 마주 보는 자세 외에도 뒤나 옆 등 다양한 자세를 취하고 나뭇가지에 매달려서도 한다. 편하게 침실에서 즐기는 사람과 비교하면 그야말로 페니스의 곡예가 필요하다.

성교 시간도 사람(미국인 평균 4분)은 고릴라(1분), 보노보(15초), 침팬지

(7초)보다는 길지만 오랑우탄(15분)보다는 짧고 열두 시간에 달하는 생쥐의 교미에 비하면 순간에 지나지 않는다.

이러한 사실을 종합해볼 때, 사람의 성교 방식이 특수하기 때문에 커다란 페니스가 필요하다는 논리에는 설득력이 없다. 또 한 가지 설은, 사람의 페니스가 공작새의 꼬리털이나 사자의 갈기처럼 과시의 의미도 있다는 것이다. 이것은 그럴듯하긴 하지만 그렇다면 누구에게, 왜 자랑하려는 걸까?

자신만만한 남성 인류학자는 한 치의 망설임도 없이 이렇게 대답할 것이다. 여성에게 매력적으로 보이기 위해서라고. 그러나 그것은 남성 인류학자들의 희망 사항에 불과하다. 많은 여성은 페니스보다는 남성의 목소리나 다리, 어깨 등에서 훨씬 더 흥분한다고 말하기 때문이다. 이것을 뒷받침해줄 만한 일화가 있다. 여성 주간지 《비바Viva》는 한때 남성의 누드 사진을 싣다가 여론조사 결과 여성은 그것에 그다지 흥미를 느끼지 않는다고 밝혀지자 게재를 중단했다. 남성 누드 사진의 게재를 그만두자 여성 독자는 증가하고 남성 독자는 오히려 감소했다. 남성 누드를 보기 위해 《비바》를 샀던 쪽은 여성이 아니라 남성이었던 것이다. 한 걸음 양보해서 남성의 페니스가 과시용이라고 해도, 그것은 같은 남성에게 보이기 위한 것이지 여성에게 보이기 위한 것은 아닌 듯하다.

커다란 페니스가 다른 남성에 대한 위협이나 지위를 과시한다는 사실을 증명해주는 예는 몇 가지 더 있다. 남성의 성기를 주제로 한 작품이 모두 남성에 의해 만들어졌으며 상당히 많은 남성이 자신의 페니스 크기에 대해서 심한 열등감을 가지고 있다는 사실을 생각해보라.

남성의 페니스 진화는 여성의 질의 길이에 따라 제한된다. 너무 큰 페니스는 여성의 몸에 상처를 입히기 때문이다. 만약 이런 제한 없이 남성 자신의 페니스를 설계할 수 있다면 과연 어떻게 되었을까 상상해보라. 그것은 내가 연구를 위해 머물렀던 뉴기니에서 남성의 옷의 일부로 사용되고 있는 페니스 덮개와 같을 것이다. 페니스 덮개는 길이(최고 60센티미터), 지름(최고 10센티미터), 형태(구부러지거나 곧은 형태), 착용 시 몸과의 각도, 색(노란색이나 빨간색), 장식(끝에 술 장식을 닮) 등에서 각양각색이다. 남성은 누구나 옷장 속에 크기와 형태가 다른 페니스 덮개를 몇 개쯤 갖추고 있고 매일 아침 그날의 기분에 따라 어느 것을 착용할지 선택한다. 남성 인류학자들은 그것을 보고 당혹해하며 페니스 덮개는 페니스를 가리거나 겸허함을 표현해준다고 해석한다. 그 말을 들은 내 아내는 겸허함을 표현하는 것치고는 너무나 상스럽다고 말했다. 이처럼 사람의 페니스의 중요한 기능은 놀랍게도 많은 부분이 아직도 수수께끼로 남아 있고 연구할 영역 역시 많다.

은밀한 배란과 은밀한 섹스

해부학에서 생리학 방면으로 눈을 돌리면 인간의 성행위 패턴은 다른 포유류에 비해 매우 기묘하다. 대부분의 포유류는 성적 활동기가 제한되어 있다. 암컷이 배란기여서 수정이 가능한 시기 외에는 성적 행동을 하지 못한다.

포유류의 암컷은 배란기 때만 수컷 쪽으로 생식기를 향하고 교미하도록 유혹한다. 대부분의 영장류 암컷은 자기가 배란기임을 수컷이 눈치채기 쉽도록 확실하게 표현한다. 질 주위가 부풀어 오르고 몇몇 종은 엉덩이와 가슴이 부풀어 오르며, 색도 빨강, 분홍, 파란색 등으로 변한다.

배란기에 있는 암컷의 유혹을 받은 수컷 원숭이들은 야한 옷을 입은 여성을 볼 때 남성이 흥분하는 것과 같은 영향을 받는다. 수컷 원숭이는 생식기가 빨갛게 부푼 암컷이 옆에 있으면 그렇지 않은 암컷이 옆에 있을 때보다 더 자주 암컷의 엉덩이를 본다. 실제로 테스토스테론 testosterone(남성호르몬의 일종–옮긴이)의 수치가 높아지면서 더 자주 교미하려고 하며 삽입 시간도 더 짧아진다.

인간의 성적 주기는 그와는 판이하게 다르다. 여성은 단기간의 발정기에 얽매이지 않고 성적으로 언제나 성교가 가능한 상태에 있다. 사실 여성의 성적 주기에 따라 성교가 가능한 상태의 변화 여부를 조사한 연구는 산처럼 많은데도 확실한 해답은 얻을 수 없었고, 만약 변한다고 하면 어느 시기가 최대인가에 대한 의견도 분분했다.

사람의 배란은 은밀하기 때문에, 1930년경에서야 비로소 배란 시기에 관한 과학적인 정보를 얻었다. 그 이전의 의사들은 여성이 성적 주기 중 아무 때나 임신이 가능하거나 그렇지 않으면 생리 중일 때 가장 임신하기 쉽다고 생각했던 것 같다.

수컷 원숭이는 주위를 둘러보고 아름답게 부풀어 오른 암컷 원숭이를 찾으면 되지만 불행하게도 남성은 주위에 있는 여성 중 누가 배란기여서 임신이 가능한지 전혀 알지 못한다. 여성 자신은 배란기에 수반되는 감각을 어느 정도 느낄 수도 있지만, 체온이나 질 점액의 상태를 측정한다 해도 정확하게 알 수는 없다.

여성이 임신을 하거나 피하기 위해 배란 시기를 알려면 책을 읽고 계산해야 한다. 다른 포유류의 암컷과 달리 인간은 대담한 성적 수용 본능이 없기 때문에 스스로 배란기를 알 방법이 없는 것이다.

여성은 배란이 드러나지 않고 언제나 성교가 가능하며 생리 주기 중에 임신이 가능한 시기는 극히 짧기 때문에 사람의 성교는 거의 임신이 불가능한 시기에 행해지기 일쑤이다. 게다가 여성의 생리 주기는 다른 포유류의 암컷보다 개인차가 훨씬 크다. 따라서 신혼부부가 피임 따위는 염두에 두지 않고 매일 최대의 섹스를 해도, 한 달 생리 주기 중 임신할 수 있는 확률은 28퍼센트밖에 안 된다. 고급 품종의 암소의 임신 확률이 이처럼 낮다면 축산업자는 몹시 난감해할 것이다. 그러나 암소는 단 1회의 인공수정에도 75퍼센트가 수정된다.

사람에게 있어 성교의 주요 생물학적 기능이 무엇이든 간에 수정이 아닌 것만은 분명하다. 수정은 이따금 일어나는 덤에 불과할 뿐이다. 세계의 인구 과잉이 큰 문제가 되고 있는 오늘날 성교의 자연스러운 목적은 임신이므로 주기 피임법만이 유일한 방법인 동시에 올바른 산아 제한법이라는 가톨릭교회의 주장은 참으로 안타깝다. 주기 피임법은 고릴라나 다른 포유류에게는 적합한 방법이지만 사람에게는 합당치 않다. 생물 중에서 사람만이 임신과 상관없이 성교하게 되어 있다. 따라서 주기 피임법은 산아 제한법으로는 부적당하다.

동물에게 교미는 위험한 사치다. 교미를 하는 동안 동물은 귀중한 칼로리를 소비하고 식량을 모을 기회를 놓치며 자신을 노리는 다른 동물에게 잡아먹히기도 한다. 또 같은 종이라 해도 영역을 빼앗으려는 라이벌의 표적이 되기도 쉽다. 따라서 교미는 수정하기에 필요한 최소한의 시간 내에 끝내야 한다.

그와 비교하면 사람의 섹스는 수정을 위한 일치고는 시간과 에너지를 지나치게 낭비하므로 진화적 실패라고 할 수밖에 없다. 만약 사람이 다른 포유류처럼 일정한 발정 주기를 갖고 있었다면, 수렵 채집을 했던 우리의 선조는 시간을 절약할 수 있었을 것이며 더욱 많은 마스토돈

mastodon(코끼리와 비슷하게 생긴 멸종 동물로, 북아메리카에 살았다-옮긴이)을 사냥할 수 있었을 것이다. 실리적인 입장에서 볼 때 여성이 발정 중이라는 것을 겉으로 노골적으로 나타내는 수렵·채집인 집단이 있었다면 그들은 더 많은 아기를 낳아 기를 수 있었을 것이고 다른 집단을 능가할 수 있었을 것이다.

인간의 번식 행위의 진화 중 가장 열띤 논의는 인간은 왜 배란 시기를 알 수 없는가, 수정이 되지 않을 때 행하는 섹스에는 어떤 의미가 있는가에 대한 부분이다. 과학자에게는 섹스가 즐겁기 때문이라는 대답만으로는 통하지 않는다. 즐겁다는 것은 진화 과정에서 그렇게 만들어졌기 때문이다. 수정 시기가 아닐 때에 섹스를 함으로써 얻어지는 커다란 이익이 없다면, 섹스를 즐기지 않는 돌연변이체의 인간이 출현할 경우 세계는 순식간에 그들에게 정복당하고 말 것이다.

은밀한 배란의 역설은 은밀한 섹스의 역설과 관련이 있다. 난혼이든 일부일처든 집단생활을 하는 모든 동물은 다른 개체 앞에서 교미를 한다. 갈매기 부부는 정착지의 한가운데에서 교미를 하고, 배란기에 있는 암컷 침팬지는 다른 침팬지가 있는 앞에서 다섯 마리의 수컷과 차례로 교미하기도 한다. 그런데 왜 사람만 은밀히 섹스를 하는 것일까?

은밀한 배란과 은밀한 섹스에 대해 생물학자들이 주장하는 이론은 대략 여섯 가지다.

그러나 흥미롭게도 과학자들의 논쟁은 마치 로르샤흐 테스트rorschach test(잉크 얼룩 같은 무늬를 자유롭게 해석하여 진단하는 성격검사-옮긴이) 같은 것임을 알 수 있다. 다음은 그 이론과 주창자들이다.

1. 전통적인 남성 인류학자들에게 인기 있는 이론

이 이론은 은밀한 배란과 은밀한 섹스를 남자 사냥꾼들 사이의 협력을 촉진하고 공격을 억제하기 위한 진화로 본다. 발정한 여성을 둘러싸고 이른 아침부터 대전쟁을 치른 혈거인들이 어떻게 일치단결해서 매머드를 죽일 수 있겠는가.

이 이론이 시사하는 바는 실제로 사회를 움직이는 것은 남자들이고 여성의 생리학적 상태가 중요한 것은 어디까지나 남자들의 단결에 영향을 미치기 때문이라는 것이다. 그러나 이 이론을 확대해석하면 노골적인 발정과 섹스는 동성 간 혹은 이성 간의 유대에 영향을 끼쳐 인간 사회의 질서를 혼란시킨다고 주장하고 있어, 조금은 덜 성차별적인 이론으로 볼 수도 있다.

이것을 설명하기 위해 현대의 수렵·채집인인 우리가 배란기와 섹스를 숨기지 않고 남들 앞에서 한다면 어떻게 될까를 묘사한, 가상 드라마의 한 장면을 상상해보라.

등장인물은 밥, 캐럴, 테드, 앨리스, 랠프, 제인 등 여섯 명이다. 밥, 앨리스, 랠프, 제인은 같은 회사에서 일하고 있으며, 남자들은 계약을 성사하는 일을 하고 여자들은 외상매입금 관리를 한다. 제인과 랠프는 부부이다. 밥의 부인은 캐럴이며 앨리스의 남편은 테드이다. 캐럴과 테드는 다른 곳에서 일하고 있다.

어느 날 아침 앨리스와 제인은 자신들이 배란기가 임박해 성기가 분홍색을 띠며 성적 수용 상태가 되었음을 자각한다. 앨리스와 테드는 각자의 회사로 일하러 가기 전에 집에서 섹스를 한다. 그러나 제인과 랠프는 회사로 함께 출근하여 동료들이 지켜보는 가운데 사무실의 소파에서 업무 중에도 몇 번씩 섹스를 한다.

밥은 발정한 앨리스와 제인을 보고, 또 섹스하고 있는 제인과 랠프를 보며, 앨리스와 제인에 대한 욕망이 높아져 일에 집중하지 못한다. 그는 몇 번이나 제인과 앨리스를 유혹한다.

랠프는 제인에게서 밥을 떼어낸다. 앨리스는 밥을 거부하고 시종 테드에게 충실하지만 이 소란으로 일이 잘 되지 않는다.

한편 다른 회사에 다니는 캐럴은 앨리스와 제인의 정사를 생각하며 하루 종일 질투심으로 속이 끓어오른다. 앨리스와 제인은 빨갛게 달아올라 밥에게 매력적으로 보이는데 자신은 그렇지 않다는 사실을 너무나 잘 알고 있기 때문이다.

그 결과 회사에서는 계약이나 계정도 거의 모이질 않는다. 그동안 배란도 섹스도 은밀하게 이루어지는 회사가 번영한다. 결국 밥, 앨리스, 랠프, 제인이 일하던 회사는 망하고 살아남은 것은 배란과 섹스를 드러내놓고 하지 않는 회사뿐이었다.

이 이야기를 보면 인류 사회의 협력 행동을 촉진하기 위해서 배란과 섹스가 은폐된 것이라는 전통적인 설은 일리가 있다고 생각된다. 문제는 비슷한 수준의 지지를 얻고 있는 설이 이외에도 몇 개가 더 있으므로 그것들에 대해 간단히 살펴보기로 하겠다.

2. 다른 남성 인류학자들에게 인기 있는 이론

이것은 배란과 섹스가 감춰져 있으면 특정한 남성과 특정한 여성 사이의 유대가 강해져 가족의 기초가 이루어졌다는 이론이다. 여성은 성적으로 매력이 있고 수용이 가능하기 때문에 언제라도 남성을 만족시킬 수 있고 그를 구속하며 남성은 자녀 양육에 참여하는 대신 그것을 섹스로 보상해준다는 것이다.

이 주장이야말로 여성이 남성을 행복하게 해주기 위해 진화했다는, 실로 성차별적인 발언이다. 또한 이 이론으로는 긴팔원숭이가 몇 년에 한 번밖에 섹스를 하지 않으면서도 충실하게 일부일처제를 유지하여 성인 윤리의 거울 같은 생활을 하고 있을 수 있는가, 하는 점이 의문이다.

3. 조금 더 현대적인 남성 인류학자의 이론(도널드 시먼즈)

시먼즈는 작은 노획물을 잡은 수컷 침팬지가 발정하지 않은 암컷보다는 발정 중인 암컷에게 고기를 분배하는 경우가 많다는 사실에 주목했다. 여기에서 시먼즈는 여성이 항상 성적으로 수용 가능한 것은 섹스를 제공하고 고기를 얻으려는 이유 때문이 아닌가 하고 생각했다. 시먼즈는 대부분의 수렵·채집인 사회의 여성에게는 남편을 선택할 만한 발언권이 없음을 지적하며 또 다른 이론을 내놓았다.

남성 중심적인 사회에서는 남성 집단끼리 딸을 교환해서 결혼시킨다. 그러나 보잘것없는 남성과 결혼한 여성일지라도 매력이 있으면 언제라도 더 훌륭한 남자를 은밀히 유혹하여 그의 유전자를 아이에게 전할 수 있다. 시먼즈의 설 역시 아직은 남성 중심적이지만 적어도 여성이 자신의 목적 달성을 위해 영리하게 움직인다는 면에서 볼 때 진일보한 것이라고 할 수 있다.

4. 남성 생물학자와 여성 생물학자가 공동으로 제출한 이론
(리처드 알렉산더와 캐서린 누넌)

만약 남성이 배란의 징후를 감지할 수 있다면 그는 아내가 배란하고 있을 때만 성교하고 수정시킬 수 있을 것이다. 그러면 남성은 아내가 발정하지 않을 때는 안심하고 그녀를 무시한 채 다른 여자를 유혹할 수 있다. 아내가 임신하지 않았더라도 성적으로 수용 불가능한 때라는 것을 알고 있기 때문이다. 그래서 여성은 배란을 숨기게 되었고 자신이 정말로 아버지인지 아닌지 걱정하지 않도록 남성을 대함으로써 영속적인 결혼의 고삐로 남자를 묶어두려고 진화했다는 설이다.

배란기를 모르면 남성은 수정을 위해 아내와 자주 섹스를 해야 하고 따라서 다른 여자에게 눈 돌릴 시간이 없어진다. 그 결과 아내와 남편 모두 이익을 얻게 된다. 우선 그는 태어나는 아이가 자신의 아이임을 확신할 수 있다. 또한 아내가 어느 날 갑자기 분홍빛으로 발정하여 많은 남성을 유혹하지 않을까 하는 염려를 하지 않아도 된다. 드디어 남녀 양성의 평등에 입각한 이론이 등장한 것이다.

5. 여성 사회생물학자의 이론(사라 하디)

하디는 원숭이, 개코원숭이, 고릴라, 침팬지 등 많은 영장류 사이에서는 남의 새끼를 죽이는 일이 종종 있다는 사실에 주목했다. 새끼를 잃은 어미는 다시 발정을 하는데, 그 새끼를 죽인 장본인과 교미하여 살인자의 새끼를 늘려주는 경우도 빈번하다(이러한 포학성은 인간의 역사에서도 간혹 볼 수 있다. 남성 정복자는 정복당한 남자와 아이들을 죽이고 여자는 취했다).

하디는 여성이 그에 대한 대항 수단의 하나로 배란을 숨겨 누가 아버지인지 모르게 함으로써 남자를 조종하게 되었다고 생각했다. 많은 남성과 몰래 섹스를 한 여성은 그녀의 아이를 남성들이 어쩌면 자신의 아이일지도 모른다고 생각하기 때문에 그만큼 많은 남성으로부터(최소한 아이를 죽이지 않겠다는) 원조를 받을 수 있을 것이다. 이 설의 타당성 여부는 접어두고라도, 지금까지의 남성 중심적인 성차별 사고를 깨고 성적 권리를 여성 측으로 전환시킨 것에 대해서는 높이 평가받을 만하다.

6. 다른 여성 사회생물학자들의 이론(낸시 벌리)

평균 3킬로그램인 신생아는 크기가 고릴라 새끼의 두 배이지만, 90킬로그램인 고릴라는 사람의 어미보다 거대하다. 둘을 비교해볼 때 신생아는 유인원의 새끼보다 상대적으로 훨씬 크기 때문에 사람의 출산은 무척 위험하고 고통스럽다. 의학이 발달하기 전에 여성은 종종 출산하다가 죽기도 했는데, 고릴라나 침팬지는 출산 때문에 죽지는 않는다. 그러므로 성교와 임신이 서로 관련되어 있다는 것은 알 정도로 지능이 발달하면 여성은 위험하고 고통이 따르는 출산을 피하기 위해 배란기에는 되도록 섹스를 하지 않을 것이다. 따라서 그러한 여성은 스스로 배란기를 조절할 수 없는 여성보다는 아이를 덜 낳을 것이다. 여성의 은밀한 배란이 남성을 위해 진화된 것이라고 생각하는 남성 인류학자들에 반해 낸시 벌리는 여성이 스스로를 보호하기 위한 속임수로 진화했다고 생각했다.

과거의 요인, 현재의 요인

배란기 은폐의 진화에 내한 앞의 이론들 중 어느 것이 가장 올바른 것일까? 이 문제가 신중하게 다루어지기 시작한 것은 최근의 일로 생물학자들도 정확한 답을 모른다. 그것은 역사학, 심리학 그리고 변수를 조작해 실험을 할 수 없는 그 외의 모든 분야에서도 마찬가지다. 그러한 실험이 가능하면 원인이나 기능을 분명하게 파악할 수 있을 것이다.

만약 어떤 부족을 개조하여 여성이 배란을 나타내도록 만든다면, 과연 부부 사이나 부부끼리의 협력 관계가 파괴되는지 그리고 그 지식을 이용해서 여성이 임신을 피하려 드는지를 알 수 있을 것이다. 그러나 우리는 그런 실험을 할 수 없으므로 배란이 은폐되지 않았다면 오늘날 인간의 사회가 어떻게 달라졌을지 알 길이 없다.

오늘날 우리 눈앞에서 일어나고 있는 일의 의미를 결정하는 일조차 이토록 어렵다면 사라져버린 과거의 의미를 해석하기란 더더욱 어려울 것이다. 우리는 몇 만 년 전 배란기가 은폐되기 시작할 즈음의 인간의 골격과 도구는 지금과 판이했던 것을 잘 알고 있다. 아마 배란기 은폐의 기능과 함께 사람의 성 행동 역시 지금과는 꽤 달랐을 것이다. 따라서 그것을 지금 다시 묘사하는 것은 무리일지도 모른다.

과거를 해석하는 일은 언제나 '옛 인류를 노래하는 시詩'로 끝날 위험성이 있다. 몇몇 뼈의 화석으로 추측하여 생각해낸 설은 로르샤흐 테스트처럼 개인적인 선입관을 다분히 포함하고 있을지도 모르며 과거에 대한 확실한 해석과는 걸맞지 않을 수도 있다.

어쨌든 여섯 가지 이론을 소개만 하고 아무 성과도 없이 문제만 남긴 채 끝낼 수는 없다. 따라서 다시 인과관계를 설정해야 하는 또 하나의 문제에 직면하게 된다. 배란기 은폐와 같은 복잡한 현상이 단일 요인으로만 일어났을 리는 없다.

배란기 은폐를 일으킨 단일 요인을 밝히려는 것은 제1차 세계대전의 발발 원인을 단 한 가지로 규정하려는 것만큼 어리석은 일이다. 알다시피 1900년부터 1914년에 걸친 시기에는 전쟁을 향한 독립적인 요소와 평화를 향한 독립적인 요소 몇몇이 공존했다. 여러 가지 힘의 총체가 전쟁 쪽으로 기울어지자 마침내 전쟁이 일어났던 것이다. 그렇다고 해서 극단적으로 생각나는 모든 요인들의 리스트를 늘어놓는 것도 바람직하지 못하다.

여섯 가지 이론에 포함되는 리스트를 정리하는 1단계로 우선 다음 사항을 알고 있어야 한다.

과거에 인간의 성 행동을 특수한 것으로 진화시켰던 요인이 무엇이었든, 그 요인을 지지하는 어떤 힘이 현재까지 작용하고 있지 않는 한, 그것은 더 이상 존재하지 않았을지도 모른다는 것이다.

또 최초의 진화 요인은 현재 그것을 유지시키고 있는 요인과는 다른 것이었는지도 모른다. 특히 3, 5, 6번 이론에서 주장하는 요인은 과거에는 중요했었는지 몰라도 현재까지 그렇다고는 단정할 수 없다. 음식이나 자원을 획득하기 위하여 그리고 많은 남성으로 하여금 자녀 양육비를 부담시키도록 하기 위해 섹스를 이용하고 있는 여성은 오늘날엔 거의 없다. 최초의 역할이었다고 할 수도 있겠지만 그렇다고 해도 어차피 '옛 인류를 노래하는 시'에 불과하다. 그러므로 현재 배란이 드러나지 않고 타인의 눈을 피해서 빈번히 섹스를 하는 이유를 이해하는 정도에서 그치기로 하자. 적어도 그 점에 관해서는 우리 자신을 들여다보고 다른 동물과 비교하여 검토할 수 있으니 말이다.

1, 2, 4번 이론에서 주장하는 요인은 현재에도 작용하고 있고 인간의 사회구조에 관한 수수께끼의 해답이 되기도 한다. 즉 자신의 아이(유전자)를 보존시키려면 남성과 여성은 오랜 시간 동안 협력해서 자식을 양육해야 하며, 동시에 가까이 살고 있는 다른 부부들과도 경제적으로 협력해야 한다. 성관계를 가지면 성관계가 없이 일상적으로 만나는 남녀 사이보다 유대가 강해지는 것이 확실하다.

배란이 은폐되어 있고 성적으로 항상 수용할 수 있으면 번식뿐만이 아니라 사회적인 유대로서의 섹스의 새로운 기능이 촉진된다('새로운'이란 포유류의 기준에 따른 것이다).

이 기능은 1, 2번 이론에서처럼 전통적인 남성 중심 사고에서 거론되는 것도, 성에 사로잡힌 남성에 대해서 냉철한 계산만 하는 여성이 쥐여주는 뇌물도 아니다. 오히려 양성 모두의 요구에서 발생한 것이다. 배란의 은폐뿐만 아니라 섹스 행위 자체도 다른 사람의 눈을 피해 행해지게 되었고, 동시에 집단 내에서도 섹스 상대와 그렇지 않은 상대를 분명하게 구별하게 된 것이다.

긴팔원숭이 부부가 거의 섹스를 하지 않으면서도 일부일처제를 유지하고 있는 이유는 간단하다. 긴팔원숭이 부부는 최소한의 사회적 교제밖에 하지 않으며, 경제적으로도 다른 부부와 의존 관계가 없기 때문이다.

남성의 정소 크기도 인간의 사회구조와 같이 특수성을 반영하고 있는 것 같다. 인간은 종종 즐기기 위해 섹스를 하기 때문에 남성의 정소는 고릴라보다 크다. 그러나 일부일처제를 유지하고 있기 때문에 침팬지 것보다는 작다. 남성의 큰 페니스는 어쩌면 사자의 갈기나 여성의 부푼 유방처럼 임의적인 성적 과시의 심벌로 진화한 것인지도 모른다.

왜 암컷 사자에게는 커다란 유방이, 수컷 사자에게는 거대한 페니스가, 인간의 남성에게는 갈기가 생기지 않았을까? 그렇게 되지 않았던 것은 단지 진화상의 우연으로, 각 종과 각 성의 개체의 여러 신체 구조가 진화하는 과정에서 상대적으로 진화하기 쉬운 것이 남았는지도 모른다.

그러나 지금까지의 논의에서 빠뜨린 것이 하나 있다. 지금까지는 인간 성행위의 이상화된 형태에 대해서 얘기했다. 즉 일부일처제 가족(약간의 일부다처를 포함)에서의 남성은 자신이 아내가 낳은 아기의 아버지임을 믿고, 처자를 돌보지 않거나 다른 여성을 유혹하는 짓 따위는 하지 않는다는 일에 대해서 말이다.

그러한 이상적인 자세에 대한 논의를 정당화하자면, 개코원숭이나 침팬지보다는 인간이 훨씬 이상형에 가까운 것이 사실이다. 그러나 이상은 어디까지나 이론에 지나지 않는다는 것 또한 사실이다.

규칙이 있는 한 사회에서, 위반에 따른 벌보다 위반으로 얻는 이익이 더 크다고 판단된다면 규칙을 지키지 않을 가능성이 크다. 따라서 문제는 양적인 것이 된다. 즉 규칙을 지키지 않는 쪽이 많아 사회 전체가 무너지든지, 규칙 위반이 있긴 하지만 조직 전체가 망가질 정도는 아니든지, 규칙 위반이 거의 없든지.

이 질문을 사람의 성행위에 대한 것으로 바꿔보자. 혼외정사로 태어나는 아기는 과연 몇 퍼센트일까? 90퍼센트? 30퍼센트? 아니면 1퍼센트? 이 문제를 먼저 살펴본 후 그 결과를 알아보도록 하자.

혼외정사의 과학

미국 신생아의 10퍼센트는 혼외정사의 산물?

바람을 피운 적이 있는가라는 질문에 솔직하게 말하지 못하는 이유는 산더미처럼 많다. 따라서 이 중요한 주제에 대한 정확한 과학적 정보 수집은 상당히 어렵다. 몇 가지 신뢰할 만한 데이터 중 하나로, 발표되진 않았으나 이미 반세기 전에 다른 목적으로 행해진 의학적 연구 결과가 있긴 하다.

 최근에 나는 한 의학자로부터 연구 결과를 듣게 되었다(그가 이름을 밝히고 싶어 하지 않으므로 X박사라 해두겠다). 1940년대에 X박사는 사람의 혈액형 유전에 대해 연구했다. 혈액형은 유전에 의해 결정되는 분자에서 만들어진다. 모든 사람은 적혈구 안에 많은 혈액형 물질을 가지고 있고 그 물질은 모두 양친에게서 유전된 것이다.

연구 계획은 실로 간단명료했다. 미국에 있는 한 유명한 병원의 산부인과 병동에 가서 1,000명의 신생아와 그 부모의 혈액을 채취한 후, 각 샘플의 혈액형을 결정하고 유전학적 증명 기준을 이용해 유전 양식을 추론하는 것이었다.

X박사는 이 혈액형 조사를 통해 신생아의 10퍼센트 이상이 사생아임을 알고 깜짝 놀랐다. 신생아가 부부 사이에서 태어나지 않았다는 증거는 그가 양친의 어느 쪽에도 없는 혈액형을 하나나 그 이상 가지고 있다는 데 있다. 신생아가 태어난 직후 부모의 혈액을 채취했기 때문에 신생아가 바뀔 가능성은 거의 없었다. 따라서 신생아에게 있는 혈액형이 모친에게 없다면 부친에게서 온 것이 틀림없다. 그리고 모친과 부친 둘 다 없는 혈액형이 신생아에게 나타나면 그 아기는 아버지 이외의 남성에 의해 수정되었음이 분명하다.

현재 친자 확인 검사에 사용되고 있는 혈액형 물질의 대부분은 1940년대에는 알려지지 않았고, 또 임신과 연결되지 않는 섹스가 더 많기 때문에 실제 혼외정사의 빈도는 10퍼센트보다도 훨씬 많았을 것이다.

당시 미국은 성생활에 대한 연구가 금기시되던 때였다. X박사는 침묵을 지키기로 결심하고 그 결과를 발표하지 않았다(이 결과를 인용하는 것도 그의 이름을 밝히지 않겠다는 조건 아래 허락되었다). 그러나 그가 얻은 결론은 후에 행해진 몇몇 비슷한 유전적 연구에 의해 재확인되고 그 결과가 공표되었다.

그 연구에 의하면 미국과 영국의 신생아들 가운데 약 5~30퍼센트는 혼외정사의 산물이라고 한다. 그러나 X박사의 연구에서 짐작할 수 있듯이 실제 혼외정사가 이루어진 빈도는 그보다 높을 것이다.

우리는 이제 사람에게 혼외정사가 상당히 드문 현상인가, '정상적인'

결혼에 자주 따라붙는 예외적인 현상인가, 그렇지 않으면 결혼이 별 의미 없을 정도로 아주 빈번한 현상인가 하는 질문에 답할 수 있다. 두 번째 대답이 옳지 않을까? 대부분의 부친은 친아들을 직접 키우고 결혼을 가짜로 여기지 않는다. 사람은 난교하는 침팬지와는 전혀 다른 척한다. 하지만 공식적으로는 혼외정사가 없다고 해도 사람의 짝짓기 시스템 중에 포함된 것만은 확실하다. 간통은 우리처럼 수컷과 암컷이 오랫동안 깊은 유대 속에서 양육하는 사회를 가진 다른 동물에게서도 관찰되고 있다.

침팬지나 보노보는 그러한 장기적 굴레가 존재하지 않기 때문에 침팬지의 간통을 문제 삼는 것은 의미가 없지만 침팬지와 닮은 우리의 선조가 퇴화시킨 것을 우리가 다시 부활시킨 것임에 틀림없다. 따라서 사람의 성행위와 그 인간적 특징에 대해 논하기 위해서는 간통에 대해서 신중하고 과학적으로 검토하지 않으면 안 된다.

간통에 관한 증거의 대부분은 아기의 혈액형보다는 성생활에 대해 연구한 설문조사를 통해서 얻을 수 있다. 1940년대 이후 킨제이Kinsey 보고서를 비롯한 많은 연구에 의해 혼외정사는 상당히 드문 일이라는 신화가 미국에서 깨졌다고는 하지만, 의식의 해방이 진행되고 있는 1990년대에 있어서조차 간통에 대해서는 상당히 모호한 입장을 취하고 있다. 간통은 자극적인 것이며, 그것 없이는 멜로드라마가 시청자를 끌어들일 수 없을 것이다.

외도만큼 농담 속에 자주 등장하는 소재도 없다. 프로이트도 말했듯이 우리는 상당히 괴로운 상황에 대처할 때 유머를 사용한다. 역사상 어느 시대에도 간통만큼 빈번히 살인의 원인이나 비극의 씨앗이 되었던 것은 없다. 이 화제를 논하는 동안 끝까지 고지식한 자세를 취하는 것은 불가능하지만, 또 동시에 혼외정사를 벌하기 위해 사회가 행해온 많은 잔혹한 제도에 대한 반감을 떨쳐버리는 것도 쉽지는 않을 것이다.

혼외정사

결혼한 사람이 바람을 피우려고 하거나 혹은 피하려고 생각하는 이유는 무엇일까? 이것에 대한 과학자들의 이론은 꽤 여러 가지가 있다. 따라서 혼외정사 이론이라는 것이 있다는 말을 듣더라도 놀랄 것까지는 없다(혼외정사extramarital sex는 줄여서 EMS라고 하는데, 혼전정사premarital sex인 PMS와 혼동하지 않도록 주의하라. 그리고 월경전증후군premenstrual syndrome의 PMS와도 혼동하지 않도록 하라).

많은 동물에게 EMS는 문제되지 않는다. 예를 들면 발정한 바바리원숭이barbary macaque(알제리 북부, 모로코, 지브롤터에 분포. 지상과 나무 위에 살며, 과실, 나무껍질, 뿌리, 때로는 무척추동물도 먹는다-옮긴이) 암컷은 무리 중의 수컷 전체와 무분별하게 교미하는데, 1회 교미 시간이 평균 17분밖에 안 걸린다.

그러나 일부 포유류와 대부분의 조류에는 '결혼'이라는 것이 있다. 수컷과 암컷이 장기적인 유대 속에서 자식을 돌보고 보호하는 것이다. 일단 결혼을 하면 사회생물학자들이 완곡한 말로 '혼합 번식 전략mixed reproductive strategy : MRS의 추구'라 일컫는 것이 도입된다. 간단히 말하면 결혼하면서 혼외정사를 하려는 것이다.

결혼한 동물이 번식 전략을 혼합시키는 정도는 매우 엄청나다. 긴팔원숭이라 불리는 소형 유인원에게는 EMS가 거의 없지만, 흰기러기snow goose는 종종 바람을 피운다. 인간 사회가 매우 다양하긴 하지만 그 가운데 어떤 것도 정절을 지키는 긴팔원숭이 사회와 비슷하지는 않다. 이러한 다양성을 설명하기 위해 사회생물학자는 게임 이론을 적용하는 것이 효과적이라고 생각해왔다. 즉 일생은 더욱 많은 자식을 번식시킨 개체가 승리하는 진화 경쟁과도 같은 것이다. 경쟁 규칙은 생태학적 조건과 각각의 종이 번식하는 생물학적 조건에 따라 결정된다.

다음 문제는 이 경쟁에서 승리할 수 있는 전략은 어떤 것인가를 결정하는 것이다. 엄격한 정절인가, 완전한 난혼인가, 그렇지 않으면 혼합 전략인가?

그러나 처음부터 분명히 해두지 않으면 안 되는 것이 하나 있다. 사회생물학적인 분석은 동물의 혼외정사를 이해하는 데는 상당히 효과적이지만, 사람의 간통도 설명할 수 있는지의 여부가 상당히 까다롭다는 것이다. 이것은 다음에 다시 설명하기로 하자.

이 경쟁에 대한 분석을 시작하면서 깨달은 것은 동종에 속해 있는 수컷과 암컷이라도 최적의 게임 전략은 다르다는 것이다. 그것은 번식에 필요한 최소한의 수고와 상대의 부정을 겪게 될 위험률이라는 두 가지 점에 있어서, 수컷과 암컷이 번식생물학적으로 크게 다르기 때문이다. 안타깝지만 사람에게도 익숙한 그 차이에 대해 검토해보자.

자식을 만들기 위한 남성의 최소한의 수고는 성교로써 간단한 에너지를 소모하는 것만으로 끝난다. 남성은 생물학적으로 한 사람의 여성을 수정시키고 다음 날 다른 여성을 수정시킬 수 있다.

그러나 여성에게 필요한 최소한의 수고는 성교와 임신과(인류 역사의 거의 대부분의 시대에 있어서) 수년간에 걸친 수유까지도 포함하고 있어 무척 많은 시간과 에너지가 소비된다. 따라서 자식을 만들 잠재적인 능력은 남성이 여성보다 훨씬 많다. 일부다처제인 인도 군주 하이데라바드 니잠 궁정에 일주일간 체류한 19세기의 한 여행자는, 니잠의 부인들 중 4명이 8일간 연달아 출산했고 9명이 다음 주 안에 출산할 예정이라고 보고하고 있다.

일생 동안 가장 많은 자식을 낳은 남성은 모로코의 황제 '피에 굶주린 무레이 이스마일'로서 888명이나 된다. 그것에 대응하는 여성 측의 기록은 69명이다(19세기에 모스크바에서 살았던 그 여성은 연달아 세쌍둥이를 출산했다). 자식을 20명 이상 가진 여성은 드물지만 일부다처제 사회의 남성 중 그런 사람은 많이 있다.

이러한 생물학적 차이의 결과 EMS나 일부다처에 의해 얻는 이익은 자식 수라는 기준에서 볼 때 남성 쪽이 여성보다도 크다(격노해서 이 페이지를 읽고 있는 여성 독자와 싱글벙글하고 있는 남성 독자도, 계속 읽어보면 EMS에 대해 좀 더 생각해보게 될 것이다).

사람의 EMS에 대한 통계적 증거를 얻기는 어려운 게 당연하지만, '일부다처나 일처다부인 복혼'의 데이터는 쉽게 얻을 수 있다. 순수한 일처다부제 사회인 티베트의 트레바족을 대상으로 조사해보니 남편이 2명인 여성은 1명의 남편만 가진 여성보다도 아이의 평균수가 적었다.

그와 반대로 19세기 미국의 모르몬교도Mormon(1830년 조지프 스미스가 《the Book of Mormon》을 경전으로 시작한 그리스도교의 한 파로, 원래는 일부다처를 인정했으나 1959년 이후 금지-옮긴이) 남성은 일부다처제에 의해 크게 이익을 얻었다. 부인이 1명밖에 없는 남성의 평균 자녀 수는 7명이지만, 부인이 2명인 남성은 평균 16명, 부인이 3명인 남성은 평균 20명의 자녀가 있었다.

집단 전체를 볼 때 남자 모르몬교도 한 사람에 대한 부인 수는 평균

2.4명, 평균 자녀 수는 15명이었고, 모르몬교회 간부들만 따질 경우 부인의 수가 평균 5명, 자녀 수는 평균 25명이었다. 일부다처제인 시에라리온The Republic of Sierra Leone(아프리카 서부. 수도는 프리타운-옮긴이)의 템네족도 마찬가지로 부인의 수가 1명에서 5명으로 증가하면 자식 수도 1.7명에서 7명으로 증가하고 있다.

짝짓기 시스템에 관련된 또 하나의 성적 불공평은 자신의 아이라고 부르고 있는 아이가 진짜 자신의 자식이라는 확신을 얼마만큼 가질 수 있느냐는 데 있다. 진화적 게임에서는 다른 동물의 새끼를 제 새끼인 줄 알고 키우는 동물은 지고, 거꾸로 그 새끼의 진짜 어미는 승리로 이끌어주는 셈이 된다. 병원에서 아이가 바뀌는 것을 제외하면 여성이 속는 일은 없다. 여성은 자신의 몸에서 아이가 나오는 것을 볼 수 있기 때문이다.

체외수정 하는 동물의 수컷도 속는 경우는 없다. 예를 들면, 수컷 물고기 중에는 암컷이 알을 방출하기를 기다려 알 위에 바로 정자를 뿌리고 그 수정란을 그러모아 돌보는 것이 있는데, 이 경우 부친이 누구인가는 분명하다. 그러나 남성을 비롯해서 체내수정을 하는 동물의 수컷은 속을 가능성이 다분하다. 자신의 정자가 암컷의 몸속에 들어간 것과 후에 그곳에서 자식이 나오는 것을 보고 자기 자식이라는 것을 짐작할 뿐이다. 따라서 다른 수컷의 정자가 그곳에 들어가 수정시킬 가능성을 완전히 배제하기 위해서 임신 가능한 모든 기간 동안 암컷을 지키지 않으면 안 된다.

남인도의 나야르 사회에서 이 명백한 불공평을 해결하려는 극단적인 방법이 오래전부터 행해지고 있다. 나야르인 사회의 여성은 동시에 몇 명의 연인을 자유롭게 가질 수 있기 때문에 남편은 누가 자신의 자식인지 확신할 수 없다. 나야르 남성은 아내와는 동거하지 않음으로써 이 심각한 상황에 최대한 대처한다. 또한 자신의 아이일지도 모르는 아이를 돌보지도 않는다. 그 대신 누이와 동거하며 그녀의 아이를 돌본다. 적어도 조카와 질녀들은 그의 유전자의 4분의 1은 확실하게 공유하고 있기 때문이다.

이 두 가지의 기본적인 성적 불균형에 유념하면서 어느 전략이 최적이고 어떤 경우에 EMS가 유리한 것인지에 대해서 검토해보자. 이제부터 세 종류의 게임을 간단한 순서로 전개해보기로 한다.

게임 전개 1

모든 남성은 항상 EMS의 기회를 엿보고 있다. 왜냐하면 손실보다는 이익을 크게 얻을 수 있기 때문이다. 인류가 진화하는 동안 내내 그랬듯이 여성이 평생 동안 기를 수 있는 자녀의 수가 겨우 4명이던 수렵·채집 생활을 생각해보자.

잠깐 다른 여성과 바람을 피우면서 아내에게도 충실한 남편은 자신의 평생 번식 성공도를 4~5명으로 증가시킬 수 있다. 몇 분 동안의 일로 25퍼센트나 증가하는 것이다. 기가 막힐 정도로 순진한 이 설은 어디가 잘못된 것일까?

게임 전개 2

잠깐만 생각하면 전개 1의 근본적인 잘못을 발견할 수 있다. 전개 1은 EMS의 잠재적 이익만 생각하고 잠재적 손실은 고려하지 않고 있다.

확실한 손실로서는 EMS의 상대로 선택한 여성의 남편에게 들켜 상처를 입거나 죽임을 당할 가능성, 본처가 자신을 버릴 위험성, EMS를 하고 있는 동안 아내도 다른 남성과 EMS를 하고 있을 가능성, 자녀 돌보기를 게을리한 결과 그들이 좋지 않은 길을 가게 될 위험성 등을 들 수 있다.

전개 2에서는 전형적인 여자 사냥꾼, 카사노바가 되고 싶다고 생각하는 남성은 약삭빠른 투자가처럼 이익은 최대, 손실은 최저가 되도록 행동한다. 이보다 더 빈틈없고 현명한 설設이 있을까?

게임 전개 3

전개 2에서 만족하려는 좀 모자란 남자는 지금까지 여성에게 EMS로도 PMS로도 도전해본 적이 없는 것이 확실하다. 더욱이 그는 남자가 EMS를 한 번 할 때마다 여자도 EMS(그렇지 않으면 적어도 PMS)를 한 번 한다는, 이성 간 성교의 기본적인 통계조차 모르고 있다는 것이다.

전개 1과 전개 2는 모두 여성의 전략을 무시하고 있는데, 그러한 남성의 전략은 모두 실패하게 된다. 따라서 개선형의 게임 전개 3은 남성과 여성, 쌍방의 전략을 모두 고려해야 한다. 그러나 여성의 번식 성공도를 최대화하는 데 남편은 한 사람이면 충분하다.

그렇다면 여성을 EMS 또는 PMS로 끌어들이려면 어떻게 하면 좋을까? 이 의문은 인류 역사를 통해 바람을 피우는 남자들이 궁리해왔고, EMS에 대해서 순수하게 학문적인 흥미를 갖고 있는 현대의 사회생물학 이론가들도 똑같이 고민하고 있는 점이다.

새의 혼외정사

게임 전개 3을 이론적으로 설명하려면 EMS에 대한 확실한 실제 데이터가 필요하다. 잘 알다시피 사람들의 성생활에 대한 조사는 불확실하므로 우선은 짝지어 둥지를 틀고 넓은 정착지에 살고 있는 조류를 연구해보자.

새는 짝짓기 시스템의 측면에서 유전학상 사람과 가까운 유인원보다도 훨씬 사람과 가깝다. 사람과 달리 새에는 EMS의 동기를 물어볼 수 없다는 난점이 있긴 하지만, 사람에게 물어도 정직한 대답은 듣지 못하기 때문에 대단한 난점이라고는 할 수 없다.

집단생활을 하는 새들의 EMS 연구에서 얻는 커다란 이점은 새들을 한곳에 모아놓고 몇 시간이라도 가까이에 앉아 어느 새가 무얼 하는가를 정확하게 관찰할 수 있다는 것이다. 덩치가 큰 인간 집단에서는 그것이 불가능하다.

새의 혼외정사에 대한 최근의 중요한 연구는 다섯 종류의 백로와 갈매기, 기러기에 관한 것이었다. 다섯 종류 모두 명목상은 일부일처이고 조밀한 집단을 이루며 살고 있다. 부모가 먹이를 찾으러 나가 둥지에 아무도 없으면 둥지가 부서지는 경우가 많기 때문에 한 마리만으로는 자식을 돌보는 것이 불가능하다. 또 한 마리의 수컷이 동시에 두 가족의 먹이를 구해와 지켜주는 것도 불가능하다.

이들의 정착지에서 지켜지는 번식 전략의 대원칙이 있다면 일부다처는 금한다는 것이다. 배우자가 없는 암컷과 교미를 해도, 그 암컷이 새끼를 돌봐줄 상대를 금방 발견하지 못하면 의미가 없다. 그러나 이미 배우자가 있는 암컷에게 몰래 수정시키면 유효한 전략이 된다.

최초의 연구는 텍사스의 호그 섬에서 서식하고 있는 큰푸른왜가리 great blue heron와 중대백로great egret에 관한 것이다. 이 새들은 수컷이 둥지를 만들고 그곳을 찾아오는 암컷에게 구애를 한다. 암컷과 수컷은 상대를 결정한 후 20분 정도 교미를 한다. 알을 낳은 후 암컷은 하루 중 거의 대부분을 밖에서 먹이를 구하며 보내고, 수컷이 남아 알과 둥지를 지킨다. 짝을 이룬 지 1~2일 동안 수컷은 암컷이 먹이를 구하러 나가자 마자 지나가는 암컷에게 구애를 하지만 EMS는 일어나지 않는다.

이러한 수컷의 어중간하고 진실하지 못한 행동은 상대가 도망가 버 릴 때를 대비해서 예비 상대를 확보해두기 위한 '이혼 보험'의 역할을 하 고 있는 것 같다(실제로 짝을 이룬 암컷의 20퍼센트쯤은 수컷을 버리고 도망간다). 예비 상대가 된 암컷이 구애 행동에 응하는 것은 무지의 소치이다. 암 컷은 배우자가 될 상대를 찾고 있지만 그 수컷에게 이미 상대가 있는지 없는지는 원래 상대가 돌아와서 쫓아내지 않는 한 알 수 없는 것이다 (실제로 도중에 돌아오는 경우가 종종 있다). 상대에게 버림받지 않았다는 확신 을 가지면 수컷은 지나가는 암컷에게 구애하는 일을 중지한다.

미시시피 주에서 서식하는 작은청왜가리little blue heron를 관찰한 두 번째 연구에서는 이혼 보험으로 시작한 듯한 행동이 더욱 신중하게 변 하는 것을 볼 수 있었다.

관찰된 62가지 EMS의 예 중 대부분은 수컷이 먹이를 찾으러 나가고 없는 사이에 암컷이 옆 둥지에 있는 수컷과 교미했다. 대부분의 암컷은 처음에는 싫어했지만 결국 저항을 멈추었고, 그중에는 실제 짝인 수컷 과의 교미보다도 EMS를 더 자주 하는 암컷도 있었다.

바람을 피우고 있는 수컷은 EMS를 당할 위험을 조금이라도 줄이기 위해 모이를 구하는 일은 가능한 단시간에 끝내고, 배우자를 지키기 위해 자주 둥지에 돌아왔고 EMS를 할 때도 바로 이웃 둥지보다 멀리 나가서 하는 일은 전혀 없었다.

EMS는 대개 선택된 암컷이 알을 낳고 있지 않는, 아직 수정의 여지가 있을 때 행해졌다. 그러나 간통 시에는 짝하고 교미할 때보다(12초) 시간이 짧기 때문에(8초), 수정 확률은 낮다고 생각된다. 또한 EMS를 벌인 둥지의 거의 반은 나중에 버려지고 말았다.

미시간 호의 재갈매기herring gull(색깔은 갈매기와 비슷하나 대형이고 적색 반점이 있는 육중한 황색 부리를 가지고 있으며 다리는 분홍색이다-옮긴이)의 경우, 짝이 있는 수컷의 35퍼센트가 EMS를 하고 있었다. 그 수치는 1974년에 《플레이보이》지에서 젊은 미국인 남편들을 상대로 한 조사 결과인 32퍼센트와 거의 비슷하다. 그러나 암컷 갈매기와 여성은 그 행동에서 큰 차이를 보인다. 《플레이보이》지가 젊은 미국인 부인들의 24퍼센트가 EMS를 한다고 보고한 것에 반해, 짝이 있는 암컷 갈매기는 모두 바람기 있는 수컷의 접근을 정숙하게 거부했고, 짝이 없는 동안 이웃 수컷이 유혹해도 넘어가는 일은 한 번도 없었다.

수컷의 EMS는 모두 아직 짝이 없는 암컷을 상대로 행하는 PMS였다. 수컷은 속지 않기 위해 자기 짝의 수정기에는 침입자를 쫓는 일에 다른 때보다 더 많은 시간을 소비했다. 수컷이 EMS를 하면서 암컷에게는 정절을 지키도록 하는 방법은, 혼합 번식 전략을 가지고 있는 인간의 남성과 마찬가지였다. 부지런히 암컷을 먹여 살리고 암컷의 발정기에 자주 교미하는 것이었다.

마지막 데이터는 캐나다의 매니토바 주에서 번식하고 있는 흰기러기에 대한 연구다. 작은청왜가리와 마찬가지로 흰기러기의 EMS도 수컷이 짝이 없는 암컷이 있는 이웃 둥지에 접근하여 처음에는 싫어하는 암컷과 교미함으로써 이루어진다. 그 암컷의 짝도 EMS를 하러 가기 위해 둥지를 비운 것이다.

이런 사실 자체로만 본다면 수컷은 얻는 만큼 잃는 것 같다. 그러나 흰기러기 수컷은 그 정도로 바보는 아니다. 수컷은 암컷이 알을 낳고 있는 동안은 짝을 지키기 위해 계속 머무른다(짝이 있는 암컷이 둥지에서 구애를 받는 빈도는 짝이 없을 때의 50분의 1이다). 암컷이 알을 다 낳으면 자기가 아버지라는 것을 확신하고 비로소 EMS를 하러 나가는 것이다.

이러한 조류의 연구는 간통에 대한 과학적인 접근 방식의 진가를 잘 나타낸다. 바람을 피우는 수컷 새들은 가정에서는 확실하게 자신의 아이를 만들고 밖에 나가 씨를 뿌리기 위한 세련된 전략을 많이 가지고 있었다. 전략 중에는 자기 짝에 대해 자신이 없을 때 '이혼 보험'을 위해 아직 짝이 없는 암컷을 유혹하는 방법, 수정기의 암컷을 지키는 방식, 부단히 먹이를 가져오고 빈번하게 교미함으로써 자기가 없을 때도 아내가 정절을 지키도록 하는 방법, 자기 짝의 수정기가 끝나면 수정 가능한 이웃 암컷에게 가는 방법 등이 있었다.

그러나 이러한 과학적인 분석은 상당히 유효한 것임에도, 암컷 새는 EMS에서 도대체 어떤 이익을 얻는지에 대해서는 밝혀지지 않았다. 여기서 생각해볼 수 있는 답 중 하나는, 짝을 버리려는 암컷 백로가 새 짝을 물색하기 위해 EMS를 할 수 있다는 것이다. 또는 짝을 찾지 못한 암컷 갈매기가 PMS로 수정을 한 후 똑같은 상황에 있는 다른 암컷과 함께 새끼를 기르려고 한다는 답도 가능하다.

한계가 있다면 집단생활을 하는 새의 암컷들은 EMS에 그리 적극적이지 않다는 것이다. 보다 적극적인 암컷의 역할을 이해하기 위해서는 문화적 다양성, 관찰자의 선입견 그리고 거짓으로 대답할지도 모른다는 몇몇 문제점을 안고라도 관찰 대상을 인간으로 돌리지 않으면 안 된다.

간통법과 부성의 확인

세계 여러 문화에 걸쳐 남자와 여자의 차이를 조사함으로써 대체로 다음과 같은 결과를 얻을 수 있었다.

남성이 여성보다 EMS에 흥미가 있다. 여성보다는 남성이 변화를 위해 다양한 성적 상대를 원한다. 여성이 EMS를 하려는 이유는 대체로 결혼에 불만이 있거나 새로운 관계를 맺고 싶은 욕망 때문이다. 즉 여성보다는 남성이 우연히 만난 여성을 선택하는 경우가 더 많다는 것이다.

예를 들어 나와 함께 일했던 뉴기니 고지인들 사이에서 남성은 아내(일부다처의 남자라면 부인들)와의 섹스에 싫증을 느껴서 EMS를 하지만, 여성은 남편이 성적으로 만족시켜주지 못하기 때문에(예를 들면 늙었기 때문에) EMS를 한다고 했다.

인터넷 결혼정보업체가 수백 명의 젊은 미국인을 대상으로 한 설문조사에 따르면 지능, 지위, 춤 솜씨, 종교, 인종 등 거의 모든 항목에서 남성보다 여성의 상대 선택이 더 까다로웠다. 남성이 여성보다 까다로웠던 유일한 항목은 육체적인 매력이었다. 데이트 뒤에 재평가를 위해 또다시 설문조사를 했는데, 컴퓨터가 선택해준 상대에 대해 강한 매력을 느끼는 비율 역시 남성이 여성보다 2.5배나 많았다. 결국 상대를 선택할 때 여성이 남성보다 더 까다롭다는 것이다.

물론 EMS에 대한 물음에 정직한 대답을 해줄 것이라고는 기대하지 않는다. 그러나 사람들은 또한 그들의 태도를 법적으로 표현하고 행동한다. 인간 사회에서 폭넓게 나타나는 위선적이고 사디스트적인 몇몇 측면은 남성이 EMS를 추구할 때 직면하는 두 가지의 본질적인 어려움에서 기인한다.

먼저 혼합 번식 전략을 취하는 남성은, 자신은 다른 남자의 아내와 섹스하려고 하면서 자신의 아내(들)에게는 다른 남자와 섹스하지 못하도록 한다. 이것은 몇몇 남자가 다른 남자의 희생을 통해 이익을 얻는 것이다.

두 번째로 이미 보았던 것처럼 남성에게서 널리 볼 수 있는, '아내에게 속지는 않을까' 하는 편집증은 경험을 바탕으로 한 생리적 근거가 있는 것이다.

간통법은 남성들이 그 딜레마에 어떻게 대처해왔는가를 여실히 보여주는 좋은 예다. 최근까지 이 법률은—히브리족, 이집트, 로마, 아스테카, 이슬람 국가, 아프리카, 중국, 일본 등—거의 모든 나라에서 남녀에게 불평등하게 만들어져 있었다.

간통법은 결혼한 남성에게 자기 자식이 진짜 자식인지를 보증하는 것 외에 아무것도 아니다. 따라서 이 법률은 결혼한 여성의 간통을 정의할 뿐 상대 남성의 결혼 여부에 대해서는 별로 개의치 않는다.

결혼한 여성이 EMS를 하는 것은 남편에 대한 범죄라고 여기므로 남편은 폭력적인 복수를 하거나 위자료를 받고 이혼하는 등 상대에게 해를 끼칠 수 있다. 그러나 남편의 EMS는 부인에 대한 범죄로 보지 않는다. 오히려 간통 상대가 결혼한 여성이라면 그녀의 남편에 대한 범죄이고, 결혼하지 않은 여성이라면 그녀의 아버지나 오빠에 대한 범죄가 된다(왜냐하면 그로 인해 딸이나 며느리로서의 그녀의 가치가 떨어지기 때문이다).

1810년에 프랑스에서 이전까지는 없었던 남성의 정절에 관한 법률이 만들어졌다. 남편이 아내의 뜻에 상관없이 집안에 첩을 들이는 일이 비로소 금지된 것이다. 인류 역사 전체에서 보면, 현대 서구의 간통법 폐지나 남녀 동등한 간통법 제정은 불과 최근 150년 안에 나타난 아주 진기한 사건이다. 심지어 오늘날에도 미국이나 영국의 검사, 판사, 배심원들은 아내나 그 상대를 간통 현장에서 죽인 남편에게 과실치사나 무죄로 판결을 내리는 경우가 종종 있다.

부친임을 확실히 하기 위한 가장 면밀한 시스템은 중국 당나라 때의 황제가 행한 방법일 것이다. 관녀들이 몇 백 명이나 되는 황제의 첩 한 사람 한 사람의 생리 날짜를 기록하여 가장 임신 가능성이 높은 날에 황제와 성교할 수 있도록 했다. 성교 날짜도 기록되었고, 기록을 위해 그 여성의 팔에 지울 수 없는 문신을 새겼으며, 왼쪽 발에는 은고리를 끼웠다. 황제 이외의 남자가 규방에 들어오지 못하도록 신중한 주의를 했음은 두말할 필요도 없다.

다른 문화의 남성들은 부친임을 확실히 하기 위해 가장 간단하면서도 가장 힘든 방법에 의지해왔다. 그들은 아내의 성생활을 제한하기도 하고, 딸이나 누이의 성생활을 제한하여 결혼 시 처녀임이 증명되면 많은 결혼 비용을 요구한다. 항상 시중드는 사람을 붙여두거나 가두어두는 것 등은 그중에서도 온건한 방법이다.

지중해 국가들에서 널리 볼 수 있는 '명예와 치욕'의 규칙(나는 EMS를 하지만 당신은 안 된다. 당신이 그러면 내 명예에 대한 치욕이다)도 똑같은 목적을 위한 것이다. 가장 강력한 방법은 '여성의 할례'라는 야만적인 수술이다. 그것은 남편이나 남편 이외의 남성을 향한 여성의 성적 관심을 박탈하기 위해 클리토리스와 외부 생식기 거의 전부를 절제하는 수술이다.

보다 완벽한 확신을 얻으려는 남성들은 여성의 음순을 모두 봉합해 성교를 불가능하게 하는 방법까지 발명했다. 음순이 봉합된 아내는 출산하거나 아이가 젖을 떼면 수정을 위해 다시 절개를 받는다. 남편이 오랫동안 여행을 하게 될 때는 다시 봉합 수술을 받는다. 여성의 할례와 음순 봉합 수술은 지금까지 아프리카에서 사우디아라비아, 인도네시아에 걸친 23개국에서 행해지고 있다.

간통법이나 궁전의 기록, 할례 등 부성을 보증하는 방법이 실패했을 때 최후의 수단으로 살인이 있다. 가장 흔한 살인 원인 중 하나가 성적인 질투라는 것은 미국의 수많은 도시들을 비롯하여 다른 많은 나라에서 실시된 연구에 의해 밝혀졌다.

전체 살인 사건 합계	58건
남자의 질투로 인해 발생한 살인 사건 합계	47건
간통한 아내를 질투한 남편이 살해	16건
질투한 남편이 그 상대 남자를 살해	17건
추궁당한 아내가 질투한 남편을 살해	9건
추궁당한 아내의 가족이 질투한 남편을 살해	2건
질투한 남자가 바람난 동성 연애 상대 남자를 살해	2건
질투한 남자가 아무 관계도 없는 방관자를 살해	1건
여자의 질투로 인해 발생한 살인 사건 합계	11건
간통한 남편을 질투한 아내가 살해	6건
질투한 아내가 그 상대 여자를 살해	3건
추궁당한 남편이 질투한 아내를 살해	2건

표 1

1972년, 미국 디트로이트 시에서 성적인 질투로 인해 발생한 살인 사건의 내역 대개는 남편이 가해자고 혼외정사를 한 아내는 피해자다. 아내의 애인이 그녀의 남편을 죽이는 일도 있다.

〈표 1〉을 보면 1972년에 디트로이트에서 발생한 살인 사건의 실제 건수를 볼 수 있다. 역사적으로도 중앙집권적인 국가가 군인에게 좀 더 고상한 전쟁 목적을 제공하기 전에는 성적인 질투 또한 전쟁의 커다란 원인 중 하나에 속했다. 트로이전쟁은 파리스가 메넬라오스의 부인인 헬레네를 유혹(유괴, 강간)했기 때문에 일어났다. 현대의 뉴기니 고지에서도 성적인 다툼은 돼지의 소유권을 둘러싼 싸움 다음으로 많아 총기까지 사용하는 전쟁의 원인이 되고 있다.

남녀 평등하지 않은 간통죄의 처벌, 아내와 섹스한 다음 문신을 새기는 것, 여성을 감금하고 여성의 생식기를 절단하기도 하는 등의 사실은 사람이라는 종에만 있는 특유한 것이어서 알파벳 발명과 마찬가지로 인간성을 규정짓는다. 좀 더 분명하게 말하자면, 이는 자신의 유전자를 증가시킨다는 케케묵은 진화적 목적을 위해 남성이 새롭게 사용하기 시작한 수단이다.

다른 몇 가지는 질투에 의한 살인, 자식 죽이기, 강간, 집단 간의 전쟁 그리고 간통 같은 오래된 방법들로서 동물계에서도 흔히 볼 수 있는 것들이다. 남성이 여성의 질을 봉합시키는 것처럼 교미 후 암컷의 질을 접합하여 같은 효과를 노리는 동물도 있다.

사회생물학은 그러한 방법들이 동물의 종에 따라 내용 면에서 두드러진 차이가 있음을 알려주었다. 최근의 연구 결과 자연선택이 번식을 최대화하려는 동물들의 신체 구조뿐만 아니라 그 행동까지도 진화시켜왔다는 것이 알려졌다. 사람의 신체 구조가 자연선택되어 왔다는 것을 의심하는 학자는 거의 없다. 그러나 사람의 사회적 행동도 자연선택으로 형성되어 왔는가의 문제는 생물학자들 사이에서 찬반 대립이 심하다.

이 장에서 다룬 인간 행동의 대부분은 오늘날 서구 사회의 기준으로 보면 야만적으로 보인다. 생물학자 중에는 그러한 행동뿐 아니라 행동의 진화를 설명하려는 사회생물학의 논의 자체에 격분하는 사람도 있다. 행동을 설명하는 것은 그것을 옹호하는 것처럼 불쾌하게 들리기 때문이다.

핵물리학을 비롯하여 사회생물학도 다른 학문과 마찬가지로 악용될 소지가 다분하다. 인간에게 다른 사람을 학대하거나 살해하는 것을 정당화하는 구실이 부족했던 적은 결코 없었지만, 다윈이 진화론을 제창한 이후 진화에 관한 설명도 그런 억지의 하나로써 악용되어 왔다.

사람의 성 행동에 대한 사회생물학적 논의도 백인이 흑인에 대해서, 나치가 유대인에 대해서 생물학적 우월을 주장한 것과 마찬가지로 남성이 여성을 학대하는 것을 정당화시키기 위한 것으로 보일 수도 있다. 몇 명의 생물학자가 사회생물학자에게 던지는 비판 중에는 그 두 가지의 걱정이 포함되어 있다. 야만적인 행동에 진화적 기초가 있다고 설명하면 그 행동을 정당화하려는 것처럼 보이며, 또 그 행동에 유전적 기초가 있다고 설명함으로써 그것을 바꾸려는 시도를 헛된 것처럼 여겨지게 만든다는 것이다. 그런 염려들은 모두 사고방식의 차이에 기인한다.

첫 번째 걱정에 대해서 우리는 어떤 일을 긍정적으로 보든 혐오스런 일로 보든 먼저 그것이 어떻게 일어났는가를 이해하려고 노력해야 할 것이다. 살인 동기에 대해서 분석한 책의 대부분은 살인을 정당화하기 위해서가 아니라 살인을 방지하기 위해 그 원인을 살펴보려는 의도로 쓰였다.

두 번째 걱정에 대해서 얘기하자면 우리는 단지 진화된 노예도 아닐

뿐더러, 유전적으로 획득된 형질의 노예도 아니다. 현대 문명은 유아 살해 풍습 같은 고대의 행태를 없애는 데 성공했다. 우리는 해로운 유전자나 세균이 우리를 죽이는 것은 하나의 자연스러운 현상으로 받아들이는 한편, 현대의학의 주요 목적 가운데 하나를 그런 유전자나 세균의 활동을 억제하는 데 두고 있지 않은가. 따라서 음순 봉합 수술이 유전적으로 남성에게 이익을 준다 할지라도 음순 봉합을 금지시키려는 의견은 정당성을 잃지 않는다. 오히려 사람이 타인의 신체 부위를 잘라 봉합하는 것을 이론적으로 용납할 수 없기 때문에 그런 짓을 비난하는 것이다.

따라서 사회생물학은 사람의 사회적 행동이 어떻게 진화되어 왔는지를 이해하는 데는 유용하지만 그런 식의 접근이 너무 지나치면 문제가 된다. 사람은 자식을 남기기 위한 목적만 가지고 행동하지 않는다. 일단 문화가 견고해지면 새로운 목표를 갖게 된다. 오늘날엔 자녀를 낳을까 말까 망설이는 사람들도 많고 그런 시간과 에너지를 다른 활동에 쏟는 게 낫다고 생각하는 사람들도 많다.

진화적 설명은 인간의 행동의 기원을 아는 데만 유효하다. 진화적 설명만이 오늘날의 인간의 행동을 이해하는 유일한 방법은 아니다.

간단하게 말하면, 인간도 다른 동물과 마찬가지로 가능한 많은 유전자를 남기려는 경쟁에서 이기도록 진화했다. 그 게임에 이용해온 전략의 대부분은 아직 남아 있다. 그러나 우리는 윤리적 목적을 추구하는 방법을 선택했다. 그것은 때로 번식 경쟁의 목표나 방법과 대립할 수도 있는 목표였다. 여러 목표들 가운데서 이루어진 그런 선택이야말로 인간이 다른 동물과 근본적으로 구분되는 일례이다.

어떻게 섹스 상대를 찾아내는가?

난혼에서 좋은 상대 고르기로

중국인, 스웨덴인, 피지인처럼 겉모습은 달라도 아름다움이나 성적 매력 등 전 세계에 통용되는 기준이란 것이 있을까? 없다면 결혼 상대에 대한 기호는 유전적으로 전해지는 것일까? 그렇지 않으면 사회의 다른 구성원들을 보면서 자연스럽게 흉내를 내며 익힌 것일까? 실제로 우리는 어떻게 섹스 상대나 배우자를 선택하는 것일까?

이 문제가 사람이라는 종의 진화 과정에서 새롭게 발생했다는 사실에 놀랄 수도 있다. 완전히 새로운 것은 아니지만 다른 두 종의 침팬지에 비하면 중요한 문제가 되었다. 이미 언급했듯이 부부의 지속적인 관계 유지에 바탕을 둔 이상적인 짝짓기 시스템은 사람의 발명이다.

보노보는 암컷이 잇따라 다른 수컷과 교미하고 암컷끼리 혹은 수컷끼리도 빈번히 성 접촉을 하기 때문에 섹스 상대를 고른다고 할 수 없다. 침팬지는 완전한 난혼은 아니다. 특정 수컷과 암컷이 함께 며칠간 짝을 짓는 경우도 있기 때문이다. 하지만 사람의 기준에서 보면 난혼이나 다름없다. 그러나 사람은 아버지 없이 아이를 키우는 것이 상당히 곤란하고 적어도 수렵·채집인에게 있어서 섹스는 유대 관계의 일부로써 일상적으로 얼굴을 부딪치는 남녀들과 아이의 부모를 차별화시켜주기 때문에 섹스 상대에 대해 훨씬 선택적이다.

배우자나 섹스 상대를 선택하는 것은 사람이 새롭게 발명한 것이 아니다. 명목상 일부일처로서 배우자와 장기적인 관계를 유지하는 다른 동물들의 습성을 닮은 것이다. 우리는 그 습성을 침팬지와 비슷한 단계의 선조대에 이르러서 한동안 잃어버리고 있었던 것이다. 선호도가 엄격한 동물로는 대부분의 조류와 인간과 먼 유인원 친척인 긴팔원숭이를 들 수 있다.

4장에서 일부일처를 기초로 한 인간 사회의 이상적인 형태와 공존하는 혼외정사를 살펴보았다. 혼외 상대를 선택하는 데는 결혼 상대를 선택할 때보다 성적 매력이 더 중요하고, 바람을 피우려고 하는 여성은 같은 상태의 남성보다 기호가 까다롭다. 이처럼 결혼 상대나 섹스 상대를 선택하는 것 역시 사람의 중요한 특징이라고 말할 수 있다. 이것은 인간이 침팬지류에서 진화하는 과정에서 골반 형태가 변했던 것만큼이나 근본적인 사건이었다. 인종의 변이變異라고 생각되는 것의 대부분은 사람이 배우자를 선택할 때 적용되는 아름다움의 기준의 부산물로써 생겨날 수도 있다는 점을 살펴보기로 하겠다.

결혼 상대의 조건

인간이 어떻게 배우자를 선택하는가 하는 것은 이론적인 관심에 더하여, 상당히 개인적인 관심사이기도 하다. 우리는 그 문제에 인생의 많은 시간을 쏟아 넣는다. 아직 결혼하지 않은 사람은 앞으로 교제하거나 결혼하게 될 사람에 대하여 상상하며 날마다 몇 시간씩 허비한다. 똑같은 문화 속에서 각각의 인간이 어떤 사람에게 끌리는가를 비교해보면 그 의문은 더욱 재미있어질 것이다.

남성이든 여성이든 당신이 매력적이라고 여기는 사람을 떠올려보라. 남성이라면 금발 머리 여성과 검은 머리 여성, 가슴이 작은 여성과 글래머인 여성, 눈이 큰 여성과 작은 여성 중 어느 쪽을 좋아할까?

또 여성이라면 수염이 있는 남성과 없는 남성, 키가 큰 남성과 작은 남성, 싱글벙글한 남성과 찡그린 남성 중 어느 쪽을 더 좋아할까? 무조건 다 좋다기보다는 특별히 마음에 끌리는 형이 있을 것이다. 친구 중에는 이혼한 후 전 부인과 똑같은 타입의 여자와 재혼한 사람이 있을 것이다. 내 친구 중 하나는 못생기고 마르고 갈색 머리에 둥근 얼굴의 여성과만 계속 사귀다가 결국 그런 여성과 결혼했다. 당신의 기호가 어떻든 당신의 친구 중에는 분명히 당신과 정반대의 기호를 가진 사람이 있을 것이다.

우리가 찾는 특정의 이미지는 서치 이미지search image라고 불리고 있는 것의 한 예다. 서치 이미지란 자신이 찾는 물건이나 사람을 다른 물건이나 사람 중에서 재빨리 알아내는 데 필요한 심상心像을 말한다. 예를 들면 슈퍼마켓의 선반에 있는 여러 가지 음료수 중에서 자기가 원하는 콜라를 집는다든가, 공원에서 다른 아이들과 함께 놀고 있는 자신의 아이를 재빨리 찾아내는 것과 같은 심상이 바로 그것이다. 인간은 왜 이성에 관한 자신만의 이상형을 갖게 되는 것일까? 왜 매력적인 사람에게 더 끌리는 것일까? 왜 유럽 남성의 대부분은 기회가 주어지면 폴리네시아 여성과 결혼하는 것일까? 왜 우리는 욕구 충족을 위해 자신에게 부족한 부분을 채워줄 수 있는 사람을 구하는 것일까? 이를테면 몇몇 의존적인 남성은 틀림없이 어머니를 닮은 여성과 결혼하는데, 이는 얼마나 대표성이 있는 것일까?

심리학자들은 많은 부부를 표본 집단으로 하여, 육체적 특징이나 그 외의 성질 등 생각할 수 있는 범위의 모든 것을 측정함으로써 사람들이 어떤 사람과 결혼하는가를 조사해왔다. 그 결과를 간단하게 숫자로 표시하는 데 자주 사용되는 것이 상관계수라고 부르는 통계적 지표다. 100명의 남편을 어떤 특징(신장이라고 하자)의 순서대로 나열하고, 똑같은 특징에 대해서 그 100명의 부인도 순서대로 나열한 후 상관계수를 계산하면, 남편과 부인이 각각의 순위에서 모두 똑같은 위치에 있는지 아닌지를 알 수 있다. 상관계수가 +1인 경우는 양자가 완전히 일치하는 것을 의미한다. 예를 들어 가장 키가 큰 남성은 가장 키가 큰 여성과 결혼하고, 37번째로 키가 큰 남성은 37번째로 키가 큰 여성과 결혼하는 경우이다. 상관계수가 -1인 경우는 그와 완전히 반대다. 즉 가장 키가 큰 남성이 가장 키가 작은 여성과, 37번째로 키가 큰 남성이 37번째로 키가 작은 여성과 결혼하는 경우이다. 마지막으로 상관계수가 0인 경우는 남편과 부인이 키 크기에 상관없이 상대를 결정하고 있음을 나타낸다. 즉 키가 큰 남성은 키가 큰 여성과도 키가 작은 여성과도 똑같은 비율로 결혼한다는 것이다. 여기서는 신장을 예로 들었지만 수입이나 IQ 등 어떤 것으로도 상관계수를 계산할 수 있다.

충분한 수의 부부를 표본 집단으로 하여 여러 가지 변수를 측정하면 다음과 같은 것들을 알 수 있다. +0.9 정도로 가장 높은 상관관계가 있는 요소는 종교, 민족, 인종, 사회경제적 지위, 연령, 정치적 견해 등이었다. 이것은 짐작할 수 있는 일이다. 다른 말로 하면 대체로 종교, 민족 등이 같은 사람들이 부부가 된다는 것이다.

다음으로 비교적 높은 +0.4 정도에 해당하는 것이 외향성, 꼼꼼함, IQ, 성격과 지능 등이라는 사실에도 그다지 놀라지 않을 것이다. 야무지지 못한 사람은 비슷한 사람과 결혼하는 경향이 있기는 하지만, 야무지지 못한 사람이 아주 꼼꼼한 사람과 결혼하는 확률은 정치적으로 보수파인 사람이 좌익과 결혼하는 확률만큼 적지는 않다.

남편과 부인의 육체적인 특징은 어느 정도 비슷할까? 그 답은 당신 눈에 너무나 멋진 한 쌍으로 보이는 모습과는 약간 다르다. 우리가 결혼 상대를 선택할 때는 품평회에서 개나 경주마, 소를 선택할 때처럼 상대의 몸을 주의 깊게 품평하지는 않기 때문이다. 그러나 전혀 품평하지 않는 것은 아니다. 충분한 수의 부부를 조사해 최종적으로 얻은 결과는 상당히 단순했다. 평균적으로 남편과 부인은 육체적인 특징에서 거의 차이가 없으며 통계적으로 상당히 닮은 경향이 있다.

이상적인 사람에 대한 질문을 받았을 때 즉시 떠오르는 신장, 체중, 머리카락 색, 피부색 등의 특징은 대개 일정하다. 그런데 완벽한 섹스 파트너의 특징으로 즉시 떠올리지 못하는 다른 특징 역시 놀랄 만큼 일정하다.

그러한 특징으로는 코의 크기, 귓불의 길이, 중지의 길이, 손목의 크기, 눈과 눈 사이의 거리 그리고 폐활량 등이 있다. 연구자들은 이러한 사항을 폴란드에 사는 폴란드인, 미시건의 미국인, 차드의 아프리카인 등 여러 사람에게서 발견했다. 거짓말이라고 생각되면 다음에 여러 부부가 초대되는 파티에 갔을 때, 그들의 눈동자 색깔(혹은 귓불의 길이)을 기록하고 휴대용 전자계산기로 상관계수를 계산해보라.

육체적인 특징의 상관은 평균 +0.2로, 성격 특징(+0.4)이나 종교(+0.9)에 비하면 그다지 높은 것은 아니지만, 0에 비하면 상당히 높은 것이다. 몇몇 육체적 특징은 0.2보다 훨씬 높은 숫자를 나타낸다. 예를 들어 중지 길이는 0.61이라는 놀랄 정도로 높은 상관이 있다. 적어도 사람들은 무의식중에 상대의 눈동자 색깔이나 지능보다 중지의 길이에 주의를 기울이고 있는 것이다.

이성의 부모 — 섹스 상대의 이상형

결론부터 말하면 사람은 닮은 사람끼리 결혼한다는 것이다. 이러한 결과는 지리적으로 가깝기 때문에 나온 것일 수도 있다. 인간 사회에는 사회·경제적, 종교적, 민족적으로 닮은 사람들이 이웃해 살고 있는 경향이 있다. 예를 들면 미국의 대도시에는 부자와 가난한 사람이 살고 있는 지역이 따로 있고, 유대인 구역, 중국인 구역, 이탈리아인 구역, 흑인 구역 등이 있다. 교회에서는 같은 종교인들이 만나고, 일상생활 속에서는 대체로 비슷한 사회·경제적 지위의 사람들이나 정치적으로 비슷한 의견을 가진 사람들을 만난다. 이러한 관계 때문에 자신과 닮지 않은 사람보다 닮은 사람을 만나는 기회가 더 많다. 따라서 당연히 종교, 사회, 경제적 지위 등이 비슷한 사람과 결혼하기 쉽다. 그러나 귓불의 길이가 똑같은 사람끼리 모여 살고 있는 것은 아니기 때문에 부부가 그런 점까지 닮았다면 그 이유는 다른 데서 찾아야 한다.

닮은 사람끼리 결혼하게 되는 또 하나의 중요한 이유는 결혼을 단지 좋아서 하는 것만이 아니라 일종의 협상으로 생각하기 때문이다. 길에서 자신과 똑같은 눈동자 색깔과 중지 길이를 가진 사람을 발견했다고 해서 '당신은 나와 결혼해야 합니다'라고 선언할 수는 없다. 대부분의 경우 결혼은 일방적인 선언이 아니라, 한쪽이 다른 한쪽에게 이야기를 꺼낸 후 어느 정도 협상을 거쳐 이루어진다. 남자와 여자 쌍방의 종교, 정치적 견해, 성격이 비슷하면 비슷할수록 그 협상은 잘 진행된다. 결혼한 커플이 아직 사귀고 있는 커플보다, 행복한 결혼 생활을 하고 있는 커플이 불행한 커플보다, 결혼 생활을 계속하고 있는 커플이 이혼한 커플보다 성격의 일치도가 높다.

지리적인 가까움과 협상의 원만함 이외에 누구와 결혼할지를 결정하는 요인은 물론 육체적 특징에 근거한 성적 매력이다. 이것은 놀랄 만한 것은 아니다. 누구라도 신장, 체격, 머리카락 색 등 눈에 보이는 특징에 대한 자신의 기호를 알고 있기 때문이다. 언뜻 놀랄 만한 것으로 보이는 것은 귓불 길이, 중지 길이, 눈과 눈 사이의 거리처럼 평소에 잘 느끼지 못하는 육체적 특징 역시 중요한 의미를 가지고 있다는 사실이다. 모양이야 어떻든, 우리가 누군가를 소개받고 '그녀야말로 내 타입이다'라고 생각할 때는 그러한 특징도 모두 무의식중에 생각하고 있다.

예를 들어보겠다. 아내인 마리를 처음 만난 순간, 나는 그녀가 매력적이라고 생각했고 그녀도 나에 대해서 그렇게 생각했다. 돌이켜봐도 왜 그런 생각이 들었는지 잘 모르겠다. 우리는 둘 다 갈색 눈을 가지고 있고 신장, 체격, 머리카락 색깔도 비슷하다. 그러나 한편, 마리의 성격 중에 나의 이상과는 어울리지 않는, 무언가 딱 꼬집어 말할 수 없는 것이 있는 것 같았다.

마리와 함께 발레를 보러 갔을 때 비로소 그것이 무엇인지 알았다. 마리에게 오페라 안경을 돌려받았을 때, 두 개의 접안렌즈가 아주 좁게 붙여져 있는 것을 알았고, 그대로 사용할 수 없어서 다시 벌려야 했다. 그래서 나는 마리의 눈과 눈 사이가 나보다 훨씬 좁고, 내가 이전에 사귀었던 여성들은 전부 눈과 눈 사이의 간격이 나와 비슷한 정도로 떨어져 있었음을 깨달았다. 마리의 귓불이나 그 외의 얼굴 생김새 덕분에 다행스럽게도 서로의 눈과 눈 사이의 간격이 일치하지 않아도 보완할 수 있었다. 그것은 일단 접어두고, 오페라 안경의 한 가지로 나는 비로소 내가 나도 모르게 언제나 눈과 눈 사이의 거리가 넓은 여성에게 끌렸다는 것을 알았다.

사람에게는 자신과 닮은 사람과 결혼하려는 경향이 있는 것 같다. 그러나 잠깐 기다려보라. 어떤 여성에 대해서 그녀와 가장 닮은 남성이라면 그녀와 유전자의 반 정도를 공유하고 있는 남성, 결국 부친이나 오빠, 남동생이 된다. 마찬가지로 남성에게도 그와 가장 많이 닮은 여성은 모친이나 누이일 것이다. 그러나 대부분의 사람은 근친상간을 기피하며 부모나 형제자매와 결혼하지 않는다.

내가 말하고 싶은 것은, 사람은 자신의 부모나 형제자매와 닮은 사람과 결혼하려는 경향이 있다는 것이다. 우리는 어릴 때부터 이미 미래의 섹스 파트너의 이상형을 만들기 시작하는데, 그 이미지는 가장 자주 만나는 이성에서 크게 영향을 받기 때문이다. 그들은 대부분 부모이거나 형제자매, 그렇지 않으면 어린 시절의 친구이다. 이러한 우리의 행동은 1920년대에 유행한 노래 가사에 집약되어 있다(원제 : I want a girl).

I want a girl	나는 한 소녀를 원한다.
Just like the girl that	사랑하는 나의 아버지가
married dear old dad	결혼한 사람과 닮은 소녀를

오동통하고 붉은 머리카락 이론

지금쯤 당신은 아마 배우자나 연인에게로 돌아서서 줄자를 들고 자신과 상대의 귓불 길이가 전혀 일치하지 않는다는 것을 발견할 것이다. 그렇지 않으면 어머니나 자매의 사진을 놓고 배우자의 사진과 비교해보며, 전혀 닮은 점이 없는 것을 발견할지도 모르겠다. 당신의 부인이 당신 어머니와 꼭 닮지 않았다고 해서 책을 덮지 않기를 바란다. 또 당신의 이상형이 비정상으로 여겨져 정신과 의사를 찾아야 하는 건 아닌지 고민할 필요도 없다. 생각해두어야 할 것은 다음 사항이다.

(1) 여러 가지 연구에 의하면, 우리가 배우자를 선택하는 데는 종교나 성격이 신체적 특징보다 훨씬 큰 영향을 끼친다. 나 역시 신체적 특징은 조금 영향을 주는 데 지나지 않는다고 생각한다. 사실 나는 신체적 특징의 상관관계는 배우자보다는 하룻밤의 섹스 파트너 쪽이 더 높다고 생각한다. 하룻밤 상대는 종교나 정치적 견해 등을 생각하지 않고 육체적 매력만으로 선택할 수 있기 때문이다. 그러나 이 예측은 아직 검증되지는 않았다.

(2) 당신의 이상형은 어른이 되기까지 자주 만났던 어떤 이성의 영향도 받는다는 점을 기억해두라. 여기에는 부모와 형제자매 외에

어릴 적 친구도 포함된다. 당신의 배우자는 어머니가 아니라 어릴 적 이웃에 살았던 아이와 닮았을지도 모른다.

(3) 마지막으로 이상형에는 많은 육체적 특징이 포함되어 있기 때문에 대개의 경우 몇 가지 특징만으로 이미지에 꼭 맞는 사람을 선택하는 것이 아니라, 많은 특징 중에서 평균적으로 조금씩 닮은 사람을 선택하는 것이다.

이 생각은 '오동통하고 붉은 머리카락 이론'이라고 불리고 있다. 만약 어떤 남자의 어머니와 누이가 모두 오동통하고 붉은 머리카락이라면 그 사람은 오동통하고 붉은 머리카락인 사람을 매력적이라고 생각하게 될 것이다. 그러나 붉은 머리카락이 비교적 드문데다가 오동통한 몸에 붉은 머리카락을 지닌 사람은 더욱 드물다. 게다가 단지 하룻밤에 그치는 섹스 파트너라면 몇 가지 다른 육체적 특징을 눈여겨보겠지만, 부인을 선택하는 것이라면 자녀나 정치, 돈에 관한 견해까지 고려하게 된다. 그 결과 오동통하고 붉은 머리카락인 어머니의 아들들 중에서 소수의 운 좋은 몇 명만이 오동통하고 붉은 머리카락인 여자를 발견할 수 있다. 나머지 사람들의 일부는 오동통하지만 붉은 머리카락이 아닌 여자나 오동통하지는 않지만 붉은 머리카락인 여자로 만족하고, 거의 대부분은 오동통하지도 않고 검은 머리카락인 여자를 만난다.

나의 이론이 스스로 배우자를 결정하는 사회에만 해당되지 않는가 하고 반론하는 사람이 있을지도 모르겠다. 인도나 중국 사람들을 생각해보면, 그것은 20세기의 미국이나 유럽에서만 볼 수 있는 특수한 관례인 것을 알 수 있다. 현재도 결혼 상대를 결정하는 데 가족 전원이 관계하는 나라가 많다. 신랑과 신부가 결혼 당일까지 만날 수 없는 곳도 있다. 이러한 결혼에 어떻게 나의 논의를 적용할 수 있겠는가?

물론 법률적으로 인정한 결혼만을 이야기한다면 나의 논의는 적용될 수 없다. 그러나 혼외정사 파트너의 선택에는 들어맞는데, 미국이나 영국의 혈액형 연구에서 밝혀진 것처럼 그러한 교섭으로 적지 않은 수의 아이가 태어난다. 여성이 남편감을 결정하는 것이 가능한 사회인데도 혼외정사로 태어난 아이가 그렇게 많다면, 여성이 혼외정사로밖에 자신의 선호도를 표현할 수 없는 사회에서는 혼외정사로 태어난 아이의 수가 더욱 많아지지 않을까 하는 염려가 된다.

이상형은 유전인가 학습인가?

피지 남자가 스웨덴 여자보다 피지 여자를 더 좋아하고 그 반대도 역시 그렇다는 식의 이야기가 아니다. 우리의 이상형은 더욱 독특하다. 그러나 이러한 생각에 대해서도 여전히 의문이 남는다. 어머니와 닮은 사람을 찾게 되는 것은 유전적으로 물려받은 것일까, 아니면 학습의 결과일까? 누이나 모르는 여자와 섹스할 기회를 가지게 되었다면 물론 누이나 사촌과의 섹스는 거부하겠지만 육촌과 모르는 여자 중에서 육촌이 나와 닮았다는 이유로 육촌을 선택할까?

이 의문을 해결하기 위한 결정적인 실험이 있다. 예를 들면 남성을 그의 사촌, 육촌, 팔촌, 십촌과 함께 커다란 우리에 넣고 각각의 여성과 몇 회씩 섹스하는가를 기록한다. 많은 남성과 여성을 그 실험 대상으로 삼는다. 하지만 유감스럽게도 인간에게 그러한 실험을 하는 것은 불가능하다. 그러나 다른 몇 종류의 동물들에게 이 실험을 하여 재미있는 결과를 얻을 수 있었다. 그중에서 사촌을 좋아하는 메추라기와 향수를 뿌려놓은 쥐의 실험을 소개하겠다(우리와 가까운 침팬지는 상대를 가리지 않기 때문에 실험을 할 수 없다).

메추라기japanese quail(꿩과의 새. 몸길이는 18센티미터 정도이며 빛깔은 황갈색에 갈색과 검은 세로무늬가 있음-옮긴이)는 보통 자신의 부모와 형제자매와 함께 자라지만, 알을 까기 전에 둥지와 모친을 바꾸면 '다른 부모'를 만날 수 있다. 그러면 바뀐 메추라기는 가짜 형제와 함께 다른 부모에 의해 길러진다. 같이 부화한 새끼들과 함께 자라긴 하지만 그들 사이에 유전적 관계는 없다.

수컷 메추라기를 두 마리의 암컷과 함께 우리에 넣고, 어느 암컷과 더 많은 시간을 보내며 교미하는가를 관찰하여, 수컷 메추라기의 선호도를 조사했다. 처음 보는 암컷들(그중 몇 마리는 부화하기 전에 헤어진 친척이지만) 중에서 어느 암컷을 선택하는가를 비교했더니, 수컷 메추라기는 팔촌이나 전혀 혈통 관계가 없는 암컷보다 사촌을 좋아했다. 또 누이보다는 사촌을 더 좋아했다. 분명히 수컷 메추라기는 함께 자란 자매나 어미의 외모를 알고, 그것과 아주 닮긴 했지만 지나치게 많이 닮지는 않은 상대를 선택한 것이다.

이것을 생물학적 용어로 말하면 최적 중간 유사의 원리이다. 인간과 마찬가지로 동계교배는 최소한 나쁘지는 않을 것이다. 그러나 너무 가까우면 안 된다. 예를 들어 전혀 친척 관계가 없는 암컷들과 함께 자란 수컷은 함께 자란 암컷보다 완전히 모르는 암컷 쪽을 더 좋아하는 것이다(이 경우 가짜 자매는 약간의 근친상간이 아니라 상당한 근친상간이 되기 때문에). 쥐도 마찬가지여서 어떤 배우자를 찾을 것인가를 어린 시절에 습득하는데, 그들은 외형이 아니라 냄새로 선택한다. 파르마바이올렛(향기 짙은 제비꽃의 일종-옮긴이) 향수를 뿌려놓은 부모 밑에서 성장한 암컷 쥐는 어른이 된 후에도 아무 냄새도 없는 수컷보다 파르마바이올렛 향수를 뿌린 수컷을 좋아한다.

다른 실험에서는 어린 수컷 생쥐를 젖꼭지와 질에 레몬 향을 뿌린 어미 밑에서 자라게 한 후, 성인이 되자 레몬 향을 풍기는 암컷과 냄새가 없는 암컷과 함께 우리에 넣었다. 이러한 실험을 비디오로 녹화해 몇 번이나 돌려 보며, 안에서 일어나고 있는 중요한 사건을 기록했다. 그 결과 레몬 향이 있는 어미에게서 길러진 수컷은 아무 냄새도 없는 암컷보다 레몬 향이 있는 암컷한테 훨씬 빨리 사정했지만, 냄새가 없는 모친에게서 길러진 수컷은 반대의 현상을 보였다. 예를 들어 냄새가 있는 어미에게서 길러진 수컷은 냄새가 있는 암컷에 더 흥미를 느끼기 때문에 단 11분 만에 사정했지만, 냄새가 없는 암컷과는 17분이나 걸렸다. 그러나 냄새가 없는 어미에게서 길러진 수컷은 냄새가 있는 상대와 사정까지 17분 이상이나 걸렸으나 냄새가 없는 상대에게는 단 12분밖에 걸리지 않았다. 분명히 수컷들은 어미의 냄새(또는 냄새가 없는 것)에 의해 성적으로 흥분되도록 학습된 것이지 유전은 아니다.

근친상간의 터부

메추라기나 쥐와 생쥐에 대한 실험들은 무엇을 나타내는 것일까? 그 의미는 확실하다. 이 동물들은 어른이 될 때까지 양친과 형제자매를 인식하도록 학습되고, 양친이나 형제자매는 아니지만 그와 상당히 많이 닮은 이성의 개체를 배우자로 찾게끔 짜여 있다는 것이다. 예를 들면 생쥐의 일반적인 이미지는 유전적으로 물려받았을지도 모르지만, 어떤 생쥐가 아름답고 좋은가라는 특정한 이상형은 확실하게 학습된 것이다.

인간에게도 이 이론이 들어맞는다는 것을 증명하려면 어떤 실험을 해야 하는지 금방 떠오를 것이다. 전형적인 행복한 가정의 아버지에게 매일 파르마바이올렛을 뿌리게 하고, 어머니에게는 수유 기간 중 젖꼭지에 레몬 향을 뿌린다. 그리고 20년 후 그 아들이 누구와 결혼하는가를 조사하는 것이다. 그러나 인간에 관한 과학적 사실을 확증하는 데는 너무나도 많은 장애가 있기 때문에 포기하고 말 것이다. 하지만 관찰된 몇몇 사실이나 우연한 실험을 통해 사실에 조금은 다가갈 수 있다.

근친상간의 터부에 대해서 생각해보자. 터부가 본능적인 것인가 학습적인 것인가에 대해서 학자들의 의견은 분분하다. 여하튼 근친상간의 터부가 있다면, 누구와는 안 된다 하는 것은 학습되는 것일까, 아니면 유전적으로 그 정보가 흐르고 있는 것일까?

우리는 보통 가장 가까운 사람들(부모나 형제)과 함께 생활하기 때문에, 성장한 후 가까운 사람들과의 섹스를 피하는 것은 유전적인 것일 수도 있고 학습된 것일 수도 있다. 그러나 양자로 들어온 형제자매와의 섹스도 피하는 것을 보면 학습의 결과라고 생각된다.

이스라엘의 키부츠에서 이루어진 재미있는 관찰이 이 결론을 뒷받침해준다. 키부츠란 집, 학교, 자녀 양육이 커다란 한 집단 안에서 함께 이루어지는 이스라엘의 공동 집단 농장이다. 키부츠의 어린이들은 태어나서 청년이 될 때까지 서로 밀접한 관계 속에서 생활하는데, 그것은 마치 수많은 형제자매로 이루어진 거대한 가족 같은 것이다. 만약 지리적인 가까움이 결혼 상대 선택에 커다란 영향을 준다면 키부츠의 아이들 대부분은 같은 키부츠의 아이와 결혼할 것이다. 그러나 실제로는 키부츠에서 성장한 사람들이 맺은 2,769건의 결혼 중 같은 키부츠에서 자란 사람끼리 결혼한 예는 단 13쌍밖에 없었다. 나머지는 어른이 되면서 다른 키부츠에서 자란 사람과 결혼한 것이다. 심지어 그 13쌍은 모두 한쪽 배우자가 6세 이후에 그 키부츠로 이사 온 경우였다.

태어날 때부터 함께 자란 아이들끼리는 결혼하지 않을 뿐만 아니라 청년기 이후 이성 관계를 맺는 사람도 전혀 없었다. 약 3,000명 정도의 젊은 남녀가 일상적으로 섹스의 기회를 가지고 있으면서, 게다가 외부 사람과의 섹스 기회는 거의 없는데도 이성 관계가 없다는 것은 대단한 절제력이다. 그것은 태어나면서부터 6세까지의 기간이 인간의 성적 선호도를 결정하는 가장 중요한 시기임을 여실하게 보여주고 있다. 우리는 무의식적으로나마 이 시기에 친했던 사람들이 어른이 되고 나서 성의 상대로서는 적당하지 않다는 것을 '학습'하는 것이다.

우리는 또 '누구를 피해야 하고 누구를 찾아야 하는가' 하는 이미지의 일부도 학습하는 것 같다. 예를 들어 내 친구 중 100퍼센트 중국인인 여성은 우연찮게도 백인 지역에서 자랐다. 어른이 된 후 중국인 남성이 많이 있는 지역으로 이사해, 중국인과 백인 남성 모두와 데이트를 했는데 결국 그녀가 끌리는 쪽은 백인 남성임을 깨달았다. 그녀는 두 번 결혼했고 두 번 다 상대는 백인이었다. 그녀는 자신의 경험을 염두에 두고 다른 중국인 여자 친구로부터 각각 자란 배경을 들었다. 그 결과 누구에게나 청년 시기 이후 백인 또는 중국인 상대와 사귈 수 있는 기회가 충분히 있었지만 백인이 많은 곳에서 자란 친구는 백인과 결혼하고, 중국인이 많은 지역에서 자란 친구는 중국인과 결혼한다는 것을 알았다. 그러므로 우리가 어른이 되기까지 함께 있었던 사람들은 배우자 상대로는 적당하지 않더라도 일단은 우리의 미의 기준과 이상형을 형성하는 역할을 하고 있는 것이다.

자신의 경우를 생각해보라. 어떤 형의 남성 또는 여성에게 육체적인 매력을 느끼는가? 그리고 그 호감은 어디에서 시작되는가? 대개 사람은 나와 마찬가지로 양친과 형제자매, 어릴 적 친구의 외모에서 그 호감의 뿌리를 찾을 수 있을 것이다. 따라서 성적 매력에 대해서 '신사는 금발을 좋아한다'라든가 '안경을 낀 여자는 상대도 하지 않는다' 등 구세대가 말한 것에 구애될 필요는 없다. 그러한 '규칙'은 어느 것이나 일부 사람에게만 적용되는 것이다. 근시며 검은 머리인 어머니를 가진 남성도 많다. 나와 내 아내도 검은 머리에 안경을 썼고 우리의 양친도 똑같은 모양을 하고 있지만 다행스럽게도 아름다움은 보는 사람에 따라 달라지는 것이다.

성선택과 인종의 기원

인종의 다양성

"백인 양반! 자, 이 세 사람의 남자를 보십시오. 첫 번째 남자는 부카 섬 출신이고, 두 번째 사람은 마키라 섬 출신이며, 그리고 세 번째 남자는 시카이아나 섬 출신입니다. 잘 분간이 안 되십니까? 자세히 봤다고요? 혹시 당신 눈이 잘못된 건 아닙니까?"

천만에! 내 눈은 치료 불가능할 정도로 잘못되지는 않았다. 이것은 내가 남태평양의 솔로몬제도에 처음 갔을 때의 일로, 나는 냉소적인 안내인에게 피진 영어pidgin english (주로 상거래에 사용되며 문법이 간략하고 어휘가 극도로 제한된 영어-옮긴이)로 반대편에 나란히 있는 세 사람의 남자들 사이에 어떤 차이가 있는지 나도 잘 안다고 말했다.

첫 번째 남자는 새까만 피부에 곱슬곱슬한 머리, 두 번째 남자는 그보다는 연한 피부에 곱슬머리, 세 번째 남자는 곧은 머리에 눈이 치켜 올라가 있었다. 문제는 솔로몬제도에 속한 섬사람들의 특징이 어떠한지 구별할 수 있는 경험이 내게 전혀 없었다는 것이다. 물론 솔로몬제도를 돌아보는 최초의 여행이 끝날 즈음에는 나도 사람들의 피부색이나 머리, 눈 등을 보고 어느 섬 출신인가를 알 수 있게 되었다.

외모가 다양하다는 점에서 솔로몬제도는 인류의 소우주라고 말할 수 있다. 사람들의 외모를 보면 대충 누가 어디에서 왔는가를 알 수 있고, 노련한 인류학자라면 어느 나라의 어느 지역이라는 것까지 알 수 있을 것이다. 예를 들어 스웨덴, 나이지리아, 일본에서 온 사람들이 한곳에 있을 때, 누가 어느 나라에서 왔는가를 누구나 쉽게 알 수 있을 것이다.

옷을 입고 있는 사람의 겉모습을 보고 확인할 수 있는 다양한 특징이라면 물론 피부색, 눈동자 색과 모양, 머리카락 색과 형태, 체격, 얼굴에 있는 털의 양(남성의 경우) 등이다. 만약 옷을 벗고 있다면 체모의 양, 여성의 유방, 젖꼭지의 크기와 형태와 색깔, 음순과 엉덩이의 모양, 남성의 페니스의 크기와 각도 등에도 변이가 있는 것을 알 수 있다. 이들 변이의 대부분은 인종의 변이로 알려져 있다.

이러한 인간의 지리적 변이는 오랫동안 여행자, 인류학자, 편협한 사람들, 정치가 그리고 그 밖의 사람들을 매료시켜 왔다. 그동안 과학자들은 애매하고 그다지 중요하지 않은 동식물에 대한 질문도 숱하게 해결했기 때문에 우리는 당연히 그들이 우리 자신에 대한 가장 명백한 의문의 하나인 "왜 세계 여러 지역에 살고 있는 사람들의 외모는 제각각일까?"에 대한 해답도 내놓았으리라 생각할 법하다.

인간이 어떻게 다른 동물과 다르게 변화했을까를 정확히 이해하기 위해서는 인류의 여러 집단이 어째서 이렇게 서로 다른 외모를 가지게 되었는가를 살펴보아야 한다.

그럼에도 인종을 화제로 삼는 것은 너무나도 문제가 많다. 찰스 다윈도 1859년에 출판한 그 유명한 《종의 기원》에서조차 이에 대해 일절 언급하지 않았다. 최근의 과학자들조차도 인종에 흥미가 있다는 것만으로 인종차별주의자로 불리게 될까 봐 인종의 기원에 대해서 더 이상 연구하려 들지 않는다.

인종의 다양성의 의미가 아직 잘 밝혀지지 않는 이유는 다른 데도 있다. 그것은 생각보다도 훨씬 어려운 문제라는 것이다. 종의 기원을 자연선택으로 설명하는 책을 쓰고 나서 12년 후에 다윈은 898페이지나 되는 다른 책을 썼다. 그 책에서 그는, 내가 앞장에서 썼던 것처럼 인종의 기원이 성의 선호도에 있으며 자연선택과는 전혀 무관하다는 결론을 내리고 있다. 그러나 그 책에서 898페이지나 허비했음에도 수많은 독자를 설득하지는 못했다. 지금도 다윈의 성선택 이론에 대해서는 논의가 계속되고 있다. 인종 간의 뚜렷한 차별을 설명하는 데 현대의 생물학자들은 보통 자연선택이라는 개념을 이용한다. 특히 태양 광선에 쬐인 정도에 따라 오랜 세월에 걸친 변화로 생긴 피부색의 차이 같은 예는 더욱 유효한 개념이다. 그러나 자연선택설이 원인이라면 왜 열대지방에서 검은 피부가 선택되는가에 대해서는 생물학자들 사이에서도 의견이 분분하다.

지금부터 내가 자연선택은 왜 인종의 기원에 있어서 부수적인 역할밖에 하지 못했다고 생각하는지, 왜 다윈의 성선택 이론이 옳다고 생각하는지에 대해서 서술하려고 한다. 그리고 나서 인종 간의 눈에 보이는 다양성은 대부분 사람의 변화된 라이프사이클의 단순한 부산물이라는 점에 관해서도 생각해볼 것이다.

피부색은 자연선택의 산물인가?

우선 문제를 제대로 보기 위해서 지리적 변이는 사람에게만 해당되는 것이 아니라는 점을 유념하자. 지리적으로 충분히 넓은 지역에 분포하고 있는 동물이나 식물에는 대개 지리적 변이가 있고, 그것은 지리적으로 한정되어 있는 보노보를 제외하면 모든 고등 유인원의 종에게도 마찬가지이다.

북아메리카의 흰정수리북미멧새white-crowned sparrow(멧새과의 머리에 흑백 줄무늬가 있는 참새-옮긴이), 유라시아의 노랑할미새yellow wagtail(참새목 할미새과의 소형 조류-옮긴이)처럼 지리적 변이가 너무나도 뚜렷해서 경험 많은 조류 관찰자라면 날개 형태만으로도 그 출생지를 알 수 있는 것들도 있다.

유인원 간의 지리적 변이는 사람의 지리적 변이와 비슷하다. 예를 들어 고릴라 중에서도 우리에게 잘 알려진 세 가지 종들을 살펴보면 서부로랜드고릴라가 가장 몸집이 작고 회갈색의 털을 가지고 있으며, 마운틴고릴라는 가장 긴 검은 털을 가지고 있고, 동부로랜드고릴라는 검고 짧은 털을 가지고 있다. 흰손긴팔원숭이white handed gibbon(태국·말레이반도·수마트라 북부에 분포. 털 색깔의 변이가 많다-옮긴이)도 마찬가지로 털의 색(검은색, 갈색, 붉은색, 회색 등 다양하다-옮긴이), 털의 길이, 이빨의 크기, 턱의 돌출 방향, 안구의 돌출 방향 등에 변이가 있다. 고릴라나 긴팔원숭이의 집단 간의 모든 차이는 사람의 집단에서도 볼 수 있는 차이이다.

다른 지역에 살고 있는, 눈으로도 뚜렷이 구별되는 동물 집단은 서로 다른 종에 속하는가, 그렇지 않으면 같은 종의 변이에 지나지 않는가는 어떻게 결정되는 것일까? 이미 설명한 것처럼 그 구별은 정상적인 여건에서 교배를 하느냐 하지 않느냐에 달려 있다. 즉 동종에 속하는 개체는 기회가 있으면 교배할 수 있지만 종이 다르면 교배하지 않는다(그러나 사자나 호랑이처럼 가까운 종이라도 일반적으로 자연 상태에서는 교배하지 않다가, 수컷과 암컷을 각기 한 마리씩 같은 우리에 넣었을 때 다른 상대가 없으면 교배하는 예도 있다). 그 기준에서 보면 현존하는 인류는 모두 하나의 종에 속해 있다. 다른 지역 출신의 사람들이 만나면, 아프리카의 반투족과 피그미족처럼 외모는 달라도 언제나 교배가 이루어지곤 했으니 말이다.

다른 종과 마찬가지로 사람에게도 많은 중간 집단이 존재하기 때문에 어떠한 집단을 인종으로 분류하는가는 임의로 결정된다. 교배 기준에서 보면 샤망siamang(말레이반도, 수마트라에 분포. 털은 검은색이고 턱주머니는 회색 또는 분홍색이다-옮긴이)이라 불리는 큰긴팔원숭이는 좀 더 작은 긴팔원숭이와는 종이 다르다. 양자는 같은 지역에 살고 있지만 교배는 하지 않는다. 이와 같은 기준에서 볼 때 아마 네안데르탈인은 현생 호모사피엔스와는 다른 종에 속했을 것이라고 생각된다. 네안데르탈인과 크로마뇽인이 만난 것은 분명하지만 혼혈이라고 생각되는 뼈는 나오지 않았기 때문이다.

적어도 과거 수천 년, 아마 더 오랜 시기에 걸쳐서 인종 사이에 일어난 변이가 인간의 특징을 만들어왔다. B.C. 450년경에 이미 그리스의 역사가 헤로도토스는 서아프리카에 사는 피그미족, 검은 피부를 가진 에티오피아인, 그리고 러시아에 사는 눈이 푸르고 털이 붉은 부족에 대해서 기록하고 있다. 고대의 벽화, 이집트나 페르시아의 미라, 유럽의 이탄 늪에 보존된 사체들을 보면 수천 년 전 사람의 머리털이나 얼굴 모양 등은 오늘날의 사람보다 서로 더 많이 다른 것을 알 수 있다.

현생 인류의 기원은 조금 더 먼 1만 년쯤 전까지 거슬러 올라가야 할지도 모른다. 세계 각지에서 발견된 당시 사람들의 두개골을 통해 같은 지역에 살고 있는 현대 인간의 두개골에서 나타나는 변이와 같은 종류의 변이를 볼 수 있기 때문이다. 인류학자 중에는 두개골의 인종적인 특징은 몇 십만 년 동안 유지된다고 주장하는 사람도 있다. 물론 반대 의견도 있지만 만약 이 연구 결과가 옳다면 오늘날 발견되는 인종의 변이 중에는 대약진 이전, 아마 호모에렉투스 시대에서부터 존재하기 시작한 것도 있을 것이다.

자연선택설의 한계

이제 인종 간의 현저한 지리적 변이를 가져온 것은 자연선택인가, 성선택인가라는 애초의 질문으로 돌아가기로 하자. 우선 자연선택, 즉 생존확률을 상승시키는 형질의 도태에 대해서 살펴보도록 하자.

사자는 갈고리 모양의 손톱이 달린 손을 가지고 있는 데 비해 인간은 물건을 잡을 수 있는 손가락을 가지고 있다. 이처럼 대부분의 종의 차이가 자연에서 비롯됐다는 것을 의심하는 과학자는 거의 없다. 어떤 종류의 동물들 사이에서 발견할 수 있는 지리적 변이(인종 변이)의 일부가 자연선택으로 인해 생겼다는 것을 부정하는 사람도 없다. 예를 들어 겨울이면 지면이 눈으로 덮이는 지역에 살고 있는 북극위즐Arctic weasels은 여름엔 갈색 털을 갖고 있지만 겨울이 되면 하얀 털로 바뀌는데, 가장 남쪽에 사는 위즐은 일 년 내내 갈색이다. 이러한 지리적 변이는 생존하는 데 도움을 준다. 하얀 위즐은 갈색 바탕에서 너무나도 눈에 잘 띄어 다른 동물에게 금방 들키고 말겠지만 하얀 바탕에서는 잘 두드러지지 않기 때문이다.

이와 마찬가지로 사람의 지리적 변이의 몇몇도 자연선택으로 설명이 가능하다. 아프리카 흑인의 대부분은 겸상적혈구 유전자를 가지고 있지만 스웨덴인에게는 없다. 왜냐하면 그 유전자는 아프리카의 많은 사람을 죽음으로 내모는 열대병인 말라리아를 예방하는 역할을 하기 때문이다. 이외에도 안데스 원주민들이 폐활량이 큰 것(고지의 희박한 공기로부터 산소를 받아들이기 쉽다)과 에스키모인의 체형이 땅딸막한 것(체열 보존에 좋다), 남수단인의 체형이 마른 것(체열 발산에 좋다), 북아시아인의 눈이 가는 것(추위와 눈雪의 반사로부터 눈을 보호하는 데 좋다) 등 지역에 따른 인간의 특징들 가운에 몇몇은 자연선택에 의해 출현했다고 생각할 수 있다.

우리가 금방 떠올릴 수 있는 인종의 차이점, 즉 피부색, 눈동자 색, 머리카락 색 등도 역시 자연선택으로 설명할 수 있을까? 만약 그렇다면 같은 형질(예를 들면 푸른 눈)은 기후가 비슷한 지역에서만 출현할 것이고, 그 형질이 왜 그 지역 사람들에게 유리한지는 과학자 사이에서 의견 일치를 볼 수 있을 것이다.

겉으로 판단할 수 있는 간단한 형질의 에로 피부 색이 있다. 인류의 피부색은 검은색, 갈색, 구리색에서부터 노란색과 분홍색에 이르기까지 여러 가지 색깔이 있다. 또 주근깨가 있기도 하고 없기도 하다. 이러한 변이를 설명하는 자연선택설은 다음과 같다. 피부색은 적도에서 북쪽 또는 남쪽으로 갈수록 연해져서 북유럽인들은 가장 연한 피부색을 가지고 있다. 햇볕이 강한 아프리카 사람들은 검은 피부를 가지고 있고 남인도나 뉴기니같이 햇볕이 강한 다른 지역 사람들의 피부 역시 검다. 이는 검은 피부가 많은 햇볕에 노출되면서 그렇게 진화했음에 틀림없다. 마치 백인의 피부가 여름의 태양에(또는 실내 일광욕으로) 검게 그을리는 것과 마찬가지다. 단 그렇게 그을린 피부는 유전적인 경우와는 달리 원상회복이 가능하다는 점만 빼면 말이다.

태양이 강렬한 지역에서는 검은 피부가 유리하다. 피부가 햇볕에 의해 타는 것을 막아주고 피부암도 방지할 수 있기 때문이다. 백인이 오랜 시간 태양에 노출되어 있으면 피부암에 걸리기 쉽고, 머리나 손 등 노출된 곳에도 피부암이 잘 발생한다. 그렇지만 이것으로 완전히 이해할 수 있을까? 유감스럽게도 그렇게 간단하지만은 않다.

우선 피부암이나 햇볕에 탄 피부는 심각한 장애를 일으키는 경우가 드물고 죽는 일도 좀처럼 없다. 전염병과 비교해보면 자연선택 요인으로서의 영향은 아주 하잘것없다. 극지極地에서 적도에 이르는 피부색의 변이에 대해서는 이외에도 많은 이론이 제기되어 왔다.

이 이론에 대항해 자주 인용되는 이론은 태양의 자외선이 피부의 주요 색소층 아래에 있는 피부층에 비타민 D의 합성을 촉진시킨다는 것이다. 때문에 태양이 강한 열대지방의 사람들은 지나치게 많은 비타민 D 때문에 신장병에 걸리는 것을 방지하기 위해 검은 피부로 진화하고, 오랫동안 어두운 겨울이 계속되는 스칸디나비아인들은 비타민 D의 부족으로 냉대병에 걸리는 것을 방지하기 위해 흰 피부로 진화되었는지도 모른다.

유력한 이론을 두 가지 더 들면, 검은 피부는 열대의 적외선 때문에 내장이 과열되는 것을 방지하기 위한 것이라는 이론이 있다. 반대로, 열대 지방의 기온이 내려갈 때 검은 피부가 사람들을 따뜻하게 해주기 때문이라는 이론도 있다.

이들 네 가지 이론 외에 네 가지를 더 들어보면 다음과 같다. 검은 피부는 정글 안에서 보호색의 역할을 한다는 이론, 흰 피부는 동상에 잘 걸리지 않는다는 이론, 검은 피부는 열대의 베릴륨beryllium(은백색의 금속 원소. 융점이 높고 가벼워 미사일·로켓·원자로 등의 부재로 쓰임. 독성이 있음-옮긴이) 중독을 방지한다는 이론, 그리고 흰 피부는 열대에서 엽산葉酸(비타민의 일종-옮긴이)의 부족을 일으킨다고 하는 이론이다.

여덟 가지나 되는 이론을 죽 늘어놓았지만 태양 빛이 강한 지방의 사람들이 왜 검은 피부를 가지고 있는가에 대해 완벽하게 이해했다고는 말할 수 없다. 그렇다고 해서 검은 피부는 열대지방에서 자연선택에 의해 진화되었다는 자체를 부정할 수도 없다. 검은 피부에는 여러 가지 이점이 있었을 수도 있고 언젠가 그것을 알게 될 날이 올지도 모르기 때문이다.

자연선택에 바탕을 둔 모든 설에 대한 가장 강력한 반론은 검은 피부와 햇볕이 강한 기후와의 연관성은 그만큼 확실하지는 않다는 것이다. 태즈메이니아처럼 비교적 햇볕이 약한 곳인데도 피부가 검거나, 거꾸로 남아시아처럼 햇볕이 강한 열대 지역인데도 피부가 중간색인 경우도 있다. 아메리카 대륙에서 가장 햇볕이 강한 지역에 살고 있는 아메리카 원주민 중에도 검은 피부를 가진 사람은 없다.

구름의 양을 고려하면 세계에서 가장 햇볕이 약한 지역의 일조 시간은 하루 평균 3.5시간인데, 바로 그 지역에 해당하는 적도 서아프리카의 일부, 남중국, 스칸디나비아에는 흑인, 황인, 백인들이 살고 있다. 솔로몬제도의 기후는 섬마다 대체로 비슷한데, 짧은 거리 내에 새까만 사람들과 색이 엷은 사람들이 인접해 살고 있다. 따라서 피부색에 영향을 주는 도태 요인은 태양 광선만이 아니다.

이러한 반론에 대해 인류학자는 먼저 시간 요인을 고려해 재반론을 한다. 그에 따르면 열대에 살고 있으면서 피부색이 옅은 사람들은 대체로 최근에 그 지방으로 이주해왔기 때문에 검은 피부로 진화할 만한 시간이 충분하지 않았다는 것이다. 예를 들면 아메리카 원주민의 선조가 아메리카 대륙에 도착한 것은 거의 1만 1,000년 전의 일이어서 그 정도의 시간으로는 열대 아메리카에서 검은 피부로 진화하는 건 부족하다는 것이다. 그러나 기후에 따라 피부색을 설명하는 이론에 대한 비판을 단지 시간적 요인을 들어 무마하려 한다면 기후설이 맞는다고 해도 시간을 고려해야 할 것이다.

기후설에 가장 잘 들어맞는 예는 춥고 어둡고 안개가 자욱한 북부의 스칸디나비아인이 흰 피부를 가지고 있는 것에서 볼 수 있다. 그런데 유감스럽게도 스칸디나비아인이 스칸디나비아에 도착한 것은 아메리카 원주민이 아마존에 도착한 것보다도 훨씬 뒤의 일이다.

약 9,000년 전까지 얼음벽으로 둘러싸인 스칸디나비아는 피부가 검든 희든 아무도 살지 않았다. 현재의 스칸디나비아인이 스칸디나비아에 도착한 것은 4,000~5,000년 전의 일로, 아시아 근처나 남러시아의 인도유럽어족語族 농민들이 분포를 확대해온 결과였다. 때문에 스칸디나비아인은 그 이전에 다른 기후의 지역에서 이미 흰 피부를 가지고 있었던가, 아니면 원주민들이 아마존에서 검어지지 않고 보낸 시간 동안에 흰 피부를 진화시킨 것이 된다.

과거 1만 년 동안 한 장소에서만 살았던 유일한 사람들은 태즈메이니아 원주민뿐이다. 오스트레일리아 남쪽에 있는 태즈메이니아는 시카고나 블라디보스토크와 비슷한 온대기후다. 태즈메이니아는 오스트레일리아와 연결되어 있다가 1만 년 전에 해면이 상승해 섬이 되었다. 현대의 태즈메이니아 원주민들이 몇 킬로미터 이상 저어갈 수 있는 배를 가지고 있지 않은 점으로 미루어 볼 때, 그들은 태즈메이니아가 오스트레일리아와 연결되어 있을 때 그곳까지 걸어서 이주해간 사람들의 자손이고 19세기에 영국의 식민지가 되어 전멸되기까지 살았을 것이다.

그들에게는 온대기후에 적응하기 위한 자연선택을 겪을 시간이 충분했다. 그런데도 그들은 적도 열대에 어울리는 검은 피부를 지니고 있었던 것이다.

피부색을 자연선택으로 설명하는 것이 무리라면 머리색과 눈동자 색을 설명하는 것은 더더욱 무리다. 색깔과 기후 사이에는 일정한 관계도 없거니와, 갖가지 색깔의 이점을 설명하는 어설픈 이론조차도 없다. 금발은 춥고 습기가 많고 태양이 들지 않는 스칸디나비아인 사이에 많지만, 덥고 건조하며 일조량이 많은 중앙 오스트레일리아의 사막에 사는 원주민에게도 많다. 그렇다면 그 두 지역 사이에 공통점이 있는 것일까? 스웨덴과 오스트레일리아 원주민의 금발은 생존상 어떤 이점이 있을까? 푸른 눈은 스칸디나비아인에게 많이 나타나는데 안개가 많고 엷은 태양광선 속에서 멀리 있는 사물을 보는 데 유리하기 때문이라고 한다. 그러나 이 이론은 증명되지 않았다. 빛이 훨씬 더 흐릿하고 안개도 더 많은 산속에 살고 있는 뉴기니인의 눈은 모두 검지만 아무 문제도 없다.

인종적 형질 중에서 자연선택으로 설명할 수 없는 것은 생식기나 2차 성징에 관한 변이이다. 반구형의 유방은 여름비에 대한 적응이고, 원추형의 유방은 겨울 안개에 대한 적응일까? 아니면 그 반대일까? 부시먼 여성의 소음순이 돌출한 것은 사자를 쫓는 데 유리하기 때문이거나, 칼라하리 사막에서 수분을 빼앗기는 것을 방지하기 위해서일까? 극지방의 남성이 셔츠를 입지 않고 외출할 때 몸을 보온하기 위한 것이 가슴털이라고 믿는 사람은 없을 것이다. 만약 그렇게 생각한다면 왜 여성에게는 가슴털이 없는지 설명해보라. 여성도 몸이 따뜻해야 하지 않는가?

성선택과 인종의 형성

이러한 사실은 다윈이 어째서 스스로 고안한 자연선택의 개념으로 인종의 변이를 설명하지 않았는지 가르쳐준다. 결국 그는 자연선택으로 설명하려던 시도를 다음과 같은 짧은 문장을 남기고 그만두었다.

"인종의 외형적 변이 중 어느 하나도 인간에게 직접적으로 도움이 되는 것은 특별히 없다."

다윈은 스스로 만족할 수 있는 이론에 몰두했고 그것을 자연선택과 대비해서 성선택이라 이름을 붙인 후 이를 설명하기 위해 한 권의 책을 썼다. 이 이론의 기본 개념은 간단하다. 다윈은 동물에게 생존상 명확한 가치는 없지만 이성을 끌어들이거나 동성의 라이벌을 위협하는 것과 같이 짝을 확보하는 데 도움이 되는 형질이 많다고 지적했다. 흔한 예로 수컷 공작의 꼬리털, 수컷 사자의 갈기, 발정한 암컷 개코원숭이의 새빨간 엉덩이 등이 있다. 만약 한 마리의 수컷이 암컷을 유혹하거나 경쟁자인 수컷을 위협하는 일에 특히 뛰어나다면, 그는 더 많은 자손을 남겨 자신의 유전자를 더 많이 보전할 수 있는데, 그것은 성선택의 결과이지 자연선택의 결과는 아니다. 암컷의 형질에 대해서도 같은 주장을 적용할 수 있다.

성선택이 일어나기 위해서는 진화에 의한 두 가지 변화가 동시에 일어나지 않으면 안 된다. 한쪽의 성이 어떤 형질을 진화시키면 다른 쪽 성이 그 형질을 좋아해야 한다. 암컷 개코원숭이가 엉덩이를 빨갛게 물들였는데 수컷이 기분이 나빠져 성교를 하지 않는다면 암컷은 엉덩이를 빨갛게 물들이지 않을 것이다. 그러나 수컷이 암컷이 가진 어떤 형질을 좋아하고, 그 형질이 생존에 위협을 주지 않는다면 성선택은 어떤 형질로도 출현할 수 있다.

실제로 성선택에 따라 발전한 많은 형질들은 다분히 자의적이다. 아직 인류를 보지 못한 외계인이 있다면 그는 여성이 아닌 남성에게 수염이 있는 것이나 배꼽이 아니라 얼굴에 수염이 난 것, 여성이 빨갛고 푸른 엉덩이를 가지고 있지 않다는 것 등은 전혀 짐작할 수 없을 것이다.

성선택이 실제로 영향을 미칠 수 있다는 것은 아프리카의 긴꼬리천인조long-tailed widowbird를 대상으로 한 스웨덴의 생물학자 멀티 안데르센의 실험으로 증명되었다. 그 새는 번식기가 되면 수컷의 꼬리가 약 50센티미터 정도로 길게 늘어나지만 암컷의 꼬리 길이는 8센티미터밖에 안 된다. 수컷 중에는 최고 여섯 마리의 암컷을 거느리고 있는 새도 있지만, 한 마리의 암컷도 없는 수컷도 있다. 수컷의 긴 꼬리는 암컷을 자신의 영지로 유혹하기 위한 신호로써 일부러 발달시켜온 것 같다. 그래서 안데르센은 수컷 아홉 마리의 꼬리를 15센티미터만 남기고 잘라냈다. 그리고 잘린 아홉 개의 꼬리를 다른 아홉 마리 수컷의 꼬리에 붙여 약 75센티미터의 기다란 꼬리를 만든 후에 암컷이 어떤 새와 둥지를 트는가를 관찰했다. 그는 인위적으로 긴 꼬리를 붙여놓은 수컷들이 짧은 꼬리를 붙여놓은 수컷들보다 평균 4배나 많은 암컷을 유혹할 수 있다는 결론을 얻었다.

안데르센의 실험에 대해 사람들이 보이는 최초의 반응은 다음과 같을 수 있다. "저런 멍청한 새 같으니! 자기 새끼의 아비가 될 수컷을 꼬리가 길다는 이유만으로 선택하다니!" 그러나 너무 독선적으로 생각하지 말고, 인간은 어떻게 배우자를 선택하는가에 대해 앞에서 배운 것을 다시 생각해보자. 우리가 배우자를 선택하는 기준은 유전적인 가치를 잘 반영하고 있을까? 남성도 여성도 서로 상대방의 신체의 특정한 부분의 크기나 형태에 상당한 비중을 두는데, 이는 성선택의 징후가 아닐까? 도대체 왜 우리는 생존 경쟁에는 아무런 도움이 안 되는 아름다운 얼굴에 신경을 쓰게 되었을까?

동물에게서 나타나는 종 간의 다양한 특징 중 몇 가지는 성선택에 의해 출현했다. 예를 들면 수컷 사자의 갈기 색과 길이는 다양하다. 마찬가지로 흰기러기는 야생의 색깔이 북극 서쪽에 많은 파란색과 북극 동쪽에 많은 흰색 두 가지가 있다. 그 새들은 모두 자신과 같은 형태의 개체끼리 짝짓는 것을 더 선호한다. 사람의 유방의 형태나 피부색 역시 지역마다 다른 성적 선호도의 결과로 나온 것은 아닐까? 898페이지에 달하는 책을 저술한 다윈은 '그렇다'고 확신했다.

그는 우리가 섹스의 상대나 배우자를 선택할 때 유방, 머리털, 눈, 피부색에 상당한 관심을 쏟는 것을 지적했다. 또 세계의 다른 지역에 사는 사람들이 아름다운 유방, 머리, 눈, 피부의 기준을 각각 자신에게 익숙한 것에 두고 있다는 점도 지적했다. 결국 피지인, 호텐토트인, 스웨덴인은 각각 임의의 미적 기준과 함께 자랐기 때문에 그것과 동떨어진 사람을 배우자로 택하기는 어렵다. 따라서 각각의 민족은 그 기준에 따라 일정한 형질로 보존된다.

다윈은 그의 이론이 검증되기 전에 죽고 말았다. 그러나 다윈의 이론을 검증할 수 있는 연구들이—사람이 실제로 어떻게 배우자를 선택하는가에 대한 연구—최근 10년 사이에 활발하게 진행되어 왔고, 나는 그 성과들을 앞장에서 요약했다. 거기서 이미 나는 사람들이 머리나 눈,

피부색을 포함한 거의 모든 점에서 자기 자신과 닮은 사람을 결혼 상대
자로 선택하는 경향이 있다는 것을 밝혔다. 그리고 우리가 가진 나르시
시즘적인 경향을 설명하기 위해서 어린 시절 자신을 에워싸고 있던 사
람들, 부모나 형제자매, 자주 보는 사람들이 각인되어 미의 기준으로
발달했기 때문이라고 추론했다. 따라서 당신의 피부가 희고 푸른 눈에
금발이며 그러한 가족에게 둘러싸여 자랐다면, 비슷한 사람을 더 아름
답다고 느끼고 상대로 택하게 될 것이다.

배우자 선택의 각인 이론을 확실히 검증하기 위해서는 스웨덴인의
아기를 뉴기니인인 다른 엄마에게 보내 스웨덴인 부모를 완전히 잊어버
리게 하는 실험을 해야 한다. 그리고 그 아기가 어른이 될 때까지 20년
이상을 기다렸다가 섹스 상대로 스웨덴인을 좋아하는지 뉴기니인을 좋
아하는지를 조사해야 한다. 그러나 유감스럽게도 인간에게 이런 실험
은 실행상 문제가 있어 불가능하다. 그러나 동물이라면 정밀한 실험으
로 검증할 수 있다.

파란색과 흰색의 흰기러기를 예로 들어보자. 흰색의 야생 흰기러기
는 흰색에 대한 호감을 학습하는 것일까, 아니면 유전적으로 물려받은
것일까? 캐나다의 생물학자가 부화기에 있는 알을 꺼내 다른 어미 기러
기의 둥지에 넣어보았다. 그랬더니 그 알은 어른이 되어서 다른 어미와
같은 색의 상대를 배우자로 선택했다. 흰색과 파란색이 섞인 많은 무리
중에서 새끼를 기를 경우, 그들은 흰색과 파란색 어느 쪽에 대해서도
특별한 호감을 갖지 않았다. 마지막으로 연구자가 친어미의 날개를 분
홍색으로 물들였더니 새끼들은 분홍색으로 염색한 새를 좋아하게 되
었다. 이 실험의 결과 기러기는 친어머니(또는 형제자매나 친구)에 대한 기
억을 색깔로 학습한다는 것이 밝혀졌다.

패션과 기호

그렇다면 세계 여러 지역에 살고 있는 사람들은 어떻게 해서 다른 기호를 발달시키게 되었을까? 눈으로 보이지 않는 우리의 신체 내부 변화는 오로지 자연선택에 따른 것이다. 열대 아프리카에 살고 있는 사람들은 겸상적혈구 유전자를 지녀 말라리아에 대한 대책을 가지고 있으나 스웨덴인은 그렇지 않다는 것이 그 예다. 인간의 외형적 특징 중에도 자연선택을 통해 형성되어온 것들이 있다. 그러나 동물들과 마찬가지로 우리의 외형상 특징을 형성하는 데는 어떻게 상대를 고르는가 하는 것도 커다란 영향을 끼쳐왔다.

인간에게 있어서 그러한 형질은 특히 피부, 눈, 머리, 유방, 생식기였다. 이들 형질은 세계 각 지역에서 우리에게 기억된 의식과 함께 진화하여 지역마다 차이가 생겼다. 어떤 종족이 어떤 눈이나 머리색을 좋아하게 되었는가 하는 것은 부분적으로는 생물학자가 '창설자 효과'라 일컫고 있는 우연에 의한 것이었음이 틀림없다.

만약 몇 사람이 처녀지로 이주해가서 그 땅에 그 자손들이 살게 되면 소수의 창설자들 사이에 존재했던 유전자는 몇 세대 후의 집단에서도 여전히 우세할 것이다. 극락조 중 어떤 것은 황색 깃털, 어떤 것은 검은 깃털을 가진 것처럼 인류도 어떤 집단은 금발 머리, 다른 집단은 검은 머리, 어떤 집단은 푸른 눈, 또 다른 집단은 녹색 눈, 어떤 집단은 오렌지색 젖꼭지, 다른 집단은 갈색 젖꼭지를 가지게 되었을 것이다.

사람의 피부색과 기후는 전혀 관계없다고 주장하는 것은 아니다. 예외가 있긴 하지만 대체로 열대지방에 사는 사람이 온대지방에 사는 사람보다 피부색이 짙다. 이유는 확실히 모르지만 그것이 자연선택의 결과일 것이라는 말을 인정한다.

여기서 내가 강조하고 싶은 것은 성선택의 효과가 너무 커서 피부색과 기후의 관계 같은 자연선택 이론은 불완전하게 되어버렸다는 것이다.

만약 당신이 아직까지 형질과 미적 기호가 한데 진화하여 임의의 다른 결과로 변해간다는 사실을 의심하고 있다면, 유행의 변천에 대해서 생각해보라.

제2차 세계대전이 끝난 직후인 1950년대 초반의 여성들은 스포츠형 머리와 말끔히 면도한 남성을 잘생겼다고 보았다. 그 이후 장발, 귀고리, 자주색으로 염색한 모히칸 족 헤어스타일 등 갖가지 남성 패션이 등장했다. 1950년대에 이런 패션을 선택한 남성은 여성들이 싫어하여 한 명의 애인도 갖지 못했을 게 분명하다. 그것은 스탈린 후기 정세에 상고머리가 더 어울렸기 때문도 아니고 체르노빌 사태 이후 모히칸 족 헤어스타일의 생존 가치가 높았기 때문도 아니다. 남성의 외모와 여성의 기호가 하나가 되어 변화되었기 때문이며, 그 변화는 유전자의 변화가 필요하지 않았기 때문에 피부색에 대한 진화적 변화보다 훨씬 빠른 속도로 변화했다.

괜찮은 남성들이 상고머리를 했기 때문에 여성들이 상고머리 남자를 좋아하게 되었든지, 괜찮은 여성들이 상고머리를 좋아했기 때문에 남성들이 상고머리를 하게 되었든지 양쪽 중 하나가 작용했을 것이다. 여성의 외모와 남성의 기호에 대해서도 마찬가지다.

동물학자들은 성선택에 따른 인류의 지리적 변이에 주목한다. 나는 이러한 변이의 대부분은 사람의 라이프사이클의 특수성이 가져온 부산물이라고 말했다. 말하자면 우리가 배우자나 섹스 상대를 고를 때의 부산물인 것이다.

야생동물들 중에서 집단에 따라 눈동자 색깔이 파란색·녹색·회색·갈색·검은색으로 다양하다느니 지역에 따라 피부색이 흰색에서 검은색으로 달라진다느니 머리색이 빨간색·노란색·갈색·검은색·회색·흰색으로 제각각이라느니 하는 사례를 한번도 못 봤다. 진화할 수 있는 시간만 충분하다면, 우리는 성선택을 통해 변화할 수 있는 색깔이 무궁무진할 것이다. 만약 인간이 앞으로 2만 년 더 생존할 수 있다면 녹색 머리나 빨간색 눈을 갖고 태어나는 여성이 있을 것이다. 그리고 이러한 여성을 섹시하다고 생각하는 남성도 있을 것이다.

우리는 왜 늙고 죽을까?

장수와 죽음과 폐경

죽음과 노화는 영원한 수수께끼다. 유아기에는 몇 번이나 "그게 뭐야?"라고 묻고 청년기에는 부정하며, 장년기에는 싫어도 어쩔 수 없이 받아들인다. 대학 시절 나는 노화에 대해 생각한 적이 좀처럼 없었다. 하지만 쉰네 살이 된 지금, 갑작스럽게 노화에 대해서 흥미가 생겼다.

현재 미국 성인의 평균 수명은 남성은 78세, 여성은 83세이다. 100세까지 사는 사람은 드물다. 왜 80세까지 사는 것은 쉬운데 100세까지 사는 것은 그렇게 어렵고, 120세까지 사는 것은 거의 불가능할까? 최고의 의료 혜택을 받는 사람도, 먹을 것이 풍족하고 천적도 없는 우리 안의 동물도, 결국은 쇠약해져서 죽고 마는 것은 왜일까? 그것은 우리의 라이프사이클 중 가장 확실한 특징이지만, 왜 그러한 일들이 일어나는

지는 아직까지 밝혀지지 않았다.

　나이를 먹고 죽어간다는 사실 그 자체만 보면 인간과 다른 동물은 전혀 차이가 없다. 그러나 자세히 보면 인간은 진화의 역사 속에서 발전해왔다. 유인원 중 어떤 개체도 현대의 미국 백인에 필적하는 수명을 기록했던 적이 없었고, 50세 이상 사는 유인원도 극소수에 지나지 않는다. 분명히 인간은 우리와 가장 가까운 종들보다는 천천히 노화한다.

　40세 이상 살았던 네안데르탈인은 거의 없었지만 크로마뇽인은 60세 이상까지도 살았던 것으로 보아, 노화 속도가 늦추어진 것은 '대약진' 때였던 것 같다. 천천히 늙는다는 것은 결혼이나 배란의 은폐처럼 사람의 생활 방식에서 중요한 역할을 한다. 그 이유는 우리의 생활 양식이 정보의 전승에 의존하기 때문이다.

　언어가 발달하면서 그 이전과는 비교가 안 될 정도로 많은 정보를 얻을 수 있게 되었고, 얻은 정보를 다음 세대로 전할 수 있게 되었다. 문자가 발명되기 전에는 노인이 정보 전달과 경험의 보고寶庫 역할을 했다. 오늘날에도 부족 사회에서는 이러한 현상을 여전히 볼 수 있다. 수렵·채집 생활에서는 70세 이상의 노인이 단 한 명만 있어도, 그가 가지고 있는 지식으로 부족 전체를 기근에서 구할 수 있었다. 따라서 수명의 연장은 우리가 동물적 상태에서 인간으로 비약하는 데 상당히 중요한 역할을 했다.

　우리가 나이를 먹고 장년까지 살 수 있게 된 것은 궁극적으로 문화와 기술의 진보 덕분이다. 사자로부터 몸을 보호하는 데는 석기보다는 창을 가지고 있는 쪽이 더 낫고, 창보다는 강력한 총을 가지고 있는 쪽이 훨씬 유리하다. 그러나 문화와 기술의 진보만으로는 모든 설명이 불충분하다. 우리의 신체도 더욱 튼튼하게 개선되어야만 수명이 연장될 수 있다. 동물원의 유인원들은 현대의 최고 의료 기술과 수의학적 치료를 받을 수 있는데도 80세 이상 사는 것은 한 마리도 없다.

이제부터는 우리의 신체가 생물학적으로 개선되어 문화의 진보가 가능했다는 점을 다룰 것이다. 나는 크로마뇽인이 네안데르탈인보다 평균 수명이 길었던 것은 단지 크로마뇽인의 기술 때문만이 아니라, 대약진 시기에 우리의 신체도 변하면서 노화 속도가 느려졌던 것 같다. 그리고 노화의 부산물인 폐경기가 진화하여 역설적이게도 여성이 더욱 오래 살 수 있게 된 것도 그 무렵이었을 것이다.

궁극적 설명과 직접적 설명

노화에 관한 과학자의 견해는 그가 소위 직접적 설명에 흥미가 있는가, 궁극적 설명에 흥미가 있는가에 따라서 다르다. 이 차이를 이해하기 위해서 우선 '스컹크에게서는 왜 악취가 날까?'라는 질문을 생각해보자.

화학자나 분자생물학자는 "그것은 스컹크가 특정한 분자 구조를 가진 어떤 화학물질을 분비하기 때문이다. 양자역학의 원리로 인해 그러한 구조는 악취를 풍긴다. 따라서 화학물질은 냄새의 생물학적 기능이 어떻든 간에 악취를 풍긴다"라고 대답할 것이다.

그러나 진화론자는 다르게 답할 것이다. "그것은 스컹크가 악취로 몸을 보호하지 않으면 포식자에게 쉽게 잡아먹히게 되기 때문이다. 스컹크는 자연선택에 따라 악취를 풍기는 화학물질을 분비하도록 진화했다. 심한 악취를 풍길수록 더 오래 살아남아 많은 후손을 남긴 것이다. 이러한 화학물질의 분자 구조는 우연한 것으로, 다른 어떤 악취를 풍기는 화학물질이라도 스컹크에게 같은 역할을 할 것이다."

　화학자는 직접적 설명을 했다. 말하자면 설명하려는 현상을 직접적으로 일으키고 있는 기구의 설명을 한 것이다. 그러나 진화론자는 궁극적 설명을 했다. 그러한 메커니즘을 야기한 기능이나 일련의 사건에 대해 설명한 것이다. 화학자와 진화론자는 서로 상대방의 설명을 '올바른 설명'이 아니라고 비난할 것이다.

　이와 마찬가지로 노화에 대해서도 두 과학자 그룹은 의사 전달이 거의 없이 각각 독립적으로 연구되어왔다. 한 그룹은 직접적 설명을 찾고 다른 그룹은 궁극적 설명을 찾았던 것이다. 진화론자들은 자연선택에 따라 어떻게 노화가 일어나게 되었는가를 이해하려 했고 그 답을 구했다고 생각하고 있다. 반면 생리학자들은 노화를 일으키는 세포의 메커니즘을 탐구했고 아직 그 답을 모른다고 말한다. 하지만 나는 양쪽의 설명을 동시에 적용하지 않는 한, 노화에 대한 이해는 불가능하다고 주장한다. 특히 노화의 진화적(궁극적) 설명은 과학자들이 아직까지 접어두고 있는 노화에 대한 생리학적(직접적) 설명을 찾는 데 도움이 될 것으로 기대한다.

생물학적인 수리 기구

논증을 시작하기 전에 동료 생리학자들로부터 반론을 받게 될 것이다. 그들은 인간 내부에 있는 생리학적인 무엇인가가 노쇠를 불러일으키므로 진화적 고려는 의미가 없다고 생각한다. 예를 들면, 우리의 면역 시스템이 자기 자신의 세포와 다른 개체의 세포를 구별하는 능력을 서서히 잃어가기 때문에 노화가 일어난다고 설명한다.

이 이론에 찬성하는 생물학자는 은연중에 하나의 가정을 품고 있다. 즉 그러한 치명적인 결함이 없는 면역 시스템이 자연선택에 의해 출현하는 것은 불가능하다는 것이다. 그 가정은 올바른 것일까?

이 반론을 검토하기 위해 생물학적 수리 기구에 대해서 생각해보자. 왜냐하면 노화란 손상이 일어나거나 기능이 쇠퇴하면 단순히 수리가 잘 안 되는 상태라고 생각할 수 있기 때문이다. 수리라는 단어에서 제일 먼저 연상되는 것은 우리를 몹시 실망시키는 자동차 수리가 아닐까? 차는 점점 노화해서 죽어가지만 우리는 많은 돈을 들여서라도 그 피할 수 없는 운명을 조금이라도 연장하려고 한다. 마찬가지로 우리는 무의식중에 분자 단계에서 조직 기관에 이르기까지 끝없이 우리 자신을 수리하고 있다. 우리 자신의 수리 기구는 차의 수리처럼 손상의 복구와 정기적 교환이라는 두 종류로 이루어져 있다.

자동차 수리를 예로 들어보자. 우리는 펜더가 부서졌을 때 비로소 그것을 교체하지, 오일처럼 정기적으로 펜더를 교체하지 않는다. 손상된 신체를 복구하는 가장 눈에 띄는 예는 피부에 상처가 났을 때의 치료다. 동물은 훨씬 더 탁월한 능력을 갖고 있다. 도마뱀은 잘린 꼬리가 재생되며 불가사리나 게도 잘린 발이 재생된다. 해삼은 내장을 그대로 재생하고 유형동물은 독침을 재생한다. 우리의 유전 물질인 DNA는 눈에 보이지 않는 분자 단계에서 손상의 복구만으로 수리된다. 우리의 DNA 나선 안에는 손상된 부분은 수리하고 손상되지 않은 부분은 무시하는 효소를 가지고 있다.

수리의 다른 유형인 정기적 교환은 차를 가지고 있는 사람이라면 누구나 알고 있을 것이다. 우리는 차가 고장이 날 때까지 기다리지 않고

사소한 마모를 줄이기 위해 오일이나 에어 필터 또는 볼베어링ball bear-
ing(굴대와 축받이 사이에 여러 개의 강철 알을 끼워 굴대가 받는 마찰을 줄일 수 있게
만든 부품-옮긴이)을 정기적으로 교환한다.

생물의 세계에서 이빨은 그러한 예정에 따라 교환된다. 일생 동안 사
람은 두 번, 코끼리는 여섯 번 이빨을 갈고, 상어는 몇 번이라도 교환할
수 있다. 인간은 한 번 타고난 골격으로 일생을 보내지만 바닷가재나 그
밖의 절지동물은 탈피하고 새로운 껍데기를 만들어 정기적으로 외골격
을 교환한다. 자주 눈에 띄는 정기적 교환의 또 한 가지 예는 우리의 털
이 계속 자라나는 것이다. 아무리 짧게 잘라도 금방 길게 자란다.

정기적 교환은 현미경으로나 볼 수 있는 신체의 아주 미세한 부분에
서도 일어나고 있다. 인간의 몸은 항시 많은 세포를 교환한다. 인간의
장의 내부 세포는 며칠에 한 번씩, 방광의 내부 세포는 2개월에 한 번,
적혈구는 4개월에 한 번씩 교환된다. 단백질 분자는 모든 분자 레벨에
서 끊임없이 교환되고 있다. 그렇게 함으로써 손상된 분자 누적 현상을
방지한다.

당신이 사랑하는 사람의 얼굴은 1개월 전에 찍은 사진과 똑같겠지만
그 몸을 만들고 있는 분자는 1개월 전과 다른 것이다. 임금님의 말과
가신家臣들도 험프티·덤프티(영국의 전래동요 속의 계란 모양의 인물로 담에서 떨
어져 영영 못 일어남-옮긴이)를 원상 복귀시킬 수 없지만, 자연은 매일 우리
의 몸을 파괴하고 다시 재생시키는 것이다.

이렇게 동물의 몸은 필요할 때 수리되고 정기적으로 부품이 교환되
기도 하지만, 얼마나 많이 교환할 수 있는지는 신체 부위나 종에 따라
서 크게 다르다. 인간의 복구 능력이 한정되어 있는 것에 대해 생리학적
으로 필연적인 것은 아무것도 없다. 불가사리는 단절된 관족을 재생할

수 있는데 우리는 왜 그럴 수 없을까? 왜 우리는 코끼리처럼 이를 여섯 번 갈지 않고 단 두 번, 유치와 영구치밖에 가질 수 없을까? 만약 네 번 더 이를 갈 수 있다면, 때우거나 봉을 씌우고 늙어 흔들리는 이를 새로 해 넣는 일을 하지 않아도 될 것이다.

게처럼 관절을 정기적으로 새롭게 바꿀 수 있으면 좋을 텐데, 왜 우리는 관절염에 걸리지 않게 보호할 수 없는 것일까? 왜 유형동물이 그들의 독침을 바꾸듯이, 우리는 정기적으로 심장을 교체해서 심장병에 걸리지 않게 할 수 없는 것일까? 80세에 심장병에 걸려 죽지 않고, 적어도 200세까지 살면서 아이를 계속 낳는 남자나 여자가 자연선택상 유리하다고 생각할 수도 있다. 왜 우리는 몸속에 있는 모든 것을 수리하고 교환하지 못할까?

그 대답은 말할 것도 없이 수리에 드는 비용과 관계가 있다. 여기서도 자동차 수리는 좋은 비유가 된다. 메르세데스 벤츠 회사의 광고가 정말이라면 당신은 신경 써가며 왁스칠이나 오일 교환을 하지 않아도, 벤츠를 몇 년 동안 잘 굴러갈 것이다. 그러다가 결국 돌보지 않은 손상이 쌓이고 쌓여 산산조각이 나고 말겠지만 말이다. 메르세데스 벤츠의 소유주는 차라리 정기적으로 정비를 하는 쪽을 선택할 것이다. 벤츠를 가지고 있는 내 친구의 말을 빌리자면, 벤츠의 수리비는 무척 비싸서 차를 가지고 갈 때마다 몇 백 달러가 든다고 한다. 그렇지만 그들은 그 정도의 가치가 있다고 생각하고 있는 것이다. 정비가 잘된 벤츠는 정비하지 않은 벤츠보다 훨씬 오래 사용할 수 있고, 오래된 벤츠를 정기적으로 정비하는 쪽이 몇 년마다 새 차를 사는 것보다 훨씬 싸다는 것을 알고 있기 때문이다.

하지만 그것은 벤츠의 소유주가 독일이나 미국에서 생활할 때의 이야기다. 세계적인 교통사고의 도시, 뉴기니의 수도 포트모르즈비에 당신이 살고 있다고 생각해보라. 당신이 아무리 차를 잘 정비해도 어떤 차든 1년도 안 되어 못쓰게 되고 만다. 뉴기니에서 차를 가지고 있는 사람들은 정비에 돈을 들이는 대신 새 차를 사기 위해 그 돈을 저축한다.

마찬가지로 생물학적인 수리를 위해 동물이 얼마큼 투자할 만한가는 수리에 드는 비용, 또 수리를 하지 않았을 때와 수리를 했을 때 어느 쪽이 더 오래 살 수 있는가에 달려 있다. 이 문제는 생리학보다는 진화 생물학의 영역에 속한다. 자연선택은 자손을 절멸에서 구하여 살아남게 하기 위해 최대한 자손 번식을 하려는 경향을 가지고 있다. 그러므로 진화는 자신의 후손을 더욱 많이 남기도록 전략을 세운 개체가 이기는 전략 게임이다. 따라서 우리가 왜 지금과 같은 생활 방식을 유지하게 되었는가를 이해하기 위해서는 게임 이론에 사용된 추론의 유형을 살펴보는 것이 도움이 될 것이다.

최적화 — 진화적인 손익 계산

수명의 문제와 생물학적 수리에 대한 투자의 문제는 게임 이론에서 제기되는 폭넓은 진화론적 문제와 연결된다. 그것은 어떤 유리한 형질도 한계가 있는 이유에 대한 수수께끼다. 왜 자연선택은 다른 것보다 더 오래 살아남을 수 있도록 유리한 형질을 많이 만들지 않았을까?

수명 말고도 그 같은 의문을 품게 하는 생물학적 형질들이 우리에게는 많다. 확실히 체격이 크고 머리가 좋고 빨리 달리는 사람은, 체구가 작고 머리가 나쁘고 발이 느린 사람보다 유리하다. 특히 사자나 하이에

나를 막아내야 했던 시기에 일어난 인류 진화에서는 그런 형질의 중요성은 지대했다. 왜 인간은 평균적으로 지금보다 더욱 크고 더욱 현명하고 더욱 발이 빠르게 진화하지 못했을까?

이러한 진화적 모형의 문제를 생각보다 어렵게 만드는 원인은 다음과 같다. 진화는 개체 전체에 작용하는 것으로 일부분에만 작용하지 않는다. 살아서 자손을 남기거나 그렇지 못하는 것은 당신이지, 당신의 커다란 뇌나 빠른 발 그 자체는 아니다. 동물의 몸의 일부분이 커지는 것은 어떤 점에서는 유리하지만 다른 점에서는 불리할 수도 있다. 예를 들면 신체 중에서 큰 부분은 다른 부분과 잘 어울리지 않기도 하고, 다른 부분의 에너지를 빼앗기도 한다.

진화생물학자에게는 이를 표현하는 마법의 단어로 '최적화'라는 것이 있다. 자연선택은 그 동물의 기본적 체제에서 동물의 성공적인 생존과 번식을 최대화할 수 있도록 각 형질의 크기, 속도, 수량 등을 형성한다. 그렇다고 해서 각각의 형질 그 자체가 최대치까지 가는 것은 아니다. 오히려 각각의 형질은 너무 크거나 작지 않은, 어딘가 적당한 중간치에 맞춰진다. 이렇게 해서 한 동물로서의 개체는 각각의 형질이 가장 크고 또 작은 상태보다 성공도가 높아지는 것이다.

동물에 관한 이 설명이 좀 추상적이라면, 우리가 일상적으로 사용하는 기계에 대해서 생각해보자. 인간이 설계하는 기계의 디자인이나 자연선택에 의해 만들어지는 동물의 디자인에는 기본적으로 같은 원리가 작용하고 있다.

내가 가진 기계 중에 내가 제일 좋아하고 자랑스러워하는 1962년형 폭스바겐 비틀을 예로 들어보자. 이것은 지금까지 내가 가져본 유일한 차다(차를 아주 좋아하는 사람이라면 폭스바겐이 처음으로 뒤에 큰 창문을 달고 나온 시기가 1962년이라는 것을 알 것이다). 순풍이 부는 잘 닦인 평평한 고속도로에서 나의 폭스바겐은 시속 100킬로미터를 낸다. BMW의 소유주에게는 이 숫자가 전혀 대단하게 들리지 않을 것이다. 만약 4기통에 40마력이라는 약한 엔진을 버리고, 대신 이웃집의 BMW 750IL에서 12기통 296마력의 엔진을 뜯어내 내 차에 달고 샌디에이고 고속도로를 시속 290킬로미터로 달려보면 어떨까?

나같이 차에 대해서 고루한 사람도 이 생각이 옳지 않다는 것쯤은 안다. 우선 첫 번째로, BMW의 엔진은 폭스바겐의 엔진룸에 들어가지 않기 때문에 그곳을 넓히지 않으면 안 될 것이다. 다음으로 BMW는 엔진이 앞에 있고 폭스바겐은 뒤쪽에 있기 때문에 기어박스나 트랜스미션transmission(자동차의 톱니바퀴식 변속장치-옮긴이) 등을 바꿔야 한다. 또 폭스바겐은 최고 시속 100킬로미터로 달리게 되어 있어서 시속 290킬로미터로 달리려면 충격 흡수 장치나 브레이크 그리고 차를 부드럽게 움직이고 정지시키기 위한 장치도 교체해야 한다. BMW의 엔진에 맞도록 폭스바겐의 개량을 마칠 즈음에는 원래의 비틀 모습은 거의 없어지고 말 것이다. 게다가 개량을 하려면 많은 비용이 든다. 내 차의 다른 성능에 지장을 주지 않고 내 생활비를 더 축내지 않으면서 차의 속도를 빠르게 하는 일은 불가능하기 때문에, 시속 60킬로미터로 달리는 엔진이 나에게 가장 적당하다.

작은 폭스바겐의 차체車體에 BMW 같은 큰 자동차의 엔진을 장착한 것과 같은 기술적 괴물은 시장경제의 원리에 의해 '최종적'으로 도태되겠지만, 꽤 오랫동안 사라지지 않고 끈질기게 남아 있는 괴물이라고 할 만한 것도 얼마든지 있다. 나와 마찬가지로 해전海戰에 흥미를 가지고 있는 사람에게는 영국의 순양함이 좋은 예이다.

제1차 세계대전 무렵 영국 해군은 전함戰艦으로서는 가장 크고 가장 많은 대포를 장착할 수 있고, 게다가 전함보다 훨씬 빠른 속도를 낼 수 있는 순양전함巡洋戰艦이란 것을 13척이나 만들었다. 속도와 화력을 모두 최대화했기 때문에 순양함은 곧 국민적 관심을 받으며 요란한 선전거리가 되었다. 그러나 대포의 무게를 거의 일정하게 유지하고 엔진의 무게를 훨씬 무겁게 하면서도 2만 8,000톤의 총중량을 유지하려면 배의 어딘가에서 중량을 빼야 했다. 그래서 순양전함은 주로 장갑 부분의 중량을 깎았지만 소화기, 선실, 대공방어 설비도 줄였다.

그 결과 완성된 순양전함은 전체적으로 보아 최적의 전투함정과는 거리가 먼 배가 되고 말았다. 그 배들 가운데 1916년엔 인디패티거블호, 퀸 메리호, 인빈서블호의 세 척이 유틀란트해전에서 독일의 포탄을 맞고 전부 대파되었다. 후드호는 1941년에 독일의 비스마르크호와의 전투에서 불과 8분 만에 격파되고 말았다. 심지어 리펄스호는 일본이 진주만 공격을 한 며칠 후에 일본 폭격기에 의해 격침되고 말았기 때문에, 해전 중에 하늘에서 공격받아 파괴된 최초의 대형 전함이라는 달갑지 않은 불명예를 안고 있다. 거대한 것이 전체적으로 반드시 최적의 것은 아니라는 충격적인 증거를 확인한 영국 해군은 순양함을 만들려던 계획을 포기했다.

요약하자면, 기계의 한 부분을 나머지 다른 부분과 따로 수리해서는 제 모양을 만들 수 없다. 기술자들은 각 부분을 어떻게 조합시켜야 기계 전체의 효율성을 최적화할 수 있는가를 생각해야 한다. 마찬가지로 동물의 몸의 일부도 다른 기관과 따로 떼어 진화하는 것은 불가능하다. 각 기관의 구성이나 효소 또는 DNA는 다른 데 쓰일 수 있는 에너지와 공간을 사용하기 때문이다. 반면 동물의 번식 성공도를 최대화하기 위한 형질의 조합은 자연선택에 있다. 기술자도, 진화론자도 무언가를 증대하려고 하면 차감 관계를 고려해야 한다. 이익을 얻을 때는 그만한 대가가 따르기 때문이다.

왜 울트라 마마가 출현하지 않았는가?

앞의 논증을 우리의 라이프사이클에 적용하면, 우리의 라이프사이클의 특징 대부분은 아이를 생산하는 능력을 최대화하기는커녕 오히려 감소시키는 것 같이 보인다. 노화해서 죽는 것도 한 예이다. 다른 예로서는 여성의 폐경, 한 번에 한 명씩밖에 낳지 못하거나 몇 년에 한 번밖에 낳지 못하는 것, 그리고 12세에서 16세쯤이 되지 않으면 아이를 낳지 못하는 것 등이 있다.

다섯 살에 사춘기가 되고 임신 기간은 3주, 정기적으로 네 쌍둥이를 낳고, 폐경도 없으며, 많은 생리학적 에너지를 신체를 복구하는 데 이용하여 200세까지 살면서 몇 백 명의 아이를 낳는 여성은 왜 자연선택에 의해 나오지 않았을까?

그러나 이러한 질문은 진화에 의해 일어나는 변화가 한 번에 한 가지씩이라고 가정하고 있기 때문에, 거기에 드러나지 않은 손실은 무시된 것이다. 예를 들어 여성의 임신 기간이 3주로 바뀌면 여성 자신이나 그녀가 낳은 아기의 신체 여러 부분도 함께 바뀌지 않으면 안 된다.

우리가 사용할 수 있는 에너지는 한정되어 있다는 것을 생각하라. 나무꾼이나 마라톤 선수처럼 좋은 음식을 먹고 많은 운동을 하고 있는 사람조차도 하루에 6,000킬로칼로리 이상을 소모하는 것은 불가능하다. 만약 우리의 목적이 가능한 많은 아이를 낳는 것이라면 그 칼로리 중 얼마를 생물학적 복구에 충당하고, 얼마를 아기를 양육하는 데 충당하면 좋을까?

극단적인 예로, 만약 우리가 가진 모든 에너지를 아기에게만 사용하고 자신의 신체 복구에는 전혀 사용하지 않는다면, 우리의 몸은 첫아기를 낳기 전에 완전히 못쓰게 되고 말 것이다. 반대로 모든 에너지를 자신의 신체 복구에만 사용한다면 우리는 장생하겠지만, 아기를 낳고 기르는 데 소모할 에너지는 남아 있지 않을 것이다.

자연선택이 이루어내야 할 것은, 생리적 복구와 번식에 상대적으로 어느 만큼의 에너지를 소비할지를 조절하여 번식 성과의 평균치를 최대로 하는 것이다. 이 문제에 대한 답은 사고로 죽는 확률이나 번식생물학, 여러 가지 복구에 드는 비용 등에 따라 동물마다 다르다. 이렇게 생각하면 동물이 복구 기간과 나이를 먹는 속도는 어떻게 다른가에 대한 검증 가능한 가설을 세울 수 있다.

1957년에 진화론자인 조지 윌리엄스는 진화생물학의 시점에서 생각했을 때만 이해할 수 있는 노화에 관한 놀랄 만한 사례를 소개했다. 윌리엄스가 든 예의 몇 가지를 생물학적 복구에 관한 생리학 용어로 바꿔, 노화가 천천히 진행되는 것은 복구 메커니즘이 우수하기 때문이라고 생각해보자.

첫 번째 예는 동물이 최초의 번식을 시작하는 나이에 관한 것이다. 이 연령은 종마다 크게 다르다. 예를 들어 사람은 12세 이전에 번식을 하는 경우가 거의 없지만 생쥐는 생후 2개월만 되면 새끼를 낳을 수 있다. 사람처럼 번식 시기가 늦는 동물은 번식 연령에 달할 때까지 살기 위해 복구에 많은 에너지를 사용해야 한다. 복구에 사용되는 에너지는 번식 개시 연령이 높아질수록 많아진다고 볼 수 있다.

예를 들면 인간이 생쥐보다 훨씬 늦게 번식을 시작하는 것과 관련해서 인간은 생쥐보다 늙는 속도도 훨씬 느리고 신체 복구도 훨씬 효과적으로 수행하고 있다. 아무리 맛있는 음식을 주고 최고의 의료 혜택을 받는 생쥐라도 두 번째 생일을 맞을 수 있다면 아주 운이 좋은 편이다. 그러나 만약 인간이 72세의 생일을 맞을 수 없다면 운이 나쁜 것이다. 생쥐가 자신의 생리적 복구에 사용하는 에너지만큼만 자신의 복구에 투자하는 사람은 사춘기에 이르기 훨씬 전에 죽고 말 것이라는 것이 진화적 근거다. 결국 생쥐보다는 인간을 수리하는 게 더 가치 있는 것이다.

자신을 수리하기 위해 사람들이 소모하는 에너지는 도대체 어떤 것일까? 얼핏 보면 사람의 수리 능력은 그렇게 대단해 보이지는 않는다. 우리는 수명이 짧은 무척추동물처럼 잘린 사지를 재생하거나 골격을 정기적으로 교체하지 못한다. 어쨌든 그런 놀랄 만한 전체 신체 구조의 재생은 아마도 동물의 수리비에서 가장 큰 항목을 차지하지는 않을 것이다. 오히려 매일매일 눈에 보이지 않는 세포나 분자를 끊임없이 교체하는 비용이 더 많이 들 것이다.

예를 들어 하루 종일 침대에 누워 있어도 남성은 자기 자신을 유지하기 위해 하루에 약 1,640킬로칼로리를 섭취해야 한다(여성은 1,430킬로칼로리). 이 유지를 위한 대사의 대부분은 눈에 보이지 않는 복구에 충당된다. 그래서 나는 인간이 생쥐보다 오래 사는 것은 자기를 복구하는 데 더 많은 에너지를 소모하고, 몸을 보온하거나 아기를 돌보는 일 등에는 조금밖에 사용하지 않기 때문이라고 생각한다.

두 번째 예는, 복구 불가능한 상처를 입을 위험성에 관한 것이다. 생물이 받는 상처는 웬만하면 고칠 수 있지만 치명적인 상처도 있다(예를 들면 사자에게 잡아먹힘). 만약 당신이 내일 사자에게 먹힐 처지에 있다면 오늘 치과 의사에게 비싼 돈을 치르고 치아 교정을 받는 것은 무의미하다. 차라리 썩은 이는 내버려두고 즉시 아이를 남기기 위해 아내나 애인과 섹스를 하는 편이 낫다. 그러나 죽을 가능성이 희박하다면 노화 속도를 늦추려고 상처를 치료하는 데 에너지를 소모해도 수명이 연장되므로 충분한 보상이 따른다. 이것이 벤츠의 소유주가 차에 오일 교환을 받기 위해 독일이나 미국에서는 돈을 들이지만 뉴기니에서는 차의 수명을 늘리는 데 돈을 쓰려고 하지 않는 것과 같다.

생물계에서 포식자에게 잡아먹혀 죽을 가능성은 조류가 포유류보다 낮고(새는 날아다니기 때문이다), 다른 파충류보다 거북이가 낮다. 왜냐하면 거북이는 딱딱한 껍질이 보호해주기 때문이다. 따라서 늦든 빠르든 포식자에게 먹히는 날지 못하는 포유류나 껍질이 없는 파충류에 비하면, 조류나 거북이는 복구 장치를 통해 얻는 이익도 그만큼 크다. 실제로 포식자로부터 완전히 차단되어 충분한 먹이를 얻는 애완동물의 수명을 비교해보면, 조류가 같은 크기의 포유류보다 오래 살고(노화도 더디다), 같은 크기의 껍질이 없는 파충류보다 거북이가 오래 산다.

조류 중에서 포식자로부터 더욱 안전한 것은 포식자가 거의 없는 외딴섬에 둥지를 트는 섬새나 바닷새들이다. 그들의 라이프사이클이 천천히 진행되고 있는 점은 인간과 거의 비슷하다. 바닷새 중에는 10세 정도가 되지 않으면 번식을 못하는 것이 있는데, 그들이 얼마나 오래 사는지는 아직 알려져 있지 않다. 그 새들은 생물학자가 그들의 연령을 추정할 생각으로 수십 년 전에 붙인 금속 족쇄보다도 더 오래 산다. 바닷새 한 마리가 번식을 개시하기까지 걸리는 10년 동안 생쥐 집단은 60세대를 거치며 대부분은 포식자에게 먹히거나 늙어 죽었을 것이다.

세 번째 예로, 같은 종에 속하는 수컷과 암컷을 비교해보자. 강한 동물의 공격으로 죽을 확률이 적은 쪽이 노쇠 속도를 줄이는 노력과 상처가 나거나 병이 났을 때 치유에 더 힘을 쓰는 데서 얻을 수 있는 잠재 보상이 더 클 것이다. 대부분의 종에서는 위험한 투쟁과 무모한 과시로 수컷이 암컷보다 사고를 당해 죽을 위험이 크다. 이 점은 우리가 하나의 종으로서 거쳐 온 역사 전체를 살펴보면 인간 남성에게도 해당된다는 걸 알 수 있다. 남성은 다른 집단의 남성과 투쟁하고, 집단 내부의 다른 사람과 싸우기도 해서 죽는 일이 많다. 또 대부분의 종에서는 수컷이 암컷보다 몸이 크지만, 붉은사슴과 아메리카 대륙의 검은새에 대한 연구를 보면 먹을 것이 부족할 경우에는 수컷이 암컷보다 더 쉽게 죽는 것을 알 수 있다.

남성이 사고로 죽을 위험도 크고 여성보다 빨리 늙으며 사고 이외의 원인으로 죽을 확률도 여성보다 높다. 현재 여성의 평균 수명은 남성보다 거의 6년이나 길다. 이 차이는 담배를 피우는 사람이 여성보다 남성이 많은 이유도 있지만, 담배를 전혀 피우지 않는 사람도 수명에는 성별에 따른 차이가 있다. 그 차이를 보면, 진화에 따라 여성은 많은 에너지를 자기 치유에 사용하고 남성은 투쟁에 사용하도록 프로그램 되어 온 것을 알 수 있다. 다른 말로 하면 남성을 수리하는 것은 여성을 수리하는 것에 비해 가치가 없다.

남성의 투쟁을 깎아내리려는 것은 아니다. 그것은 그것대로 다른 부족의 희생 아래 자신의 자녀와 부족을 위해 자원을 확보함으로써 인간 진화의 목적에 필요한 작용을 해왔기 때문이다.

폐경의 진화적 의의

나이를 먹는 것에 관한 놀랄 만한 사실 중 진화적 시점에서 비로소 이해할 수 있는 마지막 예는, 인간은 번식 연령이 지나도 산다는 것이다. 특히 여성은 폐경 후에도 계속 살아간다. 자신의 유전자를 다음 세대로 전하는 것이 진화의 원동력이기 때문에 번식 연령을 넘어서도 계속 살아가는 동물은 거의 없다. 번식 연령이 끝나면 자신의 몸을 복구해서 보전해둘 진화적 가치가 더 이상 없기 때문에 자연은 번식의 종료와 죽음이 동시에 일어나도록 프로그램을 만들어왔다. 여성이 폐경 후에도 몇 십 년이나 살고, 남성이 아이를 만드는 일에 거의 흥미를 잃은 후에도 계속 살아가는 것은 설명을 필요로 하는 예외이다.

그러나 잘 생각해보면 그 설명은 자명하다. 사람이 자식을 돌보는 기간은 상당히 길어서 거의 20년이나 계속된다. 성인으로 자란 자녀를 거느리고 있는 노인들도 그들의 자식뿐만 아니라 부족 전체의 생존에 있어서 상당히 중요하다. 문자가 발명되기 전 노인은 결정적으로 중요한 정보의 담당자 역할을 수행해왔다. 자연은 여성의 번식 기관이 망가진 후에도 신체를 사용할 수 있게 복구하도록 인간을 만들었다. 그러나 역으로, 왜 자연선택에 따라 여성은 폐경이 일어나도록 프로그램 되었는가를 생각해야 한다. 그것도 노화와 마찬가지로 생리학적으로 불가피한 일이라고 설명해서는 안 된다.

남성을 포함해 침팬지나 고릴라의 암·수컷 그리고 대부분의 포유류의 번식 능력은 나이가 들수록 서서히 저하되면서 사라지는 것이지, 여성처럼 그 능력이 어느 시점에서 급속하게 끝나버리는 것은 아니다.

왜 이렇게 기묘하고 언뜻 보기에 불리한 인간의 성질이 진화됐을까?

자연선택은 왜 최후의 최후까지 번식하는 여성에게 유리하게 진화하지 않았을까?

여성의 폐경은 두 가지의 인간다운 특징, 즉 출산이 모친에게 상당히 위험하다는 것과 모친이 죽으면 아이도 위험하다는 사실에서 비롯됐을 것이다. 출산 시의 아기는 모친과 비교해서 꽤 큰 편이다. 사람의 경우 45킬로그램의 모친이 3킬로그램의 아기를 낳지만 고릴라는 90킬로그램의 어미가 겨우 2킬로그램의 작은 새끼를 낳는다.

출산은 여성에게 상당히 위험한 일이다. 근대에 이르러 산부인과 기술이 발달하기 전까지는 출산 중에 여성이 사망하는 일이 아주 많았다. 그러나 고릴라나 침팬지는 그런 일이 거의 없다. 401마리의 임신한 히말라야원숭이를 살펴본 결과 어미가 새끼를 낳다가 죽은 적은 한 번밖에 없었다.

다음으로 사람의 아이는 부모, 특히 어머니에게 상당히 의존한다. 사람의 아이는 천천히 성장하고 이유離乳가 끝난 후에도 스스로 음식을 먹을 수 없다(어린 유인원과는 상당히 다르다). 수렵·채집인의 어머니가 죽어버리는 것은 어린아이에게 있어서 다른 어떤 영장류의 새끼보다도 치명적이다. 이미 몇 명의 아이가 있는 수렵·채집인 여성의 출산은 그 아이들의 생명을 위협하는 도박과도 같다. 이미 있는 아이들에 대한 그녀의 투자는 그들이 성장할수록 증가하고, 그녀가 출산으로 죽을 위험도 그녀가 나이가 들수록 증가하기 때문에 그 도박은 점점 위험해진다. 만약 아직 걸음마도 못하는 아이가 세 명 있다면 네 번째의 아이를 위해 그 세 명을 위험하게 할 필요가 있을까.

승률이 그처럼 점점 떨어지므로 아마도 자연선택에 따라 이미 낳은 자녀들을 보호하기 위해 폐경기라는 번식 능력의 종말을 선택하게 되

었을 것이다. 그러나 부친에게는 출산의 위험이 없기 때문에 남성에게
는 폐경이 진화하지 않았다. 노화와 마찬가지로 폐경 또한 진화적 시각
을 가지고 비로소 인간의 라이프사이클이 이해된다는 점을 시사해주
고 있다.

폐경은 크로마뇽인이나 다른 해부학적 현생 인류가 종종 60세 이상
살게 된 4만여 년 전부터 생겨났는지도 모른다. 네안데르탈인이나 그
이전 인류는 대개 40세 이전에 죽었기 때문에 여성의 폐경이 현재와 같
은 시기에 일어났다면 아무 이익도 없었을 것이다.

현대 인간의 수명이 길어진 것은 식량 획득이나 포식자 억제를 위
한 도구 같은 문화적 적응에 따른 것만은 아니다. 폐경이나 자기 복구
를 위한 투자의 증가 등 생물학적 적응에 따른 것이기도 하다. 생물학
적 적응이 대약진 시기에 일어났든 그 이전에 일어났든, 시기가 중요한
것은 아니다. 중요한 것은 제3의 침팬지가 사람으로 진화할 수 있게 한
라이프사이클의 변화 중에서도 '생물학적 적응'이 가장 중요하다는 점
이다.

늙지 않고 오래 산다는 건 환상

노령화에 대한 진화적 연구에서 도출하려는 최후의 결론은 종래까지
지배적이었던 생리학적 연구 방법이 그다지 적절하지 않다는 것이다.
노년학 연구는 노화의 최대 원인을 찾는 데만 매달려 있었다. 게다가
한 가지 원인만을 탐색해왔다.

생물학자로서 살아온 나의 일생 동안에 호르몬의 변화, 면역 기구의

쇠퇴, 신경세포의 쇠퇴 등이 노화의 단일한 원인으로 각광을 받아왔지만, 그중 어느 것도 최근까지 결정적인 증거를 제시하지 못했다. 그러나 진화론적 논증에서 보면 그런 연구는 소용없다는 것을 알 수 있다. 노화를 일으키는 단 하나 또는 소수의 중요한 생리학적 메커니즘이 있을 리 없다. 그 대신 자연선택은 모든 생리학적 시스템의 노화 속도가 보조를 맞추어 무수한 변화가 일제히 일어나도록 작용해야 할 것이다.

이 예측의 기초가 된 것은 다음과 같은 생각이다. 몸의 일부분을 비싸게 유지해도 다른 부분들이 더욱 빨리 못쓰게 된다면 그것은 의미가 없다. 동시에 몇몇 시스템이 다른 것들보다 훨씬 빠르게 못쓰게 되는 것도 무의미하다. 몇 개 안 되는 그 시스템을 여분의 비용을 들여 수리하면 그만큼 수명이 연장될 것이기 때문이다.

자연선택은 그런 실없는 실수는 범하지 않는다. 예를 들어 말하자면, 벤츠 소유주는 자신의 차에 다른 것은 고가의 부품을 사용하면서 볼베어링만 싼 것을 사용하지는 않을 것이다. 그렇게 바보 같은 짓을 하는 대신 몇 달러를 더 써서 좋은 볼베어링을 사면 차의 수명을 두 배로 연장할 수 있기 때문이다. 그렇다고 해서 다이아몬드 베어링까지 살 필요는 없다. 다른 부품은 모두 녹슬었는데 베어링만 반짝거린다 한들 의미가 없기 때문이다. 그러므로 차의 부품이든 몸의 어느 부분이든 수명이 한계에 이르는 것은 전부 동시에 이루어지는 것이 좋다.

나는 이 우울한 결론이 입증된 것으로 전제하고 다음과 같이 말할 수 있다. 이처럼 몸 전체의 '동시 붕괴'라는 진화적 이론이 생리학자들이 오랫동안 탐구해온 노화의 원인보다 우리 몸의 운명을 잘 묘사하고 있다고 생각한다.

노화의 징후는 어디서나 발견된다. 나는 이미 치아 기능이 약해졌고 근육이 점점 쇠약해지며 청력, 시력, 후각, 미각도 쇠퇴하는 것을 느낀다. 감각에 있어서 여성이 어느 연령 집단이든 같은 연령의 남성보다 훨씬 정확하다. 아마 이제부터 나는 심장이 약해지고 관절이 삐걱거리고 뼈가 약해지며, 신장의 투과 속도가 늦어지고, 면역력이 떨어지고, 기억력이 나빠지는 등의 상태에 직면하게 될 것이다. 그 목록은 무한히 길어질 것이다. 진화는 실로 만사를 인간의 모든 시스템이 나빠지도록 하고 그래서 인간의 값어치만큼 수리에 투자하도록 만들어놓은 것 같다.

이 결론은 낙심천만이다. 만약 단일의 노화 원인이 있다면 그것만 고쳐 불로의 생을 만끽할 수 있다. 호르몬을 주입하고 젊은 생식기를 이식해서 노인을 기적적으로 젊게 되돌려놓는다는 이상적인 이야기를 하는 사람들도 있다.

아서 코난 도일은 〈기어오르는 남자The Adventure of the Creeping Man〉에서 그 시도를 주제로 삼았다. 노인인 프레스버리 교수는 젊은 여성에게 빠져 어떻게 해서든지 다시 젊어지려고 한다. 그래서 그는 매일 밤 원숭이처럼 덩굴나무를 기어올랐다. 위대한 셜록 홈즈는 그가 회춘을 찾아 랑구르원숭이의 혈청을 주사했다는 사실을 밝혀낸다.

나라면 프레스버리 교수에게 그런 직접적 원인만을 근시안적으로 쫓아서는 안 된다고 충고했을 것이다. 만약 그가 진화의 궁극적 요인을 생각했다면, 단순한 치료 요법에 따른 단일 메커니즘의 적용만으로는 노화를 막을 수 없음을 이해했을 것이다. 하지만 어차피 마찬가지일지도 모른다.

셜록 홈즈는 그러한 생의 묘약이 발견되었더라면 어떻게 될지 걱정했을 것이다. "그것이 가능하다면, 인류는 심각한 위험에 처할 거야. 생각해보게, 왓슨 군. 물욕에 집착한 무리, 관능에 집착한 무리, 세속적인 무리, 그런 놈들까지 모두 하찮은 인생을 연장하려고 할 게 아닌가? 그러면 쓰레기 같은 인간이 살아남아 이 세상은 악의 소굴이 될지도 몰라."

홈즈는 아마도 그의 걱정이 현실로 나타나지 않을 것 같다는 이야기를 듣고 안심할 것이다.

3부

인간의 특수성

1부와 2부에서는 인간 특유의 여러 문화적 특징이 지니는 생물학적인 공통점에 대해서 서술했다. 이러한 기반으로는 큰 두개골, 직립보행 적응 등 인간 골격의 특징이 있었고 연조직·행동·내분비 등 인간의 번식이나 사회구조와 관계있는 것도 포함되어 있었다.

그러나 유전적 특징들만이 우리가 가진 유일한 특징이라면 다른 동물들보다 뛰어날 수 없었을 테고, 오늘날 인간 자신과 다른 동물들의 생존을 위협하지도 못할 것이다.

다른 동물 중에도 타조처럼 두 발로 똑바로 서서 살아가는 것도 있고 (많은 바닷새들) 오래 사는 것도 있다(신천옹albatrosses이나 땅거북tortoises 등).

인간만이 가진 독특한 특징은 유전적인 특징 중에 축적된 문화적 형질이 우리에게 영향을 끼친다는 점이다. 인간의 문화적 특징 중에는 음성언어, 예술, 도구를 사용하는 기술, 농업 등이 있다. 그러나 그것에 그

친다면 자화자찬으로 끝나게 된다. 지금 예로 들었던 특징들은 우리가 자랑스럽게 생각하고 있는 것뿐이다.

고고학적 유적을 보면 농업의 발명은 소수 인간에게는 영화를 가져다주었지만 대다수의 인간에게는 큰 고통을 안겨주어 명암이 교차되었음을 알 수 있다.

화학물질의 남용은 가장 추악한 인간의 특징이지만, 적어도 그것은 인간 문명이 빚어낸 다음의 두 가지 결과보다는 덜 위협적이다. 그것은 바로 대량 학살과 다른 종의 대량 멸종이다. 이런 현상은 과연 일시적으로 생긴 병적인 현상인지, 그렇지 않으면 우리가 자랑스럽게 생각하고 있는 다른 특징들처럼 인간성 그 자체의 기본적인 특징인지 아직까지 확실하지 않다.

동물들 중에는 우리와 가장 가까운 동물에게서도 그런 문화적 특징은 전혀 없는 것처럼 보인다. 그것들은 모두 우리의 선조가 약 700만 년 전에 다른 침팬지들과 분리되고 나서 생긴 것임에 틀림없다. 또한 네안데르탈인들이 음성언어를 사용했는지 약물중독이 있었는지 집단 학살을 했는지의 여부는 알 수 없지만 그들에게는 농업도, 예술도, 라디오를 만드는 능력도 없었다. 그러므로 나중에 열거한 특징들은 최근 수만 년 사이에 이루어진 최근의 발명임에 틀림없다. 그러나 그런 것들도 무에서 생길 수는 없다. 찾아낼 수만 있다면 그 징조를 동물들 사이에서 찾게 될 것이다.

인간의 문화적 특징을 규정할 때마다 그 징조가 무엇이었는지 물어볼 필요가 있다. 우리의 선조 중에 언제 현재와 같은 특징이 이루어졌을까? 그것이 시작된 최초의 상태는 어떠했을까? 그것을 고고학적으로 추적하는 것은 가능할까? 지구에서의 인간은 독특하지만 이 우주 안에서도 그럴까?

3부에서는 인간의 고귀하고도 양면적이며 다소 파괴적인 여러 특징에 관한 문제를 검토해보기로 하자.

먼저 음성언어의 기원을 살펴보자. 그것은 앞에서도 서술했듯이 대약진의 원동력이 되었을지도 모르고, 인간과 동물을 구분하는 가장 중요한 특징일지도 모른다. 그러나 인간 언어의 진화를 거슬러 올라가는 것은 불가능하다. 문자 발명 이전의 언어는 최초의 농업이나 예술, 도구 등의 실험과 달리 고고학적 유적으로 남아 있지 않기 때문이다. 동물의 언어가 아닌, 인간 언어의 초기 단계라고 볼 수 있는 단순한 언어는 남아 있지 않은 듯하다.

사실 언어의 징조는 동물계에도 셀 수 없을 만큼 많이 있다. 음성 전달 체계는 수많은 종에 의해 진화된 것이다. 이들 체계의 복잡성에 대해서 우리는 이제 겨우 이해하기 시작했다. 만약 이것들이 최초의 단계라면, 제2단계는 유인원에게 언어를 가르쳐 유인원의 선천적인 언어 능력을 밝히는 최근의 실험이다. 아이들이 말을 배우는 과정은 그다음 단계다. 우리는 또 현대인들이 무의식중에 발명했던 단순한 언어들 가운데 뜻밖에도 교육적인 것들이 있음을 알게 될 것이다.

인간의 독특한 문화적 특징 중에서 예술은 인간이 발명한 가장 고귀한 것이다. 예술은 단지 즐기기 위해 만들어진 것으로 유전자의 확산과는 관계가 없기 때문에 예술과 다른 동물의 행동 사이에는 커다란 차이가 있다고 판단한다. 그러나 동물원의 유인원과 코끼리도 그림을 그리는데 그 동물 화가가 어떤 심리 상태에서 그림을 그리는지 알 수 없지만, 인간 예술가의 작품과 너무나도 흡사해서 전문가도 속는 일이 있고 수집가에게 팔린 일도 볼 수 있다. 그럼에도 동물의 예술은 자연스럽지 못하다고 생각된다면, 수컷 바우어새가 만든 아름다운 색깔의 등지는 어떻게 설명하면 좋을까? 그 등지는 바우어새에게 유전자를 확산시키는 데 매우 중요한 역할을 한다. 나는 인간의 예술도 시작에 있어서는 같은 역할을 해왔고, 지금도 종종 그렇다는 것을 말하고 싶다. 예술은 언어와 달리 고고학적 기록으로 남아 있기 때문에 인간은 대약진 시기 전까지 그리 대단한 예술은 가지고 있지 않았다는 것을 분명하게 알 수 있다.

인간의 또 다른 특징인 농업은 동물계에도 전례가 있지만 인간의 농업과는 다르다. 고고학적 기록에 따르면 인간이 농업을 '재발명'한 것은 대약진 훨씬 뒤인 약 1만 년 전의 일이다. 수렵·채집 생활에서 농업으로 전환한 것은 인간이 드디어 안정된 식료 공급을 확보하고 여가를 얻을 수 있게 된 사건으로, 인간이 진보할 수 있었던 결정적인 계기였다는 것이 일반적이다.

그러나 사실 그 전환을 잘 조사해보면 다른 결론을 얻을 수 있다. 대부분의 사람에게 그 전환은 전염병과 영양실조를 가져왔고 일찍 죽음으로 몰아갔다. 인간 사회 전체로서는 여성의 지위를 저하시켰고 계급에 근거한 불평등을 초래했다. 농업은 침팬지에서 인간에 이르는 노정에 기록된 어떤 획기적인 사건보다도 우리의 융성과 쇠퇴에 밀접한 관계가 있다.

독성 화학물질 중독은 인간의 특징 중 하나로 불과 지난 5,000년 동안에 퍼진 것이지만, 농업 이전의 시대까지 거슬러 올라갈 수도 있다. 독성 화학물질 중독은 농업과 달리 명암을 갖고 있지 않으며 종의 생존을 위협하지는 않지만, 개인의 생존을 위협하는 악으로 분류되고 있다.

약물중독은 언뜻 보기에 동물계에는 전례가 없고 생물학적 기능도 없는 것 같다. 하지만 폭넓게 해석하면 동물이 지닌 신체 구조 가운데, 선천적으로 그 자신에게 위험을 초래할 수 있을 만한 허약한 구조가 있다. 또 동물 스스로가 자신을 위험에 빠뜨릴 수 있는 행동을 할 수도 있다. 이런 위험스런 기능은 역설적이지만, 위험성 속에 내재되어 있다는 것을 말하고자 한다.

인간이 가진 특징은 모두 동물계에서 징조를 발견할 수 있다. 그러나 지구상에서 그 특징을 여기까지 발달시킨 것은 인간밖에 없으므로, 그것 역시 우리 인간의 특징이다. 우주 전체에서 인간은 어느 정도 특별한 존재일까? 생명 유지에 적절한 조건을 갖춘 행성이 있다면 지능이 높고 기술적으로 진보한 생명체는 어느 정도의 확률로 나타날까? 지구에 이러한 생명체가 출현한 것은 당연한 것일까? 다른 별 주위를 돌고 있는 많은 행성에도 이런 생명체들이 있을까?

언어, 예술, 농업, 약물중독 등을 할 수 있는 생물이 우주의 다른 곳에도 있는지 여부를 직접 증명할 방법은 없다. 만약 우리가 탐색기를 보내거나 전자파로 다른 행성과 교신할 수 있다면, 우주의 다른 곳에도 고도의 기술을 지닌 존재가 있는지의 여부를 알 수 있을지 모른다. 여기에서는 우주 생명체에 대한 현재의 탐색을 검토하는 것으로 이 장을 매듭짓기로 한다. 또 이곳 지구에서 딱따구리가 어떻게 진화했는지 들여다보면서 우주 어딘가에 있을 생명에 대해 어떤 교훈을 얻을 수 있을지 설명한다.

사람의 언어로 가는 다리

언어의 기원

우리가 어떻게 독특한 인간이 되었는가를 이해하는 데 있어서 언어의 기원은 가장 중요한 열쇠이다. 인간은 언어로 다른 어떤 동물보다 정확하게 의사를 전달할 수 있다. 언어 덕택에 우리는 협동해서 계획을 세우고 서로 가르치며 과거에 경험한 것을 배울 수 있다. 또 마음속을 정확하게 표현할 수 있으며 다른 어떤 동물보다 효과적으로 정보를 처리할 수 있다. 언어가 없었다면 샤르트르 대성당의 건축도, V2 로켓을 만드는 것도 생각할 수 없었을 것이다. 따라서 나는 대약진(인간의 역사에서 기술 혁신과 예술이 출현한 단계)이 가능했던 것은 오늘날 우리가 가지고 있는 것과 같은 음성언어의 출현 때문이라고 생각한다.

인간의 언어와 동물의 음성 사이에는 다리를 놓을 수 없을 만큼 넓은 강이 흐른다. 다윈 시대에 이미 밝혀졌듯이 인간의 의사를 표현하는 언어의 기원과 관련된 수수께끼는 진화의 문제이다. 결코, 이어질 수 없을 듯한 그 강에 도대체 어떻게 다리가 놓였을까?

우리가 인간의 음성언어와 같은 표현수단을 갖지 못한 동물로부터 진화했다는 것을 인정한다면, 언어도 골반이나 두개골, 도구, 예술과 함께 출현해서 시간과 더불어 진화하고 완성된 게 틀림없다. 셰익스피어의 소네트와 원숭이의 끙끙거리는 음성을 연결하는 언어의 중간 단계가 예전에 한 번쯤은 있었던 것이 틀림없다. 다윈은 자기 자녀들의 언어 능력 발달을 부지런히 기록하면서 '원시적'인 사람들의 언어에 대해 심사숙고하며 이 진화적 수수께끼를 해명하려고 했다.

유감스럽게도 언어의 기원을 거슬러 올라가는 것은 골반이나 두개골, 도구, 예술의 기원을 거슬러 올라가는 것보다 어렵다. 후자의 것은 그 흔적이 남아 있어서 그것으로 연대를 측정할 수 있지만, 말하는 언어는 한순간에 사라져버린다. 좌절감을 느낄 때마다 나는 항상 타임머신을 타고 아주 먼 옛날 인류 선조들의 캠프에 테이프리코더를 고정시켜놓는 꿈을 꾸곤 한다. 그럴 수 있다면 아마 다음과 같은 것을 발견할 것이다.

오스트랄로피테신Australopithecine(멸종된 남아프리카 유인원으로 비교적 두뇌가 작고 치아는 사람과 비슷함-옮긴이)은 침팬지와 거의 같은 소리를 낸다. 초기의 호모에렉투스는 간단한 단어를 몇 개쯤 가지고 있는데, 백만 년 정도가 지나면 그것은 두 단어가 연결된 문장으로 발전한다. 대약진 이전의 호모사피엔스는 더욱 긴 문장으로 말할 수 있게 되었지만 아직 이렇다 할 문법은 가지고 있지 않았다. 문장론과 현대 음성언어의 전체 범위는 대약진 이후에 겨우 출현했다.

그러나 안타깝게도 인간에게는 과거를 재생해주는 테이프리코더도 없고 앞으로 그런 테이프리코더를 갖게 될 가능성도 없다. 마법의 타임 머신 없이 어떻게 언어의 기원을 거슬러 올라가 탐색할 수 있을까? 최근까지 나는 추측할 수 있는 것 이상을 원한다는 건 무리라고 생각했지만, 이 장에서는 최근 급격하게 발달해온 두 가지의 연구를 소개하고자 한다. 이 연구로 동물의 음성과 사람의 음성 사이에는 메울 수 없을 것 같이 보이던 간극을 잇는 다리를 만들 수 있을 것 같은 가능성이 나타났다.

야생동물의 음성, 특히 영장류의 음성에 관한 새롭고 치밀한 연구가 진행되고 있으며 그것은 해안海岸 건너편, 동물 쪽에 세워지는 다리 한 끝의 기초가 되고 있다. 동물의 음성이 인간이 갖게 된 언어의 기원임에는 틀림없지만, 동물이 어디까지 자신의 '언어'를 만들어내고 있는가에 대해서는 이제 겨우 이해하기 시작한 단계에 접어들었다. 그것과는 대조적으로 사람 쪽의 다리 한끝은 어디에 둬야 좋을지 아직 확실하지 않다. 현존하는 인간의 언어는 동물의 음성보다 현격하게 발전했기 때문이다. 그러나 최근 대부분의 언어학자에게 무시되어온 인간 언어의 일부분에서 언어 발달의 초기 단계를 보여주는 실마리가 담겨 있을 수 있다. 이것을 논의해 보고자 한다.

버빗원숭이의 언어

대부분의 야생동물은 음성으로 정보를 전달하지만, 새가 지저귀는 소리나 개가 짖는 소리는 특히 인간에게 친숙하다. 우리는 매일 동물의 울음소리를 일상에서 들을 기회가 많다.

과학자들은 동물의 음성을 몇 세기 동안이나 연구했지만, 동물의 울음소리에 대한 이해가 진전을 보인 것은 새로운 기술을 적용하면서부터다. 최신 테이프리코더로 동물의 음성을 녹음하고, 음성을 분석해 인간의 청각으로는 알 수 없는 미묘한 차이를 검출하고, 녹음한 음성을 재현해 동물에게 들려주면서 그들의 반응을 관찰하고, 재합성한 음성을 다시 들려줘 그들의 반응을 관찰하는 등 새로운 도구와 기법이 발달하면서 동물의 소리에 대한 이해가 폭발적으로 늘었다.

이러한 방법을 적용해 과학자들은 동물의 음성이 30년 전 사람들이 생각했던 것보다 훨씬 더 인간의 언어에 근접하다는 사실을 밝혀내고 있다.

'동물의 언어'에 대해서 지금까지 행해진 가장 정교한 연구는 버빗원숭이라 불리는, 고양이만 한 크기의 아프리카 원숭이에게 실시된 연구이다. 버빗원숭이는 대초원이나 강우림의 나무 위와 지상에서도 잘 살아가기 때문에 동아프리카 공원을 방문하면 자주 마주치는 원숭이다. 우리가 호모사피엔스로 존재해온 몇 만 년 동안 그 원숭이는 아프리카 사람들에게 친숙한 존재였다. 버빗원숭이는 약 3,000년 전 애완용으로 유럽에 들어왔으므로 19세기 이후 아프리카를 탐험한 유럽인 생물학자에게도 잘 알려져 있었다. 아프리카에 가지 않더라도 동물원에서 버빗원숭이를 봤을 것이다.

다른 동물과 마찬가지로 야생 버빗원숭이도 효율적인 의사소통을 이용해 생존에 유리한 상황을 만든다. 야생 버빗원숭이는 약 3분의 1이 포식자에게 죽는다. 당신이 버빗원숭이라면 무시무시한 천적 잔점배무늬독수리martial eagle와 크기는 비슷하지만 죽은 동물을 먹기 때문에 살아 있는 원숭이에게는 전혀 위험하지 않은 흰허리민목독수리white-backed vulture를 구별하는 것이 매우 중요할 것이다. 잔점배무늬독수리가 나타나면 방어 조치를 취하고 친척들에게 알려야 한다. 알아차리지 못하면 죽는다. 친척에게 알리지 못하면 나와 유전자의 일부를 공유하는 친척이 죽는다. 하지만 잔점배무늬독수리인 줄 알았는데 실은 흰허리민목독수리였다면 다른 버빗원숭이들이 나무 위에서 안전하게 먹이를 먹고 있는데 혼자서 아래로 내려오느라 시간을 낭비하게 된다.

문제는 포식자만이 아니다. 버빗원숭이는 서로 복잡한 사회적 관계를 맺고 산다. 그들은 무리지어 살며 다른 무리와 세력 다툼을 벌인다. 그러므로 다른 집단에 속해 있으면서 음식을 가로채기 위해 들어온 혈연 관계가 없는 원숭이와 자신을 보호해줄 같은 집단의 원숭이를 구별하는 것도 중요하다. 위험에 빠진 버빗원숭이는 자신이 위험하다는 것을 종족에게 알려야 한다. 식량 자원에 대해서 알고 그 정보를 전달하는 것도 마찬가지로 중요하다. 예를 들면 주위에 있는 수천 가지의 식물이나 동물 품종 중 어느 것이 먹을 수 있는 것이고 어느 것이 독이 있는지, 또 언제 어디에서 먹을 수 있는 것을 찾을 수 있는가라는 정보들이다.

인간은 버빗원숭이를 오랫동안 보아왔지만 1960년대 중반까지도 버빗원숭이에 대한 지식이 없었다. 1960년대 이후 그들의 행동을 자세히 관찰하면서 그들이 포식자의 유형이나 자신들의 몸에 대해서 상세하게 구별하고 있다는 것을 알았다.

그들은 위협의 상대가 표범일 때와 독수리일 때 또는 뱀일 때 서로 다른 방어 자세를 취하며, 자신이 속해 있는 집단의 우월한 개체와 열등한 개체에게도 달리 대응한다. 또 경쟁 집단의 우월한 개체와 열등한 개체에 대해서도 각각 다르게 대응한다. 모친, 외조모, 형제자매나 같은 무리에 속하지만 피를 나누지 않은 개체에 대해서도 다른 대응을 한다. 그들은 누가 누구와 인척 관계인가를 알고 있다. 예를 들어 새끼 원숭이가 울면 어미는 몸을 새끼 쪽으로 돌리지만 다른 어미 원숭이들은 그 새끼 원숭이의 어미가 어떤 행동을 하는지 지켜본다. 이는 버빗 원숭이들이 마치 몇몇 포식 동물과 그들의 동료에 대해서 이름을 갖고 있는 것처럼 보인다.

버빗원숭이들이 이 정보를 어떻게 전달하는가에 대한 최초의 단서는 생물학자인 토머스 스트루사커가 케냐의 암보셀리 국립공원에서 행한 관찰을 통해서 얻어졌다. 그는 세 종류의 다른 포식자에 대해서 버빗원숭이가 다른 방어 방법을 처리하고 있으며, 그들이 내는 경계음은 정교한 전기 분석 없이도 그 차이를 식별할 수 있을 정도로 제각기 다르다는 것을 알았다.

표범 같은 대형 야생 고양잇과 포식자를 만난 버빗원숭이의 수컷은 커다란 소리로 연달아 짖고, 암컷은 높은 소리로 '쯥쯥쯥' 하고 운다. 그 소리를 들은 원숭이들은 모두 나무 위로 올라간다. 잔점배무늬독수리가 머리 위를 활공하고 있을 때는 두 음절로 된 짧은 기침 같은 소리를 내고, 그것을 들은 다른 원숭이들은 상공을 쳐다보거나 덤불 속으로 숨는다. 비단구렁이나 그 밖의 위험한 뱀을 발견한 원숭이는 '츠드드'라는 소리를 내는데, 그 소리를 들은 근처에 있는 원숭이들은 뒷발로 서서 아래를 내려다본다(뱀이 어디 있는지 살피는 것이다).

1977년에는 로버트 세이파스와 도로시 체니 부부 연구팀이 버빗원숭이의 음성이 각각 다른 기능을 가지고 있음을 실험으로 입증했다. 실험 절차는 다음과 같다. 이 연구팀은 스트루사커의 관찰을 통해 알게 된 음성("표범이 나타났다"는 경계의 소리)을 테이프리코더로 녹음했다. 그리고 같은 무리를 발견한 며칠 후 한 명은 테이프와 스피커 장치를 숲에 숨기고 다른 한 명은 비디오카메라로 원숭이들의 행동을 찍기 시작했다. 15초 후에 제1의 연구자가 테이프의 음성을 내보내고 제2의 연구자는 원숭이들을 1분간 촬영하며 어떻게 반응하는지를 조사했다(예를 들어 표범의 경계음이라고 생각되는 것을 들은 원숭이들이 동시에 나무에 오르는지). 그 결과 "표범이 내습했다"는 소리를 들은 원숭이들은 나무에 올라갔다. 독수리 경계음이나 뱀 경계음을 들었을 때도 버빗원숭이들은 자연 상태에서 그 음성을 들었을 때처럼 행동했다. 관찰된 행동과 음성과의 연결은 단지 우연이 아니었고, 각각의 음성은 예상했던 것처럼 그 기능을 지니고 있다는 것이 입증되었다.

예로 든 세 가지 음성이 버빗원숭이의 어휘의 전부는 아니다. 그처럼 큰 소리로 지르는 경계음 외에도 드물지만 적어도 세 가지의 조용한 경계음이 있다. 하나는 개코원숭이가 나타났을 때 내는 버빗원숭이의 소리를 들은 다른 버빗원숭이는 주변을 더 꼼꼼히 경계한다. 두 번째는 버빗원숭이를 잡아먹는 일이 거의 없는 재칼이나 하이에나 같은 포유류에 대한 반응으로, 그 소리를 들은 원숭이들은 천천히 움직여 나무 쪽으로 걸어간다. 조용하게 내는 세 번째 경계음은 잘 모르는 인간에 대한 것으로, 원숭이들은 조용하게 숲 속으로 들어가거나 나무 꼭대기로 올라간다. 그러나 이들 세 가지의 조용한 경계음의 기능은 아직 녹음해서 조사해보지 않았기 때문에 검증된 것은 아니다.

버빗원숭이들은 서로 만날 때에 '끽끽'거리는 듯한 소리를 낸다. 이 소리를 몇 년이나 계속 들어온 연구자조차 '끽끽'거리는 소리는 모두 같게 들린다. 그 소리를 녹음해서 음성분석기의 스크린을 통해 주파수 스펙트럼으로 보아도 역시 똑같이 보인다.

체니와 세이파스는 스펙트럼을 세심하게 분석한 결과, 네 가지의 다른 사회적 상황에서 내는 '낑낑'거리는 소리의 평균 차를 검출해냈다(항상 가능했던 것은 아니고 때때로 그랬다). 네 가지의 사회적 상황은 어떤 원숭이가 자기보다 우월한 원숭이에게 접근할 때, 자기보다 열등한 원숭이에게 접근할 때, 다른 원숭이의 움직임을 보고 있을 때, 그리고 경쟁 집단의 움직임을 보고 있을 때이다.

네 가지 다른 상황에서 녹음된 '낑낑'거리는 소리를 재생하면 원숭이는 미묘하게 각각 다른 행동을 취한다. 예를 들어 '자기보다 우월한 원숭이에게 접근한다'고 하는 상황에서 녹음된 소리를 재생하면 원숭이들은 스피커 쪽을 보았지만, '경쟁 집단의 움직임을 본다'라는 상황에서 녹음된 소리를 보내면 그 소리가 가리키고 있는 쪽을 보았다. 그들이 자연 상태에서 어떻게 행동하는가를 잘 관찰해보면 자연 상태에서 내는 소리는 미묘하게 다른 행동을 일으킨다는 것을 알 수 있다.

분명히 버빗원숭이들은 인간보다 훨씬 소리를 듣는 감수성이 섬세한 것 같다. 그들의 음성을 녹음한 뒤 반복해서 듣지 않고 단지 한두 번 듣고 행동을 관찰하는 것만으로는 '낑낑'거리는 소리의 차이를 전혀 식별할 수 없었다.

세이파스는 그의 연구 논문에 다음과 같이 썼다.

'버빗원숭이들이 꿍꿍거리는 소리를 내는 것을 보고 있으면 마치 우리가 들을 수는 없지만 서로 대화를 나누는 두 사람을 보고 있는 것 같은 기분이 든다. 꿍꿍거리는 소리에 대해 그들은 확실한 반응도 대답도 없기 때문에 그 소리의 시스템 전체는 매우 모호해 보인다. 녹음한 것을 다시 되풀이해서 들어보기 전

에는 쉽게 판단하기 어렵다.'

이러한 발견을 보면 동물 음성의 연구 보고가 얼마나 과소평가되기 쉬운지 잘 알 수 있다.

버빗원숭이의 경계음

암보셀리에 살고 있는 버빗원숭이에게는 적어도 10개의 단어가 있다고 추정된다. '표범', '독수리', '뱀', '개코원숭이', '그 외의 포식 동물', '잘 모르는 인간', '우월한 원숭이', '열등한 원숭이', '다른 원숭이의 움직임을 본다', '라이벌 무리를 본다' 등이다.

그러나 인간과 동물 사이에는 넘을 수 없는 언어적 차이가 있다고 확신하는 과학자들은 동물의 행동 중에 사람의 언어와 같은 요소가 있다는 주장에 회의적이다. 이런 의심의 저변에는 사람만이 독특하다고 생각하는 편이 훨씬 간편하다는 생각이 깔려 있는 것이다. 동물도 언어적 요소를 갖고 있다는 주장은 필요 이상으로 복잡한 가설이고, 그것을 적극적으로 지지하는 증거가 없는 한 그 가설을 버려야 한다는 것이다. 그렇지만 그런 가설에 대응하는 그들의 주장이 훨씬 더 복잡해서 놀라게 된다. 그래서 인간만이 독특한 것은 아니라고 설명하는 편이 오히려 간단하게 생각될 정도이다.

버빗원숭이가 표범이나 독수리, 뱀에 반응해서 내는 다양한 소리는 실제로 그 동물을 가리키거나 다른 원숭이에게 의사를 전달하기 위해 의도해서 낸 것이라는 주장이 타당하다. 그러나 이런 주장에 회의적인 사람은 사람만이 외부의 사물이나 행동을 가리키는 자발적인 신호를 낼 수 있다고 믿는다. 또한 이들은 버빗원숭이의 경계음은 원숭이의 감정 상태(너무 두려워 어쩔 바를 모르겠다)나 결심(지금부터 나무 위로 올라가겠다)을 나타내는 본능적인 표현이라고 생각한다. 그런 음성은 우리가 지르는 고함에 해당한다. 나를 향해 표범이 달려오는 것을 본다면 나는 주위에 사람이 없어도 고함을 지를 것이다. 무거운 것을 들어 올리는 것처럼 육체적 활동을 할 때 우리는 혼자서 끙끙대는 소리를 낸다.

만약 우주 저편의 진보한 문명 세계에서 우주인 동물학자들이 내가 표범을 보고 "앗, 표범이다"라는 고함을 지르고 나무 위로 올라가는 것을 보았다고 하자. 그 동물학자들은 나와 같은 하등한 종은 감정이나 의지를 나타내는 웅웅거리는 소리 이상의 표현을 할 수 없을 뿐 아니라, 상징적 의사 전달은 더더욱 불가능하다고 생각할지 모른다. 그러한 가설을 검증하기 위해 그 동물학자들은 실험을 하고 상세한 관찰을 할 것이다.

만약 내가 주변에 사람이 있거나 없거나 개의치 않고 그런 소리를 지른다면 그것은 단순한 감정이나 의지 표출에 지나지 않는다는 설이 맞을 것이다. 그러나 내가 다른 사람이 옆에 있을 때만, 게다가 표범이 올 때만 소리를 지른다면, 그것은 외부의 특정 대상과 의사를 전달하는 것이라고 보아야 할 것이다.

그리고 만약 내가 내 아들에게는 그 소리를 내지만 나와 자주 싸우는 상대 쪽으로 표범이 다가가고 있을 때는 아무 소리도 내지 않는다면, 그것을 본 외계의 동물학자는 그 소리가 목적을 가진 의사 전달임이 분명하다고 여길 것이다.

지구의 동물학자들이 버빗원숭이가 내는 경계음의 의사 전달 기능에 대해 확신하게 된 것도 유사한 관찰의 결과였다. 한 시간 가까이 혼자서 표범에 쫓기던 한 마리의 버빗원숭이는 내내 침묵을 지키고 있었다. 주위에 다른 버빗원숭이가 없어서 의사 전달할 필요가 없었기 때문이다. 버빗원숭이의 어미는 혈연관계가 없는 개체와 함께 있을 때보다, 자신의 새끼들이 옆에 있을 때 더 자주 경계음을 냈다. 버빗원숭이는 때때로 자신이 속해 있는 집단이 다른 집단과 싸움을 하다가 지게 되면 표범이 없는데도 '표범 경계음'을 내는 일이 있다. 경계음이 나면 모두가 근처의 나무로 올라가기 때문에 그것은 가짜 '타임아웃'의 역할을 완수하는 것이다. 따라서 그들이 우는 소리는 단지 표범에 대한 공포 때문에 자연적으로 나오는 표현이 아니라 자발적인 의사 전달인 것이다. 또한 우는 소리는 나무로 올라가는 행동에 따른 반사적인 소리도 아니다. 그 소리를 내는 버빗원숭이는 상황에 따라서 올라가기도 하고 내려오기도 하며 또는 아무 행도도 하지 않기 때문이다.

울음소리가 외부의 특정한 것을 가리킨다는 것은 '독수리 경계음'에서 가장 잘 나타난다. 버빗원숭이들은 크게 날개를 펴고 활공하는 사냥독수리를 보았을 때 '독수리 경계음'을 낸다. 하지만 초원독수리인 경우에는 대체로 반응하지 않았으며 버빗원숭이를 잡아먹지 않는 검정가슴뱀독수리나 흰허리민목독수리에는 전혀 반응하지 않는다. 밑에서 보면 검정가슴뱀독수리의 하얀 다리, 비단 같은 꼬리, 검은 머리와 목은 잔점배무늬독수리와 똑같다. 버빗원숭이는 매우 유능한 새 관찰자이다. 관찰을 잘하느냐 못하느냐에 따라 생명이 걸려 있기 때문이다.

이상의 예에서 버빗원숭이의 경계음은 공포나 의지의 자동적인 표출이 아님을 알았다. 그들은 소리를 듣는 원숭이를 걱정할 때는 정직하게 소리를 내지만 적에게는 거짓 소리를 낼 때도 있다. 따라서 그들의 소리는 의사 전달을 목적으로 하는 것임이 분명하다.

회의론자들은 인간의 언어는 습득되는 것이지만 동물은 특유한 소리를 낼 수 있는 본능적 능력을 가지고 태어난다는 점을 들면서, 동물이 내는 소리와 사람의 언어는 근본적으로 다르다고 반론을 제기한다. 그럼에도 어린 버빗원숭이는 인간의 아이와 마찬가지로 우는 소리를 내는 방법이나 소리에 대한 적절한 반응 방법을 배우는 것 같다.

새끼 버빗원숭이가 내는 소리는 어른 버빗원숭이가 내는 소리와는 다르다. 성장하면서 '발음'이 점점 어른스럽게 되어 사춘기에 약간 못 미치는 두 살쯤에는 거의 어른과 같아진다. 인간의 아이가 다섯 살쯤이면 어른과 같은 발음을 하는 것과 아주 비슷하다. 네 살 된 나의 아들은 때때로 잘 알아들을 수 없는 발음을 한다. 버빗원숭이의 새끼는 생후 6~7개월이 되기까지 어른의 소리에 대해서 언제나 정확한 반응을 하지는 못한다.

어떤 때는 뱀에 대한 경계음을 듣고 숲으로 들어가는데, 그것은 독수리에 대한 반응이다. 뱀이 나타났다는 경계음을 듣고 숲으로 들어간다면 오히려 위험하다. 상황에 따라 항상 올바른 경계음을 내는 것은 거의 두 살 이후이다. 이전에는 잔점배무늬독수리가 머리 위를 날아다니고 있을 때뿐만 아니라, 다른 어떤 새가 날아도—나무에서 잎이 훌훌 떨어질 때조차도—"독수리다!" 하고 소리 지르는 것과 같다고 하겠다.

사람의 아이가 그와 같은 행동을 할 때, 아동심리학자는 그것을 '과일반화過—般化'라고 한다. 그것은 아이가 개뿐만 아니라 고양이나 비둘기에게도 멍멍이라고 부르는 것과 같은 경우이다.

인간과 동물의 차이

지금까지는 '단어' 또는 '언어'라는 인간이 사용하는 개념을 버빗원숭이의 음성에 대강 적용했다. 여기서 사람의 음성과 사람 이외의 영장류 음성을 자세하게 비교해보자.

버빗원숭이의 음성을 '단어'라고 부를 수 있을까? 동물의 어휘는 어느 정도 풍부한 것일까? 동물의 음성에도 '문법'이나 '언어'라고 부를 수 있는 것이 있을까?

우선 단어의 문제인데, 버빗원숭이가 내는 각각의 경계음은 외부 위험의 범위를 분명하게 정하여 가리키고 있는 게 확실하다. 물론, 버빗원숭이가 표범이라는 특정 종을 떠올리며 '표범 경계음'을 내는 건 아니다. 버빗원숭이는 표범뿐만 아니라 다른 두 종의 중형 크기의 고양잇과(스라소니와 살쾡이)에 대해서도 표범 경계음을 내는 것으로 알려져 있다. 그러므로 '표범 경계음'이 단어라면 그것은 '표범'이라는 의미가 아니라, '비슷한 방법으로 우리를 덮치는 중형의 고양잇과가 나타났는데, 나무 위로 도망치는 것이 상책인 그런 동물'이라는 의미라고 보인다.

인간이 가진 대부분의 단어도 포괄적인 의미로 사용된다. 예를 들어 어류학자나 낚시광이 아닌 이상 보통 사람들에게 '물고기'라는 단어는 물속을 헤엄치고 있는 비늘이 있는 냉한 체질의 척추동물로서 식용 가능한 것을 의미한다. 정말 문제가 되는 것은 표범에 대한 소리가 단어인가('중형 고양잇과'), 짤막한 서술문 같은 말인가(예컨대 '중형 고양잇과가 걸어온다'는 의사표시와 같은), 소리를 지르는 것인가('저기 중형 고양잇과가 있다!'), 제안인가('나무에 오르는 등 적절한 반응을 해서 저 중형 고양잇과를 경계하자')이다. 이 가운데 표범 경계음이 어느 기능을 수행하고 있는지, 아니면 몇 개의 기능이 합쳐진 것인지는 확실하지 않다.

나는 아들 맥스가 한 살 때에 "주스"라고 말하는 것을 듣고 매우 흥분했다. 나는 그것을 그가 발음한 최초의 단어로 받아들이고 자랑스럽게 생각한 것이다.

맥스에게 '주스'라는 한마디는 특정한 성질을 가진 하나의 사물을 학문적으로 올바르게 인식하고 있음을 나타낼 뿐만 아니라 "주스를 줘요!"라는 제안의 뜻도 포함하고 있었다. 나이가 들어 단어와 제안을 구별하게 되자 맥스는 "주스 주세요"라고 '주세요'라는 한마디를 덧붙였다. 그러나 버빗원숭이가 그 단계에 이르렀다는 증거는 없다.

'어휘'의 풍부함에 관한 두 번째 의문에 대해서 현재의 지식에 근거를 두고 말한다면, 아무리 발달된 동물이라도 인간보다는 까마득하게 늦는 것 같다. 보통 사람은 매일 생활 속에서 약 1,000개의 단어를 사용하고 있고, 내 책상 위에 있는 소형 사전에는 14만 2,000개의 단어가 수록돼 있다. 그러나 지금까지 가장 많이 연구된 버빗원숭이조차 10개 정도의 단어밖에는 모르는 것으로 알려져 있다.

확실히 동물과 인간은 어휘 수에서 엄청난 차이가 있지만, 그렇다고 해서 그 수가 그만큼의 차이를 뜻하는 것은 아니다. 인간이 버빗원숭이의 음성을 하나하나 구별해내는 데 얼마나 많은 시간을 들였는가를 생각해보라.

그 평범한 동물이 분명한 의미가 있는 음성을 하나라도 가지고 있을 것이라고 생각하게 된 것은 1967년 이후부터다. 가장 숙련된 버빗원숭이 관찰자도 기계로 분석하지 않으면 그 음성을 다 구별할 수 없고, 기계로 분석해도 10개의 음성 중 몇 개는 분명하게 구별하기가 어렵다. 버빗원숭이(또는 다른 동물)가 더 많은 음성을 가지고 있어도 우리는 아직 그것을 구별하지 못한다.

사람의 음성을 판별하는 것이 얼마나 힘든지 안다면, 동물의 음성을 구별하는 것이 곤란하다고 해서 놀랄 것은 없다. 아이들은 생후 몇 년간은 주위의 어른들이 내는 소리를 알아듣고 재현하는 데 많은 시간을 소비한다. 어른이 되어도 익숙하게 듣지 않은 언어의 음성을 구별하는 것은 마찬가지로 어렵다. 12~16세까지 고등학교에서 4년간 프랑스어를 배웠지만, 프랑스어 회화를 알아들을 수 있는 나의 능력은 네 살짜리 프랑스 아이보다 더 형편없는 수준이다.

그러나 뉴기니 평원의 이야우어Iyau에 비하면 프랑스어는 간단한 편이다. 이야우어는 음의 높이에 따라 하나의 자음이 8개의 다른 의미를 갖는다. 소리의 높이를 약간만 바꾸면 이야우어의 '의붓어머니'라는 단어가 '뱀'으로 바뀌는 것이다.

당연한 말이지만 이야우의 남성이 자신의 의붓어머니에게 '나의 소중한 뱀'이라고 말하는 것은 자살행위나 다름없는데, 이야우 어린이들은 이야우어를 전문적으로 연구하고 있는 언어학자가 수년 걸려도 잘 못하는 소리의 높이 구별을 확실하게 습득한다.

귀에 익숙하지 않은 인간의 언어를 알아듣기가 힘들다는 점을 생각하면, 버빗원숭이의 어휘에서 우리가 빠뜨리고 있는 것은 꽤 많을 게 분명하다.

그러나 버빗원숭이에 대한 연구를 계속해도 음성을 이용한 동물의 의사 전달이 어느 단계까지 가능한지 확실히 알 수 없다. 최고 단계에 도달한 것은 원숭이가 아니라 유인원일 것이다. 침팬지나 고릴라가 내는 음성이 웅웅거리거나 크게 부르짖는 단순한 소리로만 들리겠지만, 버빗원숭이의 소리도 주의 깊게 연구되기 전에는 그랬었다. 심지어 인간의 언어도 귀에 익숙하지 않으면 의미 없이 떠드는 소리로 들린다.

유감스럽게도 야생 침팬지나 다른 유인원의 음성 의사 전달에 대해서는 버빗원숭이 같은 연구가 이루어지지 않았다. 그 이유는 조사 과정의 어려움 때문이다.

버빗원숭이 무리의 활동 범위는 그 폭이 약 600미터 정도지만, 침팬지 무리는 몇 킬로미터에 이르러서 비디오카메라나 스피커를 이용하여 녹음하고 재생하는 실험을 실행하기가 매우 곤란하다. 동물원에서 적당한 크기의 우리에 갇혀 있는 침팬지 그룹을 실험한다고 해서 이 문제가 해결되는 것은 아니다. 사육되고 있는 침팬지는 대개 아프리카의 서로 다른 장소에서 운반된 개체여서 우리 속의 침팬지들은 인위적인 집단이기 때문이다.

이 장의 후반부에서 논하겠지만, 언어가 다른 여러 곳에서 각각 다른 말을 사용하던 노예들이 함께 있으면, 문법에 맞지 않는 조잡한 형태의 언어로 대화했다는 기록이 있다. 마찬가지로 야생에서 포획되어 사육된 유인원은 야생 상태의 음성 의사 전달 연구에는 거의 도움이 되지 않을 것이다. 누군가 체니와 세이파스가 버빗원숭이에게 한 것과 같은 연구 방법을 발견하기까지 야생 유인원의 음성 의사 전달은 수수께끼로 남아 있을 것이다.

몇 그룹의 연구자들은 몇 년 동안 사육된 고릴라, 침팬지, 보노보에게 인공적인 언어를 가르쳤다. 인공적인 언어란 크기와 색깔이 다른 여러 가지 플라스틱 조각을 사용하는 것, 맹인들이 사용하는 것과 유사한 수화手話, 문자판에 여러 가지 기호를 붙인 타자기 같은 문자판 등이다. 이렇게 유인원들은 몇 백 개나 되는 기호의 의미를 학습하여 최근에는 사람이 말하는 영어를 꽤 이해하는(그러나 자기는 말하지 않는다) 보노보도 등장했다.

연구를 통해 유인원이 많은 어휘를 습득할 수 있는 지적 능력이 있다는 점은 확실하게 밝혀졌지만, 야생 상태에서도 그만큼의 어휘를 습득할 수 있는 지적 능력을 가지고 있는지가 문제이다.

야생의 고릴라 무리가 몇 시간이나 함께 앉아 있다가 아무 의미도 없는 듯한 웅얼거림과 끙끙거리는 소리를 내더니 갑자기 일제히 일어나 같은 방향으로 사라진다. 이것은 무언가를 암시하고 있는 것이다. 웅얼거리거나 끙끙거리는 소리에는 어떤 의사 전달 내용이 숨겨져 있는 게 아닐까?

유인원의 성대 구조는 인간과 달라서 우리만큼 모음과 자음을 발성할 수 없다. 이런 까닭에 야생 유인원의 어휘는 우리만큼 풍부하지 못할 것이다. 그렇지만 야생 고릴라나 침팬지의 어휘는 버빗원숭이보다 많을 것 같다. 유인원은 아마 개체 이름을 포함해 수십 개의 단어를 사용할 수 있을지도 모른다. 새로운 지식이 덧붙여져 나날이 발전하는 이 연구 분야에서 어쩌면 유인원과 인간의 어휘 격차가 예상보다 크지 않을 가능성도 있다.

동물의 음성 의사 전달에 관해 남은 의문은 그것이 문법이나 문장이라고 부를 수 있는 것을 갖추고 있는가의 여부이다. 사람에게는 단지 의미만 다른 몇 천 개의 어휘가 있는 것이 아니다.

우리는 문법 규칙에 따라 단어들을 조합하고 변형시킨다. 문법 덕분에 유한한 단어로 무한한 문장을 만들 수 있는 것이다. 문법의 중요성을 이해하기 위해서 같은 단어로 이루어져 있지만 어순이 다른 두 문장을 비교해보자.

"굶주린 당신의 개가 노인인 나의 어머니의 발을 물었다."

"굶주린 나의 어머니가 노인인 당신의 개의 발을 물었다."

만약 인간의 언어에 문법 규칙이 없다면 두 문장의 의미는 완전히 똑같을 것이다. 대부분의 언어학자는 동물의 음성 의사 전달 시스템이 아무리 많은 어휘를 가지고 있더라도, 문법 규칙이 없다면 언어라고 부르는 것을 재고해야 한다고 생각한다.

지금까지의 연구로는 버빗원숭이의 음성에서 의사意思를 나타내는 문장 같은 단서는 발견되지 않았다. 그들의 웅얼거리는 소리나 경계음의 대부분은 단일한 음이다. 두 개 이상의 음을 낼 때는 같은 음을 반복하거나 한 마리의 버빗원숭이가 다른 버빗원숭이의 소리에 반응하고 있는 것이었다. 꼬리감는원숭이와 긴팔원숭이는 어떤 특정한 조합에만 사용되는 몇 개의 음성 요소를 가지고 있지만, 그 의미는—물론 우리 인간에게—아직 해독되지 않고 있다.

영장류의 의사 전달 연구자 가운데 어느 누구도 야생의 침팬지가 전치사, 동사의 시제, 의문사 등을 갖춘 복잡한 문법을 발달시켜 왔다고는 생각하지 않을 것이다. 그러나 지금 동물에게 구문 구조가 있는지의 여부는 긍정도 부정도 할 수 없다. 문법을 가장 많이 사용하는 것으로 보이는 보노보와 침팬지에 대한 연구가 이루어지지 않았기 때문이다.

사람과 동물의 음성 의사 전달 사이에는 커다란 차이가 있다. 그 차이를 메우기 위해 동물 쪽의 연구가 빠르게 진행되어왔다. 반대로 사람 쪽에서는 그 간격을 어떻게 메꾸고 있는가에 대해 생각해보자. 인간은 동물의 복잡한 '언어'를 발견했다. 그렇다면 원시인의 언어는 아직도 남아 있는 것일까?

인간 언어의 특징

만약 원시적인 인간의 언어가 있다면 과연 어떤 것일지 이해하기 위해 사람의 언어와 버빗원숭이의 음성이 어떻게 다른지 살펴보자.

첫째, 앞에서 설명한 문법의 존재 유무이다. 버빗원숭이에게는 문법이 없지만 사람에게는 어순, 접두사, 접미사가 다양하고 어근語根을 변화시키는 문법도 있다(그들은, 그들의, 그들이).

둘째, 버빗원숭이의 음성이 단어를 구성하고 있더라도 손으로 가리킬 수 있거나 행동으로 표현할 수 있는 사물, 움직이는 한 가지 사물만을 상징한다. 버빗원숭이의 음성에는 명사(독수리)와 동사 그리고 동사 관용구(독수리 조심)에 해당하는 것이 포함되어 있다.

우리의 단어는 서로 다른 명사와 동사 그리고 형용사를 포함하고 있다. 이처럼 특정 사물, 동작, 성질을 나타내는 언어의 3개 구성 요소를 어휘 항목이라 부른다. 그러나 인간의 언어에 포함된 단어의 절반 정도는 순전히 문법상의 단어일 뿐 지시할 수 있는 사물을 표현하고 있지는 않다. 예를 들어 전치사, 접속사, 관사, 조동사 등이 있다. 어휘 항목에 비해 문법 용어의 진화를 이해하는 것은 매우 어렵다. 영어를 모르는 사람에게 코를 가리켜 그 명사의 의미를 설명하는 것은 가능하다. 유인원 또한 명사, 동사, 형용사 역할을 하는 음의 의미를 이해할 수 있을지도 모른다. 그러나 영어를 모르는 사람에게 'by, because, the, did' 등을 어떻게 설명하겠는가? 우리의 선조는 어떻게 이러한 문법 용어를 사용하게 되었을까?

셋째, 우리의 언어는 각각의 수준에 속해 있는 비교적 적은 수의 항목이 다음 수준에서 더욱 많은 항목을 만드는 계층 구조를 이루고 있다. 우리의 언어는 많은 다른 음절을 사용하고 있는데, 그 음절들은 불과 수십 개의 음으로 이루어졌다. 그러나 음절들을 조합하면 몇 천 개의 단어를 만들 수 있다. 단어들은 단순히 연결되는 것이 아니라 전치구 같은 구를 이루고 구가 다시 모여 수많은 문장을 만든다. 반면 버빗원숭이의 음성은 구성 요소로 분해할 수 없고 한 단계의 계층 구조도 없다.

우리는 복잡한 언어의 구조를 어릴 때부터 익히지만, 학교에서 모국어를 배우거나 책으로 공부하게 될 때까지도 그 규칙들을 정확히 알지 못한다. 최근 몇 십 년 동안 언어학자들이 연구를 하면서 언어 구조의 규칙을 하나씩 밝혀나가고 있다.

이렇듯 인간의 언어와 동물의 음성은 그 차이가 커서 대부분의 언어학자들은 '인간의 언어가 동물 단계에서 어떻게 진화할 수 있었나'를 생각하려고도 하지 않는다. 그들은 그 질문에 대답할 수 없을 뿐 아니라 추측해보는 것조차 쓸데없다고 생각하고 있다.

잃어버린 언어의 고리

5,000년 전에 쓰인 오래된 언어도 오늘날 우리의 언어와 비슷할 정도로 복잡한 구조를 가지고 있었으므로, 인간의 언어가 복잡한 구조를 갖게 된 것은 그보다 훨씬 이전일 것이다. 그렇다면 언어 진화의 초기 단계를 보여줄 원시적인 사람들을 찾으면 잃어버린 언어의 고리를 발견할 수 있지 않을까?

수렵·채집을 하고 있는 부족들 중에는 몇 만 년 전의 세계에서 사용한 것과 같은 단순한 석기를 지금도 사용하는 사람들이 있다.

19세기에 쓰인 여행기 중에는 수백 개의 단어만 사용하는 부족이나 언어에 분절음이 없는 사람, '우'라는 소리밖에 내지 못하고 나머지는 몸짓으로 의사 전달을 대신하는 부족에 대한 이야기가 있다.

티에라델푸에고의 원주민과 처음 만났을 때 다윈이 가졌던 인상도 그런 것이었다. 그러나 그 이야기들은 전부 틀린 것으로 밝혀졌다. 다윈 등의 서구 여행자가 비서구적인 언어를 이해하지 못한 데서 비롯된 그릇된 판단이었다. 비서구 문화 사람들이 영어를 이해하기 어려운 것, 동물학자가 버빗원숭이의 음성을 이해하기 어려운 것과 마찬가지였다.

실제로 언어가 복잡하다는 것과 사회가 복잡하다는 것 사이에는 아무 상관관계가 없는 것으로 판명되었다. 기술적으로 원시적인 사람들이 원시적인 언어를 사용하고 있는 것은 아니다. 나는 그것을 뉴기니 고지의 포레Foré족과 지낸 첫째 날 밤에 깨달았다. 그들의 문법은 매우 복잡하여 핀란드어처럼 후치사가 있고, 슬로베니아어처럼 단수형과 복수형 외에 2수형이라는 것이 있으며, 내가 알았던 어떤 언어와도 다른 동사의 시제와 구문을 지니고 있었다. 뉴기니의 이야우족은 음의 높이에 따라 8개의 모음을 구별해서 쓰고 있다는 것은 이미 설명했다. 그 8개의 음계 구별은 노련한 언어학자가 여러 해에 걸쳐 연구해도 잘 모를 정도이다.

따라서 현대 세계에는 아직 원시적인 도구를 사용하고 있는 사람들은 있지만 원시적인 언어를 사용하는 사람들은 없는 것 같다. 크로마뇽인의 고고학적 유적에서 많은 도구가 나오긴 했지만 그들이 썼던 언어의 흔적은 발견되지 않았다. 이렇게 언어의 잃어버린 고리라는 것이 없기 때문에 인간 언어의 기원에 관한 확실한 증거는 찾아내지 못하고 있다. 그러므로 간접적인 방법으로 연구할 수밖에 없는 것이다.

크리올

간접적인 방법의 하나는, 오늘날과 같이 충분히 발달한 언어를 들을 기회가 없었던 사람들이 원시적인 언어를 자발적으로 발명한 일이 있는지를 조사하는 것이다. 그리스의 역사가 헤로도토스에 의하면 이집트의 왕인 프사메티코스가 세계에서 가장 오래된 언어가 무엇인가를 알기 위해 여러모로 실험을 했다고 한다.

국왕은 신생아 둘을 혼자 사는 양치기에게 보내, 그들을 완전히 언어가 차단된 상태에서 기른 후 그들이 최초로 내뱉는 말을 기록해두라고 지시했다. 양치기는 아이들이 두 살이 될 때까지 의미 없는 소리만 웅얼거리다가, 조금 더 자라자 '베코스becos'라는 말을 계속 반복한다고 보고했다. 그 단어는 당시 중앙 투르크에서 사용하던 프리기아어로 빵이라는 의미였기 때문에, 국왕은 프리기아어가 가장 오래된 말일 것이라고 판단했다.

그러나 유감스럽게도 프사메티코스의 실험이라는 것이 쓰인 대로 행해졌는지에 관해서 헤로도토스의 말을 그대로 믿을 수만은 없다. 이 일화로 보아 일부 학자들이 헤로도토스를 '역사의 아버지'라고 하지 않고 '거짓말의 아버지'라고 부르는 것도 수긍이 간다. 사회적으로 격리되어 자란 아이들은 유명한 늑대소년 아베론처럼, 말을 하지 않고 언어를 발명하거나 발견하는 일은 있을 수가 없다.

그러나 프사메티코스의 실험과 비슷한 것이 현대에서도 여러 번 행해졌다. 한 집단의 아이들은, 보통의 어린이가 두 살 무렵에 말하는 것처럼 매우 단순하고 정형화되어 있지 않은 말을 하는 주위 어른들 틈에서 자랐다. 아이들은 무의식중에 스스로 언어를 발달시키고 있었고, 그것은 보통 사람의 언어보다는 단순하지만 버빗원숭이의 음성 의사 전달보다는 훨씬 복잡했다. 이렇게 해서 나온 것이 크리올이라 불리는 언어다. 이전에 있었던 피진어와 마찬가지로, 크리올은 보통 사람의 언어가 어떻게 진화됐는가를 짐작할 수 있는 모델이 될지도 모른다.

　　내가 처음으로 체험한 크리올은, 뉴기니 전체에서 통용하는 신新멜라네시아어 또는 피진 영어로 불리는 것이었다(후자의 이름은 오해를 불러일으키기 쉽다. 신멜라네시아어는 피진이 아니라 진보한 피진으로부터 파생된 크리올이고—그 차이에 대해서는 뒤에서 설명하겠다—후자는 피진 영어라 불리는, 독립적으로 발달한 많은 언어 중 하나다).

　　파푸아뉴기니에는 스웨덴 정도의 면적에 7,000개가 넘는 고유 언어가 있지만, 전체 인구의 3퍼센트 이상이 사용하는 언어는 단 한 가지도 없다. 공통어가 필요했다. 1800년대 초 영어를 사용하는 상인과 선원이 방문하면서부터 공통어 탄생이 가능해졌다. 오늘날 파푸아뉴기니에서 신멜라네시아어는 일상 회화뿐만 아니라 학교, 신문, 라디오, 국회 심의에서도 사용되고 있다. 256페이지에 실린 신멜라네시아어 광고를 보면 새롭게 만들어진 이 언어가 어떤 것인지 알 수 있을 것이다.

　　처음 파푸아뉴기니에 도착해서 신멜라네시아 말을 들었을 때 나는 뭔가 듣기 거북한 말이라고 생각했다. 장황하고 문법이라고는 전혀 생각할 여지가 없는 아기들 말처럼 들렸기 때문이다. 나도 아기들처럼 영어를 해보았지만 놀랍게도 뉴기니인은 내가 말하는 것을 알아듣지 못했다. 신멜라네시아 말의 단어는 영어 단어와 대응한다고 생각했었는데 전혀 달라 크게 당황한 적이 있다. 그곳에서 나는 우연히 어떤 여자와 부딪쳐, 그녀의 남편에게 사과하려고 "당신의 부인을 밀쳐서(push) 미안하다"는 뜻을 말했는데, 신멜라네시아어로 'pushim'이라는 말은 영어의 'push'와 같은 의미가 아니라 '누구와 섹스한다'는 의미가 되어 당황한 적이 있다.

신멜라네시아어에도 영어와 마찬가지로 정확한 문법은 있었다. 영어로 말할 수 있는 것은 모두 표현할 수 있는 유연한 언어였다. 영어로는 장황하게 늘어놓지 않으면 안 되는 표현을 명확하게 구별할 수도 있었다. 예를 들어 영어의 대명사인 'we'는 실제로는 매우 다른 두 개의 개념을 가지고 있다. '나와, 내가 지금 말하고 있는 당신'이라는 의미와 '나와 내가 지금 말을 하고 있는 당신 말고 다른 사람'이라는 의미다. 신멜라네시아어에서 그러한 의미의 언어는 각각 'yumi'와 'mipela'라는 단어로 표현된다. 신멜라네시아어를 몇 달 동안 사용하다가 영어를 말하는 사람을 만나 그 사람이 'we'를 사용하면 나는 자주 '이 we에 나는 포함되는가 아닌가'를 생각해보게 된다.

신멜라네시아어가 언뜻 보기에는 단순하지만 매우 유연한 언어인 까닭은 어휘와 문법에 있다. 기본 어휘는 그다지 많지 않은데, 상황에 따라 그 의미를 바꾸기도 하고, 은유로 확장해서 쓸 수 있다. 예를 들어 신멜라네시아어로 'gras'는 영어의 'grass(잡초)'의 의미도 되지만('gras bilong solwara'는 '바닷새'의 의미), 머리털의 의미도 되어 'man I no gat gras long head bilong em'은 대머리 남자라는 의미가 된다.

신멜라네시아어에서 '브래지어'를 나타내는 'banis bilong susu'라는 말은 기본 단어가 얼마나 유연한지를 잘 나타내준다. 'banis'는

'fence(울타리)'라는 의미인데, 자음의 f와 연속자음 nc의 발음이 잘 안되는 뉴기니인이 이 단어를 발음하려고 한 데서 유래했다.

'susu'는 우유를 가리키는 말레이어에서 따온 것으로 '유방'이라는 말로도 확대해서 사용되고 있다. 거기에서 '젖꼭지〔ai(eye) bilong susu〕', '사춘기 전의 소녀(i no gat susu bilong em)', '젊은 처녀〔susu i sanap (stand up)〕', '나이 든 여자〔susu i pundaun pinis(fall down finish)〕'라는 말이 파생된다. 이들 두 개의 기본 단어를 조합해서 'banis bilong susu'는 '유방을 덮어 넣어둔다'는 뜻으로 브래지어의 의미가 되고, 'banis pik'는 '돼지를 울타리에 넣어둔다'는 뜻으로 돼지우리가 된다.

신멜라네시아어의 문법에는 빼거나 돌려서 표현하는 것이 있는데, 언뜻 보면 단순하게 보인다. 빼버리는 것으로는 복수형, 명사의 격, 동사의 굴절 어미, 수동태, 거의 대부분의 전치사, 동사의 시제 등이 포함된다.

그러나 신멜라네시아어는 아기의 말이나 버빗원숭이의 음성보다는 여러 가지 면에서 우수하며, 접속사나 조동사와 대명사가 있고 동사의 분위기나 관점도 잘 표현할 수 있다.

신멜라네시아어는 음소音素, 음절, 단어로 이루어진 보통의 계층적 구조를 가진 언어이다. 또한 구와 문장이 계층적으로 아주 잘 조직된 언어이기 때문에, 뉴기니 정치가의 선거 연설은 복잡하게 얽힌 구조라는 점에서 토마스 만의 독일어 산문에도 필적할 만하다.

혼돈에서 생긴 언어

처음에 나는 신멜라네시아어는 세계의 언어 가운데에서도 매우 재미있는 변형의 하나라고 적당히 생각하고 있었다. 그 언어는 영국 배가 뉴기니를 방문하기 시작한 이후 지난 2세기 동안에 만들어진 언어로 보였다. 나는 그 언어가 식민통치자들이 영어 학습 능력이 없는 것으로 생각됐던 선주민들에게 유아어baby talk로 의사를 전달하던 말이 기초가 된 것이라고 생각했었다.

나중에 알게 된 것이지만 신멜라네시아어와 구조가 비슷한 언어는 여러 개 더 있다. 그 언어들은 주로 영어·프랑스어·독일어·스페인어·포르투갈어·말레이어·아라비아어를 기본으로, 세계 도처에서 독립적으로 탄생했다.

그 언어들은 대개 농장, 요새, 무역의 근거지 등이 있는 곳에서 다른 언어를 말하는 사람들과 만나 대화를 해야 할 필요가 있었고, 서로 상대의 언어를 학습하는 정상적인 해결법이 통하지 않는 사회 상황에서 비롯되었다.

열대 아메리카나 오스트레일리아, 카리브 해, 태평양, 인도양의 여러 섬에서는 유럽의 통치자가 다른 말을 하는 사람들을 노동자로 쓰기 위해 멀리서부터 데려왔기 때문에 그러한 상황이 발생했다. 중국, 인도네시아, 아프리카의 이미 많은 사람이 살고 있던 곳에 유럽인 통치자가 요새나 무역의 근거지를 만들었던 것이다.

사회적으로 우위인 통치자가 데리고 온 노동자나 원주민과의 사이에는 높은 사회적 장벽이 있었기 때문에, 전자는 후자의 말을 배우기 싫어했고 후자는 전자의 말을 배울 수 없었다. 대개는 통치자들이 원주민을 경멸했지만 중국에서는 양쪽이 서로 경멸했다.

1664년, 영국인들이 광둥에 무역의 근거지를 만들 때, 중국인들은 외국에서 온 악마의 말을 배우거나 그들에게 중국어를 가르치는 따위의 품위 없는 짓은 하지 않았고, 영국인도 너절한 중국어를 배우거나 자기들의 말을 가르치고 싶어 하지 않았다. 설사 그러한 사회적 장벽이 없다 하더라도, 노동자 쪽이 통치자보다 훨씬 수가 많았기 때문에 노동자들이 통치자의 말을 배울 만한 기회는 거의 없었을 것이다. 거꾸로 통치자도 노동자 사이에서 사용되는 그 수많은 노동자의 언어를 다 배우기란 불가능했을 것이다.

농장이나 요새가 만들어진 후의 일시적 언어의 혼돈 시대에서 단순하지만 일정한 모양을 갖춘 언어가 생겨났다. 신멜라네시아어의 출현을 예로 들어 생각해보자.

1820년경에 영국의 배가 뉴기니의 동쪽에 있는 멜라네시아 섬들을 방문한 뒤, 영국인들은 섬사람들을 퀸즈랜드나 사모아의 농장에서 일을 시키려고 그곳으로 이주시켰다. 그 농장에는 다양한 언어를 가진 사람들이 함께 모여 일하고 있었다. 그 바벨의 땅에서 우여곡절을 거친 끝에 신멜라네시아어가 출현했는데, 그 어휘의 80퍼센트는 영어, 15퍼센트는 톨라이어(노동자의 대부분을 차지한 멜라네시아인의 그룹), 그리고 나머지는 말레이어와 그 밖의 여러 말에서 따온 것이다.

피진어에서 크리올어로

언어학자는 새로운 언어의 출현 과정을 2단계로 구별한다. 처음에는 조잡한 언어인 피진어이고, 다음은 좀 더 복잡한 크리올이라고 불리는 말이 그것이다. 피진어는 서로 다른 모국어를 가지고 있는 통치자와 노동자의 의사소통을 위해 생긴 제2의 언어이다. 양측은 각각 자신들의 그룹 안에서는 모국어를 사용하다가 서로 대화할 때는 피진어를 사용하는데, 말을 많이 하는 농장의 노동자는 노동자끼리의 대화에도 피진어를 사용한다.

보통 언어와 비교하면 피진어는 음성에 있어서나 어휘, 구문 등이 매우 빈약하다. 피진어에서 사용하는 음은 보통 그곳에 우연히 모였던 두 개 또는 그 이상의 고유 언어와 공통되게 사용하는 음뿐이다. 예를 들어 뉴기니인의 대부분은 'f'와 'v' 음을 발음하기가 어렵지만, 나를 비롯해 영어가 모국어인 사람은 뉴기니의 언어에 자주 사용되는 모음의 음조나 비음 발음이 힘들다. 그러한 음은 뉴기니의 피진어에서는 거의 사용되지 않고, 그곳에서 발생한 크리올인 신멜라네시아어에도 없다.

초기 단계의 피진 단어는 주로 동사, 접속사, 전치사로 이루어져 있다. 문법으로 보면 초기의 피진어는 대개 구의 구성이 거의 없는 짧은 단어의 나열로 이루어져 있고, 어순의 결정이나 종속절, 단어의 어미 변화도 없다. 그러한 언어의 유치성과 함께 화법도 개인에 따라 상당히 다른 것도 초기 단계 피진의 특징이다. 결국은 언어적으로 완전한 무정부 상태인 것이다.

어른들이 가끔 사용할 뿐, 보통 때는 자신들의 모국어를 사용하기 때문에 피진어는 더 발달하지 못하고 있다. 예를 들어 러시아노르웨이어 Russonorsk 불리는 피진어는, 북극에서 때때로 만나는 러시아와 노르웨이의 어부들이 물물교환을 위해 만들어낸 말이다.

이 공통어는 19세기 중반까지 존속했지만, 짧은 시간 동안 만나 간단한 매매를 위해서만 사용되었기 때문에 그 이상 발전하지 못했다. 양쪽 나라의 어부들은 대부분의 시간을 동료와 함께 러시아어나 노르웨이어를 하며 보냈던 것이다.

한편 뉴기니에서는 피진어가 일상적으로 자주 사용되었기 때문에 점점 더 정형화되고 복잡해졌지만, 제2차 세계대전 후까지 뉴기니인 노동자의 아기들은 부모의 모국어를 최초의 언어로 배웠다.

그러나 피진어에 기여한 그룹의 세대가 피진어 자체를 모국어로 채용하기 시작하면, 피진어는 급속하게 크리올어로 발전하게 될 것이다(특히 어떤 세대의 사람이 왜 그것을 하게 되는가는 뒤에 설명하겠다). 그 세대는 피진어를 단지 농장의 일이나 물건의 교환뿐만 아니라 모든 사회적 목적에 사용하게 된다.

피진어에 비하면 크리올어는 어휘가 훨씬 풍부하고 문법도 복잡하며 개인 간의 차이도 적다. 피진어는 적어도 복잡한 것을 말할 때는 매우 힘들지만, 크리올어는 보통의 언어로 표현할 수 있는 것은 모두 표현할 수 있다.

무슨 이유에선지 프랑스 학술원이 제시하는 것 같은 확실한 규칙이 있는 것도 아닌데 피진어가 확장되고 안정화되어, 일정한 형태의 완전한 언어가 되어가는 것이다.

이 크리올화의 과정은 현대 세계에서 수십 차례 자주적으로 전개된 언어 진화에 관한 자연적인 실험이다. 실험이 행해진 지역은 남아메리카 대륙 본토에서 아프리카, 태평양의 여러 섬에까지 확장되었다. 노동자는 주로 아프리카인, 포르투갈인, 중국인, 뉴기니인이며, 주요 통치자는 영국, 스페인, 다른 아프리카 나라, 포르투갈이었다. 그런 실험이 이루어진 시기는 적어도 17세기에서 20세기에 걸쳐 있다. 놀라운 것은,

자연 발생적인 실험의 결과로 이루어진 언어들은 부족한 부분의 특징이 매우 비슷하다는 점이다.

크리올어의 단점으로는 보통의 언어보다 단순하고, 시제와 인칭을 위한 동사의 활용, 격과 수를 위한 명사의 어형 변화, 대다수 전치사, 단어의 성별 일치 등이 없다는 것이다.

장점이라면 피진어보다 여러 가지 점에서 우수하다는 것이다. 즉 일정한 어순, 제1인칭·제2인칭·제3인칭을 위한 복수대명사, 관계사에 도입된 절, 이전 시제의 지시(지금 이야기 대상이 되고 있는 시점이 현재든 과거든, 그 시점 이전에 일어난 사건을 묘사한다) 등이 있다. 또 본동사에 앞서는 접두사나 조동사 부정, 이전 시제, 조건을 나타낼 수 있으며 완료형 외에 진행형도 있다. 대개의 크리올어는 문장의 주어·동사·목적어를 순서대로 배열한 점에서 일치하고, 본동사에 앞서는 접두사나 조동사의 순서도 대부분 같다.

이렇게 일치점을 보인 요인에 대해서는 언어학자들 사이에서도 의견이 분분하다. 그것은 마치 잘 섞은 카드 뭉치에서 12장씩 50회를 뽑았더니, 하트나 다이아몬드는 없고 항상 퀸이 한 장, 조커가 한 장, 에이스가 두 장 들어 있는 것과 같은 확률로 나타난 것이라고 볼 수 있다.

여러 가지 학설 중 크리올어끼리의 유사성은 우리가 가지고 있는 언어에 대한 유전적인 청사진 때문이라는 언어학자 데릭 비커튼의 해석이 가장 납득할 만하다. 비커튼은 중국·필리핀·일본·한국·포르투갈·푸에르토리코에서 온 노동자들이 모여 있던 19세기 말 하와이의 사탕수수 농장에서 크리올화에 대한 연구 결과 다음과 같은 결론을 얻었다.

언어적 혼돈 상태에서 1898년 하와이가 미합중국으로 합병되고 난 후 영어에 근거한 피진어는 완전한 크리올어가 된 것이다. 이민한 노동자들은 자신의 모국어를 고수했다. 그들은 주위에서 사용되는 피진어를 습득했지만, 의사소통 수단으로서는 매우 조잡했음에도 그것을 개량하지는 않았다. 그 결과 하와이에서 태어난 이민 2세들을 난처하게 만들었다. 부모가 같은 민족 출신인 아이들은 다행스럽게도 일상의 언어를 알아들을 수 있었지만, 그 언어가 다른 민족의 아이들이나 어른과 이야기를 나눌 때에는 도움이 되지 못했다. 그러나 대다수는 부모의 인종이 서로 달라서 집에서도 피진어밖에 들을 기회가 없었다.

심지어 아이들은 영어를 확실하게 배울 기회도 없었다. 영어를 사용하는 농장주와 아이들의 부모(노동자들) 사이에는 사회적 장벽이 있었기 때문이다. 그리하여 언어의 일관성이 부족하고 빈곤한 피진어밖에 없었던 하와이 이민 노동자의 자식들은, 스스로 피진어를 확장해 1세대 만에 일관성 있고 복잡한 크리올어를 만들었다.

비커튼은 1970년대 중반에, 1900~1920년에 하와이에서 태어난 노동자계급의 사람들을 인터뷰하며 크리올의 역사를 더듬어 갔다. 우리와 마찬가지로 그들도 어릴 때는 여러 가지 언어를 습득하다가 드디어 자신의 언어를 고정시키게 되었는데, 나이를 먹고 나서의 대화 방식은 젊었을 때 주위에서 들었던 언어의 영향을 받고 있었다(내 아이들도 지금, 왜 아버지가 '냉장고'라고 말하지 않고, '얼음 상자'라고 하는지 이상하게 생각할 것이다. 나의 부모님이 어릴 적에 쓰던 '얼음 상자'라는 말이 사라져버리고 나서도 몇 십 년이나 지났는데도 말이다).

비커튼이 1970년대에 인터뷰한 노인들은 그들이 태어난 연도에 따라 하와이의 피진어가 크리올어로 변화해가는 갖가지 단계를 여러 가지로 재현해주었다. 이렇게 비커튼은 크리올화 진행이 1900년 이전에 시작돼 1920년경에 완료되었으며, 그것을 완성한 것은 말을 습득한 아이들에 의해 달성되었다는 결과를 얻었다.

사실상 하와이 어린이들은 프사메티코스 실험의 개량판을 체험한 것이다. 프사메티코스 아이들과 달리 하와이 아이들은 어른이 말하는 것을 듣고 단어를 배울 수 있었다. 그러나 하와이의 아이들은 문법을 배우지 않았으며, 그들이 듣고 있던 말은 일관성이 없고 미숙했다. 그래서 그들은 스스로 문법을 만들어냈다. 그들이 문법을 만들 때 중국인 노동자나 영국인 농장주의 언어에서 빌려오지 않았다는 것은, 하와이의 크리올어가 영어나 다른 어느 노동자의 말과도 다르다는 점에서 분명하다. 신멜라네시아어도 마찬가지이다. 어휘의 대부분은 영어지만 문법에는 영어에 없는 것도 많이 포함되어 있다.

생득적인 크리올어 문법

나는 크리올어는 본질적으로 모두 같다고 시사함으로써, 크리올어들의 문법적 유사성을 강조하고 싶지는 않다. 크리올어는 역사적·사회적 배경에 따라 확실히 다르다. 특히 원래의 농장주(통치자) 수와 노동자 수의 비율과 그 비율이 얼마나 빨리, 어디까지 변화했는가, 그리고 초기 단계의 피진어가 기존의 언어에서 가장 복잡한 구조를 서서히 도입해 가는 데 몇 세대 정도의 세월이 걸렸는지에 따라 다르다.

하나의 크리올어를 사용하는 아이들은 어떻게 각자가 그렇게 빨리 하나의 문법으로 정리할 수 있었을까? 왜 다른 크리올어를 사용하는 아이들은 어디에서나 비슷한 문법을 재발명하는 경향을 나타내는 것일까? 그것은 가장 간단한 방법이고 언어를 만드는 방법이 그것밖에 없기 때문만은 아니다.

예를 들어 크리올어는 영어 외의 다른 언어와 마찬가지로 전치사(명사에 선행해 사용되는 짧은 단어)를 사용하지만, 전치사를 사용하지 않고 명사 뒤에 후치사를 붙이는 언어나 명사의 격변화를 하는 언어도 있다.

크리올어는 또한 주어·동사·목적어 순서로 배치되는 점에서 영어와 비슷하지만, 다른 배치의 언어에서 파생된 크리올어도 그 순서로 배치하기 때문에 영어에서 빌려왔다고는 말할 수 없다.

이러한 크리올어끼리의 유사성을 보면, 사람의 뇌는 유아기에 언어 학습을 위한 유전적인 청사진을 가지고 있는 것처럼 보인다. 언어학자 노암 촘스키는 아무런 기초가 없는 아이도 불과 몇 년 안에 언어를 습득하는 까닭은 인간의 언어 구조에는 아주 복잡한 구조를 가진 무언가가 있기 때문이라고 주장했다. 청사진의 존재는 많은 사람들에 의해 널리 인정되어 왔다.

예를 들어 나의 쌍둥이 아이들은 두 살 때 겨우 한 단어로 된 말을 하였다. 내가 이 글을 쓰고 있는 현재 그로부터 20개월밖에 지나지 않았고, 네 살 생일까지는 아직 몇 개월 정도 남아 있는데, 지금 아이들은 기본적인 영어 문법의 대부분을 익힌 상태이다. 그것은 영어를 사용하는 나라에 이주해온 성인들이 몇 십 년 걸려도 마스터할 수 없는 것이다.

심지어 내 아이들은 두 살도 되기 전에 어른이 내는 음 속에서 처음에는 이해할 수 없었던 음의 의미를 찾아내게 되었고, 음절이 모여 단어가 되고, 때때로 어른의 발음이 변해도 어느 음절의 집합체가 단어가 된다는 것, 또는 어른의 발음이 변화해도 어떤 음절의 집합체가 단어를 이루고 있는 것을 알고 있었다.

아이들이 처음으로 언어를 배우는 것은 불가능한 일에 직면한 것처럼 어렵기 때문에, 촘스키는 처음부터 아이들에게는 언어 구조의 대부분이 형성되어 있는 게 틀림없다고 생각했다. 우리는 이미 뇌 속에 '보편적인 문법'이라고 할 만한 것을 미리 갖추고 태어났고, 그것은 현실 언어의 수많은 문법을 모두 포괄하는 문법 모델로 이루어져 있다는 것이 촘스키의 결론이었다.

미리 배선된 보편 문법이라는 것은 각각 몇 개인가의 선택지를 지니고 있는 스위치 세트와 같다. 아이들이 어른이 되어가는 동안 귀에 들리는 현지어 문법에 맞추어 스위치의 하나가 고정되는 것이다.

그러나 비커튼은 촘스키보다 조금 더 깊이 들어가 인간은 어딘가에 설치할 수 있는 스위치가 붙은 보편 문법을 갖고 태어나는 게 아니라, 어떤 특정한 위치에 설치된 스위치 세트를 가지고 있어서 그것이 반복적으로 크리올 문법에 나타난다고 주장한다. 미리 설치되어 있는 프로그램은 아이들이 매일 듣는 현지어와 다를 경우에는 수정이 가능하다. 그러나 피진어처럼 구조적으로 일정한 문법적 기초가 결여된 상태인 곳에서 아이들이 자라고, 현지어의 스위치가 설정되어 있지 않다면 크리올어의 세팅이 나타나게 된다.

만약 비커튼의 말과 같이 우리가 크리올어 문법을 가지고 태어나 후천적 경험에 의해 그것이 바뀌어가는 것이라면, 크리올어 문법과 일치하지 않는 문법을 가진 언어보다 크리올어와 비슷한 문법을 가진 언어를 더 빠르게 습득할 것이다. 이 같은 논리에 따르면 영어가 모국어인 아이들이 부정형의 문장을 익히는 데 매우 어려움을 느끼는 것도 그 때문인지 모른다. 그들은 크리올어처럼 이중 부정을 사용하고 싶어 하는 것이다('Nobody don't have this'). 영어를 모국어로 사용하는 아이들이 의문문의 어순을 힘들어하는 것도 같은 이유에서 비롯되는 것인지도 모른다.

후자의 예를 조금 더 들어보자. 영어의 서술문은 크리올어와 마찬가지로 주어, 동사, 목적어의 순으로 단어를 배열한다('I want juice'). 크리올어를 포함한 많은 언어에서 이 어순은 의문문이 되어도 바뀌지 않은 채 소리의 상태가 바뀌는 것으로 구별된다('You want juice?'). 그러나 영어의 의문문은 그렇지 않다. 영어의 의문문은 크리올과는 달리 주어와 동사의 위치를 바꾸어놓거나('Where are you?'가 맞고 'Where you are?'는 틀리다), 조동사('do' 등)와 본동사 사이에 주어를 두거나 한다('Do you want juice?').

아내와 나는 아이들에게 아주 쉬운 예를 들어 문법적으로 올바른 의문문과 서술문을 가르쳤다. 아이들은 서술문의 올바른 어순은 금방 깨달았지만, 아직까지 둘 다 크리올적인 잘못된 어순의 의문문을 사용하고 있다. 아내와 내가 매일, 올바른 견본을 몇 백 개나 들려주고 있는데도 틀리는 것이다. 맥스와 조수아가 어제 틀린 예는, "Where it is?", "What that letter this?", "What the handle can do?", "What you did with it?" 등이다. 마치 자신이 가지고 태어난 크리올적 규칙이 올바르다고 여겨, 자신의 귀를 믿지 않는 것 같아 보인다.

웅웅거리는 소리에서 셰익스피어까지

이제 동물과 인간의 연구 양쪽을 합쳐 인간의 선조가 어떻게 웅웅거리는 소리에서 셰익스피어의 소네트까지 발전해왔는가에 대해서 논리 정연하게 생각해보자.

초기 단계의 대표적인 동물은 버빗원숭이인데, 그들은 자발적으로 적어도 10개의 다른 발성을 갖고 사물을 가리키는 의사소통을 한다.

그들의 소리는 단어, 설명, 제안의 기능을 하거나, 또는 그 전부의 기능을 모두 발휘하고 있는지도 모른다. 과학자들이 그 10개의 음성을 구별하는 것만도 매우 힘들었기 때문에, 판별해야 할 대상의 음성은 그 외에도 더 있을 것이다. 버빗원숭이의 어휘가 어느 정도 풍부한지는 아직 모른다. 또한 버빗원숭이를 능가할 것 같은 침팬지와 보노보에 대한 야생 상태에서의 상세한 연구는 아직 이루어지지 않았기 때문에, 다른 동물이 어느 정도 버빗원숭이를 앞서고 있는지도 모른다. 침팬지는 실험 결과, 학습을 하면 적어도 인간이 가르치는 수백 개의 기호를 기억했으므로 기호를 습득하는 지적 능력은 충분히 갖추고 있는 것 같다.

내 아들 맥스가 발음하는 '주스'처럼, 아장아장 걷는 아이가 말하는 유일한 단어는 동물의 웅웅거리는 소리 다음 단계의 수준이 된다. 버빗원숭이의 웅웅거리는 소리와 마찬가지로 맥스의 '주스'라는 말은 단어, 설명, 제안의 조합 기능을 다 하고 있는 것 같다. 그러나 맥스의 '주스'는 단어보다 작은 단위인 모음과 자음의 결합으로 만들어진 것이므로 버빗원숭이의 발성에 비해 진전되어 있는 것이다. 이러한 적은 수의 음소가 여러 가지로 혼합되어 내 책상 위의 영어사전에 실려 있는 14만 2,000개의 단어를 만들어내는 것이다.

기본 단위에 따른 구성의 원리 덕분에 우리는 버빗원숭이보다 훨씬 많은 것을 구별하고 인식할 수 있다. 예를 들어 그들은 단지 여섯 종류의 동물에만 이름을 붙이고 있지만, 인간은 약 2,000만 종류에 이름을 붙이고 있다.

셰익스피어로 가는 다음 단계는 두 살 된 아이들에게서 나타난다. 어떤 인간 사회에서나 두 살 된 아이들은 한 단어에서 두 단어, 그리고 점차 여러 단어를 조합해서 의사 표시나 표현을 하면서 자연스럽게 말을 익혀나간다. 그러나 그처럼 아이들이 발성하는 복수 단어들은 아직 문법을 갖추지 않은 상태에서 단지 단어를 나열하는 데 그치는 것이어서, 구체적인 사물을 가리키는 명사·동사·형용사뿐이다.

언어의 나열은 비커튼이 지적한 것처럼 어른이 필요에 따라서 자발적으로 만들어내는 피진어와 비슷하다. 그것들은 또한 기호 사용을 배운 침팬지가 몇 개의 기호를 나열해 사용하는 것과도 비슷하다.

피진어에서 크리올어로, 혹은 두 살 아이가 단어를 나열하는 것에서 네 살짜리 아이가 말하는 완전한 문장으로 가기 위해서는 또 하나의 큰 단계가 있다. 이 단계에서는 외부 사물을 가리키지 않고, 순전히 문법상의 기능만 지닌 단어가 보태진다. 어순·접두사·접미사·어근의 변화가 잇따라 오고, 구와 문장을 만들기 위한 더 많은 수준의 계층 구조가 만들어지는 것이다. 아마 이 단계가 책의 첫머리에서 설명한 대약진을 초래하게 한 촉매제라고 생각한다. 어쨌거나 현대의 크리올 언어는 전치사 표현이나 그 외의 문법 요소를 표현하는 데 어려움이 있어, 언어 구조의 진보가 어떻게 이루어졌는지를 보여주는 단서를 찾을 수 있다.

다음 페이지에 실린 신멜라네시아어로 된 광고와 셰익스피어의 소네트를 비교해보면, 두 언어 사이에는 아직 큰 차이가 있다고 결론을 내게 될지도 모른다. 그러나 나는 'Kam insait long stua bilong mipela……'와 같은 광고를 보면 버빗원숭이에서 셰익스피어에 이르는 여정의 99.9퍼센트는 다 왔다고 생각된다. 크리올어는 이미 표현이 풍부하고 복잡한 언어다.

예를 들면 크리올어로 출발한 인도네시아어는 세계에서 네 번째로 인구가 많은 나라의 언어가 되었으며, 또한 수준 높은 문학작품도 그 말로 쓰이고 있다.

옛날에는 동물의 의사소통 체계와 인간의 언어 사이에는 메울 수 없는 큰 차이로 멀리 떨어져 있다고 생각되었다. 그러나 오늘날 인간은 그 양쪽의 절벽에서 만들어지기 시작한 다리의 일부를 발견했을 뿐만 아니라, 군데군데 흩어져 있어 그 단절을 이어주는 섬이나 다리의 부분들도 발견했다.

우리는 인간과 동물을 구분하는 가장 중요한 특징과 동물과 다름없는 원시 선조로부터 인간이 어떻게 생겨났는가, 의문에 대한 큰 윤곽을 이해하기 시작한 것이다.

신멜라네시아어의 문장 연습

신멜라네시아어로 쓰인 다음의 백화점 광고를 해독해보자.

Kam insait long stua bilong mipela—stua bilong salim olgeta samting—mipela i-ken helpim yu long kisim wanem samting yu laikim bikpela na liklik long gutpela prais. I-gat gutpela kain kago long baiim na i-gat stap long helpim yu na lukautim yu long taim yu kam insait long dispela stua.

만약 몇 개의 단어가 묘하게 익숙한 말처럼 느껴지지만 의미를 파악할 수 없다면, 음에 주의를 집중하고 혼자 소리를 내어 읽어간다. 단, 이상한 스펠링은 무시하라. 다음은 같은 광고를 영어의 정확한 스펠링으로 옮겨 써놓은 것이다.

Come inside long store belong me-fellow—store belong sellim alto-
gether something—me-fellow can helpim you long catchim what-name
something you likim, big-fellow na liklik, long good-fellow price. He-
got good-fellow kind cargo long buyim, na he-got staff long helpem
you na lookoutim you long time you come inside long this-fellow store.

아직 이해가 잘 안 되는 부분의 의미를 돕기 위해서 약간 설명을 붙
이는 것이 좋을 것 같다. 이 예문에 나오는 신멜라네시아어 단어의 대
부분은 영어에서 파생된 것이다. 예외는 'little'이라는 의미의 'liklik'인
데, 이것은 뉴기니 언어 중 하나(톨라이어)에서 온 것이다. 신멜라네시
아어에는 전치사가 두 개밖에 없다. 'of'나 'in order to' 등의 의미로 쓰이
는 'bilong'과 그 외의 모든 전치사로 대용되는 'long'이다.

영어의 자음인 'f'는 신멜라네시아어에서는 'p'이기 때문에 'staff'는
'stap'으로, 'fellow'는 'pela'가 된다. 접미사 '-pela'는 단음절의 형용사
에 붙기도 하는데(그래서 'good'은 'gutpela'가, 'big'은 'bikpela'가 된다) 'me'
나 'you'와 같은 단수대명사에 붙을 때는 그것을 복수화한다('we'나 복수
의 'you'처럼). 'Na'는 'and'다. 따라서 이 광고의 의미는 다음과 같다.

모든 것이 진열되어 있는 우리 상점으로 오세요. 본점에서는 큰 것
도 작은 것도 어느 것이나 아주 싼 가격으로 여러분의 희망을 만족시
켜드립니다. 본점에 오시면 친절한 점원이 만반의 준비로 여러분의 쇼
핑을 도와드립니다.

예술의 기원

그림을 그리는 코끼리

조지아 오키프의 그림이 인정받기까지는 오랜 시간이 걸렸지만, 시리의 그림은 유명한 예술가에 의해 바로 평가를 받았다. "이 그림에는 빛나는 재능이 엿보이고 원시적 미가 살아 있다"라는 것이 유명한 추상표현주의 화가 윌렘 드 쿠닝이 처음 느낀 인상이었다. 추상표현주의 대가로 시러큐스 대학에서 그림을 가르치고 있는 제롬 윗킨은 더욱 감탄했다.

"이 그림은 정서적으로도 매우 아름답다. 명쾌하고 긍정적이며 긴장감이 있고 절박한 에너지가 넘치는…… 믿을 수 없을 정도다. 이 그림은 감정의 본질을 잘 파악하고 있다."

윗킨은 시리의 밝은 부분과 어두운 부분의 균형 감각, 상의 배치 방법을 극찬했다. 누가 그렸는지는 모르지만 그림만 보고도 그 화가가 인도의 책에 흥미를 가지고 있는 여성이 틀림없을 것이라고 그는 말했다. 그러나 윗킨은 시리가 신장 240센티미터에 체중이 4톤이며, 코로 연필을 쥐고 그림을 그리는 아시아코끼리라는 것은 몰랐다.

시리가 누구인지를 묻는 질문에 윌렘 드 쿠닝은 "대단한 재능을 가진 코끼리이다"라고 말했다. 그러나 시리는 실제로 비범한 코끼리는 아니다. 야생 코끼리는 코로 모래 위에 그림을 자주 그리고, 동물원의 코끼리도 막대기나 돌로 지면에 무엇인가를 그리는 동작을 자주 한다. 의사나 변호사의 사무실 벽에는 캐럴이라는 이름의 코끼리가 그린 그림이 종종 걸려 있는데, 그 그림 중 몇 개는 한 장에 최고 500달러나 나가는 것도 있다.

예술은 사람만이 갖고 있는 가장 고귀한 특질이다. 언어와 마찬가지로 동물과 인간을 구별해주는 것으로, 적어도 어떤 동물이 하는 행위와 기본적으로는 다르다고 생각되고 있다. 뿐만 아니라 예술은 언어보다 훨씬 고귀하다고까지 생각한다.

언어는 동물의 의사소통 체계가 고도로 진보한 세련된 것으로서, 우리가 살아가는 데 도움을 주는 생물학적 기능을 분명히 가지고 있으며, 다른 영장류가 내는 소리에서부터 발달해온 것이 틀림없다. 이와 반대로 예술에는 언어 같은 확실한 기능이 없고 기원 또한 커다란 미스터리로 남아 있다. 그러나 코끼리의 예술과 인간의 예술이 어떤 밀접한 관계가 있음은 분명하다.

물론 시리가 다른 코끼리에게 내면의 메시지를 전달하려고 화필을 쥔 것은 아니다. 또 시리의 예술과 인간의 예술 사이에는 커다란 차이가 있다. 그러나 시리의 그림을 일개 동물의 부질없는 재주라고 무시할 수는 없다. 왜냐하면 적어도 육체적으로는 같은 미술 활동을 하고 있는 전문가들조차 시리의 그림이 인간의 그림일 것이라고 착각했기 때문이다.

이 장에서는 코끼리뿐만 아니라 여러 동물의 예술적 활동을 검토해 보려고 한다. 인간 예술의 본래의 기능을 이해하기 위해서 이 비교는 의미가 있다고 생각한다. 우리는 흔히 예술을 과학과 반대로 정의하고 있지만 예술의 과학이 있을지도 모른다.

예술이란 무엇인가?

인간의 예술도 동물에서 그 싹을 찾을 수 있다는 것을 이해하기 위해서는, 가장 가까운 인간의 친척인 침팬지로부터 인간이 분리된 것이 고작 700만 년 전이었다는 것을 상기해야 한다.

인간의 입장에서 700만 년은 긴 시간처럼 보이지만, 복잡 다양한 지구 생명체의 역사 입장에서 보면 1퍼센트에 지나지 않은 시간이다.

인간은 아직까지 DNA의 98퍼센트를 침팬지와 공유하고 있다. 그러므로 예술이나 그 외의 것이 사람만이 지닌 독특한 성질이라고 볼 수 있는 것은 불과 2퍼센트도 안 되는 미세한 유전자의 조화 때문이다. 진화적인 시간에서 보면 그런 것들은 불과 몇 분 전에 일어난 것이다.

최근 동물 행동에 관한 연구가 진행되면서, 동물과 구별되는 인간만의 고유한 특성 리스트가 점점 줄어들고 있다. 인간과 모든 동물의 차이는 대개 정도의 차이에 지나지 않다는 것이 밝혀졌기 때문이다. 예를 들어 앞 장에서는 버빗원숭이가 어떻게 초보적인 언어를 사용하는지에 대해 서술했다.

고귀함에 있어서 흡혈박쥐가 인간과 비슷하다고 생각하는 사람은 없겠지만, 그들이 상습적으로 호혜적·이타적 행동을 실천하고 있음이(물론 다른 흡혈박쥐에 대해서) 지금은 밝혀져 있다.

인간의 성질 가운데 어두운 면에 대해서도 마찬가지이다. 많은 종류의 동물이 동종의 개체를 죽이고, 늑대나 침팬지는 집단 학살을 하며, 오리나 오랑우탄은 강간을 하고, 개미는 조직적인 전쟁이나 노예사냥을 한다고 알려져 있다. 이러한 사실이 밝혀진 현재, 인간과 동물과의 본질적인 차이는 예술을 제외하고는 거의 없다고 생각된다.

인간이 침팬지에서 분리되어 진화하기 시작한 이후 700만 년을 통틀어보아도 예술 없이 지내온 696만 년 동안을 제외하면 인간과 동물과의 차이는 거의 아무것도 없는 것처럼 보인다. 아마도 가장 최초의 예술은 나무 조각이나 피부에 그린 그림이었겠지만, 그것들은 전혀 남아 있지 않으므로 지금은 알 수가 없다.

인간의 예술을 시사하는 가장 최초의 것은 네안데르탈인의 뼈 주변에 남아 있던 꽃의 잔재나 야영장의 동물 뼈에 새겨진 희미한 흔적이다. 그러나 그런 것들을 의도적으로 배치하거나 새긴 것인지에 대해서는 의문이 남는다.

크로마뇽인이 등장한 약 4만 년 전까지도 확실한 예술이라고 할 만한 것이 존재했다는 증거는 나오지 않았다. 최초의 증거는 저 유명한 라스코 동굴의 벽화나 조각, 목걸이, 피리 같은 악기들이다.

만약 진정한 예술이 인간에게만 있는 독특한 것이라고 주장한다면, 새의 지저귐처럼 표면상 비슷해 보이는 동물의 활동과는 어떻게 다를까? 예술이라고 규정할 수 있는 기준으로 종종 내세워지는 세 가지 원칙은, 인간의 예술은 어떤 유용성이 없다는 것과 단지 심미적인 기쁨이나 즐거움을 위해 행해진다는 것이며, 유전자가 아니라 학습에 의해 전달된다는 것이다. 그러면 이들의 주장을 음미해보자.

우선 첫 번째로, 오스카 와일드가 말한 것처럼 "모든 예술은 전혀 무용하다"는 것이다. 이 신랄한 말에 함축된 의미를 생물학자들은 동물행동학과 진화생물학의 분야에서 사용하는 좁은 의미인 '예술은 유용성을 가지고 있지 않다'로 받아들였다. 인간의 예술은 더 오래 살아남거나 유전자를 다음 세대에 전하는—거의 모든 동물의 행동이 가지고 있는—생물학적 기능을 돕는 데에는 전혀 제 기능을 하지 못한다. 물론 예술가는 작품을 통해 무언가를 전하려고 하므로 넓은 의미에서는 예술도 유용성이 있다. 그러나 자신의 생각을 다음 세대에 전하는 것과 유전자를 전하는 것은 같지 않다. 이에 비해 새의 지저귐은 한쪽을 유인하고 자기 지역을 방어하며, 자신의 유전자를 다음 세대에 남겨주려는 목적이 있는 행위이다.

두 번째는 인간의 예술은 심미적 즐거움 때문에 이루어진다는 주장이다. 사전은 예술을 "형상이나 아름다움을 가진 것을 만들거나 행하게 하는 것"이라고 정의하고 있다. 흉내지빠귀mocking bird나 밤울음새 nightingale에게 그들의 지저귐 형태나 아름다움을 즐기고 있는지 물어볼 수는 없지만, 그들이 주로 번식기에만 우는 것으로 보아 심미적인 즐거움을 위해 노래하고 있는 것은 아닌 것 같다.

인간의 예술에 관한 세 번째 주장은, 인간 집단은 각각 독특한 예술 양식을 가지고 있고, 특정한 양식을 만들어 내거나 즐기는 방법은 유전이 아니라 학습으로 습득한다는 것이다.

예를 들어 오늘날 도쿄와 파리에서 불리는 노래는 간단하게 구별할 수 있다. 하지만 그러한 양식의 차이는 도쿄 사람과 파리 사람의 눈동자 색깔이 다른 것과 같은 유전자의 차이가 아니다.

프랑스 사람이나 일본 사람이나 서로의 도시를 방문하고, 상대국의 노래를 배울 수 있다. 그것과는 달리 대부분의 조류(이른바 연작목 참새나 제비가 아닌 새)는 종마다 특유한 지저귐으로 노래하고, 그에 반응하는 성질도 유전적으로 계승되는 것이다. 각각의 새는 자신의 종의 노래를 한 번도 듣지 않은 채 다른 종의 노래만을 듣고도, 자신의 종의 노래를 부를 수 있다. 그것은 마치, 아기 때 도쿄로 데리고 온 프랑스인의 아이가 도쿄에서 교육을 받았지만 자발적으로 〈라 마르세예즈(프랑스 국가)〉를 부르기 시작하는 것과 같다.

지금까지의 얘기는 그림 그리는 코끼리 이야기에서 상당히 멀어진 것처럼 보인다. 코끼리와 인간은 진화적으로 전혀 가깝지 않다. 인간에게 사육되던 두 마리의 침팬지인 콩고와 벳시, 고릴라 소피, 오랑우탄 알렉산더, 원숭이 피브로 등이 그린 그림 이야기가 훨씬 더 인간과 비교되는 적절한 예가 될 것이다.

이들 영장류는 붓이나 손가락을 사용해 그린 그림이나, 연필과 분필이나 크레용으로 그린 소묘 등 여러 가지 그리기 방법을 습득했다. 콩고는 하루에 33장이나 그리기도 했는데, 그린 것을 다른 침팬지에게 보여주지 않고, 연필을 빼앗으면 물건을 던지며 화를 내는 것으로 보아 자기만족을 위해 그리는 것 같았다.

인간 예술가에게 있어서 성공의 궁극적인 증표는 개인전인데, 콩고와 벳시는 1957년에 런던의 근대 미술관에서 '두 마리 침팬지전'을 여는 영광을 얻기도 했다.

콩고는 그다음 해에 런던의 로열 페스티벌 홀에서 개인전도 열었다. 놀라운 것은 침팬지전에 출품됐던 그림의 대부분이 다 팔렸다는 것이다(물론 인간이 샀다).

인간인 예술가 중에는 그런 경험이 전혀 없는 사람도 많다. 또 다른 유인원이 그린 그림은 인간 화가의 전람회에 몰래 섞여 전시됐는데, 그 사실을 모르는 평론가에 의해 '다이내믹한 힘이 있다', '리듬이 있다', '균형 감각이 잡혀 있다'는 절찬을 받기도 했다.

아동심리학자에게 볼티모어 동물원의 침팬지가 그린 그림을 제시한 후, 그린 사람이 가지고 있는 문제점을 진단해달라고 의뢰한 일이 있었다. 아동심리학자는 그 그림이 침팬지의 것인지 전혀 눈치채지 못하고, 3세의 수컷 침팬지가 그린 그림을 편집광적 경향이 있고 공격적인 7~8세 소년의 그림이라고 말했다. 또 한 살 된 암컷 침팬지가 그린 두 장의 그림은 10세 정도의 소녀 두 명이 그린 그림이며, 한쪽은 분열증이 있는 호전적인 소녀고, 또 한쪽은 부친에 대해 강한 심리적 동일시 identification(아이가 어머니나 아버지를 같은 사람으로 여기어 욕구를 실현하려고 하는 심리적 현상-옮긴이)를 가진 편집광적인 소녀라고 진단했다. 그 그림을 그린 '화가'의 성性은 맞추었지만 종은 잘못 짚었다.

우리와 가장 가까운 종이 그린 그림들은 인간의 예술과 동물의 활동과의 구별을 의심스럽게 한다. 인간이 그린 그림과 마찬가지로 유인원이 그린 그림도 유전자의 전달이라는 좁은 의미에서의 유용성은 없었다. 그보다는 오히려 즐기기 위해 만들어졌던 것이었다.

유인원 '화가'들은 코끼리 시리와 마찬가지로 자기만족을 위해서 그림을 그리지만, 인간 예술가들은 다른 사람에게 무언가를 전하기 위해 그린다는 반론도 나올 수 있다. 유인원들이 자신의 그림을 챙기지 않고 그냥 버렸다는 사실은 그것을 증명해준다. 그러나 나에게 그 반론은 별로 설득력이 없다.

왜냐하면 인간 예술에서도 단순한 것(쓸데없이 끼적거린 것)은 언제나 버려지게 마련이다. 내가 소유하고 있는 예술작품 중 가장 훌륭한 것 하나는 뉴기니 마을 사람이 만든 목각인데, 그것은 조각한 사람이 자기 집 밖에 버렸던 것이었다.

유명한 예술가의 작품 중에도 개인의 즐거움만을 위해 만들어진 것이 있다. 작곡가인 찰스 아이브스는 자신의 작품을 거의 대부분 발표하지 않았고, 프란츠 카프카는 그가 남긴 가장 위대한 세 작품을 발표하지 않았으며, 유언 집행인에게 발표를 금지하게 했다(다행스럽게도 유언 집행인이 그것을 따르지 않았기 때문에 카프카의 소설은 널리 알려지게 되었다).

그럼에도 불구하고 유인원 예술과 인간 예술을 나란히 놓기에는 문제가 있다. 유인원 예술은 포획 동물의 부자연스러운 행위이며 야생에서는 일어나지 않는다. 그것은 자연의 활동이 아니므로 예술의 기원을 동물에서 찾는 데에 어떤 도움도 주지 못한다.

따라서 누가 보더라도 확실히 자연스럽고 가치 있는 행동에 눈을 돌리기로 하자. 인간 이외의 동물이 만든 장식 달린 건축물 중에서 가장 세련된 것은 바우어새의 오두막이다.

오두막을 장식하는 새의 배우자 선택

바우어새의 둥지에 대해서 사전에 아무것도 듣지 못한 채 처음 그 작은 오두막을 보았다면, 19세기의 뉴기니 탐험가처럼 나도 그것을 사람이 만들었다고 생각했을 것이다.

그날 아침 나는 원형으로 지어진 오두막집, 아름다운 화단, 구슬 장식을 한 사람들, 아버지의 진짜 활을 본떠 만든 장난감 활을 가지고 노는 아이들이 있는 뉴기니의 마을을 떠나 외출하였다.

정글에서 직경 240센티미터, 높이 120센티미터의 아이들이 지나갈 수 있을 정도로 넓은 입구가 있는 매우 아름다운 오두막이 눈에 띄었다. 오두막 앞에는 초록색 이끼가 넓게 깔려 있었고, 먼지 하나 없는 장식을 의도적으로 늘어놓은 것이 틀림없는 갖가지 색의 자연물이 몇 백 개나 놓여 있었다. 대부분 꽃이나 과일, 나뭇잎이 놓여 있었고 간혹 나비의 날개나 버섯도 섞여 있었다.

붉은 과일은 붉은 잎 옆에 놓아서 같은 색끼리 배열되어 있었다. 가장 큰 장식은 입구에 높이 쌓아둔 검은 버섯 더미였다. 입구에서 몇 미터 떨어진 곳에도 오렌지색의 다른 버섯 더미가 있었다. 푸른 것은 모두 오두막 안에, 붉은 것은 오두막 밖에, 그리고 황색·보라·검정·연녹색을 띤 것도 전부 각각 다른 구석에 정리되어 있었다.

그 오두막은 아이들의 놀이터가 아니었다. 그것은 다른 점에서는 그다지 두드러지지 않는 어치(까마귀과의 새. 몸길이 34센티미터 가량으로 비둘기보다 약간 작음-옮긴이) 정도의 크기이고, 뉴기니와 오스트레일리아에만 사는 18종으로 이루어진 풍조과에 속하는 바우어새가 만들고 장식한 것이었다. 그 오두막은 수컷이 암컷에게 구애하기 위해서 만들었기 때문에 교미 후에는 암컷이 그 속에 둥지를 틀고 새끼를 기르는 책임을 맡는다. 일부다처로 수컷은 가능한 많은 암컷과 교미하려고 하며 암컷에게는 오두막 외에는 아무것도 제공하지 않는다.

암컷은 종종 집단적으로 누구와 짝지을 것인가를 결정하기 전에 근처의 수컷들이 지어놓은 오두막들을 돌아보면서 전부 조사한다. 로스앤젤레스에 있는 우리 집에서 몇 킬로미터 떨어진 선셋 스트립Sunset

Strip에서도 매일 밤 그와 비슷한 모습으로 남녀가 서로 짝을 찾아 헤매는 모습을 볼 수 있다.

암컷 바우어새는 수컷이 지어놓은 오두막의 만듦새, 장식 수, 그 지역(집단)의 건축 규칙을 따르고 있는가 등을 판단 기준으로 삼은 다음 짝을 선택한다.

바우어새는 종류와 집단에 따라 장식 방법이 다르다. 어떤 집단에서는 푸른 장식을 특히 좋아하고, 어떤 집단에서는 빨강·녹색·회색을 좋아한다. 또 오두막이 아니라 한두 개의 탑을 짓기도 하고, 두 겹으로 나란히 담장을 세우기도 한다. 사면을 막아 상자형을 짓는 집단도 있다.

자신들이 분비하는 기름이나 잎에서 즙을 짜 오두막에 바르는 집단도 있다. 그와 같은 집단 간의 차이는 유전적으로 타고나는 것은 아닌 것 같다. 어린 새가 장기간의 성장 과정에서 어른 새의 행동을 관찰해 학습한 것이다. 수컷은 그 지방의 올바른 장식 방법을 배우고, 암컷은 상대를 선택할 목적으로 같은 방법을 배운다.

언뜻 보면 이 시스템은 어리석게 여겨진다. 그러나 어찌 되었든 암컷 바우어새의 목적은 좋은 배우자를 찾는 것이다. 이러한 배우자 경합에서 진화론적 승리자는 가장 많은 새끼를 번식시킬 수 있는 수컷을 발견하는 암컷 새이다. 건장한 수컷을 선택하면 암컷 새에 어떠한 이점이 있을까?

인간을 포함한 모든 동물은 배우자를 선택할 때 비슷한 문제에 직면한다. 수컷이 상호간에 중복되지 않도록 영토를 분할하여 자기 영역 안에서 배우자와 함께 사는 새(유럽이나 북아메리카에 거주하는 명금류)를 생각해보자. 그 영역 안에는 암컷이 새끼를 기르기 위해 사용할 집터와 먹이가 있다. 그러므로 암컷이 수행할 임무의 일부는 수컷들의 영역을 비교 평가하는 일이다.

수컷이 암컷과 협력하여 새끼에게 먹이를 갖다 주고 새끼를 보호하며 사냥을 하는 경우를 생각해보자. 이 경우에는 수컷이나 암컷이나 부모로서의 쌍방 능력, 사냥 기술, 그들끼리의 관계가 잘 유지될지 어떨지 등을 조사해서 결정하지 않으면 안 된다.

그런 것들을 모두 조사해서 결정하는 것은 매우 까다롭지만, 바우어새처럼 수컷이 오두막과 유전자 외에는 아무것도 제공하지 않는 경우, 암컷이 조사하여 결정하는 것은 더욱 어렵다. 동물이 미래 배우자의 유전자를 조사하여 결정하는 방법은 도대체 어떤 것이 가장 좋겠는가? 푸른 열매는 좋은 유전자와 어떤 관계가 있는 것일까?

동물에게는 많은 후보 배우자와 함께 각각 열 마리씩의 새끼를 만들고 그 결과(살아남은 새끼 수)를 비교해볼 만한 여유가 없다. 따라서 이들은 지저귐이나 의식화된 과시 행동에 의존하여 지름길을 택할 수밖에 없는 것이다.

그러한 구애 신호가 과연 숨겨진 훌륭한 유전자의 지표가 되는지, 또 왜 그렇게 하는지에 대해서는 의견이 분분하다. 우리가 배우자를 선택할 때 여러 후보자의 실제 재산, 부모로서의 능력, 유전적 자질 등을 조사하여 결정한다는 것이 얼마나 어려운가를 생각해보면 잘 알 수 있다.

이쯤에서 암컷 바우어새가 좋은 정자(精子)를 가진 수컷 바우어새를 발견하는 것이 무엇을 의미하는지 생각해보자. 그가 만들어놓은 오두막 둥지는 자신보다 수백 배 무겁고, 체중의 반 이상이나 나가는 장식을 멀리서부터 옮겨와야 한다. 따라서 암컷은 금방 그 수컷의 체력이 강하다고 알아차릴 것이다. 또 몇 백 개가 넘는 나무 조각을 오두막이나 탑, 벽 모양으로 쌓는 데 필요한 기술적인 재주를 가지고 있다는 것도 알아차릴 것이다. 복잡하게 디자인해야 하므로 영리할 것이고 정글에서 몇 백 개가 넘는 장식 재료를 찾아야 하므로 시력과 기억력도 틀림없이 좋을 것이다. 그러한 기술을 모두 여기까지 발달시켜 왔으므로 생존도 우수할 것은 말할 나위 없고 다른 수컷보다 우세한 것도 틀림없다. 왜냐하면 수컷들은 여가 시간의 대부분을 다른 오두막을 부수거나 장식을 훔치는 데 소비하기 때문에, 오두막을 손대지 않은 상태로 보존하고 장식을 많이 쌓아두는 것은 가장 강한 수컷이란 증거이다.

그러므로 오두막 만들기는 수컷의 유전자를 테스트하는 기회가 된다. 이것은 마치 여성이 차례차례로 방문하는 구애자들에게 무거운 것 들기 시합, 자수刺繡 시합, 체스 토너먼트, 시력 검사, 권투 토너먼트를 겨뤄 최후의 승자와 잠자리를 같이한다고 하는 것과 같다.

바우어새와 비교하면 우리가 우수한 유전자를 지닌 배우자를 판정하는 노력은 실로 비참한 수준이라고 말하지 않을 수 없다. 우리는 얼굴 특징과 귓불의 길이와 같은 쓸데없는 외모나, 성적 매력과 포르쉐 소유 여부 등 유전자의 우열과는 전혀 상관없는 것에 얽매이고 있다.

성적인 매력이 있는 미인이나 포르쉐를 모는 잘생긴 남자가 그 밖의 질적인 면에서는 열등한 유전자밖에 없는 경우가 많다는 슬픈 현실 때문에 얼마나 많은 사람이 괴로운 지경에 빠져 있는가를 생각해보라. 많은 결혼이 이혼으로 끝나는 것도 무리는 아니다. 자신의 선택 방법이 얼마나 잘못되었고, 선택 기준은 얼마나 시시했는지를 깨달았을 때는 너무 늦은 것이다.

바우어새는 어떻게 이 예술을 그렇게 중요한 목적을 위해 이용할 수 있도록 진화하였던 것일까? 대부분의 새는 암컷에게 짝짓기를 위한 구애를 하기 위해 몸 색깔, 지저귐, 과시 행동, 식량 비축량 등을 좋은 유전자에 대한 막연한 지표로써 선전한다.

뉴기니에 있는 두 종의 극락조 수컷은 아름다운 날개를 자랑스럽게 펼쳐가면서 과시하는 행동에서 한 걸음 더 나아가, 바우어새의 수컷처럼 정글의 보금자리도 깨끗하게 청소한다. 이들 극락조 중 한 종류의 수컷은 이보다 더 진전해서 깨끗하게 청소한 바닥에 암컷이 둥지를 트는 데 유용한 재료를 장식한다. 즉 뱀의 허물은 암컷이 둥지를 트는 데 좋고, 석회 조각이나 포유류의 똥은 암컷이 먹고 미네랄을 섭취하게 한다. 과일을 먹으면 칼로리를 취하게 된다.

바우어새는 결국 자신들에게는 유용하지 않다 해도 그것이 구하고 챙기기가 곤란한 것이라면, 좋은 유전자의 지표로써 유용한 것으로 깨닫게 될 것이다.

이 개념을 간단히 응용할 수 있다. 잘생긴 남자가 자식을 많이 낳을 것 같이 생긴 젊은 여성에게 다이아몬드 반지를 선물하는 광고를 생각해보자. 다이아몬드 반지는 먹을 수는 없지만, 그러한 선물은 초콜릿 선물보다 훨씬 더 구혼자가 가지고 있는 재산(그것은 그녀의 아이들이나 그녀 자신에게 주어질 것이다)에 관해 말해주고 있음을 여성은 알고 있다. 물론 초콜릿을 먹으면 어느 정도 유용한 칼로리는 얻을 수 있지만 그것은 금방 없어지고, 또 아무리 형편없는 남자라도 그 정도는 살 수 있다.

반대로 먹을 수 없는 다이아몬드 반지를 살 수 있는 남성은 그녀와 아이들을 부양하고, 그 정도의 재산을 축적하고 유지할 수 있는 능력(지능, 인내, 힘 등)을 지녔을 것이다.

이렇게 진화하는 과정에서 바우어새 암컷의 관심은 수컷의 몸의 일부인 장식에서 수컷이 모아오는 장식으로 옮겨가고 있었던 것이다. '성 선택'으로 인해 거의 모든 종에서 수컷과 암컷의 몸 장식이 다르게 진화되어 왔지만, 바우어새의 수컷은 자신의 몸과는 별도로 장식을 모으게 되었던 것이다.

그 점에서 바우어새는 사람과 비슷하다. 우리 역시 실오라기 하나도 걸치지 않은 발가벗은 아름다움을 과시하는 것으로 구애하는 일은(적어도 그것으로 구애를 시작하는 일은) 거의 없다. 그 대신 우리는 여러 가지 색의 옷을 입고 향수를 뿌리고 화장을 하며, 보석에서 스포츠카까지 갖가지 장식으로 매력을 돋워 상대방의 환심을 사려고 한다. 스포츠카에 빠진 내 친구들의 말처럼 시시한 젊은이일수록 훨씬 더 멋있는 스포츠카를 타고 다닌다는 것이 사실이라면, 사람과 바우어새는 생각보다 더 비슷할지도 모른다.

예술의 역할

바우어새에 대해 알게 된 사실을 염두에 두고, 인간의 예술과 동물의 생산물을 구별하는 세 가지 기준에 대해서 다시 한 번 생각해보자. 바우어새의 오두막 둥지 양식이나 인간의 예술 양식은 유전이 아니라 학습되는 것이므로, 세 번째 기준에는 차이가 없다.

두 번째 기준에 대해서는(심미적 즐거움을 위한 것인가) 할 말이 없다. 자신의 예술에서 즐거움을 얻는지 바우어새에게 물어볼 수는 없기 때문이다. 나는 인간의 그런 주장이 실은 문화적인 허세가 아닐까 하고 생각한다. 그렇다면 첫 번째 기준만 남는다.

오스카 와일드는 좁은 의미의 예술에는 생물학적 유용성이 없다고 주장한다. 그의 말은 바우어새의 예술에는 들어맞지 않는다. 바우어새는 확실한 성적 기능이 있기 때문이다.

그러나 인간의 예술에도 생물학적 기능이 없다는 것은 우스운 것이다. 예술은 오히려 우리의 생존을 돕고 유전자의 확산에 도움을 주기 때문이다.

첫 번째로 예술은 종종 그 소유주에게 직접적인 성적 이익을 가져다준다. 여성을 유혹하려는 남성이 자신이 가진 판화를 이용한다는 것은 쓸데없는 이야기만은 아니다. 실생활에서 춤, 음악, 시는 종종 섹스의 서막이다.

두 번째로—가장 중요한 것이지만—예술은 소유주에게 간접적인 이익을 가져다준다. 예술은 인간의 사회적 지위를 당장에 나타내는 지표로써 인간 사회도 동물 사회와 마찬가지로 식량이나 토지 그리고 섹스 상대를 획득하는 데 있어 관건이 되는 것이다.

바우어새는 몸에서 분리되어 있는 장식물이 몸의 일부로 만들어야 하는 장식보다 유연성 있는 사회적 지위의 상징status symbol이 된다는 원리를 발견함으로써 체면을 지킨다.

그러나 인간은 그 원리를 벗어남으로써 체면을 세우는 것 같다. 크로마뇽인은 팔찌나 목걸이, 황토로 자신들을 치장했다. 오늘날의 뉴기니인은 조개껍데기, 모피, 극락조의 날개로 치장한다. 그런 몸 장식을 위한 예술뿐만 아니라 크로마뇽인과 뉴기니인은 세계적인 가치를 가진 가장 커다란 예술(조각이나 그림)을 만들어냈다.

뉴기니 예술이 부富와 우월성의 상징인 것은 확실하다. 극락조를 사냥하는 것은 매우 어렵고 조각을 만드는 데는 재능이 필요하다. 어느 쪽이든 구입하기 위해서는 많은 돈이 필요하다. 신부를 사야 하는 뉴기니에서는 그러한 귀중품은 결혼의 필수품이며, 그 대금의 일부는 사치스러운 예술품으로 지불한다. 다른 곳에서도 예술은 종종 재능, 재산 또는 그 둘 모두를 다 나타내는 상징이 된다.

섹스를 위해 예술을 사용하는 세계에서, 예술가가 예술을 음식으로 바꾸기까지는 불과 몇 단계로 충분하다. 집단 구성원 모두가 예술 작품 생산에 종사하여, 식량을 생산하고 있는 다른 집단과 교환하려는 사회도 있다. 예를 들어 밭을 만들 만한 토지가 거의 없는 조그마한 시아시 섬 사람들은, 다른 부족에서 신부의 결혼 자금으로 사용하는 아름다운 나무 그릇을 깎아 그들에게 팔고 음식을 산다.

이런 원리는 현대사회와 잘 들어맞는다. 예전에는 몸에 붙은 새털이나 오두막에 붙은 조개껍데기로 신분을 나타냈지만, 오늘날에는 다이아몬드나 벽에 걸린 피카소의 그림으로 나타낸다.

시아시 섬 사람들이 20달러 상당의 나무 그릇을 조각하듯이, 리하르트 슈트라우스는 오페라 《살로메》를 판 돈으로 별장을 사고 《장미의 기사》로 재산을 늘렸다. 심지어 예술작품이 수백만 달러를 호가하는 요즘에는 그런 값비싼 보물이 도난당했다는 이야기도 심심찮게 들려온다. 즉 예술 그 자체가 좋은 유전자나 풍부한 자원의 지표가 되고 있으며, 많은 유전자나 자원을 위해 현금화되고 있는 것이다.

지금까지는 예술이 개인에게 가져다주는 이익에 대해서만 서술했다. 예술은 인간 집단을 정의하는 데도 도움을 준다. 인간 집단은 언제나 서로 대립해왔는데, 그 집단에 속한 개인이 좋은 유전자를 남기는 것이 그 집단의 존속에 결정적인 역할을 한다.

인간의 역사는 집단끼리의 살육, 노예화, 추방으로 가득 차 있다. 승자는 패자의 토지를 약탈하고, 때로는 패자의 여자도 빼앗아 유전자의 존속 기회까지 박탈했다.

집단의 결속에는 집단의 독자적인 문화, 언어, 종교, 예술(이야기나 춤도 포함)이 필요하다. 따라서 예술은 집단의 존속을 보증하는 중요한 역할을 완수해왔다. 예를 들어 당신이 부족의 누구보다 우수한 유전자를 가지고 있다고 해도, 다른 부족에게 완전히 전멸당한다면 아무것도 남지 않는 것이다.

여유와 예술

여기까지 읽은 독자는 내가 예술의 유용성에만 몰두했다고 항의를 할 법도 하다. 예술을 전혀 지위나 섹스로 바꾸려 하지 않고, 단지 즐기기만 하는 사람들은 대체 무엇이란 말인가? 섹스와 전혀 무관한 예술가들은 무엇이란 말인가? 피아노 연습으로 10년을 보내는 것보다 섹스 상대를 유혹하는 더 좋은 방법은 얼마든지 있지 않은가?

시나 콩고처럼 단지 자기만족을 얻는 것이 예술의 중요한(또는 유일한) 목적은 아닐까?

물론 그렇다. 그렇게 그 종의 본래 기능과 다른 행동을 하게 되는 것은 음식물 획득 기술이 발달하면서, 여유가 생기고 생존 문제 등을 극복한 동물에게 나타나는 특징이다.

바우어새와 극락조는 매우 큰 편이고 나무 열매를 먹기도 하며, 작은 새는 쫓아버릴 수도 있기 때문에 여유가 있다. 인간은 음식물 획득에 도구를 사용하기 때문에 여유가 더 많다. 여유가 있는 동물은 나머지 시간을 이웃보다 우세해지려는 좀 더 사치스러운 목적에 쓸 수가 있다.

그러한 행동은 정보를 표현하거나(크로마뇽인 동굴벽화의 기능 같은), 지루함을 극복하기 위해(사육되는 유인원이나 코끼리에게 큰 문제이다), 신경증적 에너지를 해소한다든가(그들에게나 인간에게 중요한 문제), 단지 즐거움을 느끼기 위해서와 같은 여러 가지 다른 목적을 갖게 된다.

여기에서 왜 인간의 예술이 다른 동물에게서 볼 수 없는 특유한 것인가 하는 의문에 답할 수 있다. 동물원의 침팬지는 그림을 그리는데 야생 상태에서는 왜 안 그릴까? 그 답은 야생 침팬지는 먹을 것을 찾고 살아남기 위해 라이벌 침팬지를 쫓아내는 데 전력투구하기 때문이다.

만일 야생 침팬지에게 더 많은 여유가 생기고 그림 도구도 만들 수 있다면 그들도 그림을 그릴 것이다. 그리고 그것이 실제로 일어나고 있다는 점에서 내 이론은 옳다고 볼 수 있다. 우리 유전자는 아직도 침팬지와 98퍼센트나 똑같지 않은가.

인간에게 농업은 축복인가?

농업혁명

과학 덕분에 인간은 많은 변화를 겪었다. 천문학의 발달에 따라 지구는 우주의 중심이 아니라 수십억이나 되는 별 중 하나의 주위를 도는 아홉 개의 행성 가운데 하나에 지나지 않는다는 것을 알았다. 또 생물학의 발달에 따라 인간이 신으로부터 특별히 창조된 것이 아니라, 수백만이나 되는 다른 종과 함께 진화해왔다는 것도 알았다.

한편, 고고학이 발달하면서 인류는 과거 백만 년 동안 확실하게 진보해왔다는 또 다른 신성한 신념마저 무너지고 있다. 최근 발견한 사실에 따르면 우리가 더 나은 생활로 내디딘 결정적인 발판이라고 할 수 있는 농업(가축 사육 포함)이, 실제로는 진보의 기념비인 동시에 악의 시초라는 사실이다. 농업의 시작으로 식량 생산량이 증가하고 축적이 가능해졌지만, 동시에 사회적·성적으로 커다란 불평등이 생겼고 질병, 독재 등 현대의 인류를 괴롭히는 여러 가지 악의 시발점이 되었다.

그러므로 농업은 3부에서 말하는 인간의 모든 문화적 특징 중에 이미 다루었던 고귀한 형질(예술과 언어)과 이제부터 다룰 부정할 수 없는 악덕(약물중독, 집단 학살, 환경 파괴)과의 중간에 놓인다.

20세기에 살고 있는 미국인이나 유럽인에게 진보의 증거는 확고부동하기 때문에, 처음에는 이런 수정주의적 해석이 성립되지 않는다고 여겨질 것이다.

우리는 모든 점에서 중세 사람보다 나은 삶을 누리고 있고, 중세 사람은 빙하기의 혈거인보다, 혈거인은 유인원보다 나은 삶을 살았던 것이다. 그렇지 않다고 생각한다면 우리의 우수한 점을 열거해보기 바란다. 우리는 누구보다도 풍부하고 다양한 종류의 음식을 먹고 도구나 재료도 최고의 것을 사용하며 인류 역사 이래 가장 오래 살고 건강하다.

우리는 기아와 포식자에게서 벗어나 있다. 또 에너지의 대부분도 석유나 기계에서 얻고 있어 일부러 땀을 흘릴 필요도 없다. 우리 중에 오늘날의 생활을 포기하고 중세의 농민이나 혈거인 혹은 유인원의 삶으로 되돌아가고 싶다는 멍청한 상상을 하는 사람이 몇이나 있겠는가?

이제까지 인간은 인류 역사의 대부분을 소위 '수렵·채집 생활'이라는 원시적인 생활양식으로 지켜왔다. 야생의 생물을 사냥하고 야생의 식물을 채집하며 살았던 것이다.

이러한 수렵·채집 생활양식에 대해서 인류학자들은 '더럽고 야만스럽고 짧은 생명短命이다'라고 규정지었다. 식량을 재배하거나 비축하지 않았기 때문에(이 시점에서 보면), 매일매일 야생의 양식을 찾아다니고 굶어 죽지 않기 위한 끝없는 투쟁이 계속되어 여유라고는 전혀 없었다.

그렇게 비참한 지경에서 해방된 것은, 최종 빙하기 후 사람들이 세계 여기저기에서 독립적으로 동물을 사육하고 식물을 재배하기 시작했을 무렵이었다.

농업혁명은 서서히 확대되어 현재에는 거의 전 세계에서 이루어지고 있으며, 수렵·채집 생활을 하는 민족은 극히 적은 수에 지나지 않는다.

내가 여기서 말한 것과 같은 진보주의자들의 관점에서 보면 "우리의 선조인 수렵·채집인들의 거의 대부분이 왜 농업을 채용하기에 이른 것일까?"라는 질문은 무의미하다. 그들이 농업을 받아들인 것은 말할 것도 없이, 그것이 더 적은 노동으로 더 많은 식량을 얻는 유일한 방법이었기 때문이다.

심어서 키운 작물의 1에이커당 수확량이 야생의 뿌리나 나무 열매보다 훨씬 많은 것은 당연하다. 나무 열매를 찾거나 야생동물을 쫓는 데 피로에 지쳐버린 야만적인 수렵자가 어느 날 가지마다 열매가 달린 과수원이나 양을 모아둔 목장을 우연히 맞닥뜨렸다고 상상해보라. 농업의 이점을 깨닫는 데는 100분의 1초도 안 걸릴 것이다.

진보주의자들은 또 농업으로부터 인간 정신의 가장 고귀한 결실이라고 부를 만한 예술도 태어났다고 주장한다. 농작물을 비축하고 마당에 식물을 심는 것이 식량을 구하러 정글로 가는 것보다 시간이 덜 걸리기 때문에 여유가 생겼다. 이 시간적 여유야말로 예술을 창조하고 즐기는 데 가장 중요하게 작용했던 것이다. 따라서 궁극적으로 파르테논의 건축이나 미사곡 B단조의 작곡을 가능케 했던 것은 바로 농업의 덕택이었다고 보아야 할 것이다.

농경과 목축을 하는 개미

인간의 문화적 특징 중에서 농업은 특히 새로운 것으로, 겨우 1만 년 전에 출현했다. 영장류의 여러 종 가운데 적어도 농업과 비슷한 것을 하고 있는 종은 인간 말고는 찾아볼 수 없다. 가장 가까운 예를 찾는다면, 식물 재배뿐만 아니라 동물의 가축화도 시작한 개미가 있다.

아메리카 대륙에 사는 수십 종의 개미들은 식물을 재배하고 있다. 이 개미들은 모두 자기의 소굴 안에 마당을 만들고 특정한 종류의 효모균이나 버섯을 재배한다. 재배 개미들은 자연 상태의 땅을 이용하는 것이 아니라 자신들이 특수한 타입의 혼합토를 직접 만든다. 어떤 종은 애벌레의 배설물을 모아 거기에서 재배하고, 다른 종은 곤충의 시체나 마른 식물, 또 다른 종(가위개미라 불리는 것)은 싱싱한 잎사귀·줄기·꽃 등을 재배한다.

예를 들어 가위개미는 잎을 잘라 가늘게 부수어 필요 없는 버섯이나 세균을 제거한 후, 땅속의 둥지 안에 운반해놓는다. 개미들은 이 가느다란 잎을 풀처럼 축축한 입자로 만들고 타액이나 배설물로 비료를 만들어, 그곳에 자기가 좋아하는 버섯 종류를 심는다.

그것이 그들의 주요 식량이고 그것밖에는 아무것도 먹지 않는 개미도 있다. 자신들의 잎사귀 밭에 심고 싶지 않은 버섯의 포자나 균사가 나 있는 것을 발견하면, 잡초를 뽑듯 제거한다. 여왕개미가 새로운 정착지를 발견하러 나갈 때는, 개척자가 종묘를 가지고 가듯 커다란 버섯 줄기를 가지고 간다.

동물의 가축화에 대해서 말해보자. 개미는 진딧물이나 가루깍지벌레, 개각충, 털애벌레, 뿔매미, 거품벌레 등 여러 가지 곤충으로부터 감로라 불리는 당분이 많은 체액을 모은다. 감로를 얻는 대신 개미들은 '젖소'들을 포식자나 기생자로부터 보호해주고 있다.

진딧물 중에는 개미의 사육용 가축이 되어, 자신의 몸을 보호하는 기능은 퇴화되고, 항문에서 감로를 분비해 개미가 그것을 흡수하고 있는 동안 감로를 지탱하기 적당한 항문 구조를 가지고 있는 것까지 있다.

젖을 짜듯 감로의 분비를 촉진시키기 위해 개미는 촉각으로 진딧물을 만진다. 개미 중에는 추운 겨울 동안 진딧물을 둥지 안에 넣었다가, 봄이 되면 일정한 성장 단계에 있는 진딧물을 먹일 만한 식물이 있는 데까지 운반해주는 것도 있다. 결국 진딧물은 날개를 달고 신천지를 찾아 날아가지만, 그중 운 좋은 놈들은 또 개미에게 발견되어 '사육'된다.

식물 재배와 동물의 가축화는 개미에게서 물려받은 것이 아니고 인간이 재발명한 것이다. 그러나 농업을 시작한 초기에는, 농업을 하려는 확실한 목적을 갖고 시작한 것은 아니기 때문에 '재발명'했다기보다는 '재진화'했다고 하는 쪽이 적당한 표현일 것이다.

농업은 인간의 행동 그리고 동식물의 반응이나 변화에서 비롯된 것이지, 재배라는 목적을 가지고 나온 것은 아니다. 예를 들어 동물의 가축화는 일부는 사람이 야생동물을 애완용으로 집에 둔 데서, 일부는 야생동물이 사람 가까이에서 얻는 이점을 학습한 것에서(수렵인을 따르는 늑대는 상처 입은 포획물을 잡을 수 있다) 시작됐을 것이다.

마찬가지로 식물 재배도, 사람이 버린 야생식물의 종자에서 싹이 돋아나 시작됐을 것이다. 그리고 나서 필연적으로 사람에게 더욱 유용한 식물이나 동물의 무의식적 선택이 시작됐고, 뒤이어 의식적 선택이 시작된 것이다.

수렵·채집인의 여유 있는 생활

그러면 이제 농업혁명에 대한 진보주의자의 견해로 되돌아가보자. 이 장의 시작에서 서술했듯이 인간은 보통 수렵·채집 생활에서 농업으로 이행함으로써 건강해지고 수명도 연장되고 안정되었으며, 여유가 생기고 위대한 예술이 생겨났다고 생각된다.

이 견해가 옳다는 증거는 얼마든지 있겠지만 그것을 증명하기란 곤란하다. 1만 년 전에 수렵을 그만두고 농업을 시작한 사람들의 생활이 향상됐다는 것을 대체 어떻게 보여주겠는가?

최근까지 고고학자들은 그 문제를 직접 검토할 수 없었다. 따라서 간접적으로 검토할 수밖에 없었는데, 그 결과 놀랍게도 그들은 농업이 의심할 여지없이 좋은 것이라는 견해를 더 이상 지지하지 않게 되었다.

간접적인 검증의 예는 다음과 같다. 만일 농업이 누가 보더라도 확실하게 훌륭한 것이었다면, 어딘가 한 장소에서 시작됐더라도 금방 확산되었을 것이다. 그런데 고고학적 기록을 보면 농업이 유럽에서 확산된 속도는 1년에 1,000미터 안팎으로, 그야말로 달팽이 걸음이었던 것이다.

농업은 B.C. 8000년경에 아시아 근처에서 시작되어 그리스에는 B.C. 6000년, 영국과 스칸디나비아에는 그보다 2,500년 후에 정착했다. 따라서 열광적으로 환영받지는 못했다.

19세기까지 미국의 과일 최대 생산지인 캘리포니아의 원주민들은 애리조나 농업 원주민들과의 교역을 통해 농업의 존재를 알았음에도, 모두 수렵·채집인으로 남았다. 이는 캘리포니아 원주민들이 농업의 이점을 깨닫지 못했기 때문일까? 그렇지 않으면 너무 현명해서 언뜻 화려해 보이는 농업의 이면에 우리를 옭아매는 함정이 있다는 것을 깨달았던 것일까?

진보주의자의 생각을 검증하는 또 하나의 간접적인 방법은, 20세기의 수렵·채집인들이 정말로 농민보다 열악한 생활을 하고 있는지를 연구하는 것이다.

농업에 적합하지 않은 세계의 토지에는, 칼라하리 사막의 부시먼 같은 소위 '원시적' 생활을 하고 있는 사람들이 있으며, 그들은 최근까지도 수렵·채집 생활을 하고 있었다.

놀라운 사실은 이들 수렵·채집인들은 여유도 있고 잠도 잘 자며 농업을 하는 이웃 부족보다 더 많이 일하지도 않았다. 예를 들어 부시먼이 매주 식량을 획득하는 데 걸리는 시간은 평균 12~19시간이었다. 여러분은 그렇게 짧은 노동 시간으로 생활을 유지할 수 있는가?

왜 농업을 시작해 이웃 부족과 경쟁하지 않는가 하는 물음에 어떤 부시먼은 '몽공고 열매가 산처럼 있는데 왜 심는가?'라고 대답했다.

물론 식량을 발견하는 것만으로는 배가 부르지 않다. 먹기 위해서는 조리를 해야 하는데 몽공고 열매를 조리하려면 많은 시간이 걸린다.

따라서 진보주의자의 의견과는 정반대인 일부 인류학자의 주장처럼 수렵·채집인은 주체할 수 없을 정도로 남아도는 여유를 누린다는 생각도 틀린 것이다. 그러나 그들이 농민보다 훨씬 많이 일한다는 생각 또한 잘못된 것이다. 의사나 변호사, 20세기 초반에 가게를 가지고 있었던 나의 조부모에 비하면 수렵·채집인에게는 훨씬 여유가 많았다.

농민이 쌀이나 감자 같은 탄수화물 중심의 작물에 집착하는 것에 비해, 현재의 수렵·채집인의 식사는 야생식물과 동물의 혼합이기 때문에 훨씬 많은 단백질을 포함하고 있으며 다른 영양소 면에서도 균형을 이루고 있다. 부시먼의 일일 평균 음식 섭취량은 2,140킬로칼로리, 단백질 93그램으로 몸집은 작지만 활동량이 많은 성인의 일일 필요량을 확실히 넘는다.

수렵·채집인은 건강해서 병에도 거의 걸리지 않으며 다양한 식사를 즐기고, 적은 종류의 작물에 의존하고 있는 농민에게 정기적으로 닥치는 기근의 걱정도 없다.

식용식물 85종을 이용하고 있는 부시먼에게 있어서 굶어 죽는 것은 생각할 수도 없는 일이지만, 1840년대의 아일랜드에서는 주요 식물인 감자가 충해를 입어 100만 명의 농민과 그 가족이 굶어 죽었던 적이 있다.

이처럼 현존하는 수렵·채집인의 삶은 농민들이 그들을 세계의 끝으로 몰아넣었음에도, 결코 '더럽고 야만스럽고 빨리 죽지는' 않았다. 따라서 가장 비옥한 토지에 살았던 과거의 수렵·채집인은 현대의 수렵·채집인보다 못한 삶을 살지는 않았을 것이다.

현대의 수렵·채집인은 수천 년에 걸친 농업 사회의 영향을 받고 있기 때문에 농업혁명 이전의 수렵·채집인 삶에 대해서는 아무것도 알려주지 못한다. 진보주의자들은 훨씬 오래전의 일을 이야기하고 있는 것이다.

세계 각지 사람들의 생활수준은 수렵에서 농업으로 전환했을 때 향상되었다. 고고학자들은 야생 동식물의 잔해와 선사시대 쓰레기 더미에서 발견되는 재배식물이나 가축 종류의 잔해를 구별하는 것으로 그 이행 연대를 측정한다.

농업의 부작용 — 영양실조, 기근, 전염병

어떻게 하면, 선사시대 사람들이 버린 쓰레기에서 그들의 건강 상태를 추정하고, 농업이 정말로 축복이었는지 직접 검증할 수 있을까?

이 의문에 대해서는 최근에 와서 고병리학古病理學이라는 것을 원용하면서 답을 도출할 수 있게 되었다. 고병리학은 옛날에 살았던 사람들의 유골에서 병의 징후를 연구하는 학문이다.

운이 좋으면 고병리학자도 보통의 병리학자와 비슷하게 많은 자료를 손에 넣을 수 있다. 예를 들어, 칠레에서 발견된 보존 상태가 양호한 미라는 오늘날 병원에서 죽은 사람에게 행해지는 것과 비슷한 검시 해부를 통해 죽었을 때의 상태를 의학적으로 조사하는 일이 가능하다.

네바다의 건조한 동굴에 살았던, 오래전에 죽은 원주민의 배설물은 상당히 잘 보존되어 있었기 때문에 십이지장충 등의 기생충도 조사할 수 있었다.

고병리학자는 주로 뼈만 조사했지만, 그것만으로도 건강 상태에 대해서 놀랄 정도로 많은 것을 알아냈다. 우선 뼈를 통해 그 사람의 성별을 알 수 있고 중량을 통해 죽었을 때의 연령을 대략 알 수 있다. 따라서 뼈가 조사에 필요한 만큼 많이 있다면 생명보험회사가 만드는 사망표처럼, 각각의 연령에 관한 수명과 사망률을 계산할 수 있다. 다른 연령의 사람들의 뼈를 측정하면 성장률을 계산할 수도 있고 충치(고탄수화물식의 징후), 에나멜질의 결함(어린 시절 영양실조의 징후), 빈혈이나 결핵, 한센병, 관절염 등의 병이 뼈에 남은 흔적의 유무도 조사할 수 있다.

고병리학자가 뼈를 연구해서 밝혀진 사실의 예로 신장의 역사적 변천이 있다. 어린 시절의 영양이 좋을수록 어른이 됐을 때 키가 큰 예는 현대에도 여러 가지로 나타나고 있다.

예를 들면, 영양이 나빠서 키가 작았던 중세 사람들이 지어놓은 성城의 입구를 빠져나가려면 몸을 숙여야 한다. 고대 그리스인과 터키인의 뼈를 조사한 고병리학자는 이것과 아주 똑같은 경우를 발견했다.

빙하기 말엽에 이 지역에 살고 있었던 수렵·채집인의 키는 남성이 평균 178센티미터, 여성이 168센티미터였다. 농업을 채택함에 따라 사람들의 키는 작아져 B.C. 4000년경에는 남성이 160센티미터, 여성이 155센티미터로 줄어든다. 고전기古典期인 그리스·로마 시대에 들어 키는 다시 서서히 증가했지만, 현대의 그리스인과 터키인의 키는 아직 그들의 선조인 수렵·채집인에 이르지 못하고 있다.

고병리학자가 연구 중인 또 하나는 일리노이와 오하이오 계곡의 매장지에서 발굴된 수천 년이나 지난 아메리카 원주민 뼈에 관한 것이다. 중앙아메리카에서 수천 년 전에 재배된 옥수수는 1000년경에 이 협곡지대의 중심 작물이 되었다. 그 무렵까지 수렵·채집인들의 뼈를 보자면 어느 고병리학자가 투덜댄 것처럼 "너무 건장해서 조사하기 싫을 정도"였다. 따라서 옥수수의 등장은 원주민의 뼈를 연구하는 데에 큰 흥미를 자아내게 했다.

보통의 성인이 가진 충치 수는 한 개 이상이었고 일곱 개 가까이 되는 것도 있었으며, 치아가 빠지거나 고름이 만연해 있었다.

어린이의 젖니에 에나멜 결함이 많은 것은 모친이 임신 중이나 수유 중일 때 심하게 영양실조였음을 나타낸다. 빈혈 빈도는 네 배나 됐고 결핵은 전염병으로 굳혀졌다. 인구의 반 이상은 매종yaws(열대 피부병의 일종)이나 매독으로 고통 받고 있으며, 3분의 2는 관절염과 그 밖의 뼈를 상하게 하는 병에 걸려 있었다.

각 연령마다 사망률도 높아져 옥수수를 재배하기 전의 황금시대에는 50세 이상까지 사는 사람이 인구의 5퍼센트를 차지했는데 이제 1퍼센트 이하로 줄었다. 인구의 약 5분의 1은 이유기離乳期의 영양실조와 전염병 때문에 한 살에서 네 살 사이에 죽어버렸다. 결국 신세계의 축복이라고 생각되던 옥수수가 사실은 공중위생의 비극의 근원이었던 것이다. 수렵에서 농업으로 이행하면서 이와 비슷한 변화가 일어났던 것은, 세계의 다른 곳에서 행해진 뼈의 연구로도 알려져 있다.

농업이 몸에 좋지 않은 요인으로는 적어도 세 가지를 들 수 있다. 첫번째로, 수렵·채집인은 여러 가지 음식을 먹으며 단백질·비타민·미네랄을 적절하게 섭취하고 있었지만 농민은 대부분의 영양을 전분질에서 얻었다.

결국 농민은 영양이 한군데로 집중되기 쉬운 칼로리를 섭취하고 있었던 것이다. 오늘날 인간이 섭취하는 칼로리의 50퍼센트는 고탄수화물의 세 종류 식물—밀, 쌀, 옥수수—로 채워지고 있다.

두 번째로, 농민은 하나 또는 몇 안 되는 종류의 작물에 의존하고 있었기 때문에 흉작이 오면 기근에 빠질 위험이 수렵·채집인보다 훨씬 높다. 아일랜드의 감자 기근이 그 예이다.

마지막으로 덧붙이고자 하는 것은, 오늘날 세계에서 위력을 보이는 전염병이나 기생충의 위협은 농업이 출현하기 전에는 그렇게까지 심하지 않았다는 사실이다. 인구밀도가 높고, 영양 상태가 나쁘고, 정착민들 사이의 접촉을 통해서, 또는 서로의 배설물을 매개로 그런 병과 기생충을 옮기고 있었던 것이다.

예를 들어 콜레라균은 사람 몸 밖에서는 오래 살지 못한다. 그것은 한 감염자에서 다른 사람에게로, 콜레라 환자의 배설물로 오염된 물을 마심으로써 감염되는 것이다. 홍역 바이러스는 인간이 모여 사는 집단의 규모가 작은 경우, 주민 모두가 홍역으로 죽거나 잠재적인 숙주가 면역성이 생기기만 하면 그 병균도 스스로 근절된다. 그러나 집단의 크기가 수만 명을 넘으면 홍역 바이러스는 언제까지라도 존속할 수 있는 것이다.

인구 밀집에 따른 전염병은 몇몇 소집단으로 나뉘어 항상 이동하는 수렵·채집인 사이에서는 오랫동안 존속할 수 없다. 결핵이나 한센병, 콜레라 등은 농업이 시작되기 전에도 있었지만, 천연두와 가로톳흑사병 그리고 홍역은 도시에 인구가 집중하게 된 과거 수천 년 사이에 출현했다.

계급 차별의 출현

영양실조, 기근, 전염병 외에 농업은 인간에게 계급의 분화라는 또 다른 위협을 가해왔다. 수렵·채집인은 얼마 안 되는 식량밖에 비축하지 못했고, 과수원이나 목장 같은 집중적인 식량 자원도 없었다. 그 대신 매일 구해오는 야생의 식물이나 동물로 살아갔다.

섯먹이, 환자, 노인 외에는 모두 식량을 구하리 나갔다. 따라서 왕이나 전문가가 없었으며 타인이 구해온 식량으로 자신의 배를 불리는 사회적 기생자 계급도 없었다.

농업 사회가 이루어지면서 비로소 병에 걸린 평민과 건강하지만 생산 활동에 종사하지 않는 엘리트 계급의 구별이 생긴 것이다.

그리스의 미케네에서 출토한 B.C. 1500년경의 뼈를 보면, 왕족과 귀족은 평민보다 5~8센티미터 정도 신장이 큰데다 좋은 치아를 가지고 있어(귀족의 충치 또는 빠진 이의 수는 평균 한 개, 평민은 평균 여섯 개), 왕족과 귀족의 영양 상태가 좋았다는 것을 알 수 있다.

칠레에서 나온 1000년경의 미라에서 엘리트 계급은 장식물이나 금으로 된 머리 장식뿐만 아니라, 감염에서 오는 뼈의 손상 빈도가 4분의 1밖에 되지 않아 평민과 구별되었다. 이렇게 지역사회 내부에서도 과거의 농민은 엘리트 계급과 건강 상태에서 커다란 차이를 보였다. 이런 현상은 오늘날에도 전 세계에서 나타난다.

미국이나 유럽의 독자에게 인간이 수렵·채집인이었던 때가 현대보다 평균적으로 나은 생활을 했을 거라는 말은 어처구니없게 들릴 것이다. 오늘날의 그들은 대부분 수렵·채집인보다 건강하기 때문이다. 그러나 미국인이나 유럽인은 오늘날 세계에서 엘리트 계급을 차지하고 있어 석유와 그 밖의 수입 물자에 의존하고 있다. 물자들을 수출하는 나라는 거의 가난하고 국민의 건강 상태도 훨씬 나쁘다. 만일 중류층의 미국인, 부시먼의 수렵민, 에티오피아의 농민 중 하나를 선택하라고 한다면, 누구나 가장 건강한 미국인이 되겠다고 할 것이다. 건강 상태가 가장 나쁜 에티오피아 농민이 되는 것은 모두가 꺼려할 것이 확실하다.

농업이 시작되면서 계급 차별이 나타났을 뿐만 아니라 남녀의 불평등도 더욱 확대되었다. 농업이 출현하면서 여성은 노동의 노예가 되었고, 빈번한 임신으로 힘을 빼앗겨 건강 상태가 나빠졌다. 예를 들어 1000년경의 칠레의 미라에는 여성이 남성보다 골관절염이나 감염증으로 골병변을 앓는 비율이 훨씬 높았다. 오늘날 뉴기니의 농민 사회에서도 채소 등을 머리 위에 잔뜩 이고 걷는 여성의 모습이 자주 보이는 반면, 남자는 대개 빈손으로 걷고 있다.

어느 날 나는 비행장에서 산 위의 캠프까지 음료수를 나르기 위해 돈을 주고 마을 사람들을 고용하기로 했는데, 여러 명의 성인 남녀와 아이들이 지원했다. 가장 무거운 짐은 50킬로그램 쌀자루였다. 나는 그

걸 막대기에 걸어 네 사람의 남자가 함께 운반하도록 지시했다. 그런데 내가 뒤에서 떨어져 가다가, 가까스로 앞서가는 마을 사람들을 따라가 보니까, 남자들은 모두 가벼운 짐을 들고 있고, 쌀자루보다도 더 가벼 워 보이는 작은 체구의 한 여성이 그 자루를 등에 진 채 이마에 동여맨 끈으로 무게를 버티며 걷고 있었다.

농업의 출현 덕분에 여유가 생겨 예술이 탄생하는 기초가 마련되었 다는 논의에 대해서는, 현대의 수렵·채집인도 평균적으로 최소한 농민 과 동등한 정도의 자유 시간을 갖고 있다고 볼 수 있다.

공업 사회나 농업 사회의 일부 엘리트 계층은 그들을 먹여 살리기 위 해 여가를 향유하지 못하는 많은 사람을 희생시킨 대가로, 수렵·채집 인보다 더 많은 여가를 즐기고 있는 것이다. 확실히 농업이 전문 지식인 이나 예술가를 먹여 살렸고, 그들이 없었으면 시스티나성당이나 쾰른 성당은 만들어지지 않았을 것이다.

그러나 인간 사회에 존재하는 예술의 차이를 설명하는 데, 여가 시간 만이 중요한 요인이 되는 건 아니다. 오늘날 우리가 파르테논신전보다 아름다운 것을 만들지 못하는 것은 여유가 없어서가 아니다. 농업화 이 후 기술적인 진보를 이루면서 새로운 유형의 예술이 가능해졌고 예술 작품을 보존하기도 쉬워졌다. 그러나 쾰른성당보다 소규모의 위대한 그 림이나 조각은 이미 1만 5000년 전에 크로마뇽인들이 만들어냈던 것 이다.

오늘날에도 이누이트족이나 북서태평양 원주민과 같은 수렵·채집인 은 훌륭한 예술품을 만들고 있다. 또 농업이 시작된 이후 사회가 양성 한 전문가는 미켈란젤로나 셰익스피어뿐만 아니라 살인을 전문으로 하 는 집단인 '군대'도 있다는 것을 생각해야 한다.

인구 억제인가, 식량 증산인가

농업의 시작과 함께 엘리트 계급은 더욱 건강해졌지만, 대부분의 사람의 건강은 더 나빠졌다. 인간이 농업을 선택한 것은, 그것이 인간에게 유익했기 때문이라는 진보주의자와 달리 부정적인 견해를 가진 사람들은, '인간이 어쩌다 농업이라는 명암이 교차하는 그물에 스스로 걸리게 되었는가' 하고 묻게 될 것이다.

그 답은 '힘은 정의다'라는 금언 안에 들어 있다. 1인당 더 많은 식량을 갖게 되었는지의 여부는 접어두자. 농업을 시작하면서 수렵을 할 때보다 어쨌든 더 많은 사람이 먹고살 수 있게 되었다(수렵·채집인의 인구밀도는 대개 2.5제곱킬로미터에 한 명이거나 그 이하였지만 농민의 인구밀도는 적어도 그 10배이다). 1헥타르의 밭에 먹을 수 있는 작물을 빽빽하게 심으면 몇 톤이나 되는 식량을 얻을 수 있으므로, 1헥타르의 삼림 속에 먹을 수 있는 식물이 산재해 있을 때보다 훨씬 많은 사람이 먹고살 수 있기 때문이다.

이동 생활을 하는 수렵·채집인은 아이들이 커서 혼자 어른을 따라다닐 수 있을 때까지 어머니가 업고 다니며 생활해야 했기 때문에, 유아살해나 그 밖의 다른 방법으로 4년 터울로 자식을 기를 수밖에 없었다는 데도 이유가 있다. 정착 생활을 하는 농민에게는 그러한 문제가 없으므로, 여성은 2년에 한 번 간격으로 아이를 출산할 수 있었다.

농업은 틀림없이 유익한 것이라는 전통적인 사고를 바꾸기가 힘든 주된 이유는, 농업이 1헥타르당 식량을 몇 배나 증산하는 것이 확실하기 때문일 것이다. 그것은 곧 먹여 살려야 할 사람이 증가했다는 사실이며 건강과 생활수준은 1인당 식량을 얼마나 소유하고 있는가에 달려 있다는 것을 뜻한다.

빙하기 말경 수렵·채집인의 인구밀도가 서서히 높아지면서 의식적이든 무의식적이든 인류는 농업으로의 첫걸음을 내딛게 되었고, 더욱 많은 인구를 먹여 살리든가 아니면 인구 증가를 억제하는 어느 한쪽을 '선택'해야만 했다.

어떤 집단은 농업을 함으로써 초래되는 악悪을 예측하지 못하고 일시적인 식량의 증가에만 눈을 돌렸지만, 얼마가지 않아 식량의 증가가 인구 증가를 따라잡을 수 없게 되었다. 인구 증가율이 높은 집단은 수렵 채집 생활을 하는 집단을 쫓아내거나 죽이기도 했다. 영양실조에 걸린 농민 열 명은 한 명의 건강한 수렵·채집인을 무찌를 수 있기 때문이다.

수렵·채집인들은 그들의 생활양식을 버리지 않았다. 그러나 생활양식을 버리지 않을 만큼의 분별이 있었던 집단은 농민이 원하지 않는 땅으로 쫓겨나고 말았다. 현대의 수렵·채집인들은 북극이나 사막과 같이 농업에 불리한 땅에 산재해서 살고 있다.

이 시점에서 고고학이란 과거만 바라보고 현대 세계에는 아무 지식도 주지 못하는, 돈만 드는 사치스러운 학문이라는 불만은 모순이 아닐 수 없다.

농업의 기원을 연구하는 고고학자는 우리에게 인간이 역사상 가장 중요한 결단을 내렸을 때의 상황을 재현해준 것이다. 인구 억제와 식량 증산의 갈림길에서 인간은 후자를 선택했고, 그리하여 기근과 전쟁과 독재의 길을 걷게 되었다. 오늘날 인류 역시 똑같은 갈림길에 놓여 있다. 다만 그때와 차이가 있다면 오늘날의 인류는 과거에서 교훈을 얻을 수 있다는 점이다.

농업이란 축복의 미래

수렵·채집인은 인류 역사상 가장 성공적이고 오래 지속된 생활을 영위해왔다. 그와는 대조적으로 우리는 지금까지 농업 때문에 직면한 문제와 힘겹게 싸우고 있는 중이고, 그 문제를 과연 해결할 수 있을지의 여부는 알 수 없다.

만약 우주의 저편에서 오늘 우리가 살고 있는 지구를 방문한 고고학자가 자신의 동료에게 인간의 역사를 설명하고 있다고 상상해보자. 외계에서 온 고고학자는 한 시간이 실제로는 10만 년인 24시간 시계를 사용해서 발굴 결과를 설명할지도 모른다. 인간의 역사가 한밤중에 시작되었다고 가정하면, 우리는 지금 거의 하루의 끝을 향해 다가가고 있다. 오늘의 인류는 새벽부터 해질 무렵까지 하루 종일 수렵·채집인으로 살아왔다. 오후 11시 54분쯤 됐을 때 드디어 농업을 시작했다.

돌이켜보면 그 결단은 불가피한 것이고, 이제는 더 이상 처음으로 되돌아갈 수 없다. 그러나 두 번째 날의 밤이 가까워질 무렵, 아프리카 농민들의 곤경이 점점 확대되어 우리를 덮치게 될 것인가? 아니면 그 화려한 얼굴 뒤에 있을 매력적인 축복을 얻게 될 것인가? 이제까지는 그 축복에 엇갈리는 희비를 모두 경험했다. 그러나 지금부터는 다시 한 번 진지하게 생각해봐야 할 문제이다.

왜 흡연과 음주와 마약에 빠지는가?

약물 남용의 패러독스

체르노빌, 석고벽의 포름알데히드, 납중독, 스모그, 밸디즈 호의 기름 유출, 석면, 고엽제 등 누군가의 부주의로 무고한 사람들이 독성 화학물질에 노출됐다는 소식을 거의 매일 같이 듣는다. 그럴 때마다 많은 사람들이 분노와 무력감을 느끼면서 예방할 수 있는 방법을 찾아야 한다고 생각한다.

그런데 우리는 왜 독성 물질이 유출됐다는 소식에는 분노를 느끼면서 자기 자신에게 하는 짓은 참고 있는 것일까? 많은 사람이 알코올, 코카인, 담배 연기 속에 들어 있는 잡다한 독성 화학물질을 자발적으로 마시고 주사하고 흡입하고 있다. 이러한 의도적인 자기 손상 행위는 원시적인 생활을 하는 부족에서부터 과학기술이 발달한 오늘날의 도시민에 이르기까지 어디에서나 있는 것일까? 약물중독은 어떻게 해서 인류만의 특질이 되었을까?

일단 독성 화학물질을 사용하기 시작하면 왜 계속 사용하게 되는지는 그리 큰 문제가 아니다. 약물 남용은 곧 중독된다는 것이 중요한 문제다. 더 중요한 문제는 알코올, 코카인, 담배가 해롭고 위험하다는 것을 알면서도 손을 댄다는 것이다. 그것은 마치 무의식중에 프로그램된 것이 있어서, 위험하다는 것을 알면서도 프로그램 명령대로 행동하는 것처럼 보인다. 그렇다면 이 프로그램은 무엇일까?

물론 간단히 설명할 수는 없다. 개인이나 사회에는 각각 다른 무게를 가진 여러 가지 다른 동기가 있다. 예를 들어 스트레스를 해소하거나 다른 사람과 친해지기 위해서 술을 마시는 사람, 괴로움을 잊기 위해 마시는 사람, 맛이 좋아서 마시는 사람도 있다. 각 집단이나 사회계층마다 성취하는 만족도가 다르기 때문에 약물 남용에 지리적이고 계급적인 차이가 있는 것도 당연하다.

자기 파괴적인 알코올 의존증이 영국 동남쪽보다 실업률이 높은 아일랜드에서 더 큰 문제가 되고 있는 것이나, 코카인이나 헤로인 중독이 부유한 교외보다 할렘 지역에 더 많은 것도 놀랄 만한 일은 아니다. 약물중독은 사회적·문화적 문제이므로 동물에게서 선례를 찾을 수 없다고 생각할지도 모른다.

그러나 이런 동기 중 그 무엇도 '해롭다는 것을 알면서도 적극적으로 찾는 이유가 무엇일까?'라는 역설의 핵심을 건드리지는 못한다. 이런 역설을 설명할 수 있는 또 하나의 동기를 이번 장에서 제안하고자 한다.

인간의 화학물질 사용은 넓은 의미에서는 동물의 자기 파괴적인 성질과 관련이 있으므로 동물적인 동기의 일반 이론을 적용할 수 있다.

따라서 흡연, 음주, 마약 등 우리 문화에서 흔히 볼 수 있는 현상을 그것으로 설명하고 싶다.

이 이론은 서구 세계의 일부에서 볼 수 있는 현상일 뿐만 아니라 인도네시아 쿵후의 고수가 석유를 마시는 것과 같은 다른 문화의 기묘한 행동도 설명할 수 있기 때문에 범문화적인 가치가 있다. 과거의 행동에도 눈을 돌려, 고대 마야 문명에서 행해지던 기이한 행위인 의식적 관장灌腸에도 이 이론을 적용시켜볼 것이다.

담배 광고와 정열적인 남성과의 관계

우선 내가 왜 이 이론을 생각했는지 설명하겠다. 어느 날 문득 독성 화학물질을 제조하는 회사가 광고에 그 독성을 명확하게 표명하는 것이 이상하다는 생각이 들었다. 그런 것을 밝히면 도산할 것 같았으니까.

우리는 코카인 광고는 허용하지 않지만, 담배나 알코올 광고는 흔하기 때문에 별로 이상하게 생각하지 않는다. 내가 그것을 깨달은 것은 광고와는 동떨어진 정글에서 뉴기니의 수렵민과 살다가 온 다음이었다.

뉴기니인들은 날마다 서구의 습관에 대해서 질문했다. 내 말에 깜짝 놀라는 그들의 반응을 보면서, 나는 점점 서구 습관이 얼마나 몰지각한 것인지 깨닫게 되었다.

몇 개월에 걸친 야외 조사가 끝나고 현대의 교통수단을 이용한 이동이 가능해졌다. 6월 25일에 나는 정글에서 눈부신 빛깔의 수컷 극락조가 90센티미터나 되는 꼬리를 뒤로 쭉 뻗고 평지를 여유롭게 걷는 것을 바라보고 있었다. 6월 26일에는 보잉 747기 좌석에 앉아 잡지를 읽으면서 서구 문명의 경이로움에 놀라고 있었다. 잡지를 한 페이지씩 넘기다가 정열적인 남자가 말을 타고 소를 쫓는 사진과 함께 담배 상표명이 커다란 활자로 인쇄된 페이지를 보게 되었다.

미국인인 나는 그 사진이 무엇을 의미하는지 알고 있었다. 그러나 아직 정글 속에 있는 또 하나의 나는 신기한 듯이 그 사진을 보고 있었다.

만일 당신이 서구 사회에 대해 무지한 상태에서 그 광고를 보고, 소를 쫓는 것과 담배를 피우는 것(또는 피우지 않는 것)과의 사이에 어떤 관계가 있는지를 추측하려 한다고 상상해보면, 나의 반응을 짐작할 수 있을 것이다.

이제 막 정글에서 나온 순진한 내 마음의 일부는 이렇게 생각했다. '왜 어리석게 담배 같은 걸 광고하지? 담배를 피우면 체력이 떨어지고 간도 나빠지고 빨리 죽을 텐데. 카우보이는 체력도 좋고 잘생겼으니, 이 광고는 틀림없이 금연 운동에 대한 새롭고 강력한 호소로, 특정한 상표의 담배를 피우면 카우보이가 되기 힘들다고 경고하고 있는 것일 거야. 젊은 사람에게 효과적인 메시지로군!'

그러나 그 광고를 한 것은 다름 아닌 담배 회사였고, 광고를 보는 사람들로부터 그것과는 정반대의 결론을 기대하고 있음을 알았다. 그 회사는 도대체 어쩔 작정으로 엄청나게 건전하게 살려는 사람들의 기대에 어긋나는 광고를 실었을까? 자신의 건강에 관심을 가진 사람이라면 이 광고를 보고 담배를 피우지 않을 것 아닌가?

아직 반쯤은 정글 안에 있는 채로 나는 다른 잡지를 펼쳤다. 거기에는 테이블 위에 위스키 병이 놓여 있고, 위스키가 들어 있는 잔을 들고 마시는 남자 옆에서 넋을 잃고 그를 쳐다보고 있는, 겉모습만으로도 정력이 강해 보이는 젊은 여성의 사진이 실려 있었다. 그 여성은 성적으로 그 남자가 요구하는 대로 당장이라도 응할 태세처럼 보였다.

"이건 뭐야?" 하고 스스로에게 질문했다. 알코올을 마시면 정력이 저하된다는 것은 누구나 알고 있는 사실이 아닌가? 알코올을 섭취한 남자는 무력해지거나 체력이 약해지기도 하고 잘못된 판단을 하기도 하며, 간경화 등 심각한 병에 걸리기도 쉽다. 셰익스피어의 《맥베스》에는 이런 명언이 나온다.

"알코올은 욕망은 높이지만 실행력은 떨어뜨린다."

그런 곤란한 성적 결함을 가진 남자라면, 무슨 수를 써서라도 지금부터 유혹하려고 하는 이 여성이 눈치채지 않게 해야 할 것이다. 그런데 이 사진의 남자는 왜 일부러 그런 약점을 보이는 것일까? 위스키 회사는 그런 곤란한 성적 결함이 있는 남자가 제품 판매에 도움이 된다고 생각하고 있는 것일까? 그것은 어쩌면 '음주운전에 반대하는 어머니모임Mothers Against Drunk Driving : MMDD' 등이 만든 광고로, 위스키 회사로부터 업무 방해라고 소송을 당하게 될지도 모른다.

잡지는 페이지마다 담배나 강한 알코올의 소비를 강력히 권고하는 광고들로 그 효용을 암시하고 있었다. 그중에는 젊은 사람들이 매력적인 이성 앞에서 담배를 피우면서, 심지어 마치 담배를 피우면 섹스의 기회를 얻을 수 있다고 말하려는 것처럼 묘사된 사진까지 있었다.

하지만 흡연자에게 키스를 한(또는 하려고 한) 적이 있는 비흡연자라면, 흡연자의 냄새는 성적 매력 따위를 다 달아나게 한다는 것을 알고 있을 것이다. 그 광고에서 얻을 수 있는 직접적인 결론과는 사실상 반대임에도, 그 광고에는 성적인 도움을 줄 뿐만 아니라 플라토닉한 사랑의 관계, 비즈니스 기회, 체력, 건강, 행복 등의 증진이 역설적으로 암시되어 있었다.

시간이 지나 서구 문명에 젖게 되면서 나는 광고에 대한 편견을 그만 두고 내 분야인 데이터 분석에 들어가, 새의 진화에 관한 전혀 다른 수수께끼에 몰두하기 시작했다. 그런데 새의 진화에 관한 수수께끼가 바로 담배나 위스키 광고의 배후에 있는 원리를 이해하는 열쇠가 되었다.

핸디캡 이론

새로운 역설은, 6월 25일에 내가 관찰하고 있던 수컷 극락조가 '어떻게 90센티미터나 되는 거추장스런 꼬리를 가지게 되었는가'에 관한 것이었다.

다른 종의 수컷 극락조도 마찬가지로 눈썹에서 뻗은 귀찮은 깃털을 펴기도 하고, 가지에 거꾸로 매달리기도 하고, 마치 매에게 여기 있으니 잡아먹어 보라는 듯이 화려한 색깔을 뽐내거나 큰 소리를 내기도 하는 등 엉뚱한 특징들을 진화시켰다. 이런 것은 모두 수컷의 생존율을 저하시키는데도, 암컷에게 구애할 때 자신을 과시하려는 용도로 쓰이고 있었다.

그래서 나도 다른 대부분의 생물학자들과 마찬가지로 '극락조 수컷은 왜 핸디캡을 과시하고, 암컷은 왜 그런 핸디캡을 매력적으로 생각하는 것일까'라는 의문을 가지게 되었다.

그때 나는 이스라엘의 생물학자인 아모츠 자하비Amotz Zahavi가 1975년에 발표한 재미있는 논문을 생각해냈다. 그 논문에서 자하비는 동물의 행동 중 생존에 불리한 특징이 어떤 역할을 하는가에 대해서 아주 새로운 이론을 전개했다. 그의 이론은 지금까지도 생물학자들 사이에서 활발하게 논의되고 있다.

쉽게 말하면, 수컷의 요란하고 화려한 모습은 포식자의 눈에 띄기 쉽고 공격을 당할 경우 도망치기도 어려울 터이다. 그런데 왜 이런 수컷의 모습이 암컷을 끌어들이는 요소가 되는가 하는 의문은 바로 그 형질이 살아가는 데 있어 장애 요인이 되기 때문이라고 그는 주장했다.

자하비의 이론은 내가 연구하고 있는 수컷 극락조의 사례에도 들어맞는다. 그때 갑자기 나는 그의 이론을 적용하면 인류가 유해한 화학물질을 사용하고 광고하는 까닭을 설명할 수 있을지도 모른다는 점을 깨닫고 흥분했다.

자하비의 이론은 동물의 의사소통에 관한 여러 가지 문제와도 관련되어 있었다. 모든 동물에게는 배우자, 배우자가 되어줄 듯한 상대, 자식, 부모, 경쟁자, 포식자 등에게 메시지를 전할 재빠르고 이해하기 쉬운 신호가 필요하다.

예를 들어 접근하는 사자에게 경고하는 가젤에 대해서 생각해보자. 가젤에게 있어서, "나는 매우 발이 빠르기 때문에, 사자 네가 아무리 잡으려고 해도 잡지 못한다. 그러니까 쓸데없는 에너지와 시간 낭비는 그만두어라"라는 메시지를 사자에게 알리는 것은 매우 바람직한 일이다. 사자에게 사냥을 포기하라는 신호를 보내면 가젤 자신의 시간과 에너지를 쓸데없이 낭비하지 않을 수 있다.

그렇다면 사냥을 시도해도 가망이 없다는 것을 사자에게 분명하게 알리는 신호로는 어떤 것이 좋을까? 모든 사자 앞에서 실제로 100미터 달리기를 할 수는 없지만, 왼쪽 뒷발로 땅을 긁으면서 "나는 빠르다"라는 손쉬운 신호를 사자에게 보낼 수는 있다.

문제는 손쉬운 신호는 오해를 불러일으킬 수 있다. 느린 가젤도 간단하게 똑같은 신호를 보낼 수 있기 때문이다. 그러면 사자는 느린 가젤도 똑같은 신호를 보낸다는 것을 알게 되어 신호를 무시할 것이다. 가젤은 사자에게 이 신호가 진짜임을 확신시켜야 한다. 그럼 가젤이 어떤 신호를 보내야만 사자가 믿을까?

앞 장에서 논한 성선택과 배우자 선택에서도 마찬가지의 딜레마가 있었다. 암컷이 배우자를 결정할 때 특히 문제가 된다. 왜냐하면 암컷은 번식을 위해 더 많은 투자를 하는 만큼 실패하면 잃는 것도 많아 배우자를 선택할 때 수컷보다 더 까다롭다.

암컷은 새끼에게 좋은 유전자를 전해줄 수 있는 수컷을 발견해야 한다. 그러나 유전자를 볼 수도 없으므로 암컷은 어떤 수컷이 좋은 유전자를 가지고 있는가를 재빨리 알아차릴 수 있는 지표를 찾아야 한다. 한편 우수한 유전자를 가지고 있는 수컷은 암컷에게 알릴 수 있는 지표를 제공해야 할 것이다. 실제로 수컷의 깃털, 지저귐, 과시 행동 등은 지표로써 작용한다. 왜 수컷은 특정한 지표를 사용해서 자신을 과시하고, 암컷은 그 지표가 정직한 신호라고 믿는 것일까?

나는 신호 문제를 설명하면서 수컷이 구애를 할 때 여러 가지 신호 중에서 어떤 신호를 자발적으로 선택하는 것처럼 보인다고 기술했다. 암컷 또한 고심 끝에 수컷의 신호가 정직을 나타내는 표시라고 판단하고 배우자를 결정하는 것처럼 표현했다.

그러나 실제로 그러한 '선택'은 유전자에 따라 결정된 진화의 결과이다. 우수한 유전자를 나타내는 지표를 분명하게 사용하는 수컷은 더 많은 새끼를 남겼다.

불필요한 경쟁을 피하려는 가젤과 사자도 마찬가지이다. 쓸데없이 에너지만 허비하는 추격전을 삼가는 가젤과 사자는 힘을 아끼고 가장 많은 자식을 남길 수 있다.

결국 동물들이 진화시켜온 신호의 대부분은 담배 광고에 담겨 있는 역설과 비슷하다. 지표는 종종 스피드나 좋은 유전자를 연상시키기보다는 핸디캡, 많은 비용, 위험 요소로 구성되어 있는 듯하다.

예를 들어 사자가 근처에 있는 것을 알아차린 가젤이 사자에게 보내는 신호는 '뻗정뛰기stotting'라 불리는 기묘한 행동이다. 가젤은 재빨리 도망치는 대신 천천히 걷다가 발을 곧게 뻗어 공중으로 높이 날아오르는 동작을 몇 번이나 반복한다. 도대체 가젤은 어떤 속셈으로 시간과 에너지를 낭비하면서 사자에게 습격 기회를 주는 듯한, 자기 파괴적인 행동을 취하는 것일까?

공작의 긴 꼬리나 극락조 수컷의 깃털처럼 거추장스러운 부속품을 가진 수컷들을 생각해보라. 수컷의 아름다운 색, 큰 소리, 화려하고 눈에 띄는 과시 행동 등은 포식자의 시선을 끌기 쉽다. 왜 수컷은 그런 귀찮은 것을 과시하고 암컷은 왜 그것을 좋아하는 것일까?

자하비의 이론은 이 역설의 핵심을 푼 것이다. 자하비의 이론에 따르면 그런 귀찮은 부속품이나 위험을 부르는 행동은 그것이 정말로 행위자에게 위험을 초래하는 것이기 때문에, 그 신호를 내고 있는 동물이 특히 우수하다는 것을 반증하는 정직한 지표가 된다는 것이다.

별로 위험하지 않은 신호는 느리거나 하찮은 유전자를 가진 동물도 쉽게 흉내 낼 수 있으므로 믿을 수 없다. 그러나 대가가 크고 위험을 초래할 것 같은 신호는 정확성을 보증할 수 있다. 예를 들어 느린 가젤이 뻗정뛰기를 한다면 즉시 사자에게 잡아먹히겠지만, 발이 빠른 가젤은 뻗정뛰기를 한 후에도 사자보다 빨리 달릴 수 있다.

뻗정뛰기를 통해 가젤은 "나는 매우 발이 빠르기 때문에 이런 것을 한 후에도 여유 있게 도망칠 수 있다"고 말하는 것이다. 사자도 가젤의 신호를 믿는 편이 더 낫다고 판단해서 둘 다 결과가 보이는 싸움을 그만둠으로써 시간과 에너지를 절약한다.

수컷의 구애 행동에 자하비의 이론을 적용시켜도 마찬가지이다. 커다란 꼬리나 뛰어난 노랫소리가 지닌 위험에도 불구하고 살아남은 수컷은, 그 외의 것도 틀림없이 훌륭한 유전자를 가지고 있다는 것을 암시한다. 그런 수컷은 포식자를 피해 도망 다니거나, 식량을 발견하거나, 병에 걸리지 않는 점에서 특히 우수할 것이다.

핸디캡이 크면 클수록 그가 헤쳐 온 시련도 더 힘들었을 것이다. 이런 수컷을 선택하는 암컷은 중세의 젊은 여인들이 자신에게 구혼하는 기사들에게 용을 무찌르는 것과 같은 시련을 부과한 후 배우자를 선택하는 것과 비슷하다고 볼 수 있다.

외팔의 기사가 핸디캡을 극복하고 용을 퇴치했다면, 그야말로 당당하고 훌륭한 유전자를 가진 기사일 것이다. 또 그 기사는 자신의 핸디캡을 일부러 드러냄으로써 자신의 진정한 우수함을 과시하는 것이다.

자하비의 이론은 일반적으로 높은 지위나 특별히 성적인 이익을 얻기 위해 많은 위험이나 대가가 따르는 행동을 서슴지 않는 사람의 경우에도 적용된다.

예를 들어 값비싼 물량 공세로 재산이 많은 것을 과시해서 여성을 유혹하는 남성은, 실제로는 "나는 이만큼의 돈을 다 써버려도 상관없을 정도로 당신과 아이를 부양할 많은 돈을 가지고 있다"라고 말하고 있는 것이다.

고귀한 보석이나 스포츠카, 예술품 등은 모조품으로는 흉내 낼 수 없기 때문에 지위의 상징이 된다. 보란듯이 내놓은 그런 물건이 얼마쯤 한다는 것을 누구라도 알고 있기 때문이다.

태평양 해안의 북서부에 사는 아메리카 원주민들은 포틀래치potlatch 의식이라 불리는 축제 때 높은 지위를 얻기 위해 가능한 한 많은 돈을 쓰며 경쟁을 한다.

현대의학이 나오기 전 문신은 고통스럽고 감염도 쉬워 상당히 위험한 것이었다. 따라서 문신이 있는 사람은 병에 대한 저항력과 고통에 강한 힘의 두 가지 역량을 나타냈다.

태평양의 말레쿨라Malekula 섬의 남자들은 높은 탑을 쌓아 그 꼭대기에서 아래로 뛰어내리는, 제정신으로는 할 수 없는 짓을 전통적으로 행해왔다. 탑에 고정된 단단한 덩굴을 양 발목에 감고 뛰어내려도, 사람의 머리가 불과 지면 위 수십 센티미터 정도에서 멈추도록 덩굴의 길이를 조정해둔다. 그렇게 해서 뛰어내려도 살아 있다면, 그 사람은 용감하고 정확한 계산을 할 수 있는 것은 물론 탑을 짓는 데도 우수하다는 증거가 된다.

자하비의 이론은 사람이 약물에 중독되는 이유도 설명할 수 있다. 청소년기부터 어른이 되기 시작할 무렵에 우리는 자신의 지위를 주장하기 위해 많은 에너지를 사용하는데, 그때가 마약중독에 빠질 수도 있는 가장 위험한 시기이다. 위험한 과시 행동을 하는 새처럼 사람도 똑같은 본능을 가지고 있다.

1만 년 전에는 우리도 사자나 적대하는 부족에게 '과시 행동'으로 도전했을 것이다. 현대에는 그것이 난폭한 운전이나 위험한 약물을 복용하는 등 다른 방법으로 나타날 뿐이다.

과시 행동이 갖는 메시지는 옛날이나 지금이나 바뀌지 않았다. 그것은 "나는 강하고 우수하다"라는 것이다. 나는 한 번인가 두 번 마약을 흡입해 보았는데, 처음 담배를 피웠을 때처럼 질식할 것 같았으나 술에 만취했을 때와 같은 불쾌한 기분을 이겨내야 했다.

그것을 상습적으로 하면서 건강한 생활을 하기 위해서는 훌륭하고 강해야 한다는 것이 내 생각이다. 그것은 라이벌이나 동료, 미래의 배우자에 대한, 그리고 자기 자신에 대한 메시지인 것이다.

흡연자와의 키스는 심한 냄새가 나고, 술 취한 사람은 침대에서 무력할지도 모르지만, 그런 행동으로 은연중에 우월성을 암시하는 메시지를 전함으로써 동료들에게 강한 인상을 주고 연인에게 매력을 준다고 여기는 것이다.

그러나 불행하게도 새라면 그러한 것에 넘어갈 테지만 인간은 어림없다. 인간에게 있는 많은 동물적인 본능과 마찬가지로, 그것도 현대사회에서는 비적응적인 것이 되었다. 위스키를 한 병 마신 후에도 걸을 수 있으면 간장에 알코올 탈수소 효소를 많이 가지고 있는 것이지만, 그 외에는 어떠한 우월성도 나타내지 않는다. 매일 몇 갑의 담배를 계속 피워대는데도 폐암에 걸리지 않았다면 폐암에 대한 저항력이 강한 유전자를 가지고 있는 것일 뿐이다. 폐암에 강한 저항력이 있는 유전자가 지능이나 비즈니스 능력을 높여주거나, 배우자나 아이들을 행복하게 해주는 능력을 가져다주는 것은 아니다.

수명이 짧고 구애 행위도 단시간에 행하는 동물들은 교미가 가능하다는 것을 빨리 알아차릴 수 있는 신호를 발달시키는 것 외에 다른 방법이 없다. 교미를 하려는 암수의 개체는 각각의 개체의 참된 의사나 능력을 차분히 검토할 시간적 여유가 없기 때문이다. 그러나 인간은 오래 살고 구애도 시간을 들여서 하고 비즈니스 관계도 오래 지속되기 때문에 서로의 가치를 잘 살펴볼 만한 시간이 있다. 우리는 그다지 신뢰성 없는 표면적인 신호에 의존할 필요가 없는 것이다.

약물중독은 핸디캡 신호에 의존하는 우리의 본능이 예전에는 효과가 있었지만, 지금은 몸만 상하게 하는 전형적인 예가 되고 있다. 담배나 위스키 회사가 그 교묘하고 외설적인 광고로 우리에게 호소하는 것은 오래된 본능에 호소하는 것이다. 만일 코카인을 합법화한다면 마약상들은 금방이라도 같은 본능에 호소하는 비슷한 방법으로 광고를 낼 것이다. 그것을 상상하기란 아주 간단하다. 말을 탄 카우보이나 세련된 남성과 매력적인 여성이, 맛있게 보이도록 포장된 하얀 가루가 든 상자 앞에 있는 사진일 것이다.

쿵후의 명인은 석유를 마실 수 있다?

이제 서구의 공업화 사회를 떠나 지구의 반대편으로 날아가 내 이론을 좀 더 확실히 해보자. 약물중독은 산업혁명과 함께 출현하지는 않았다.

담배는 아메리카 원주민의 작물이었고, 토착 알코올음료는 세계 어디에서나 볼 수 있다. 코카인과 아편은 다른 사회에도 존재한다.

현존하는 가장 오래된 법전인 바빌로니아의 함무라비 법전(B.C. 1792~1750년경)에도 이미 술집에 관한 조항이 있다. 나의 이론이 옳다면 다른 사회에도 부합될 것이다. 내 설명이 문화를 초월하여 유효하다는 것을 보여주기 위해, 아직 아무도 들은 적이 없는 예를 한 가지 들어보겠다. 바로 쿵후 유단자의 석유 마시기이다.

아르디 이르완토라는 젊고 멋있는 생물학자와 함께 인도네시아에서 일하고 있을 때, 나는 이 풍습에 대해서 알게 되었다. 아르디와 나는 서로 호감을 가지고 존경하게 되었으며, 서로에게 의지하고 있었다. 간혹 문제 많은 지역에 들어가게 되어 위험한 사람들과 부딪칠지도 모른다고 걱정하면, 아르디는 "괜찮아요, 재레드. 나는 쿵후 8단이니까"라고 말하며 동양의 호신술인 쿵후를 배워 꽤 높은 경지까지 도달했기 때문에, 여덟 명이 한꺼번에 덤벼도 한 손으로 손쉽게 물리칠 수 있다고 장담했다. 그것을 증명하기 위해 아르디는 폭력배 여덟 명을 무찔렀을 때 입은 등의 상처를 보여주었다. 한 명이 칼로 그를 찔렀지만, 아르디가 두 번째 사람의 팔을 꺾고 세 번째 사람의 머리를 내리치자 나머지는 도망쳤다고 한다. "나와 함께 있으면 무서울 것 없다"고 그는 호언장담했다.

어느 날 밤, 아르디는 자기 컵을 가지고 캠프에서 제리캔jerrican(물이나 석유를 담는 통—옮긴이) 쪽으로 갔다. 언제나처럼 우리는 두 종류의 제리캔을 가지고 있었다. 푸른 것은 식수용이고 붉은 것은 석유통이다.

아르디가 붉은 제리캔의 내용물을 컵에 따라 입으로 가져가는 것을 보고 나는 깜짝 놀랐다. 예전에 등산을 갔을 때 잘못해서 석유를 한 모금 마시고 다음 날 하루 종일 토했던 것이 생각나서 나는 아르디에게 소리쳤다. 그러나 그는 전혀 당황하지 않고 "괜찮아요, 재레드. 나는 쿵후 8단이니까"라고 말했다.

아르디의 말에 의하면 쿵후를 하면 상당한 힘이 생기기 때문에 그와 그의 친구, 선생 등은 매달 석유를 마심으로써 그 힘을 시험했다고 한다. 쿵후를 하지 않으면서 석유를 마시면 물론 기분이 나빠진다. 따라서 나는 석유를 마실 수 없다. 그러나 아르디에게는 아무것도 아니다.

왜냐하면 그는 쿵후를 하기 때문이다. 그는 아무 일도 없었던 것처럼 석유를 마시고 텐트로 돌아와 다음 날 아침 아주 건강한 모습으로 나왔다.

나는 석유를 마셔도 아무렇지도 않다는 아르디의 말을 믿을 수 없었다. 나는 몸에 해롭지 않은 방법으로 매달 힘을 시험하면 좋을 거라고 생각했다. 그러나 그와 그의 쿵후 동료에게는 그것이 그들의 힘과 그들이 도달한 수준을 나타내는 지표인 것이다.

석유를 마셔도 아무렇지 않은 사람은 정말로 건강한 사람일 것이다. 석유를 마신다는 것이 우리에겐 어처구니없지만, 아르디에게는 담배나 술이 터무니없는 것이다. 이것들이 모두 유독한 화학물질을 이용한 핸디캡 이론의 좋은 예이다.

기이한 마야 의식

마지막으로 나는 먼 과거에까지 나의 이론을 적용해보려고 한다. 그것은 1,000~2,000년 전 중앙아메리카에서 꽃피웠던 마야 원주민의 문명이다. 마야인들은 열대우림의 한가운데에 고도의 사회를 건설했었다.

고고학자들은 마야의 융성에 완전히 매료되었다. 달력, 문자, 천문학적 지식, 발달된 농업 등 마야가 이룩한 것은 현재 조금씩 이해되고 있다. 그러나 고고학자들은 유적을 발굴할 때마다 나오는 가느다란 튜브 모양의 것이 무슨 용도로 쓰였는지 오랫동안 알아내지 못하고 있었다.

그 튜브의 기능은 그것을 사용하는 장면을 그린 항아리가 출토되고 나서야 비로소 밝혀졌다. 그 항아리에는 사제나 왕자로 보이는 고귀한 인물이 사람들 앞에서 '의식적 관장'을 하는 것이 그려져 있었다. 관장 튜브는 보글보글한 거품이 있는 맥주와 같은 액체가 든 자루에 연결되어 있었다. 그 액체는 다른 원주민이 사용하는 것으로 추정되는 알코올류나 환각제, 또는 그 두 개를 혼합한 것으로 짐작된다.

중앙아프리카나 남아메리카의 부족들은 유럽인 탐험가들이 최초로 도착했을 때, 의식적 관장을 했었고 지금도 하는 곳이 있다. 속에 담겨 있는 물질은 알코올(용설란 즙이나 나무껍질로 만든), 담배, 페요테peyote 선인장, 환각제 LSD의 유도체, 버섯에서 뽑은 환각제 등 여러 가지이다. 결국 의식적 관장은 우리가 입으로 유독 물질을 먹는 것과 같지만 다음의 네 가지 이유에서, 마시는 것보다 훨씬 효과적으로 사람의 역량을 나타내는 지표가 되고 있다.

첫 번째, 마시는 것은 혼자서 하므로 다른 사람에게 자신의 역량을 보일 수 없다. 그러나 관장은 혼자 체내에 넣기가 매우 어렵다. 관장을 하려면 누군가의 도움을 받아야 하기 때문에 자연히 자신의 역량을 다른 사람에게도 보여줄 수 있다.

두 번째, 알코올 관장은 먹는 것보다 더 많은 힘이 필요하다. 왜냐하면 알코올이 장에서 직접 혈관으로 흡수되므로, 위장 속에서 음식물과 섞여 희석되지 않기 때문이다.

세 번째, 입으로 섭취되어 장으로 흡수된 약물은 우선 간에서 많은 물질이 해독된 후에 뇌나 그 외의 더 중요한 기관으로 흘러들어 가지만 직장에서 흡수된 약물은 간을 경유하지 않는다.

마지막으로, 알코올을 마시면 도중에 기분이 나빠져 그만두게 되지만 관장은 그렇지 않다. 따라서 관장은 위스키 광고보다 훨씬 확실하게 자신의 우수함을 나타내는 광고가 된다.

나는 이 아이디어를 새로운 것을 만들고 싶어 하는 대기업 주류 회사의 광고로 권하고 싶다.

비생산적인 신호의 진화

그렇다면 이제 약물 남용에 대한 이야기를 정리해보자. 약물로 몸을 망가뜨리는 것은 인간에게만 있는 독특한 행동일지도 모른다. 그러나 넓게 보면 이와 비슷한 행동이 동물에게도 존재한다.

모든 동물은 다른 동물에게 재빠르게 메시지를 전달하는 신호를 진화시켜야 한다. 만일 신호가 누구라도 흉내 낼 수 있는 간단한 것이라면, 바로 거짓 신호를 보내는 개체가 생길 수 있어 그 신호를 신용할 수 없다.

신호가 신용을 얻으려면 대가와 위험성이 커서 우수한 개체만이 사용할 수 있는 어려운 신호여야 한다. 가젤의 뻗정뛰기나 수컷이 암컷에게 구애할 때 사용하는 엄청난 부속품이나 위험한 과시 행동처럼, 비생산적인 신호의 대부분은 이 점에서 이해할 수 있을 것이다.

나는 인류의 예술뿐만 아니라 약물 남용도 이러한 이유에서 진화한 것이 아닐까 하고 생각한다. 예술과 약물 남용은 거의 모든 인간 사회에서 흔하게 볼 수 있는 인류의 특징이다. 그러나 예술과 약물 남용은 인간의 생존과 배우자 획득에 어떤 도움을 주는지 알 수 없으므로 왜 이러한 것들이 출현했는지 설명할 필요가 있다.

앞서 나는 예술이 그 사람의 우수함이나 지위를 정확하게 나타내는 지표라고 썼다. 예술 작품을 만들어내는 데는 기술이 필요하고, 생활하는 데는 지위나 부가 필요하기 때문이다. 그러나 동료들로부터 높은 지위에 있다고 인정되는 인물은 그 지위에 따라 자원이나 배우자를 손에 넣을 수 있다. 따라서 나는 사람이란 예술품 외에도 여러 가지 대가가 큰 과시 행동을 통해 지위를 획득하려고 하며, 그러한 과시 행동 중에는 매우 위험한 것(탑에서 떨어지기도 하고, 엄청난 속도로 운전하기도 하고, 화학물질을 남용하기도 하는 등)도 있다고 생각한다.

대가가 큰 과시 행동은 지위나 부를 나타내고, 위험한 과시 행동을 하는 사람은 위험한 행동을 해도 아무렇지 않기 때문에 그만큼 우수하다는 것을 나타낸다.

그러나 그것만으로 예술이나 화학물질 남용의 모든 것을 이해할 수 있는 것은 아니다. 예술과 관련해서 언급했듯이, 복잡한 행동은 자신의 생명을 담보로 하는 것도 있고, 본래의 목적(만일 본래의 목적이 하나였다면)을 넘어서는 것도 있으며, 처음부터 여러 기능을 가지고 있었던 것도 있다.

현대 예술이 자기를 과시하기보다는 즐거움을 추구하고 있듯이, 화학물질의 남용도 단지 자기 과시 이상의 것이 있는 건 확실하다. 억압을 벗어나기 위해, 괴로움을 잊기 위해, 또는 맛있는 음료를 마시기 위한 것이 그 예이다.

나는 진화적 관점에서 사람이 화학물질을 남용하는 것과 동물에게서 나타나는 여러 가지 행동은 기본적으로 다른 점이 있다는 것을 인정한다.

뻗정뛰기나 긴 꼬리 등 동물에게서 나타나는 현상에는 대가가 따르지만, 그 현상이 지금까지 존속해온 것은 그 대가를 뛰어넘는 이익이 있기 때문이다. 뻗정뛰기를 하고 있는 가젤은 도망칠 때 조금 손해를 보겠지만, 사자가 추격하지 않는다는 점에서 이익을 얻고 있다. 꼬리가 긴 수컷 새는 음식물을 발견하거나 포식자로부터 도망칠 때는 손해를 보겠지만, 자연선택에 있어서 그런 손실은 성선택을 통한 번식의 이익으로 상쇄된다.

종합하면, 이들 수컷의 유전자는 더욱 많은 자손들에게 전해진다. 따라서 이러한 동물의 유전적 성질은 언뜻 보면 생존에 매우 불리한 것처럼 파괴적으로 보이지만, 실제로는 자기 상승의 효과를 갖고 있다.

그러나 우리의 화학물질 남용은 손실이 훨씬 크다. 마약중독 환자나 알코올중독자는 수명이 짧아질 뿐만 아니라, 미래의 배우자 눈에도 매력적이지 않게 보이고, 아이를 돌보는 능력도 잃어버린다. 그 같은 형질이 존속하는 이유는 손실을 웃도는 숨겨진 이익이 있기 때문이 아니라, 단지 화학물질에 중독되어 있기 때문이다. 포괄적으로 보면 그것은 자기 파괴적인 행동일 뿐 자기를 높이는 행동은 아니다.

가젤이 뻗정뛰기를 할 때 계산을 잘못할 수도 있겠지만, 뻗정뛰기의 흥분에 중독되어 자살하지는 않는다. 그런 의미에서 인간의 화학물질 남용은 그 앞선 예가 되는 동물적 본능에서 출발하여 인간만이 가진 특징이 되었다고 할 수 있다.

광활한 우주 속의 외톨이

ET는 어디에?

만약 도시를 떠나서 전원생활을 할 기회가 있다면, 맑게 갠 밤하늘을 올려다보며 얼마나 많은 별이 떠 있는지 살펴보라. 쌍안경을 꺼내 은하수를 들여다보면 육안으로 보이지 않는 별이 많은 것에 놀랄 것이다. 정밀한 망원경으로 촬영한 안드로메다 성운 사진을 보면, 쌍안경으로 볼 때보다 별이 훨씬 많다는 사실을 알 수 있을 것이다.

이 천문학적인 숫자를 염두에 두고 다음과 같은 질문을 던져보자. 우주 속에서 인간은 특수한 존재일까? 인간과 같은, 그러나 인간보다 앞선 지적 존재들의 문명은 도대체 우주에 얼마나 있을까? 인간이 우주인과 통신하기까지, 그들을 찾아갈 때까지, 그들이 인간을 찾아올 때까지 얼마만큼의 시간이 걸릴까?

지구상에서 인간은 확실히 특수한 존재다. 인간 외에 인간이 가진 것과 같은 복잡한 언어·예술·농업 등과 유사한 문화를 소유한 종은 없다. 약물을 남용하는 종도 없다. 그러나 8, 9, 10, 11의 장에서 보았듯이 인간이 가진 독특하고 다양한 성질의 대부분은 동물에게도 있다. 유사한 예로 사람의 지능은 침팬지의 지능으로부터 직접 진화해왔으며, 침팬지의 지능은 인간보다는 훨씬 떨어지지만 동물의 평균 지능을 기준으로 봤을 땐 상당히 우수하다. 어딘가 다른 행성에 생명체가 살고 있는데, 동물에서 볼 수 있는 다양한 성질들을 발달시켜 인간의 언어·예술·지능에 필적할 만한 종을 만들어낸 건 아닐까?

애석하게도 인간은 수 광년 떨어진 우주까지 감지할 수 있는 능력이 없어 이런 의문을 풀 수가 없다. 만약 우리와 가장 가까운 별 주위를 돌고 있는 행성에 예술을 즐기고 약물에 중독된 생물이 살고 있다고 해도, 인간은 그 존재를 확인할 수 없을 것이다. 그러나 다행히도 지구에서 다른 외계에 사는 지적 생물이 있다는 것을 감지할 두 징조가 있다. 바로 우주탐사 장치와 무선 신호이다. 우리가 그 두 가지를 우주에 띄울 수 있게 되었으므로, 분명히 다른 지적 생물도 이와 같은 기술을 습득하고 있을 것이다. 그렇다면 비행접시는 어디에 있을까?

이것은 과학의 최대 수수께끼 중 하나다. 별이 수십억 개나 존재하고, 인간이 현재의 인류로 발달해온 능력을 생각해보면, 한두 개의 비행접시나 적어도 무선 신호 정도는 발견했을 법하다. 별이 수십억 개 존재한다는 것에는 의문의 여지가 없다.

그렇다면 비행접시가 발견되지 않는 것은 인간에게 무슨 문제가 있기 때문은 아닐까? 인간은 지구에서뿐만 아니라, 인간의 발이 미치는 범위의 우주에서도 특수한 존재일까? 이 장에서는 지구상에 살고 있는 다른 특수한 생물을 주의 깊게 관찰함으로써 인간 자체의 특수성에 관해 새로운 지식을 말해보고자 한다.

그린뱅크 공식

B.C. 400년경에 이미 철학자 메트로도로스는 다음과 같이 기술했다.

"무한한 우주 속에서 지구에만 인간이 산다고 생각하는 것은, 들판의 밭 전체에 좁쌀 씨를 뿌려놓고 단지 하나의 낟알만 싹이 터서 자랄 것이라고 생각하는 것처럼 어리석은 일이다."

그러나 1960년 이전까지 과학자들은 이 의문을 풀기 위한 시도조차 하지 않았다. 이웃한 두 개 별에서 무선통신 전파를 청취하려던 1960년의 계획은 실패했다. 1974년 천문학자들은 아레시보 초대형 전파망원경으로 헤라클레스좌인 M13 성운을 향해 강력한 전파를 보냄으로써 별과의 무선송신을 시도했다. 그 전파는 헤라클레스좌의 주민에게 지구인은 어떤 모습을 하고 있고, 몇 명이나 되며, 태양계에서 지구가 어디쯤 있는가를 전달하는 것이었다.

그로부터 2년 뒤 외계 생명체에 대한 연구는 화성에 바이킹호(미국의 무인 화성 탐사 우주선)를 쏘아 올리게 된 계기가 되었다. 바이킹호에 드는 경비는 수십 억 달러에 이르렀으며, 미국 국립과학연구소가 지구상의 생명체 연구에 쏟는 모든 비용을 삭감시켰다.

1990년대 초 미국 정부는 태양계 외에 존재할지 모르는 지적 존재가 보내온 신호를 탐지하기 위해 또다시 수억 달러를 투입하기로 결정했다. 인간이 만든 몇 개의 우주선은, 우연히 만나게 될지도 모르는 우주인에게 우리의 문명을 소개하는 음성 테이프와 사진 등의 기록을 싣고 태양계 밖으로 쏘아 올려졌다.

아마추어뿐만 아니라 생물학자까지도 지구 밖에 있는 생명의 탐지를 지금까지 연구해온 과학 발견의 최대 성과라고 생각하고 있다. 인간 이외에도 이 우주에 복잡한 사회와 언어를 갖고, 고도의 문명과 전통을 유지하며, 인간과 통신할 수 있는 지적 생물이 존재한다는 사실이 밝혀진다면, 인간이 스스로를 보는 시각이 어떻게 달라질지 상상해보라.

내세와 논리적인 신의 존재를 믿고 있는 사람들의 대부분은, 사후 세계는 인간에게만 있는 것으로 딱정벌레나 침팬지에게는 없다고 생각한다. 창조론자는 인간이 신에 의해 특별히 창조되었다고 믿는다. 그러나 어딘가 다른 행성에 우리보다 지적·논리적으로 우수하고 인간과 대화할 수 있는 생물이 있는데, 그 생물은 다리가 일곱 개 있고 무선송수신기를 눈과 입 주위에 붙이고 있다고 가정하자. 이 생물도 우리와 같은 사후 세계가 있고(그래도 침팬지에게는 없다), 그들도 신에 의해 창조됐다고 믿을 수 있을까?

과학자들은 우주 어딘가에 지적 생물이 살고 있을 확률을 계산하려고 시도했다. 그러한 계산은 우주생물학이라는 새로운 과학 분야를 형성하게 되었는데, 그 학문은 존재 자체가 확인되지 않는 대상을 연구 대상으로 삼는다. 그러면 우주생물학자가 믿는 존재의 숫자를 계산하는 법을 검토해보자.

우주생물학자는 우주에 존재하는 고도의 기술 문명이 얼마나 되는가를 세는 데 있어, 몇 개의 추정 숫자를 곱해가는 '그린뱅크'라는 공식을 사용한다. 그중 몇몇은 매우 신뢰성 있는 수치다.

우주에는 수십억 개의 은하계가 있고, 각각의 은하계에는 수십억 개의 항성恒星(위치를 거의 바꾸지 않고 태양처럼 스스로 빛을 낸다-옮긴이)이 있다. 대부분의 항성은 약 1~2억 개의 행성을 갖고 있기 때문에, 그 행성 안에는 생명 유지에 적합한 환경을 갖고 있는 행성도 많을 것이다. 생물학자들은 생명 유지에 적합한 환경에서는 반드시 생명이 진화한다고 생각한다. 이 확률과 숫자를 모두 곱하면 수십억 개나 되는 행성이 생명을 갖고 있는 셈이 된다.

그렇다면 생명을 갖고 있는 이 행성 중 무선송신이 가능할 정도로 고도의 기술 문명을 갖춘 지적 생물은 얼마만큼 존재한다고 보아야 할 것인가(고도의 기술 문명을 이렇게 정의하는 것은 하늘을 나는 비행접시를 갖고 있다는 정의보다는 조건을 완화한 것이다. 이는 인간의 문명 진보를 기준으로 하면 별 사이의 통신이 별 사이의 비행물체보다 먼저 출현할 것이기 때문이다).

고도의 문명이 존재할 확률로 두 가지 근거를 들 수 있다. 첫 번째 근거는, 생명 탄생의 확실함을 알고 있는 유일한 별, 즉 지구에서 고도의 기술 문명이 진화했다는 점이다.

인간은 이미 별 사이에 비행물체를 쏘아 올렸다. 인간은 생명을 얼렸다 녹였다 하는 기술과 DNA에서 생명을 만들어내는 기술을 개발했는데, 그 기술은 오랜 기간에 걸친 우주여행에서 생명을 보존할 수 있는 필수 조건이다. 최근 수십 년 사이에 일어난 진보는 정말로 눈부신 것이었다. 무인 탐사 우주선은 벌써 태양계 밖으로 날아갔고, 몇 세기 내에 틀림없이 유인 탐사 우주선도 쏘아 올릴 수 있을 것이다. 그러나 생명이 살고 있을 것으로 추정되는 다른 행성에서도 고도의 기술 문명이 진화했을 것이라는 논의는 그다지 설득력이 없다.

너무 적은 샘플과(단 한 가지 샘플만으로 어떻게 일반화할 수 있겠는가?) 매우 편협한 샘플을(우리는 이 유일한 예를 마치 고도의 기술 문명을 발달시킨 요인으로 생각했다) 이용해 통계를 내는 것은 설득력이 부족하기 때문이다.

두 번째 근거는 지구상의 생명체는 수렴진화收斂進化(상근진화相近進化라고도 하며, 계통이 다른 생물이 외견상 서로 닮아가는 현상을 말함-옮긴이)의 특징을 가지고 있다는 점이다. 생물학에서 말하는 수렴진화란 여러 생물 집단이 독자적으로 진화했는데도 똑같은 형질을 갖거나 똑같은 생태적 지위를 차지하는 현상을 일컫는다. 즉 이 종들의 진화는 수렴한다(수렴은 한 점에 모인다는 뜻이다). 예를 들어 새, 박쥐, 익수룡, 곤충은 하늘을 날 수 있도록 독립적으로 진화했다. 수렴진화의 또 다른 예는 눈目이다. 눈은 여러 동물 집단에서 독자적으로 진화했다.

과거 약 20년 동안 생화학자들은 비슷한 단백질 절단 효소가 진화를 되풀이하면서 분자 단계에서 수렴진화하는 예를 많이 발견했다. 수렴진화는 체형 구조나 생리적인 구조, 생화학, 행동 등 어디에서나 발견할 수 있다. 그러므로 몇 가지 점에서 서로 비슷한 두 종류의 생물이 있다면 먼저 이러한 질문을 해보아야 한다. 양자의 유사성은 동일 선조로부터 파생되었기 때문인가, 아니면 수렴에 의해서인가?

수렴진화가 여러 곳에서 발견되는 것은 놀랄 일이 아니다. 수백만 종의 생물을 수백만 년에 걸쳐 비슷하게 도태시키다 보면 같은 해결법이 여러 번 생기는 것은 당연할 것이다. 지구상의 생물 사이에서 수렴진화가 여러 번 일어난 것은 확실하다. 마찬가지로 지구의 생명과 다른 행성에 있는 생명 사이에도 수렴이 일어났다고 볼 수 있다. 따라서 지금까지 지구상에서 비록 무선통신이 단 한 번 진화했어도, 수렴진화를 감안하면 다른 행성에서도 무선통신이 등장했으리라고 생각할 수 있다. 브리태니커 백과사전이 적고 있듯이 "다른 행성에서 생명이 출현하여 고도의 지능을 갖춘 생물로 진화하지 않았다고는 생각하기 힘들다"고 볼 수도 있을 것이다.

그러나 이 결론은 앞서 언급한 수수께끼로 되돌아가는 결과이다. 만일 대부분의 항성이 행성계를 가지고 있고, 그들 행성계 중 적어도 하나의 별에서 생명이 탄생하기에 적합한 조건을 갖춰 단 1퍼센트일지라도 고도의 기술 문명을 지닌 생명체로 진화했다면 우리 은하계만 해도 백만 개의 행성이 고도의 문명을 갖고 있는 셈이다.

또 우리로부터 수십 광년 떨어진 우주 공간에 수백 개의 항성이 있고 그중 일부(혹은 대부분)에도 반드시 우리 지구와 같은 생명체가 있는 행성이 있다는 결론이 나온다. 그렇다면 비행접시는 어느 별에 있는 것일까? 우리를 만나러 올 법한, 적어도 전파를 보내올 법한 지적 생물은 어느 별에 있는 것일까? 이제까지 전혀 발견할 수 없었다는 것은 놀랄 만한 일이다.

천문학자들의 계산에 일부 문제가 있는 것이 틀림없다. 행성계의 개수와 생명체가 살 수 있는 행성의 비율은 납득할 만하다. 문제는 생명이 있는 행성의 대부분에 고도의 기술 문명이 진화할 가능성을 너무 높게 잡았다는 것이다. 그러므로 수렴진화가 어느 정도 일어날 것 같은 행성에 관해 더 자세히 알아보기로 하자.

딱따구리의 기적 — 수렴진화의 가능성

딱따구리는 수렴진화의 가능성에 대해서 알 수 있는 좋은 예이다. 딱따구리는 살아있는 나무에 구멍을 뚫고 톱밥을 파내 둥지를 만든다. 둥지를 만들면서 딱따구리는 나무껍질을 벗겨 수액을 먹거나 곤충을 잡아먹을 수 있어 일 년 내내 먹이 걱정은 하지 않아도 된다. 또 나무 구멍은 비나 포식자, 온도 변화로부터도 보호되므로 훌륭한 보금자리가 되어준다. 딱따구리 이외의 새도 썩은 나무에 구멍을 뚫는 간단한 작업이라면 할 수 있으나, 썩은 나무보다 살아있는 나무가 훨씬 생존에 유리하다. 당연히 딱따구리는 생존에 성공을 거두어 전 세계에 널리 퍼져 있으며, 종류도 다양해 약 200종으로 분화되었다. 크기도 상모솔새kinglet(딱새과의 작은 새로 부리에 긴 털이 많아 콧구멍을 덮고 있음—옮긴이)만 한 것에서 까마귀만 한 것까지 다양하다.

딱따구리로 진화하는 것은 얼마나 어려울까? 다음의 두 가지 점을 생각하면 그다지 어렵지는 않다.

먼저, 딱따구리는 알을 낳는 포유류처럼 친족 관계가 없고 특별히 오래된 계통은 아니다. 조류학자들은 딱따구리와 가까운 종은 꿀잡이새, 큰부리새, 오색조 등이며 나무를 쪼는 특징만 다를 뿐 매우 비슷하다고 한다.

다음으로 딱따구리는 나무를 쪼기 위해 자연에 적응했는데, 어떤 것도 무선송수신기를 제작할 만큼 복잡하지 않다. 모두 다른 새들이 이미 획득한 특징을 바탕으로 적응했다. 그 적응은 다음의 네 가지 종류로 나뉜다.

첫 번째 적응은 살아 있는 나무에 구멍을 뚫을 수 있는 것이다. 끌처럼 생긴 부리, 톱밥이 코에 들어가지 않도록 날개로 막힌 콧구멍, 두꺼운 두개골, 머리와 목의 강한 근육질, 그리고 쪼는 소리의 충격을 완화시키기 위한 부리 안쪽과 두개골 앞부분 사이에 있는 관절 구조다.

나무에 구멍을 뚫는 딱따구리의 특징을 다른 새의 특징과 비교 분석하는 일은, 인간의 무선송수기와 침팬지의 원시적인 무선송신기를 비교 분석하는 것보다 쉽다.

앵무새 등 다른 많은 새는 썩은 나무에 구멍을 뚫거나 쫀다. 딱따구리과 중에는 개미잡이같이 전혀 구멍을 뚫을 수 없거나 샙서커딱따구리sapsucker(수액을 빨아먹는 딱따구리의 일종-옮긴이)처럼 딱딱한 나무에 구멍을 뚫는 종류도 있다. 대부분의 딱따구리는 부드러운 나무에만 구멍을 뚫는다. 이처럼 나무에 구멍을 뚫는 능력은 정도에 따라 차이가 있다.

두 번째 적응은 수직으로 줄기에 서기 위한 것이다. 나무줄기를 버팀목 삼아 누르기 위한 딱딱한 꼬리와 꼬리를 움직이기 위한 강한 근육, 짧은 다리, 길고 굽은 발목 등이다. 두 번째 적응은 나무를 쪼기 위한 적응보다 더 간단히 진화되었다.

딱따구리 중에서도 개미잡이wryneck와 꼬마딱따구리piculet는 버팀목이 되는 딱딱한 꼬리가 없다. 그런데 나무발바리treecreeper와 뉴기니 주변에 서식하는 가장 작은 앵무새 같은 딱따구리 이외의 새에서는 오히려 나무껍질에 기댈 수 있는 딱딱한 꼬리를 발달시킨 경우를 볼 수 있다.

세 번째의 적응은 아주 길게 늘어뜨릴 수 있는 혀로, 몇몇 딱따구리는 인간의 혀와 동일한 길이의 혀를 갖고 있다. 나무에 살고 있는 곤충의 통로를 발견한 딱따구리는 혀를 사용해 그 통로 속의 수많은 갈래를 핥는다. 그러므로 모든 가지에 일일이 구멍을 뚫을 필요는 없다. 딱따구리와 같이 긴 혀를 가진 동물로는 역시 곤충을 먹고 사는 개구리, 개미핥기, 땅돼지 등이 있다.

마지막으로 딱따구리는 곤충에게 물리거나 머리로 나무를 두드려도 괜찮을 정도로 질긴 근육을 감싼 건강한 피부를 가지고 있다. 새를 박제해본 경험이 있는 사람이라면 새의 종류에 따라서 피부 두께에 매우 차이가 있다는 사실을 알 것이다.

박제 기술자에게 아주 얇은 피부를 가진 비둘기를 넘겨주면 상당히 곤란한 표정을 짓지만 딱따구리, 독수리, 앵무새 같은 것을 맡기면 좋아한다.

나무를 쪼기 위한 네 가지 종류의 적응이 여러 차례에 걸쳐 출현하여 진화했다면, 오늘날 많은 종류의 동물 집단이 살아있는 나무에 구멍을 뚫어 먹이를 찾거나 둥지를 지었어야 한다. 또 딱따구리가 발견되지 않은 오스트레일리아, 뉴기니, 뉴질랜드 같은 대륙에서도 딱따구리처럼 진화한 종이 있어야 한다. 이들 지역에서는 썩은 나무줄기나 외피를 쪼는 종은 있지만 살아있는 나무를 쪼는 종은 없었다.

딱따구리의 습성을 받아들이면 삶이 부쩍 개설될 수 있음에도 다른 어떤 동물도 그렇게 진화하지 않았다. 이는 나무를 쪼기 위한 진화가 지구 생명의 역사에서 단 한 번 출현했음을 보여준다.

만약 오직 한 번에 그쳤던 딱따구리의 진화가 없었다면, 큰 나무에 생긴 멋진 니치niche(서양 건축에서 벽면의 일부를 반달 모양으로 오목하게 파서 공간을 만들어, 꽃이나 장식물을 한 장치-옮긴이) 모양을 볼 수 없었을 것이다.

수렴진화가 어디서나 나타나는 것은 아니며 좋은 기회라고 해서 모든 동물 집단에게 적용되는 것도 아니다. 이것을 밝히기 위해서 조금 더 명백한 다른 예를 들 수 있다.

동물 대부분은 섬유소로 구성된 식물을 먹지만, 고등동물은 섬유소를 소화하도록 진화되지 않았다. 섬유소를 소화하는 초식동물(소처럼)은 소장 속에 살고 있는 미생물에 의해 섬유소가 소화된다.

앞 장에서 살펴보았듯이 식량을 재배하면 동물은 확실히 지금보다 사정이 나아질 것처럼 보이는데도, 1만 년 전 인간이 농업을 발명하기 이전에 그런 속임수에 넘어간 좋은 버섯을 재배하고 진딧물을 '소'처럼 가축으로 기르는 가위개미와 몇몇 곤충에 불과했다.

그러므로 나무를 쪼고 섬유소를 소화시키거나 식량을 재배하는 것 같은 유리한 적응을 진화시키는 알은 실제로 매우 어렵다.

무선송수신기는 식량보다 덜 중요하므로 그것이 진화될 가능성은 훨씬 낮다. 무선송수신기를 만드는 것이 나무를 쪼는 것과 동일하다면, 무선송수신기를 완제품으로 만든 생물은 한 종류밖에 없다고 해도 무선송수신기의 요소 몇 가지를 진화시켰거나 불완전하게 진화시킨 생물은 또 있을 것이다.

예를 들어 칠면조는 송신기는 있지만 수신기는 없고, 캥거루는 수신기는 있지만 송신기가 없을지도 모를 일이다. 화석 기록을 연구했더니 현재는 멸종한 수십 종의 생물이 과거 5억 년 동안 여러 가지 금속을 사용해 실험하고, 점점 복잡한 전기회로를 완성하여, 트라이아스기(지질시대의 중생대 초기-옮긴이)에는 전기 토스터가, 올리고세(신생대 제3기의 세 번째 시대-옮긴이)에는 전파로 움직이는 쥐덫이, 현생에 이르러 무선송수신기가 출현했음을 보여줄 수 있었을지도 모른다.

화석에는 트라이아스기에 5W 송신기밖에 나타나지 않았지만, 최후의 공룡 뼈에는 200W 송신기가 출현했고, 검치호劍齒虎(표범같이 생긴, 송곳니가 긴 원시 포유류-옮긴이)는 500W짜리 송신기가 발견되었으며, 인류에 이르러 비로소 우주를 향해 전파를 쏘아 보낼 만큼 충분한 출력을 얻게 되었는지도 모를 일이다.

그러나 그런 일은 일어나지 않았다. 화석의 동물도, 현재의 동물도, 인간과 가장 가까운 침팬지와 보노보에게조차 무선송수신기와 유사한 것은 없다. 따라서 인류 계통에서만 발생했다고 해도 과언이 아니다. 오스트랄로피테쿠스나 초기의 호모사피엔스도 무선송수신기를 갖고 있지 않았다. 약 150년 전 현대 호모사피엔스 역시 무선통신이라는 기본 개념조차 없었다.

최초 실험은 1888년이 될 때까지 없었으며 마르코니가 겨우 1마일 거리를 통신할 수 있는 송신기를 완성한 것이 아직 100년도 안 됐다. 그리고 1974년 아레시보에서 실시한 최초 실험이 있기 전까지 다른 별을 향해 신호를 보내지 못했다.

이 장의 초반에서, 하나의 행성에 무선 신호가 존재한다면 다른 별에도 그런 것이 있을 확률이 높을 수 있다고 말했다. 그러나 실제로 지구 역사를 조사해보면 정반대의 결론이 나온다. 무선송수신기가 진화할 가능성은 지구상에서도 거의 불가능하다. 지구상에 존재하는 수십억의 생물 중에서 단지 한 종류만이 무선송수신기를 만들었다. 그리고 그 생물조차도 700만 년 역사 중 70,000분의 69,999까지는 그것을 만들 수가 없었다. 외계의 방문자가 1,800년 전에 지구를 찾았다면 무선송수신기가 생길 가능성은 거의 없다고 보고했을 것이다.

독자는 혹시 내가 무선송수신기 지체의 출현에만 치중한 나머지 그것이 등장하는 데 필요한 두 가지 능력, 즉 지능과 복잡한 기계 장치를 만들 수 있는 손재주를 생각해야 한다고 생각할지도 모른다. 그러나 지구상에는 그런 능력과 손재주를 지닌 종은 인간 말고는 없다. 인간이 최근에 겪은 진화적 경험을 토대로, 우리는 인간의 지능과 기술이 세계를 제패하는 가장 좋은 방법이고 필연적으로 진화했을 거라고 생각한다.

앞에서 인용한 브리태니커 백과사전의 문장을 다시 한 번 살펴보자. "다른 행성에서 생명이 출현하여 고도의 지능을 갖춘 생물로 진화하지 않았다고는 생각하기 힘들다."

지구 역사는 이와 반대의 사실을 시사해주고 있다. 실제로 지구상에 존재하는 생물 중에서 지능이나 손재주 중 어느 한쪽이라도 습득하고 있는 종은 거의 없다. 어쨌든 인간이 지닌 능력과 조금이라도 비슷한 것을 가진 생물은 없다. 또한 지능과 기술 중 어느 한 능력을 약간이라도 습득한 동물은 다른 능력이 없다(돌고래는 머리가 좋고 거미는 재주가 좋다). 그리고 인간 외에 두 가지 능력을 조금씩이나마 획득한 다른 종(침팬지와 보노보)들 모두 별로 성공하지 못했다. 지구에서 번영한 생물은 둔하고 재주 없는 쥐나 딱정벌레이며, 그러한 번영을 구축한 것은 다른 방법을 통해서다.

행운이 있는 인류

별과 별 사이의 통신이 가능한 문명의 수를 추정하기 위한 '그린뱅크' 공식 중에서 남은 미지의 변수는 하나뿐이다. 바로 문명의 수명이라는 변수이다.

무선송수신기를 만드는 데 필요한 지능과 기술은 무선송수신기보다 훨씬 오래된 인류 특유의 성질이었다. 그것은 대량 살생과 환경 파괴를 위한 도구를 만드는 목적으로도 유효하다. 우리는 이 모두에 매우 능숙하여 스스로 놓은 덫에 빠지게 되었다.

우리는 제명에 죽지 못할지도 모른다. 대여섯 나라가 인류를 한순간에 죽음으로 몰아넣을 수단을 갖고 있으며, 그것을 손에 넣으려고 서두르는 나라도 많다.

핵보유국은 과거에 현명한 지도자가 있었던 것도 사실이다. 그러나 현재 핵을 소유하려는 나라의 지도자 중에 현명한 사람이 있어도, 지구상에 무선송수신기가 영원히 존속할 것이라는 희망을 갖기에는 부족하다.

인간이 무선송수신기를 발명한 것만으로도 매우 신기한 행운이었다. 우연한 기회에 또는 순간적으로 인류를 곤경에 빠뜨리는 기술을 개발하기 전에 무선송수신기를 발명한 것은 더욱 다행스런 일이다.

지금까지의 지구 역사를 돌이켜보면 다른 행성에 무선송수신기가 존재할 희망은 별로 없어 보인다. 만약 그런 문명이 있다 해도 그 수명은 짧을 것 같다. 어딘가 다른 곳에서 발생한 지적인 문명은 우리가 지금 하려는 것처럼 하룻밤 사이에 자기들이 이룩한 진보를 뒤집어엎었을 것이기 때문이다.

만일 그렇다면 우리는 매우 운이 좋다. 수억 달러의 돈을 들여 외계의 생물을 찾으려는 천문학자들이 가장 명백한 질문에 대해 아무 생각도 없다는 사실이 그저 놀라울 뿐이다. 만약 지구 밖에 생물이 있어서, 그들이 인간을 발견한다면 어떻게 될까? 천문학자들은 암묵적으로 인류와 외계인이 마주 앉아 즐거운 대화를 나눌 것이리고 가정한다.

이쯤에서 인류가 지구에서 겪은 경험을 나침반으로 쓸 수 있다. 우리는 지능이 매우 뛰어나지만 기술적으로 우리보다 뒤떨어진 생물을 두 종 발견했다. 침팬지와 보노보이다. 과연 인간은 그들과 마주 앉아 대화하려고 했던가? 물론 아니다. 그 대신 인간은 그들을 총으로 쏘아 죽이고, 해부하며 손을 잘라 장식품으로 만들었다. 우리 안에 가두어 구경거리로 만들었으며, 에이즈 바이러스를 주사해 의학 실험에 사용하고, 서식지를 파괴하거나 빼앗았다. 그것은 예측할 수 있는 일이었다. 기술적으로 뒤떨어진 다른 인간을 만난 탐험가들은 그들을 총으로 쏘아 죽였고, 자기들이 옮긴 새로운 질병으로 그들을 대량으로 죽게 했으며, 서식지를 파괴하거나 빼앗았다.

어떤 고도의 우주 생물이라도 인간을 발견하면 인간이 다른 동물을 다룬 것처럼 그렇게 다룰 것이다. 아레시보에서 전파를 보내 지구가 어디에 있고, 어떤 주인이 살고 있는가를 알려주는 천문학자들의 행동을 다시 한 번 생각해보자. 어리석은 그 자살적 행위는, 황금에 미친 스페인 사람들이 부를 좇아서 왔을 때, 자기들의 재산과 보물을 보여주고 길을 안내한 잉카 최후의 황제 아타우알파의 어리석은 행동과 다를 바 없다.

만약 정말로 인간의 손이 미치는 범위에 전파 문명이 있다면, 이 문명은 우리의 송신기 스위치를 서둘러 잘라버리고, 절대로 발견되지 않게 해야 할 것이다. 반대의 경우 인류는 파멸할 뿐이다.

인간에게 다행스러운 일은 우주에서 신호가 전혀 없다는 점이다. 그렇다. 우주에는 수십억 개의 은하와 몇 십억이라는 별이 있다. 그중에는 송신기 한둘쯤은 있을지도 모르지만, 그렇게 많지도 않을 뿐더러 오래가지도 못할 것이다. 어쩌면 우리 은하계 중 지구에서 수백 광년 떨어진 범위 안에는 확실히 존재하지 않을 것이다.

앞서 언급한 바와 같이 딱따구리와 비행접시의 연관 관계가 우리에게 깨우쳐주는 교훈은, 인간이 외부 생명을 발견하는 일은 당분간 없을 것이라는 점이다. 이론이야 어떻든 인간은 수많은 별이 있는 광활한 우주 속에서 고아다. 그 얼마나 다행한 일인가!

4부

세계의 정복자

3부에서 우리는 인간의 문화적 특질과 그에 대한 동물 세계의 선례와 징조들에 대해 살펴보았다. 언어, 농업, 고도의 기술 같은 문화적 특질은 인간이 영토를 확장하고 세계를 정복할 수 있었던 원동력이 되었다.

영토 확장은 단순히 인류의 조상들이 거주하지 않았던 지역을 정복하는 것만은 아니었다. 한 집단이 다른 한 집단을 정복하고 추방하며 살해하기도 했다. 인간은 외부 세계뿐만 아니라 동족에게도 정복자였다. 따라서 영토 확장은 동물에게서는 찾아보기 힘든 인간만의 특질이었다. 즉 인간이란 같은 종의 다른 집단을 대량으로 학살하려는 성향을 갖고 있다. 이제 그것은 환경 파괴와 함께 인간의 멸망을 초래하는 2대 잠재 요인이다.

세계 정복자의 지위에 올랐다는 의미를 올바르게 이해하기 위해서는, 대부분의 지역에서 동물은 아주 극소수 지역에 편중되어 분포한다는 점을 고려할 필요가 있다. 예를 들어 뉴질랜드의 해밀턴개구리는 15헥타르의 숲 일부와 600제곱미터의 돌무더기에서만 산다.

인간을 제외하면 가장 넓은 지역에 분포하는 야생 육지 포유류는 사자이다. 1만 년 전 사자는 아프리카 전 지역, 유라시아, 북아메리카와 남아메리카 북부 대부분에 서식했었다. 가장 넓게 분포했을 때도 동남아시아, 오스트레일리아, 남아메리카 남부, 극지방과 도서 지역에는 도달하지 않았다.

인간도 처음에는 아프리카의 온난한 비삼림 지역의 일정 지역에만 분포하는 전형적인 포유류였다. 5만 년 전까지만 해도 아프리카와 유라시아의 열대 그리고 온대 지역에 한정적으로 분포했다.

그 후 오스트레일리아와 뉴기니(약 5만 년 전), 유럽 한랭지(3만 년 전), 시베리아(2만 년 전), 남북아메리카(1만 1,000년 전), 그리고 폴리네시아(약 3,600년에서 1,000년 전 사이)로 서서히 서식지를 확장해 이제 섬뿐만 아니라 모든 대양을 점유하고, 우주와 심해까지 손길을 뻗치기 시작했다.

세계 정복 과정에서 인간 집단 간의 관계는 기본적으로 변화되었다. 지리적으로 광범위한 지역에 사는 동물은 대개 일정 지역 집단에 속해 근접 집단과는 접촉하지만 멀리 떨어진 집단과는 접촉하지 않는다. 인간도 예전에는 이 점에서 단지 대형 포유류의 일원에 지나지 않았다.

비교적 최근까지도 대부분의 인간은 출생지에서 수십 킬로미터 이내의 범위에서 전 생애를 보냈기 때문에, 멀리 사는 사람들의 존재는 알 방법이 없었다. 그리고 근접 부족과의 관계는 교역과 외지인을 싫어하는 적대 감정이 불안하게 조화를 이룬 상태였다.

이러한 분단으로 각 집단은 독자적 언어와 문화를 점점 더 발전시켰으며, 언어와 문화 때문에 분화가 더욱 심해졌다. 인류의 분포 지역이 대규모로 확장되면서 언어적으로나 문화적으로도 눈에 띄게 다양해졌다. 과거 약 5만 년 사이에 점유된 '새로운' 거주지인 뉴기니와 남북아메리카에만도 현대 세계 언어의 약 절반에 해당되는 언어가 있었다.

그러나 문화적 다양성은 오랜 유산 속에서 많이 발견되는데, 과거 5,000년 동안 중앙집권적인 정치 국가의 확대에 따라 점차 소멸됐다.

여행의 자유—이것은 현대의 발명이다—는 오늘날 우리의 언어와 문화의 균일화를 더욱 촉진하고 있다. 그러나 세계의 몇몇 지역(특히 뉴기니)에서는 석기시대의 생활 방식과 기술에서 벗어나지 못하고 외지인을 싫어하는 전통적인 풍습이 아직까지 그대로 남아 있어, 세계의 다른 지역이 예전에는 어떤 풍습이었는가를 짐작할 수 있게 한다.

늘어나는 인간 집단에서 종족 간의 갈등이 어떠한 결과를 초래하는가는 집단 간의 문화적 특징에 따라 크게 영향을 받는다. 결정적인 요인은 육해군의 기술, 정치 체제, 농업상의 차이에서 비롯된다.

앞선 농경 기술을 가진 집단은 인구가 증가해 항구 같은 군사적 요새를 지킬 만한 힘을 길렀으며, 소수 집단은 해결하기 힘든 전염병도 방역 체제를 구축해 효과적으로 대응할 수 있었다.

예전에는 이러한 문화적 차이를 정복자인 '선진' 민족이 피정복자인 '미개' 민족보다 유전적으로 우수하기 때문이라고 믿었다. 그러나 유전적 우수성에 대한 증거는 찾아볼 수 없다.

유전의 차이가 '정복자 역할'을 했을지도 모른다는 가능성에 대해 쉽게 반론을 제기할 수 있다. 충분한 학습 기회만 주어진다면 전혀 다른 집단의 사람이라도 서로의 문화적 기술을 습득할 수 있다. 석기를 사용하는 부모에게서 태어난 뉴기니인은 비행기를 조종했고, 아문센 Amundsen Roald과 노르웨이인 대원들은 이누이트의 개썰매 조종법을 습득하여 남극까지 도달했다.

그러면 유전적으로 우수하다는 증거가 전혀 없는데도, 왜 한 민족이 다른 민족을 정복할 수 있는 문화적 우월성을 가지게 되었는가에 대해서 생각해보자. 예를 들어 적도아프리카에 뿌리를 둔 반투족이 아프리카 남부의 거의 모든 지역에서 코이산족을 몰아냈는데, 그 반대의 현상이 일어나지 않았던 것은 순전히 우연의 결과라고 보아야 할 것인가? 소규모 정복의 배경에 깔린 궁극적인 환경 요인을 가려낸다는 것은 어려운 일이다. 그러나 오랜 기간에 걸친 대규모의 민족 이동에 초점을 맞추면 우연보다는 궁극적인 요인이 훨씬 강한 영향력을 발휘했다는 것을 알 수 있다.

그러므로 다음 두 장에서는 인류사에서 최근 발생한 두 가지 대규모의 민족 이동에 관해 검증해보고자 한다. 하나는 근대 유럽인의 신세계와 오스트레일리아로의 영토 확장이고, 또 하나는 영원한 수수께끼일지 모르겠지만 어떻게 해서 인도유럽어족이 유라시아의 대부분이라고 할 수 있는 여러 지역으로 급속히 퍼져나갈 수 있었는가에 대한 의문이다.

또 각기 다른 인간 사회의 문화가 생물 지리적인 유산에 따라 어떻게 형성되어 왔는가를 살펴볼 것이다. 특히 농산물 재배와 가축이 가능한 동식물 종에 따라 그 경쟁력이 어떻게 형성되어 왔는가도 추론하고자 한다.

동일한 종끼리 경쟁하는 건 유독 인간만은 아니다. 모든 동물에게 있어 가장 가까운 경쟁자는 필연적으로 동종의 다른 개체이다. 왜냐하면 같은 종은 생태학적인 유사성을 가장 많이 공유하고 있기 때문이다. 다만 그 경쟁이나 투쟁이 어떻게 전개되는가는 종에 따라서 크게 다르다.

가장 눈에 띄지 않는 형태는 경쟁하는 개체끼리 단순히 잠재적으로 이용 가능한 음식만 소비할 뿐 눈에 보이는 공격은 하지 않는 것이다. 중간 단계에서는 의식화된 외적 행동이나 방어 행동을 볼 수 있다. 마지막이 경쟁 개체의 살육이라는 형태를 띠며, 많은 종에서 그 사례가 보고되고 있다.

경쟁하는 단위 또한 동물마다 매우 다양하다. 미국지빠귀나 유럽울새 같은 대부분의 명금류는 1대 1로 수컷끼리, 또는 암수 한 쌍끼리 서로 적대시한다. 사자나 침팬지는 형제들로 이루어진 듯한 소규모의 수컷 집단이 싸움을 하는데, 때로는 죽기도 한다. 늑대나 하이에나는 무리 지어 싸우고, 개미떼는 다른 무리와 대규모로 교전한다. 동물에 따라서 그러한 경쟁이 죽음으로 이어지는 경우도 있긴 하지만, 종으로서의 생존까지 위협받는 경우는 전혀 없다.

인간 역시 거의 모든 동물과 마찬가지로 세력권을 둘러싸고 서로 싸운다. 인간은 집단생활을 하므로 경쟁의 대부분은 인접한 집단 간의 싸움이라는 형태를 취한다. 작은 새끼리 티격태격하는 몸싸움이 아닌 개미의 집단과 집단 간의 전쟁 같은 형태를 취한다.

늑대나 침팬지가 형성하는 인접 집단과의 관계와 마찬가지로, 인간도 인접하는 집단과 배우자(인간의 경우에는 물자도 포함한다)의 교환을 통해서 일시적으로 우호적인 관계를 맺지만, 전통적으로는 자신의 영역 밖에 있는 외지인을 혐오하는 적개심으로 특징지어진다.

특히 인간에게 있어서 외지인을 혐오하는 감정은 자연스러운 감정이 됐다. 왜냐하면 다양한 인간 행동은 유전보다 문화에 의해서 특징지어졌기 때문이다. 그러므로 인간 집단 간의 문화적 차이는 매우 두드러진다. 그런 특징으로 인해 인간은 늑대나 침팬지와 달리 의복과 머리 형태를 보는 것만으로도 다른 집단임을 간단히 분별할 수 있다.

당연한 일이지만 최근의 핵무기나 중장거리 미사일 같은 대량 살상 무기 개발로 인간이 외지인을 기피하는 현상은 침팬지보다 더욱 위험 상태이다.

제인 구달Jane Goodall은 한 침팬지 집단의 수컷들이 차례차례로 이웃 집단의 개체를 살해하고 세력권을 강탈하는 사실을 밝힌 바 있다. 그렇다고 해도 그런 침팬지가 멀리 떨어진 집단의 침팬지를 죽이거나 그들 자신을 포함한 모든 침팬지를 절멸시키는 수단은 갖고 있지 않다. 외지인 기피로 인해 일어나는 살육은 동물계에도 많은 선례가 있으나, 유일하게 인간만이 종으로서 몰락을 초래할 수 있을 정도의 대량 살상 수단을 발전시켜 왔다. 인간 자신의 존재에 대한 위협은 이제는 예술과 언어와 더불어 인간의 중대한 특질이 되어버렸다.

4부에서는 인간의 대량 학살 역사를 돌아보고, 나치의 다하우 소각장과 근대적인 핵전쟁을 빚어낸 추악한 전통을 파헤쳐 끝을 맺고자 한다.

최후의 첫 대면

'대협곡'의 5만 명 — 20세기의 석기시대인

1938년 8월 4일, 미국자연사박물관 생물탐험대는 인류 역사상 오랫동안 지속되었던 한 시대의 종말을 앞당겼다. 이날 제3차 아치볼드 탐험대(탐험대 대장 리처드 아치볼드Richard Archbold)의 전진 부대는, 서뉴기니의 무인 지대라고 여겨지던 발림Balim 강의 대협곡에 외부인으로서는 최초로 발을 들여놓았다.

놀랍게도 그 대협곡에는 엄청난 수의 사람이 살고 있었다. 그때까지 다른 사람들에게 알려지지 않았고, 그들 또한 외부 세계의 존재를 몰랐던 5만 명이나 되는 파푸아인이 석기시대의 생활 형태를 유지하고 있었다(지금은 다니족으로 알려져 있다). 아치볼드는 새와 포유류를 찾다가 알려지지 않은 인간 사회를 발견했던 것이다.

아치볼드의 발견 의의를 정확하게 평가하려면 '첫 대면'에 대해 이해할 필요가 있다.

앞에서 서술한 바와 같이 동물 서식지는 대개 지구의 아주 적은 장소에 한정적으로 분포되어 있다. 물론 여러 대륙에 걸쳐 사는 동물(사자나 회색 곰과 같이)도 있으나, 어떤 대륙의 동물이 다른 대륙의 동물을 찾아가는 일은 없다. 동물은 각 대륙의 한정된 지역에서 그들만의 확실한 지역 집단을 구성하고 가까운 동종 개체와는 접촉하지만 먼 종족과는 서로 만나지 않고 산다(철새인 연작류燕雀類만은 뚜렷하게 분류되지 않은 예외다. 연작류는 철따라 대륙 사이를 왕복한다. 그러나 이들 새의 항로는 전통적인 것이다. 예를 들어 여름 번식지도 겨울 번식지도 지역이 한정되어 있다).

동물은 한정된 지역에서만 살기 때문에 지리적 변이가 발생한다. 번식의 대부분이 계속 같은 지역 집단에서 일어나기 때문에 동종이라도 다른 지역에 사는 집단에서는 외견상 다른 아종亞種으로 진화하는 경향이 있다.

예를 들어 아프리카의 동부로랜드고릴라가 서부로랜드고릴라 집단에 돌연히 출현했던 경우는 없었으며 그 반대 상황도 없었다. 생물학자가 동서 양쪽 아종을 확실히 구분할 수 있을 정도로 매우 다르다.

이런 점에서 인간은 진화의 역사를 통해 볼 때 전형적인 동물이었다. 여러 인간 집단은 다른 동물과 마찬가지로, 그 지역의 기후나 질병에 적응할 수 있도록 유전자가 형성되어 있다. 동시에 인간은 언어적·문화적 장벽으로 다른 집단과의 결혼이 쉽지 않아 자유로운 혼혈이 탄생하는 일이 적었다.

인류학자가 인간의 나체를 보고 그가 어디 출신인지 대략 추측할 수 있다면, 언어학자나 패션디자이너는 훨씬 더 정확하게 그 사람의 출신지를 알아맞힐 수 있다. 이런 사실은 인간 집단이 한 장소에서 이동하지 않고 살아왔다는 것을 증명한다.

인간은 여행을 좋아한다고 생각하는 경향이 있는데, 인류의 진화 과정을 들여다보면 그 반대였다. 인간 집단은 자신이 살고 있는 땅을 넘어선 세계와 인접한 땅 그리고 보다 먼 세계에 대해 전혀 알지 못했다.

수천 년이라는 짧은 기간 동안 일어난 정치 조직과 기술의 변화 덕분에 사람들은 비로소 먼 곳까지 여행을 나가 다른 사람들을 만나고 낯선 문화에 대해 배우게 되었다. 이 과정은 1492년 콜럼버스가 아메리카 대륙에 발을 디디면서 한층 빨라졌다. 오늘날 멀리 떨어진 외부인과 한 번도 마주치지 않은 부족은 뉴기니와 남아메리카에 극소수가 남아 있을 뿐이다.

대협곡을 헤치고 들어간 아치볼드 탐험대는 대규모 인간 집단과 마지막으로 첫 대면을 한 탐험대로 기록에 남을 것이다.

어떻게 5만 명이나 되는 대협곡의 다니Dani족이 1938년까지 외부에 전혀 알려지지 않고 살아갈 수 있었을까? 또 다니족은 어떻게 외부 세계에 대해서 아무것도 모르고 살 수 있었을까? 그들과의 '첫 대면'은 인간 사회를 어떻게 변화시켰을까?

'첫 대면' 이전의 세계—우리 세대가 가기 전에 끝나버릴 세계—는 인류 문화가 엄청나게 다양한 이유를 알려줄 열쇠를 쥐고 있다.

세계의 정복자인 인류는 이제 70억 명을 넘어서고 있지만 농경 사회로 발전하기 이전에는 1천만 명의 인구밖에 없었다. 그러나 모순적이게도 인구가 증가할수록 문화적 다양성은 급속히 감소되었다.

뉴기니 탐험사

뉴기니에 가본 적이 없는 사람은 5만 명이나 되는 인간이 오랜 기간 동안 외부 세계에 알려지지 않은 채 살고 있었다는 것을 이해할 수 없을 것이다.

대협곡은 뉴기니 북쪽 해안이나 남쪽 해안에서 불과 185킬로미터밖에 떨어지지 않은 곳에 있다.

유럽인이 뉴기니를 발견한 것은 1526년, 네덜란드인 선교사가 살기 시작한 것이 1852년, 그리고 유럽 식민지 정부가 설립된 것이 1884년이다. 그런데 대협곡을 발견하기까지 왜 54년이나 걸렸을까?

뉴기니에 발을 들여놓고 정비된 도로를 통해 들어가려고 하는 순간, 그 해답은 명확해졌다. 지형과 식량과 짐꾼들이 그 해답의 열쇠였다. 저지대의 다습한 초원, 산악지대가 계속되는 칼처럼 뾰족한 산등성이, 그 모두를 뒤덮은 정글, 이러한 조건이 전진을 가로막고 있었다. 아무리 좋은 조건에서도 하루에 4~5킬로미터를 전진하는 것은 어려운 실정이었다.

1983년 쿠마와Kumawa 산맥 탐험에서 나는 12명의 뉴기니인 팀과 11킬로미터의 오지를 답파하는 데 2주일이 걸렸다. 그러나 영국 조류학자 연맹 50주년 기념 탐험대에 비하면 우리는 쉬운 편이었다. 1910년 1월 4일, 뉴기니에 상륙한 그들은 160킬로미터 거리의 눈이 쌓인 산맥을 향해 출발했으나, 13개월 후인 1911년 2월 12일에 절반도 안 되는 지점(72킬로미터)에서 단념하고 철수했다.

지형 문제와 함께 뉴기니에서 살아남기 어려운 또 하나의 이유는 수렵할 만한 짐승이 없다는 것이다. 저지대 정글에서 뉴기니인의 주요 식량은 사고sago야자라는 나무인데, 고갱이에서 고무처럼 끈적끈적하고 부식물 냄새가 나는 물질이 나온다.

산간 지역에서는 뉴기니인도 생존에 필요한 충분한 야생 식량을 발견할 수 없었다. 그것은 영국인 탐험가 알렉산더 울러스턴이 뉴기니 정글의 오솔길을 내려오다가 우연히 마주친 무시무시한 광경에 잘 나타나 있다. 그곳에는 최근에 죽은 것 같은 30명의 뉴기니인 시체가 나뒹굴고 있었고, 빈사 상태에 있는 2명의 어린이가 함께 있었다. 충분한 식량도 없이 저지대에서 산악 지대의 채소 농장으로 돌아가려고 하다가 도중에 굶어 죽었던 것이다.

현지인의 채소밭에서 식량을 구할 수 없었던 탐험대는 식량을 휴대할 수밖에 없었다. 짐꾼은 18킬로그램의 짐을 운반했는데 이 무게는 약 4일 치 식량에 해당했다. 따라서 비행기로 식량을 공중 투하하는 것이 불가능했던 시절에 7일(왕복 14일 간) 이상의 거리를 행진해야 했던 뉴기니 탐험대는 짐꾼들을 왕복시켜 내륙에 식량 저장소를 구축하면서 진행했다.

탐험 계획의 전형적인 형태는 다음과 같았다. 해안에서 50명의 짐꾼들이 700명 치의 하루 식량을 메고 출발하여, 5일째 지점에 500명의 하루치 식량을 쌓아두고, 5일간에 걸쳐 해안으로 돌아온다. 이 과정에서 500명의 하루치 식량이 소비된다(50명×10일). 곧이어 15명의 짐꾼들이 첫 번째 저장지까지 나아가, 저장해둔 200명의 하루치 식량을 지고 5일간 전진해서 50명의 하루치 식량을 쌓고, 제1저장 지점(이 무렵에는 다시 보급되어 있다)으로 돌아온다. 이 과정에서 150명의 하루치 식량이 소비된다. 그다음에는……

아치볼드 탐험대의 발견 전에 대협곡에 가장 근접한 탐험대는 1921~1922년의 크레머Kremer 탐험대였다. 이 탐험대는 800명의 짐꾼과 200톤의 식량을 사용하여 10개월에 걸친 릴레이 끝에 네 명이 대협곡을 지나친 지점까지 도달했다. 그러나 불행하게도 그들은 협곡을 몇 마일쯤 통과하고 말았다. 산등성이와 정글로 차단되어 있어 협곡의 위치를 가늠할 수 없었던 것이다.

식량 문제 등의 실제적인 곤란은 별개의 문제로 두고, 뉴기니의 오지는 사람이 살지 않는 지역이라고 알려졌기 때문에 선교사나 식민지 정부의 관심을 끌지 못했다.

해안과 강가에 상륙한 유럽인 탐험대는 사고야자와 물고기를 먹고 사는 저지대 부족만 발견했을 뿐, 가파르고 험준한 산기슭의 언덕에서 생계를 꾸리며 살고 있는 사람들의 존재는 여전히 모를 수밖에 없었다. 눈 쌓인 뉴기니의 주요 능선은 급격한 경사를 드러내고 있어 비탈 뒤쪽에 감춰진, 농경에 적합한 넓은 골짜기 사이에 위치한 그들의 터전은 해안에서 보이지 않았다.

동뉴기니에는 아무것도 없다는 오지 신화는 1930년 5월 26일에 허물어졌다. 금을 캐기 위해 비스마르크 산맥 능선을 넘어온 두 명의 오스트레일리아인 광산 기사인 마이클 레이히와 마이클 드와이어가 그날 밤 골짜기 사이를 굽어보니 놀랄 만큼 많은 불빛이 보였다. 그것은 수천 명이나 되는 사람들이 저녁밥을 짓기 위해 피우는 불이었다.

서뉴기니 신화의 종말은 1938년 6월 23일 아치볼드의 두 번째 시찰 비행 때문에 깨지고 말았다. 인적이 거의 없었던 정글 상공을 몇 시간 동안 비행한 후, 아치볼드는 마치 네덜란드 같은 전경의 대협곡을 발견하고 매우 놀랐다. 정글 없이 확 트인 광경, 관개용 도랑으로 정확하게 구분된 작은 밭, 그리고 드문드문 흩어진 부락. 수상 비행기를 착륙시킬 만한 땅이 있는 가장 가까운 호수에 아치볼드는 캠프를 쳤다. 캠프에서 순찰대가 대협곡에 도달하여 주민들과 첫 대면을 하기까지 무려 6주나 걸렸다.

유아독존 — 불가침적인 정신 경향

이상이 외부 세계에서 왜 1938년까지 대협곡을 알 수 없었는지를 말해 주는 전후 사정이다. 그렇다면 현재 다니족이라 불리는 '대협곡' 주민은 왜 외부 세계에 대해 전혀 모르고 있었을까?

물론 그 이유의 일부는 크레머 탐험대가 내륙을 전진할 때 직면한 것과 같은 보급의 문제 때문이라고 하겠다. 말할 것도 없이 '대협곡' 주민과는 완전히 거꾸로 된 상황이지만. 뉴기니와는 다르게 지형이 험하지 않고, 야생에 먹을 것이 풍부한 지역에서는 이러한 것이 사소한 이유이므로, 왜 세계의 모든 인간 사회가 각각 고립되어 살아가고 있었는지 이해되지 않을 것이다.

우리는 당연하게 받아들이는 현대적인 사물을 보는 방법에 대해서 생각을 바꿔야 한다. 우리가 생각하는 방법은 뉴기니 '대협곡'의 상황이나 1만 년 전의 세계에 적용되는 것이 하나도 없다.

지구는 이제 정치적인 국가로 모두 분할되어 국민은 국내든 국외든, 많든 적든 자유롭게 여행할 권리를 누리고 있다. 북한 같은 소수 나라를 제외하면, 시간과 돈과 마음만 있다면 누구든지 어느 나라든 방문할 수 있다. 그 결과 사람과 물자가 세계 속에 확산되어, 이제는 모든 대륙에서 코카콜라를 비롯한 다양한 상품을 언제든 손에 넣을 수 있다.

1976년에 태평양의 렌넬 섬을 방문했을 때, 내가 겪었던 당혹스러운

한 사건이 기억난다. 그곳은 멀리 고립된 섬인데 수직의 해안이 우뚝 솟아 모래사장이 없고 산호가 갈라진 듯한 모양의 경치여서, 최근까지도 폴리네시아 문화가 보존되어 있었다. 새벽에 해안을 출발해 인적이 없는 정글을 터벅터벅 걷던 나는 늦은 오후에 드디어 앞쪽에서 여성의 목소리를 들었고 작은 움막을 발견했다. 그 순간 풀잎 치마를 걸치고 가슴을 드러낸 아름답고 때 묻지 않은 폴리네시아 아가씨가 이 멀리 떨어진 외딴섬에서 나를 기다리고 있었구나, 하고 상상했다. 그러나 내가 본 것은 살찐 여인과 그 남편이었다. 실망은 그것만으로도 충분했다. 그러나 용기 있는 탐험가라는 자아상은 그녀가 입고 있는 위스콘신 대학의 스웨트 셔츠를 본 순간 완전히 깨어지고 말았다.

지난 1만 년을 제외하고 인류 역사상 자유로운 여행은 불가능했으며 스웨트 셔츠가 유행한 적도 거의 없었다. 각 마을과 부족은 정치적인 단위를 구성하여 이웃 집단과 전쟁·휴전·동맹·교역을 계속 반복하면서 살았기 때문에, 뉴기니 고지인은 출생지에서 20킬로미터를 벗어나지 않고 일생을 보냈던 것이다.

전쟁을 수행 중에 급습 작전으로 이웃 부족의 토지에 몰래 들어가거나 휴전 중에 허가를 얻어 들어가는 것은 몰라도, 인접한 지역의 또 다른 저편까지 여행하는 것은 그곳의 사회구조상 근본적으로 불가능했다. 관계가 없는 낯선 사람을 받아들이기는커녕 낯선 사람이 찾아온다는 자체마저 상상조차 할 수 없었다.

침범을 허락하지 않는 그러한 경향은 최근에도 세계 곳곳에 남아 있다고 한다. 나도 뉴기니에서 야생 조류를 관찰하러 갈 때는 항상 일부러 가장 가까운 마을에 들러, 그 지역에 있는 야생 조류를 조사하는 일에 대하여 원주민들의 양해를 구했다. 나는 처음에 그런 사전 양해를 받지 않고(또는 엉뚱한 마을에 양해를 구했거나) 보트로 강을 거슬러 올라간 적이 두 번 있었는데, 돌아올 때 영지를 침략당한 것에 분노하여 카누를 타고 돌을 던지는 마을 사람들 때문에 위험한 고비를 겪었다.

서뉴기니의 엘로피Elopi족과 생활할 때, 내가 인근 파유Fayu족 영지를 거쳐 가까운 산에 오르려고 하자 엘로피족은 "파유족이 당신을 죽일 것"이라고 아무렇지도 않게 말했다. 뉴기니인의 사고방식으로는 그런 일은 매우 당연하고 자명한 일인 것 같았다. 물론 파유족들은 침범자가 누구든 살해할 것이다. 외지인들은 커다란 사냥감을 수렵하고, 여자를 범하며, 질병을 옮기고, 앞으로의 전쟁에 대비해서 지형을 정찰할 것이기 때문이다.

문명과 접촉하기 이전의 사람들도 인접 지역과 교역을 하고 있었으나, 대개는 그들만이 유일한 인간이라고 여겨왔다. 지평선에 오르는 연기나 둥실둥실 강에 떠 있는 카누는 다른 사람이 존재하고 있다는 것을 나타냈을 것이다. 그러나 가까운 거리에 다른 사람들이 산다고 해도 영지를 떠나 그들을 만나려는 모험은 자살 행위나 다름없었다. 한 뉴기니 고지인은 처음으로 백인이 도착한 1930년 이전의 생활을 회상하며 이렇게 말했다. "멀리 있는 지역은 본 적도 없었다. 알고 있는 것은 산의 이쪽뿐이며, 살아있는 인간은 우리뿐이라고 생각했다."

다른 세계와의 완전한 단절 상태는 뚜렷한 유전적인 다양성을 파생하게 했다. 뉴기니에는 골짜기마다 독자적인 언어와 문화가 있고 독특한 유전적 차이와 풍토병이 있다.

내가 최초로 일했던 계곡은 포레족의 땅으로, 과학자에게는 독특한 난치병으로 널리 알려진 곳이다. '쿠루kuru병' 또는 '웃는 병'이라고 하는 이 치명적인 바이러스성 질환이 이 지역에서의 사망 원인 중 과반수

(특히 여성)를 차지한다.

몇몇 포레족 마을에서는 남성이 많이 살아남아 남녀 성비가 3대 1이 될 정도였다. 포레 지역에서 60마일 서쪽에 있는 카리무이Karimui에 서는 쿠루병이 전혀 발생하지 않는 대신, 세계에서 가장 발생률이 높은 한센병으로 고생하는 이가 많았다. 그 밖의 부족에서 나타난 빈도가 높은 독특한 질환으로는 농아, 남성의 페니스가 결손되는 가성반음양, 조기 노화, 사춘기의 지연 등을 들 수 있다.

최근 우리는 영화나 텔레비전을 통해 가본 적도 없는 지구의 여러 지역을 생생하게 볼 수 있고 책으로 읽을 수도 있다. 세계에서 가장 많이 쓰이는 영어를 잘 배우고 쓰기 위한 사전이 있고, 소수 언어를 사용하는 곳이라도 세계 주요 언어 중 한 가지는 이해할 수 있는 사람이 있을 것이다.

예를 들어 선교사인 언어학자들은 최근 수십 년 동안 수백 개에 이르는 뉴기니와 남아메리카 원주민의 언어를 연구해왔다. 내가 방문했던 뉴기니 마을에는 아무리 벽지라고 해도 몇 명의 주민은 인도네시아어라든가 신멜라네시아어 중 하나는 알고 있었다. 따라서 언어의 장벽 때문에 세계 정보의 흐름이 차단되는 일은 없다.

최근에는 세계 곳곳의 사람들이 외부 세계에 관해 직접적인 이야기를 전해 들을 수 있게 되어, 자신들에 관해서도 직접적으로 바깥 세계에 알리게 되었다. 그러나 서로 접촉하기 전에 사람들은 외부 세계에 대해 알 만한 방법도, 직접적으로 배울 기회도 없었다. 정보는 여러 언어를 통해서 전달되기 때문에 각 단계를 거칠 때마다 정확성이 떨어졌다.

아이들의 '전화놀이'와 같은 이치다. 여러 아이들이 원형으로 둘러앉아 한 아이가 옆 아이에게 속삭이듯 말하면 그 아이가 또 옆 아이에게 속삭인다. 그렇게 한 바퀴를 돌고 처음의 아이에게 다시 돌아오면 맨 처음 한 말은 전혀 엉뚱하게 변해 있을 것이다.

결과적으로, 뉴기니 고지인은 160킬로미터나 떨어진 대양에 대한 개념이 없었으며, 몇 세기 동안 해안 지역을 탐험하는 백인에 대해 아무것도 몰랐다.

고지인들은 최초로 만난 백인이 바지를 입고 허리띠를 맨 것을 보고 그것이 허리를 감을 정도로 긴 페니스를 숨기기 위한 것이라고 생각했다. 다니족 중에는 근처 뉴기니인 집단이 풀을 뜯어먹으며 양손이 등 뒤에 붙어 있다고 믿는 사람들도 있었다.

가장 먼저 그들을 발견한 탐험대는 오늘날의 우리가 상상하기 어려울 정도로 커다란 정신적 충격을 받았다. 1930년에 마이클 레이히Michael Leahy에 의해 발견된 지 50년 후에 인터뷰를 한 고지인들은 그때까지도 첫 대면 순간에 그들이 어디에 있었고, 무엇을 했었는지를 정확히 기억하고 있었다.

아마도 현대 미국인이나 유럽인이 우리 시대에 일어난 한두 가지의 중요한 정치적 사건을 기억하고 있는 것과 마찬가지일 것이다. 우리 세대 대부분의 미국인은 일본인의 진주만 공습 소식을 들었던 1941년 12월 7일을 기억한다. 그 뉴스를 듣고 우리는 앞으로 수년 동안 우리의 생활이 급격히 달라지리라는 것을 깨달았었다.

그러나 미국인이 겪은 진주만 공습과 전쟁의 충격은 뉴기니 고지인이 최초로 탐험대를 만났을 때의 충격에 비하면 훨씬 작은 것이었다. 그날을 계기로 그들 세계는 완전히 변했다.

탐험대는 고지인의 물질문화에 혁명을 가져왔다. 그들이 가져온 쇠도끼와 성냥이 돌도끼와 불을 붙이는 송곳보다 뛰어나다는 것은 바로 알 수 있었다. 탐험대의 뒤를 이은 선교사와 정부 관리는 식인 풍습과 일부다처제, 동성애, 전쟁 등 뿌리 깊은 그들의 문화적 관습을 억압했다. 새로운 문물이 마음에 들어 부족민 스스로 팽개친 풍습도 있었다.

무엇보다 그들의 우주관에는 더욱 깊은 변혁이 일어났다. 그들과 이웃 부족들은 이미 유일한 인간이 아니었으며 그들의 삶의 방식 또한 유일하지 않았다.

밥 코널리와 로빈 앤더슨의 책《첫 대면First Contact》에는, 1930년 당시 젊은이와 어린이로 만났던 뉴기니인과 백인이 노년기에 이르러, 동부 고지대에서의 그 순간을 회상하는 장면이 감동적으로 그려져 있다.

겁에 질린 고지대 사람들은 백인이 묻은 배설물을 파내 자세히 조사하고, 공포에 질린 젊은 처녀를 침입자에게 보내 섹스를 하게 하여 백인이 그들과 똑같은 인간이라는 것을 증명하기 전까지 백인을 돌아온 유령으로 간주했다.

레이히는 그의 일기에서 고지대인에게서는 심한 냄새가 난다고 적고 있는데, 마찬가지로 고지대인도 백인의 냄새가 이상하다며 싫어했다.

레이히의 금에 대한 집착이 고지인에게는 엉뚱하게 보였으며, 마찬가지로 레이히에게는 고지인의 부와 통화의 형태—자패紫貝 껍데기—에 대한 집착이 기묘하게 보였다.

1938년에 만난 대협곡의 다니족과 아치볼드 탐험대 생존자들, 그들의 첫 대면에 관해서는 앞으로 이야기할 것이다.

사라져가는 문화의 다양성

앞서 아치볼드 탐험대가 대협곡에 들어간 것은 다니족만의 전환점이 아니라 인류 역사의 전환점이라고 말했다.

예전에는 각각 독립적으로 살던 인간 집단이 첫 대면을 원하는 반면, 극소수의 집단은 외부와의 단절 상태에 머물고 싶어 한다. 이 차이는 어떻게 생긴 것일까?

해답은 훨씬 이전에 단절 상태가 끝난 지역과 현대까지 단절이 지속되어온 지역을 비교함으로써 짐작할 수 있다. 또 역사적인 첫 대면 후의 급속한 변화에 대해 연구할 수도 있다.

이러한 비교를 통해 우리는 1,000년의 격리 기간 동안 일어난 인간의 문화적 다양성은 사람 간의 접촉으로 인해 서서히 사라졌다는 점을 알 수 있다. 확실한 예로 예술적인 다양성을 살펴보자. 예전에는 뉴기니 마을마다 조각, 음악, 춤의 형태가 크게 달랐다.

세피크Sepik 강 연안과 아스마트Asmat 습지의 여러 마을은 질적으로 뛰어난 세계적인 조각물 산지였다. 그러나 뉴기니 촌민들은 강제로 또는 유혹에 넘어가 예술적인 전통을 점점 상실했다.

1965년 주민이 578명밖에 안 되는 벽지의 보마이Bomai 촌을 찾아갔을 때, 그 마을의 유일한 상점에서 선교사의 감독 아래 마을 사람들이 예술품을 모두 태우고 있었다. 몇 세기에 걸친 독자적인 문화재들(선교사는 '이교도 예술품'으로 꾸짖었다)은 그렇게 하루아침에 파괴되었다.

1964년 뉴기니 벽지 마을을 처음으로 찾아갔을 때 나는 통나무 북과 전통적인 노랫소리를 들었다. 그러나 1980년대에 다시 방문했을 때는 기타와 록 음악, 그리고 앰프 소리만 들렸다.

뉴욕 같은 대도시 박물관에 있는 아스마트족의 조각물을 본 사람이나 전기 장치가 없는 통나무 북으로 연주하는 빠르고 감동적인 이중주를 들은 사람이라면, 이전의 예술을 잃어버렸다는 것이 얼마나 큰 비극인가를 통찰할 수 있을 것이다.

언어 또한 대대적으로 잃어버렸다. 현재 유럽 언어의 대부분은 하나의 어족(인도유럽어족)에 속하며, 다 합해도 50개 정도의 언어밖에 없다. 면적은 유럽의 10분의 1 이하이며 인구는 100분의 1 이하에 불과한 뉴기니에는 수백 개의 언어가 있다. 이 중 상당수는 뉴기니를 비롯한 전 세계 어느 곳의 알려진 언어와도 연관성이 없다.

평균적인 뉴기니 언어는 반경 16킬로미터 이내에 사는 2,000~3,000명이 말하는 언어이다. 뉴기니 동부 고지 오카파Okapa에서 카리무이까지 96킬로미터를 여행했을 때, 나는 포레어(핀란드어처럼 후치사를 갖는 언어)에서 투다웨Todawhe어(중국어와 같이 몇 개의 성조와 모음이 비음으로 발음되는 언어)에 이르기까지 6개 언어를 통과했다.

뉴기니는 언어학자들에게 예전의 세계가 어떠했는지 보여준다. 농업이 등장하면서 몇몇 집단이 자기네 언어를 넓은 지역에 확장하고 전파했다. 인도유럽어족이 확대되기 시작한 시기는 고작 6,000년 전이었고, 그 결과 바스크어 외의 모든 구유럽어는 소멸되었다. 수천 년 전에 아프리카에서도 같은 일이 벌어졌다. 2,000~3,000년 동안 사하라사막 이남 아프리카의 대다수 언어가 반투어족에 밀려 사라졌다. 아메리카 대륙도 수백의 원주민 언어가 몇 백 년 안에 사라졌다.

언어가 적으면 세계 각국 사람들의 의사소통이 원활해지므로 어쩌면 언어가 사라져간다는 건 바람직한 일이라고 볼 수도 있다. 그러나 나쁜 점도 있다. 언어는 구조와 어휘가 저마다 다르다. 감정, 인과관계, 개인의 책임을 표현하는 방법도 다르고 생각을 형성하는 방법도 다르다. 따라서 특정 언어를 '최고' 언어로 꼽을 수 없다. 단지 목적에 어울리는 다양한 언어가 있을 뿐이다.

플라톤과 아리스토텔레스가 그리스어로, 칸트가 독일어로 쓴 것은 우연이 아닐지도 모른다. 두 언어의 문법적인 불변화사(부사, 전치사, 접속사, 관사) 및 단어 결합의 용이함은 이들 언어가 서구 철학의 걸출한 언어가 되는 데 도움이 되었을 수도 있다.

라틴어를 배우는 모든 사람에게 친숙한 예를 한 가지 들자면 고도의 굴절어(단어의 어휘 변화로 문장 구조가 충분히 표현되는 언어)에는 영어에서 불가능한 뉘앙스를 전달하기 위한 어순의 교체가 가능하다. 영어의 어순은 문장 구조의 주요한 수단으로써의 역할이 있으므로 제약이 엄격하다. 만일 영어가 국제어가 되었다고 해도, 그것은 필연적으로 외교를 위한 최고의 언어였기 때문은 아닐 것이다.

뉴기니 고유의 문화적 관습의 폭 역시 현대 세계의 다른 지역 어디에서나 그런 것처럼 점점 줄어들고 있다. 외부와 완전히 고립되고 격리된 부족은 외부인이 볼 때, 도저히 받아들일 수 없는 사회적 실험을 존속시킬 수 있다.

신체적 자해 행위와 식인 풍습의 형태는 부족마다 달랐다. 처음 접촉했을 때 어떤 부족은 나체였으나 다른 몇몇 부족은 음부를 가리고 성적으로도 매우 점잖게 행동했다. 또 다른 부족(대협곡의 다니족도 그중 하나다)에서는 여전히 여러 가지 받침을 사용해 페니스와 고환을 지나치게 과시하기도 했다.

자녀 교육의 관습도 극단적인 방임주의(포레족의 아기는 뜨거운 것을 잡아 화상을 입어도 내버려둔다)가 있는가 하면 바함족과 같이 나쁜 행실을 한 아이들의 얼굴을 쐐기풀 가시로 문지르는 경우도 있고, 쿠쿠쿠쿠족과 같이 아이들을 자살에 이르게 할 만큼 극도로 억압하는 경우까지 실로 다양했다.

양성애를 제도화하고 있는 바루아족의 남자들은 대규모 공동 건물에서 아들과 살면서, 한편으로는 아내와 딸, 아기를 위해 독립된 별도의 집을 구비하고 있었다. 한편 투다웨족은 이층집을 지어 1층에는 아내와 아기, 처녀, 돼지가 살고, 지면에서 사다리로 직접 이어지는 2층에는 남편과 총각 아들이 살고 있었다.

만약 이것이 단지 신체적 자해 행위와 아이들의 자살과 같은 결과만의 문제라면 현대사회의 문화적 다양성이 감소한다고 해서 애통해하지 않을 것이다.

그러나 현재 문화적으로 우세한 사회란 단순히 경제적·군사적 성공을 거둔 국가를 기준으로 삼고 있다. 그것들이 반드시 행복과 장기적인 인류의 생존을 보장하지는 않는다. 소비주의와 환경 개발은 우리의 쾌적한 삶에 공헌하고 있지만 미래 사회에는 어두운 그늘을 드리우고 있다.

미국 사회는 어느 작가의 책에서나 빠짐없이 드러나듯이 노인에 대한 처우, 청소년기의 혼란, 향정신성 화학약품의 남용, 불평등 같은 재난의 조짐을 보이고 있다. 현재의(또는 첫 대면 이전의) 뉴기니 사회의 대부분은 이 문제에 대해 훨씬 훌륭한 해결법을 가지고 있다.

그것은 생존의 대가인가?

유감스럽게도, 인간 사회의 대체 모델은 급속히 사라지고 있어, 격리된 새로운 모델을 찾아낼 수 있는 시대는 끝났다. 1938년 8월 어느 날에 아치볼드 탐험대가 만난 것과 같은 큰 집단은 이제 어디에도 남아 있지 않다.

1979년 내가 라우파르 강에서 연구하고 있을 때 근처의 선교사들이 400명쯤 되는 유목 부족을 발견했다. 이 부족은 5일 동안 상류를 거슬러 올라가면 그곳에 또 다른 부족이 있다고 알려주었다. 규모가 작은 부족은 페루와 브라질의 벽지에서도 발견되었다. 하지만 21세기 초 어느 시점에 최후의 첫 대면이 일어날 것이고, 인간 사회를 어떻게 설계할 것인가에 대한 최후의 격리 실험도 막을 내릴 것이다.

텔레비전과 여행을 통해 기록된 것도 많이 있으므로, 최후의 첫 대면이 일어난다고 해서 문화 다양성이 바로 종말을 맞지는 않을 것이다. 하지만 그 다양성은 훨씬 적어질 게 확실하다.

지금까지 서술한 이유들을 생각해보면 그것은 애석한 일이다. 그러나 핵무기와 인간의 대량 학살 성향이 결탁하여 20세기 전반의 학살 기록을 깰 수도 있었을 텐데, 아직까지 그런 결과가 초래되지 않은 것은 인간의 문화가 서로 섞여 동일화되었기 때문이라고 할 수 있다. 따라서 동일화는 희망의 중요한 밑거름이라고 생각한다. 문화적 다양성의 상실은 우리가 살아남기 위해서 치러야 하는 대가일지도 모른다.

어쩌다가 정복자가 된 인간들

문명의 발달 속도

일상생활에서는 당연하다고 생각하는 것이 과학자에게는 큰 난제인 경우가 있다. 미국이나 오스트레일리아 어느 곳에서든 주위를 둘러보면 당신의 눈에 들어오는 사람의 대부분이 유럽 출신일 것이다.

500년 전이라면 똑같은 장소여도 미국에서는 아메리카 원주민, 오스트레일리아에서는 오스트레일리아 원주민만 발견했을 것이다. 아메리카 원주민과 오스트레일리아 원주민이 유럽에서 토착민을 밀어내는 대신, 유럽인이 아메리카 대륙과 오스트레일리아에서 원주민을 밀어내게 된 이유는 무엇일까?

이 의문은 이렇게 다시 물을 수 있다. 고대의 기술적, 정치적 발전 속도는 왜 유럽에서 가장 빨랐고 미국(그리고 사하라 사막 이남 아프리카)과 오스트레일리아에서는 가장 늦었을까?

1492년 유라시아 대륙의 인류 집단 대부분이 철기를 사용했고, 문자와 농경 기술을 가지고 있었다. 또 선박을 소유한 대규모의 중앙집권 국가였고 산업화를 목전에 두고 있었다.

반면 아메리카 대륙의 나라들은 농사를 지었으나 중앙집권 국가는 극소수에 불과했고, 대양을 항해하는 선박도 없어 기술적·정치적으로 유라시아에 비해 2,000~3,000년이나 뒤져 있었다. 오스트레일리아 사람들은 유라시아에서 1만 년 전에 쓰던 석기를 사용하고 있었다.

유럽인이 다른 대륙으로 영토를 확장할 수 있었던 것은 이처럼 기술적·정치적인 차이가 있었기 때문이지, 동물 집단처럼 경쟁의 승패를 결정하는 생물학적 차이가 있었기 때문이 아니다.

19세기의 유럽인은 앞의 질문에 대해서 인종차별적인 대답을 했다. 그들이 문화적으로 앞섰던 것은 유전적으로 지능이 더 높았기 때문이고, '열등한' 민족을 정복하고 몰아내고 살해하는 것은 유럽인의 명백한 운명이라고 결론지었던 것이다. 이 대답은 아주 불쾌하고 오만할 뿐만 아니라 틀렸다.

성장 환경에 따라서 인간이 획득하는 지식의 양에는 커다란 차이가 있다. 그러나 지능에 있어서 민족 간에 유전적 차이가 있다는 증거는 전혀 발견되지 않았다. 인종에 대한 해석이 늘 그래왔던 만큼, 인류 문명 수준의 차이에 대한 문제는 어느 것을 취해도 인종차별의 여지가 남아 있다. 그럼에도 불구하고 이 문제는 정확하게 설명해야만 한다.

과거 500년 동안 기술력의 차이로 인한 몇 건의 큰 비극이 발생했고, 그 차이에서 비롯된 식민주의와 정복의 유산은 여전히 현대사회의 구성에 커다란 영향을 미치고 있다. 별다른 정확한 설명이 없다면, 인종차별적인 유전 이론이 진실일지도 모른다는 의문이 미래에도 사라지지 않을 것이다.

이 장에서는 대륙 간 문명 수준의 차이가 인류의 유전적 요인 때문이 아니라 문화적 특징에 끼친 지리적 영향 때문이라는 주장을 펴고자 한다.

문명을 지탱하는 자원, 특히 사육하거나 길들일 수 있는 야생동물은 대륙마다 달랐다. 가축화 또는 길들이는 데 성공한 종種이 다른 지방으로 얼마만큼 쉽게 확장되는가 하는 점도 대륙마다 차이가 있었다. 심지어 오늘날에도 미국인과 유럽인은 페르시아 만과 파나마지협 같은 지리적 특성이 어떻게 우리의 생활에 영향을 미치는가를 잘 알고 있다.

그러나 지리학적·생물지리학적 환경은 10만 년에 걸쳐 훨씬 더 근본적인 곳에서 인간의 생활을 형성해왔다. 동물과 식물이 왜 그렇게 중요한 것일까? 생물학자인 J. B. S. 홀데인은 "문명의 기초가 되는 것은 인간만이 아니다. 식물이나 동물 또한 그렇다"라고 말하고 있다.

10장에서 농경과 목축의 단점을 설명했다. 그러나 농경과 목축은 야생 식량에 의존하는 것보다 면적당 더 많은 인구를 부양할 수 있다.

일부 사람들이 재배한 잉여 식량 덕분에 다른 사람들은 금속공업이나 제소업, 문필 활동에 종사하거나 직업군인으로 복무할 수 있게 되었다. 가축은 사람들에게 제공할 고기와 우유뿐만 아니라 의복을 만드는 털과 가죽, 그리고 사람과 화물을 운반하는 동력을 공급해주었다. 또 쟁기와 짐마차를 당기는 동력도 제공해준 덕분에, 인간은 근육만을 사용하던 때보다 농업 생산성이 크게 향상되었다. 그 결과 수렵·채집 생활을 하던 B.C. 1만 년 무렵에 약 1,000만 명이던 인구가 현재 70억 이상까지 급증했다.

높은 인구밀도는 중앙집권 국가의 전제 조건이다. 높은 인구밀도는 전염병의 발병도 촉진시켰는데, 전염병에 직면한 집단은 다른 집단에게는 없는 다양한 저항력을 갖게 되었다.

이런 여러 가지 요인이 맞물려 누가 누구를 식민지로 삼고 정복하는가를 결정했다. 유럽인이 아메리카 대륙과 오스트레일리아를 정복할 수 있었던 것은 그들이 가진 양질의 유전자 때문이 아니라, 그들의 세균(특히 천연두)과 발달된 기술(병기와 선박 포함), 문자에 의한 정보 축적과 정치 체제 때문이다. 그런 것들은 모두 대륙 간의 지리적 조건의 차이에서 파생된 것이다.

가축화 성공의 조건

가축의 차이에서 시작해보자. B.C. 4000년경까지 유라시아 서쪽에서는 이미 양, 염소, 돼지, 젖소, 말이 사육되고 있었다. 이 동물은 현재에도 여전히 주요한 가축으로 '빅 파이브'라고 부른다.

동아시아 주민들은 지역에 따라서 젖소 대신 네 종류의 다른 소, 야크yaks(티베트 고원 산의 털이 긴 들소), 물소, 가우르gaur(동남아시아산의 거대한 들소), 밴팅banteng(동남아시아산의 야생 소)을 사육했다. 앞에서 설명한 바와 같이 이 동물들은 식량·동력·의복을 공급해주었다.

그런가 하면 말은 군사적으로 무한한 가치가 있었다(말은 19세기 말까지 군용 탱크요, 트럭이었으며 지프였다). 왜 아메리카 원주민은 아메리카 원산 포유류들인 큰뿔양, 로키산양, 페커리돼지(돼지의 친척뻘 야생동물), 아메리카들소, 맥tapir(맥貘과 동물의 총칭. 말레이맥, 아메리카맥 등―옮긴이) 등을 사육하여 비슷한 혜택을 얻지 않았던 것일까? 왜 아메리카맥을 탄 원주민들과 캥거루를 탄 오스트레일리아 원주민들이 유라시아를 침공하여 폭력적인 지배를 하지 않았던 것일까?

그 이유는 오늘날에도 세계 야생 포유류 중에서 사육할 수 있는 것은 극소수 종밖에 없다는 데 있다. 다른 동물의 사육을 시도했다가 모두 실패했다는 것을 고려하면 의문의 여지가 없다. 셀 수 없을 만큼 많은 종의 동물이 애완동물로 길들여지는 첫 번째 단계까지는 이르렀다.

나는 뉴기니 마을에서 길들여진 주머니쥐와 캥거루를 여러 번 발견했으며, 아마존의 원주민 마을에서는 순한 원숭이와 위즐을 봤다. 고대 이집트인은 가젤과 영양, 두루미, 심지어는 하이에나와 기린까지 길들였다.

로마인은 한니발이 알프스를 넘어 데려온 길들여진 아프리카코끼리 (오늘날 서커스에서 재주를 부리는, 그 길들여진 아시아코끼리는 아니다)를 보고 공포에 떨었다고 한다.

그러나 그들을 가축화하려고 했던 초기의 시도는 모두 실패했다. 야생동물을 한두 마리 잡아 길들인다고 가축화가 되지는 않는다. 사육 중에 번식시키고 인간에게 좀 더 쓸모가 있게끔 선택적인 교배를 시키는 것도 필요하다.

B.C. 4000년에 말이 가축화되고 그로부터 수천 년 뒤에 순록이 가축화된 이래, 더 이상 유럽의 대형 포유류 중에서 가축화에 성공한 동물은 없다. 가축화를 시도했다가 실패한 수백 종의 다른 포유동물 중에서 현재의 극히 소수의 가축이 가려진 것이다. 왜 대부분의 동물이 가축화되지 못했을까?

가축화에 성공하기 위해서는 야생동물에게 몇 가지 특징이 있어야 한다. 첫째, 무리 지어 생활하는 사회적 동물이어야만 한다. 무리의 하급 개체는 본능적으로 상급 개체에게 복종하는데, 그것을 인간에게로 전이시킬 수 있다.

아시아무플런(가축 양의 조상)은 이러한 행동을 했지만 북아메리카의 큰뿔양은 그렇지 못했다. 이 결정적 차이 때문에 원주민은 큰뿔양을 사육할 수 없었다. 고양이와 페럿을 제외하면 위협적인 동물은 가축이 되지 못했다.

둘째, 가젤·사슴·영양처럼 위험한 신호를 보자마자 그냥 서 있지 못하고 껑충껑충 뛰는 동물은 관리하기 어렵다. 사슴을 사육하지 못한 것은 놀랄 만한 일이다. 사슴만큼 오랫동안 사람들과 가까이서 살아온 동물도 없기 때문이다.

사슴은 집중적으로 수렵되어 자주 사육되었지만, 41종의 전 세계 사슴 중 가축화에 성공한 종은 순록뿐이다. 세력 다툼의 습성과 반사적으로 껑충껑충 뛰는 습관 또는 그 두 가지 모두가 원인이 되어, 40종의 후보자는 가축이 되지 않았다. 순록만이 침입자를 허용하고 집단을 이루었으며 세력 다툼도 없었다.

셋째, 동물원 관계자를 자주 놀라게 하는 것인데, 가축은 아무리 다루기 쉽고 건강해도 우리 속에서의 번식을 기피하는 경우가 있다. 당신이 그런 입장에 놓여 있다고 상상해보라. 당신 역시 타인이 보는 앞에서 버젓이 구애와 교미를 할 기분은 들지 않을 것이다. 많은 동물도 마찬가지인 것이다.

잠재적으로 가치가 높은 동물을 가축화하려는 대부분의 시도가 사육 중 동물을 번식시키는 문제에서 실패했다. 예를 들어 세계에서 가장 품질 좋은 털은 안데스 산맥에 사는 소형 낙타인 비쿠냐vicuna에서 얻는다. 그 털을 얻기 위해서는 야생 비쿠냐를 잡을 수밖에 없다. 그러나 잉카인과 오늘날 목장주는 비쿠냐를 가축으로 사육할 수 없었다. 고대 아시리아 왕부터 19세기 인도 마하라자에 이르기까지, 세계의 군주들은 사냥에 이용할 목적으로 땅에 사는 포유류 중 가장 빠른 치타를 사육했다. 그러나 군주들의 치타는 모두 야생에서 붙잡은 것이었고 1960년까진 동물원에서조차 번식에 실패했다.

이런 이유를 생각해보면, 왜 유라시아인이 '빅 파이브'의 가축화에는 성공했으나 다른 종에서는 실패했는지, 또 아메리카 원주민은 왜 아메리카들소·페커리돼지·아메리카맥·산지의 야생 양이나 염소를 사육하지 않았는지를 이해할 수 있다.

군사적 가치가 큰 말은 사소한 차이 때문에 어떤 종은 귀한 대접을 받고 어떤 종은 버림받는 과정을 보여준다. 말은 맥과 코뿔소와 함께 홀수의 발가락을 갖는 유제류有蹄類(포유동물 중 발 끝에 각질의 발굽이 있는 동물-옮긴이) 중 기제류奇蹄類(포유류에 딸린 발굽이 하나 또는 세 개로 되어 있는 동물-옮긴이)에 속하는 포유동물이다.

현재 살고 있는 기제목 17종 중에서 맥 네 종 전부, 코뿔소 다섯 종 전부, 야생마 여덟 종 중 다섯 종은 한 번도 가축화되지 않았다. 코뿔소와 맥에 올라탄 아프리카인이나 원주민이 유라시아인 침입자를 짓밟는 장면을 상상할 수는 있겠지만 실제로 그런 일은 일어나지 않았다.

야생마 중 여섯 번째인 아프리카산 야생 당나귀에서 가축 당나귀가 태어났다. 당나귀는 짐을 싣고 나르는 운반용으로는 유용했으나 군마로는 도움이 되지 않았다.

야생마 중 일곱 번째인 서아시아산 당나귀는 B.C. 3000년 이후 수세기 동안 짐마차를 끄는 데 이용된 것 같다. 그러나 이 당나귀에 관한 기록은 모두 "난폭하다", "화를 잘 낸다", "다루기 힘들다", "길들여지지 않는다", "천성적으로 고집이 세다" 등 기질이 매우 나쁘다는 말뿐이다.

사나운 당나귀는 옆에 있는 사람이 물리지 않도록 재갈을 물려야 한다. B.C. 2300년경 중동에 가축화된 말이 들어오자, 결국 그 당나귀는 가축화에 실패한 다른 동물과 마찬가지로 쓰레기 더미에 묻혔다.

말은 코끼리나 낙타 그 밖의 다른 어떤 동물과도 비교가 되지 않을 정도로 전쟁의 양상을 완전히 뒤바꿔 놓았다. 말이 사육되자마자 말의 소유자들, 특히 인도유럽어를 쓰는 사람들은 가장 먼저 영토를 확대하기 시작해 결국 세계 전반에 그들의 언어를 각인시켰다.

2,000~3,000년 후 말이 이륜 전차로 발전하면서, 그들은 고대 전쟁에서 무적의 셔먼 전차Sherman tank 군단이 되었다.

안장과 등자가 발명되면서 훈족의 아틸라 대왕은 로마제국을 유린했고, 칭기즈칸은 러시아에서 중국에 이르는 제국을 정복했으며, 서아프리카에는 군사 왕국들이 생겨났다. 스페인의 정복자 코르테스와 피사로는 겨우 수백 명의 부하만 이끌고도 수십 마리의 말 덕분에 아메리카에서 가장 인구가 많고 문명이 발달한 아스테카와 잉카 제국을 멸망시킬 수 있었다. 그러나 1939년 9월, 히틀러 침공에 대항한 폴란드 기병대의 돌격이 수포로 돌아감으로써 모든 가축 중에서 가장 널리 칭찬받아온 동물의 군사적 중요성은 6,000년 만에 막을 내렸다.

코르테스와 피사로가 탔던 종류의 말들은 한때 아메리카에도 분포되어 있었다. 만약 그 말이 생존해 있었다면 몬테수마 2세와 아타왈파는 자신들의 기병대로 정복자들을 무찔렀는지도 모른다. 그러나 매정하게 얽혀버린 운명의 장난으로 아메리카산 말은 아메리카의 대형 포유류 80~90퍼센트와 함께 오래전에 멸종했다.

포유류의 멸종은 현재의 아메리카 원주민과 오스트레일리아 원주민의 조상이 대륙에 도달했을 무렵에 멸종하기 시작했다. 말뿐만 아니라 대형 낙타, 땅늘보, 코끼리처럼 사육 가능성이 있었던 종들까지 사라졌다.

북아메리카의 늑대에서 아메리카 원주민의 개가 파생된 경우를 제외하면, 오스트레일리아와 북아메리카에서 사육할 수 있는 포유류가 완전히 사라져버렸다.

남아메리카에서는 기니피그(식용), 알파카(털을 얻음), 라마(짐 운반)만이 살아남았다. 그래서 안데스를 제외한 아메리카와 오스트레일리아 원주민들은 가축에서 단백질을 섭취하는 일이 전혀 없었다. 구세계(유럽, 아프리카, 아시아를 가리킴-옮긴이)에 비하면 안데스에서도 가축의 공헌은 극히 미약해서 쟁기와 짐마차 그리고 이륜 전차를 끌거나 우유를 공급하고 사람을 태울 수 있는 포유류는 없었다.

신세계(아메리카와 오스트레일리아를 가리킴-옮긴이)의 문명이 인류의 근육만으로 느릿느릿 나아간 데 비해 구세계의 문명은 동물의 근육과 풍력·수력을 이용하여 질주했다.

선사시대의 신세계에서 대부분의 대형 포유류가 멸종한 까닭을 두고 과학자들은 "기후 때문이다", "최초의 이주민들에 의한 것이다" 하며 논쟁을 하고 있다.

원인이 무엇이든, 그들의 자손이 유라시아와 아프리카 대륙에서 온 사람들에게 정복당할 수밖에 없었던 것은 대형 포유류의 멸종 탓이었음이 틀림없다.

야생 보리와 테오신트

식물에 관해서도 비슷한 주장을 할 수 있다. 동물의 가축화가 그랬듯, 식물도 재배에 적합한 것은 소수에 지나지 않았다. 예를 들어 자웅동주雌雄同性로 자가 수분할 수 있는 식물(밀)은 그렇지 않은 식물(호밀)보다 더 빠르고 쉽게 재배할 수 있었다. 자가 수분하는 품종들은 야생종과 연속적으로 교배하지 않으므로 선택하기 쉽고 순수 계통을 유지할 수 있기 때문이다.

다른 예로는 떡갈나무류의 도토리가 선사시대에 유럽과 북아메리카 사람들의 주요 식량원이었음에도 재배되지 않은 것을 들 수 있다. 아마 다람쥐 쪽이 인간보다 훨씬 능숙하게 도토리를 선택해서 재배했기 때문일 것이다.

재배에 성공한 식물은 오늘날까지 활용되고 있지만, 그 밖의 수많은 품종은 과거에 재배하려고 했다가 포기한 것들이다(B.C. 2000년 무렵까지 미국 동부의 원주민은 잡초 종자를 재배했는데, 현재의 미국인 중 그것을 먹어본 사람은 아무도 없을 것이다).

이렇게 생각하면 왜 오스트레일리아에서 인간의 기술 발전 속도가 늦어졌는지를 쉽게 이해할 수 있다. 사육할 수 있는 야생동물이 거의 없었을 뿐만 아니라, 재배에 적합한 야생식물도 상대적으로 빈약했던 점이 오스트레일리아 원주민이 농경을 발전시키지 못한 결정적인 이유였다.

그러나 아메리카 대륙의 농업이 구세계에 뒤진 이유는 확실하지 않다. 어쨌든 옥수수, 감자, 토마토, 호박을 비롯해 현재 전 세계에서 중요한 식용식물의 상당수는 아메리카가 원산지이다. 수수께끼를 풀기 위해서는 아메리카에서 가장 중요한 작물인 옥수수를 자세하게 조사할 필요가 있다.

옥수수는 보리나 밀과 같이 식용 녹말을 함유한 종자를 심는 벼과의 초본이다. 곡류는 아직까지 인간이 소비하는 주요 칼로리의 대부분을 공급한다.

모든 문명마다 재배해온 종은 서로 달랐다. 서아시아와 유럽에서는 밀·보리·귀리·호밀을, 중국과 동남아시아에서는 쌀·조·기장을, 사하라 사막 이남 아프리카에서는 수수·진주조·손가락조를 재배했다.

아메리카에서는 옥수수뿐이었다. 콜럼버스가 미국을 발견한 직후 옥수수는 초기 탐험대에 의해 유럽에 전달되어 지구 전체로 확산되었다. 이제 옥수수의 재배 면적은 밀 다음으로 세계에서 가장 넓게 분포하게 되었다.

그렇다면 밀을 식량으로 재배한 구세계의 문명이 급속도로 발전한 데 반해, 옥수수가 아메리카 원주민의 문명을 발전시키는 데 공헌하지 못한 까닭은 무엇일까?

옥수수는 복잡하고 손이 많이 가며 재배 과정에 비해 생산성이 적은 작물이나. 이렇게 말하면 버터를 바른 뜨거운 옥수수를 좋아하는 여러 분(나도 좋아한다)에게는 분명히 도전적으로 들릴 것이다. 내가 어렸을 때는 밭에 들어선 옥수숫대 사이를 걸어가며 가장 신선한 옥수수를 고르는 일이 늦여름의 즐거움이었다.

현재 미국의 옥수수 수확고는 220억 달러다. 세계의 총 수확고가 500억 달러인 것을 감안하면(1990년대 기준), 미국에서 가장 중요한 작물이 아닐 수 없다. 내 말을 못 믿겠다면 옥수수와 다른 곡류의 차이에 관해 들어보라.

구세계에는 쉽게 재배할 수 있는 야생 벼과 식물이 열 종류 이상 있었다. 서아시아의 심한 기후변화 속에서 자란 큰 낟알이 가치 있다는 것은 초기 농민도 곧 알 수 있었다. 가래를 이용해 대량 수확이 가능해졌고, 가루 빻기나 조리 준비 그리고 씨 뿌리기도 간단했다.

구세계의 곡물은 야생 상태에서도 이미 생산성이 높았다. 중동의 구릉 사면에 자생하는 야생 밀밭에서는 지금도 한 마지기에 50킬로그램의 밀을 수확할 수 있다.

한 가족이 1년 동안 먹을 수 있는 양이 불과 2~3주 사이에 수확이 가능한 것이다. 따라서 밀과 보리가 재배되기 이전에 이미 팔레스타인에는 가래, 절구, 절구통, 저장굴 등을 발명했던 정착 촌락이 있었고 사람들은 야생 곡류를 먹으며 살았다.

밀과 보리의 재배는 의도적인 작업은 아니었다. 수백 명의 수렵·채집인이 어느 날 대형 수렵 동물의 멸종을 한탄하며, 어떤 식물이 가장 좋고 어떤 종자로 모종을 낼 것인지 토의한 다음 해부터 농사를 지은 것은 아니다.

우리가 '식물의 재배화(농경에 의한 야생식물의 변화)'라고 부르는 과정은 사람들이 어떤 야생식물을 더 좋아하여 그 식물의 씨앗을 본의 아니게 퍼뜨린 우연한 결과였다.

사람들은 야생 곡류 중에서 종자가 크고 껍질을 쉽게 벗겨낼 수 있는 식물을 자연스럽게 심고 수확한 것이다. 이와 같은 무의식적이고 인위적인 선택이 유리하게 작용하여 재배종이라고 부르는 보리나 벼 같은 알곡류穀類 품종이 생기기까지, 몇 차례의 돌연변이밖에 필요하지 않았다.

고대 서아시아 촌락을 고고학자들이 발굴했더니 B.C. 8000년 무렵의 밀과 보리에서 유전적 변화가 일어났다. 그곳에서 밀과 기타 품종의 재배와 의도적인 파종이 시작되었고 야생식물의 유적은 점점 줄어든 것을 발견할 수 있었다.

B.C. 6000년 무렵 작물 경작은 목축과 동일시되어, 중동에서는 완전한 식량 생산 구조가 완성되었다. 좋든 싫든 사람들은 이미 수렵·채집인이 아닌 농민과 목축민이 되어 문명화의 기로에 놓이게 되었다.

이제 구세계의 직선적인 발전과 비교하여 신세계에서는 어떤 일이 일어났는가를 살펴보자. 농경이 시작된 아메리카 지역은 서아시아처럼 기후 차가 심하지 않았으므로, 야생 상태에서 생산성이 높은 큰 종자의 벼과 식물이 없었다.

북아메리카와 멕시코 원주민은 종자가 작은 세 종류의 벼과 식물(벼, 작은 보리, 야생 수수)을 재배하기 시작했으나, 나중에 재배된 옥수수와 유럽산 곡류가 도입되면서 쇠퇴했다.

한편 옥수수의 조상인 멕시코 야생 곡류는 큰 종자라는 이점은 있었지만 다른 면에서는 전망이 밝지 않았다. 이 식물의 이름이 바로 테오신트teosinte이다.

테오신트의 열매는 옥수수 열매와 모양이 너무 달라, 데오신트가 옥수수 조상이 아니라는 논의가 과학자들 사이에서 최근까지 계속됐고 지금도 확신을 갖지 않는 과학자가 있을 정도다.

재배되는 과정에서 테오신트만큼 극적인 변화를 겪은 농산물은 찾을 수 없다. 한 열매에 겨우 여섯 알갱이 내지 열두 알갱이밖에 맺히지 않고, 게다가 돌처럼 딱딱한 껍질에 싸여 있어 식용에는 적합하지 않았다. 테오신트의 대는 멕시코 농부들이 지금도 그렇게 하듯이 사탕수수처럼 씹어 먹을 수 있다. 그러나 현재 그 종자를 먹는 사람은 아무도 없으며 선사시대에도 그런 씨를 식용으로 썼다는 흔적을 찾을 수 없었다.

휴 일티스는 테오신트가 유용한 작물이 될 수 있었던 단계를 설정했다. 바로 영구적인 성전환이다. 테오신트의 옆 가지 끝에는 수꽃의 수염이 붙어 있고 옥수수의 앞 줄기 끝은 암컷 성 기관, 즉 종자가 붙어 있는 열매이다. 이렇게 보면 차이가 큰 것 같지만 실제로는 균류菌類나 바이러스 또는 기후변화로 인한 호르몬 변화일 뿐이다.

일단 수염의 꽃이 암술로 성전환됐다면 바로 먹을 수 있는 곡물 알갱이가 맺혔을 것이고, 그것은 배가 고픈 수렵·채집인의 주의를 끌었을 것이다. 그리고 수염의 가운데 가지는 옥수수 속대의 원형이 되었을 것이다.

초기 멕시코 고고학 발굴지에서 작은 옥수수 열매의 유물을 발견했는데, 그 길이는 겨우 4~5센티미터여서 우리가 먹는 베이비콘 정도의 조그마한 열매였다.

갑자기 성전환된 테오신트(별칭 옥수수)는 결국 재배 단계에 들어갔다. 그러나 서아시아의 곡류와는 대조적으로 수천 년에 걸친 발전을 겪은 후에도, 마을과 도시의 주민을 부양할 수 있을 정도의 알갱이가 많은 옥수수는 수확되지 않았다.

원주민 농민이 수확한 최종 산물은 여전히 구세계 농민의 곡류보다 훨씬 어려웠다. 옥수수의 열매는 가래를 사용해서 대량으로 수확하지 못하고, 한 그루 한 그루 손으로 다루어야만 했다. 옥수수 속은 껍질을 벗겼고 잘 안 떨어지는 낟알은 문지르거나 베어버려야 했다. 파종 역시 대량으로 뿌리지 말고 한 알씩 묻어야 했다.

수확물은 구세계의 곡류보다 영양적으로도 빈약했다. 저단백질이어서 영양 면에서 중요한 아미노산이 적고, 비타민의 니코틴산도 부족했다(홍반병pellagra의 원인이 된다). 이들 결핍을 보충하기 위해서는 알곡을 알칼리로 처리해야 한다.

요약하면 신세계의 주식 작물은 야생식물에서 잠재적인 가치를 발견하기 어려웠고, 재배를 통해 발전시키는 것도 힘들었으며, 재배 후에도 대량 수확을 이끌어내기 어려웠다. 신세계의 문명이 구세계보다 뒤처진 이유는 한 식물이 지닌 특징 때문인지도 모른다.

생물 지리의 불운과 행운

지금까지 한 지역에 가축화와 재배화에 적합한 야생 동식물 종이 있는가에 대한 관점에서, 자연의 지리가 생물의 지리에 미치는 역할을 말했다. 여기에 추가해야 할 중요한 지리적인 역할이 있다.

각각의 문명은 그 지역에서 재배된 독자적인 식용 작물뿐만 아니라, 주변 지역에서 도입한 다른 식용 작물에도 영향을 받았다. 신세계는 남북 축(또는 중심축)을 따라 뻗어 있었기에 식용식물이 넓은 지역에 퍼지기 힘들었다. 반면에 구세계의 동서 축은 식용식물의 전파에 유리했다(《그림 6》 참조).

오늘날 우리는 식물의 확산을 매우 당연하게 받아들여 새삼 원산지가 어디인지 생각하는 일이 좀처럼 없다.

미국인이나 유럽인의 전형적인 식사는 닭고기(동남아시아 원산)에 옥수수(멕시코 원산)나, 후추(인도 원산)를 곁들인 감자(남안데스 원산)로 하고, 식후에 커피(에티오피아 원산)를 마실지도 모른다. 그러나 이처럼 가치 있는 동식물의 확산은 현대에 시작된 것이 아니라 수천 년 동안 이어져온 것

구세계와 신세계의 축

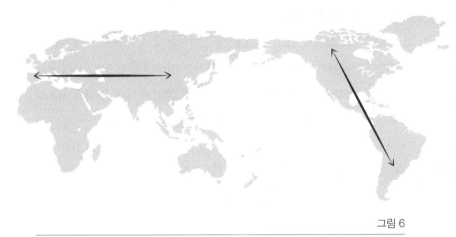

그림 6

이다.

동식물은 이미 적응한 기후대_{氣候帶} 안에서는 쉽고 빠르게 확산된다. 그 기후대 너머로 확산하기 위해서는 다른 기후 조건에도 견딜 수 있는 새로운 품종으로 개량되어야 한다. 〈그림 6〉의 구세계의 지도를 보면, 동식물이 기후변화에 맞서지 않고 어떻게 장거리를 이동했는가를 알 수 있다. 이러한 이동이 있었기 때문에 새로운 지역에서 농경과 목축을 시작하거나 오래된 지역에서 그것을 개량할 수 있었다.

대부분의 종은 중국, 인도, 서아시아, 유럽 사이를 북반구의 온난한 위도를 벗어나지 않고 이동했다. 역설적이게도 미국의 국가인 〈성조기여 영원하라〉는 미국의 광활한 대지와 곡물의 호박색 능선을 노래하고 있다.

실제 북반구에서 가장 넓은 대지는 구세계에 있고, 그곳에는 각종 곡물의 호박색 능선이 영국 해협에서 동중국해까지 1만 1,000킬로미터에 걸쳐 확장되어 있다.

이미 고대 로마에서는 유럽이 원산지인 귀리, 양귀비와 함께 서아시아에서 유래한 밀과 보리, 중국에서 전래된 복숭아와 감귤류, 인도 원산지의 오이와 참깨, 중앙아시아에서 전래된 대마와 양파가 재배되었다. 서아시아에서 아프리카까지 확산된 말은 각지의 군사기술에 혁명을 가져왔으며, 동아프리카 고지에서 확산된 양과 소는 독자적인 가축이 없었던 남아프리카 호텐토트족도 목축을 가능하게 했다. 아프리카 수수와 목화는 B.C. 2000년경 무렵에 인도에 도달했고, 열대 동남아시아산 바나나와 마는 인도양을 넘어 열대 아프리카 농업을 풍족하게 했다.

그러나 신세계는 북아메리카의 온대와 남아메리카의 온대 사이에 온대 종이 살지 못하는 수천 킬로미터의 열대가 끼어 있다. 그 결과 안데스 산맥의 라마, 알파카, 기니피그는 선사시대에는 북아메리카는커녕 멕시코에도 도달하지 못했다. 이들 지역에는 계속 화물 운반, 털실 생산, 식용에 유용한 가축(옥수수로 사육된 식용 개를 제외하면)은 없었다. 감자도 안데스 산맥에서 북아메리카나 멕시코로 확산되지 못했고, 북아메리카의 해바라기 역시 안데스에는 전파되지 않았나.

목화, 콩, 리마콩, 고추, 담배 등은 선사시대에 남아메리카와 북아메리카에서 공유했던 작물로 보이지만 실제로는 서로 다른 변종이거나 심지어 이종이었다. 이는 남아메리카와 북아메리카에서 독자적으로 재배했다는 것을 알려준다.

옥수수는 분명히 멕시코에서 북아메리카와 남아메리카로 확산된 것으로 보이지만, 다른 위도에 적합한 품종으로 개량되는 데 많은 시간이 필요했을 것이고 그 과정이 쉽지 않았을 것이다.

서기 900년 무렵이 되어—멕시코에서 옥수수가 탄생한 지 수천 년 후다—옥수수는 겨우 미시시피 골짜기 연안의 주요 식물이 되었고, 수수께끼에 싸인 아메리카 중서부의 토분土墳 건축 문명을 뒤늦게 탄생시켰다.

만약 신세계와 구세계의 축이 각각 90도씩 회전했더라면, 작물과 가축의 전파가 구세계에서는 서서히, 신세계에서는 빠르게 퍼졌을 것이다. 그랬다면 아스테카나 잉카 사람들이 유럽을 침략했을지 누가 알겠는가?

지리학의 복권

문명의 발전 속도가 대륙마다 달랐던 것은 몇몇 천재에 의한 것이 아니다. 한 집단의 구성원이 다른 집단의 구성원보다 빨리 달릴 수 있고 소화율도 뛰어나 동물 집단 간의 경쟁에서 승리하는, 생물학적 차이 때문에 발전 속도가 달라진 것이 아니라는 뜻이다. 또 독창성 측면의 차이 때문도 아니다.

그것은 바로 생물지리학적 영향에 따라서 결정된 것이다. 1만 2,000년 전에 유럽과 오스트레일리아의 인간 집단을 바꾸었더라도, 오스트레일리아 출신의 유럽 이민자들이 아메리카와 오스트레일리아를 침략했을 것이다.

지리는 인간을 포함해 모든 종의 생물학적·문화적 진화의 기본 경로를 규정한다. 지리가 현대 정치사를 결정하는 역할을 담당하고 있다는 사실은, 동식물의 가축화·재배화 속도를 결정하는 것보다 더욱 분명하다.

이러한 관점에서 미국 학생의 과반수가 파나마가 어디에 있는지 모른다는 기사를 읽으면 모두가 웃고 지나치겠지만 정치가가 모른다면 웃음거리로 끝나지 않는다. 정치가가 지리에 무지해서 생긴 몇몇 악명 높은 사례 중에 다음 두 가지는 특히 심한 경우이다.

첫째, 19세기 유럽 열강이 아프리카를 식민지로 삼으로면서 부자연스럽게 그은 국경선이다. 그 국경선을 물려받은 현대 아프리카의 몇몇 국가는 지리, 민족 관계 등에서 토대가 약화되었다. 둘째, 1919년 베르사유 조약으로 생긴 동유럽 국경선이다. 그것이 원인이 되어 제2차 세계대전이 발발하게 되었다.

20~30년 전까지는 지리학이 학교나 대학 교양 과정의 필수 과목이었으나 점차 많은 학사 과정에서 제외되기 시작했고, 지리는 각 나라의 수도 이름만 암기하는 학문이라는 잘못된 견해가 만연했다.

짧은 기간에 잠깐 배우는 20주간의 지리 수업만으로는 지도가 우리 삶에 미치는 영향을 미래 정치가들에게 가르치기에 부족하다. 지구에 채워진 위성과 통신망으로는 지역 간의 차이에서 비롯된 인간 사이의 이질감을 제거할 수 없다. 결국 우리가 어떤 인간이 되는가는 우리가 어디에 살고 있는가에 따라 규정된다.

말馬, 히타이트어, 그리고 역사

인도유럽어족은 왜 번영했을까?

"YKSI, KAKSI, KOLME, NELJÄ, VIISI."

나는 어린 여자아이가 구슬 다섯 개를 하나씩 세는 것을 보고 있었다. 그 아이의 몸짓은 흔한 모습이었지만, 수를 세는 말소리는 낯설게만 느껴졌다.

유럽 이외의 대부분 지역에서 영어의 'one two three'와 비슷한 언어를 들은 적이 있을 것이다. 이탈리아에서는 'uno due tre', 독일에서는 'ein zwei drei', 러시아에서는 'odin dva tri'와 같이 수를 센다. 그때 나는 핀란드에서 휴가를 즐기고 있었다. 핀란드어는 유럽에서는 보기 드문 비인도유럽어족의 하나이다.

현재 대부분의 유럽 언어와 인도까지 퍼져 있는 아시아 언어는 매우 비슷하다(《표 2》 참조).

미국인들이 학교에서 프랑스어 단어 외우기가 너무 어렵다고 걱정해도, 인도유럽계 언어의 어휘나 문법은 영어를 포함해 서로 비슷하다. 현재 전 세계에 있는 5,000개 언어 중 140개만이 인도유럽어족에 속하지만, 사용 인구의 비율을 보면 140이라는 숫자는 그다지 중요하지 않다.

1492년 이후 영국, 스페인, 포르투갈, 프랑스, 러시아가 전 세계로 영토를 확장한 덕분에 현재 70억 명의 세계 인구 중 약 절반 정도는 인도유럽어가 모국어다.

우리는 대부분의 유럽 언어가 서로 비슷하다는 점을 매우 당연하게 여겨 그 이상의 설명은 불필요한 것으로 간주한다. 그러나 언어가 매우 다양한 지역에 가면 유럽의 동질성이 오히려 이상하게 여겨진다.

20세기에 이르러 외부 세계와 처음으로 접촉한 뉴기니 고지에서는 아주 가까운 거리에서도 중국어와 영어만큼이나 서로 다른 언어를 쓰고 있었다.

유라시아도 외부 지역과의 '첫 대면' 이전의 상태에서는 언어가 다양했음이 틀림없다. 그러나 인도유럽어족의 언어를 모국어로 쓰는 일부 종족들이 거의 대부분의 다른 유럽 언어를 밀어내면서 그 다양성이 점차 감소되었다.

언어적 다양성을 상실하는 과정에서 현대 세계에 인도유럽어가 확대된 것은 그 의미가 크다. 제1단계는 오래전 인도유럽어가 유럽과 아시아의 많은 지역에 영향을 미쳤던 시대이며, 제2단계는 다른 대륙까지 확산되기 시작한 1492년부터다.

이 '불도저' 현상은 언제, 어디에서 시작되었으며 무엇이 원동력이 되었을까? 왜 유럽에는 핀란드어와 아시리아 언어를 쓰는 민족이 널리 퍼지지 않았을까?

인도유럽어족과 비인도유럽어족의 어휘

인도유럽 어족						
영어	one	two	three	mother	brother	sister
독어	ein	zwei	drei	Mutter	Bruder	Schwester
프랑스어	un	deux	trois	mere	frere	soeur
라틴어	unus	duo	tres	mater	frater	soror
러시아어	odin	dva	tri	mat'	brat	sestra
고대 아일랜드어	oen	do	tri	mathir	brathir	siur
토카라어	sas	wu	trey	macer	procer	ser
리투아니아어	vienas	du	trys	motina	brolis	seser
산스크리트어	eka	duva	trayas	matar	bhratar	svasar
PIE	oynos	dwo	treyes	mater	bhrater	suesor

비인도유럽어족						
핀란드어	yksi	kaksi	kolme	aiti	veli	sisar
포레어	ka	tara	kakaga	nano	naganto	nanona

표 2

PIE는 원시 인도유럽어Proto-Indo-European의 약칭으로, 최초 인구어의 모어를 재구성한 것이다. 포레어는 뉴기니 고지인의 언어이며, 인구어는 대부분 단어가 서로 매우 비슷하고 비인구어는 서로 전혀 다르다는 점에 주목한다.

인도유럽어족의 확산은 역사 언어학뿐만 아니라 고고학과 역사학에서도 중요한 문제이다. 1492년에 시작된 인도유럽어족의 제2단계 확산에서는 유럽인이 당시 사용했던 어휘와 문법뿐만 아니라 그들이 출항했던 항구, 항해 날짜, 책임자 이름, 정복에 성공한 요인까지도 알려져 있다.

그러나 제1단계를 이해하기 위한 탐색은 마치 베일에 싸인 익명의 사람들을 찾아다니는 일처럼 어렵다. 이 탐색은 한 편의 위대한 장편 추리소설 같은 작업이어서, 불교사원의 비밀의 벽 뒤에서 발견된 언어나 이집트의 미라를 감싼 리넨 위에 불가사의하게 그대로 보존되어 있던 이탈리아어에서 그 해결의 실마리를 찾을 수 있다. 당신은 여기서 이미 인도유럽어족의 제1단계 확산 문제는 결코 풀 수 없다며 포기할지도 모른다.

인도유럽어족의 조어祖語는 문자의 기원 이전에 생긴 것이므로 연구가 거의 불가능할까? 초기 인도유럽어족의 인골과 도기를 찾아내어도 어떻게 그들이라고 확인할 수 있을까?

유럽 중앙에 사는 오늘날 헝가리인의 골격이나 도자기는 이론의 여지가 없을 만큼 전형적인 유럽인의 것이다. 미래의 고고학자가 지금의 헝가리 도시를 발굴하더라도 문자의 증거가 발견되지 않으면, 헝가리인이 비인도유럽계 언어를 사용했다는 사실은 짐작조차 하지 못할 것이다.

우리가 초기 인도유럽어족이 살던 장소와 시기를 알아낼 수 있다고 해도, 그들의 언어가 다른 언어에 승리할 수 있었던 이점이 무엇이었는지는 어떻게 더듬어볼 수 있을까? 놀랍게도 언어학자는 언어 그 자체로부터 의문에 대한 해답을 이끌어냈다.

유럽과 서아시아의 언어 지도

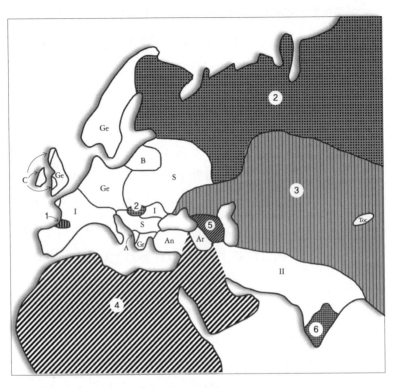

인도유럽어족		비인도유럽어족	
A 알바니아어	Gr 그리스어	1	바스크어
Ar 아르메니아어	I 이탈리아어	2	피노우그리어
B 발트어	II 인도이란어	3	투르크어와 몽골어
C 켈트어	S 슬라브어	4	셈어
Ge 게르만어		5	코카서스어
		6	드라비다어

An 아나톨리아어 ⌉
Toc 토카라어 ⌋ 1492년에 소멸

그림 7

유럽인이 신세계를 발견하기 직전인 1492년경 유럽과 서아시아의 언어 지도이다. 이전에 소멸된 인도유럽어족의 언어도 있을 것이다. 그러나 문서 기록에 남아 있는 것은 아나톨리아어(히타이트어를 포함)와 토카라어뿐이며, 그들의 고향도 1492년이 되기 직전 투르크어와 몽골어를 쓰는 민족에 의해 이미 점령되었다.

나는 현대의 언어 분포가 과거의 '불도저' 현상을 반영하고 있는 것이 확실하다는 이유를 설명할 것이다. 다음으로 그 조어가 언제 어디서 쓰였고, 어떻게 세계의 광범위한 지역을 정복할 수 있었는지를 살펴볼 것이다.

언어의 확산과 바꿔치기

현대의 인도유럽어족이 이제는 사라져버린 다른 언어와 교체되었다는 것을 어떻게 추론할 수 있을까?

아메리카와 오스트레일리아에서 영어와 스페인어가 토착어를 몰아내고, 현대 언어를 구축한 과거 500년 동안 관찰된 제2단계의 바꿔치기置換에 대해서 말하려는 것이 아니다.

오늘날의 영토 확장은 유럽인이 총포와 병원균, 철, 정치 조직 등에서 앞섰기 때문에 일어났다. 지금부터 다루려는 것은 그곳에 문자가 전해지기 전에 인도유럽어가 유럽과 서아시아의 고대 언어를 몰아낸, 제1단계의 바꿔치기에 관해서이다.

〈그림 7〉의 지도는 스페인어가 콜럼버스 덕분에 대서양을 횡단하기 직전인 1492년 당시의 인도유럽어족의 분포를 나타내고 있다. 대개의 유럽인과 미국인은 게르만어파(영어와 독일어 포함), 이탈리아어파(프랑스어, 스페인어 포함), 슬라브어파(러시아어 포함)의 세 가지 언어계에 친밀하다.

각 언어계는 현재도 12~16개의 언어가 사용되고 있으며 3~5억 명의 화자가 있다. 최대 어파는 인도이란어파로, 이란에서 인도에 걸쳐 90개의 언어가 있고 7억 명이 사용하고 있다(집시 언어인 로마니어도 포함된

인도유럽어족과 비인도유럽어족의 동사 활용 어미 비교

인도유럽어족		
영어	(I) am	(he) is
고트어	im	ist
라틴어	sum	est
그리스어	eimi	esti
산스크리트어	asmi	asti
구 교회 슬라브어	jesmi	jesti

비인도유럽어족		
핀란드어	olen	on
포레어	miyuwe	miye

표 3

어휘뿐만 아니라 동사나 명사의 어미에 대해서도 인도유럽어는 연결되고 다른 언어와는 구별된다.

다). 비교적 소규모의 어족은 그리스어, 알바니아어, 아르메니아어, 발트어(리투아니아어와 라트비아어), 켈트어(웨일스어와 게일어)로, 각각 200만 ~1,000만 명 정도가 사용하고 있다. 또 적어도 2개의 인도유럽어파, 즉 아나톨리아어와 토카라어는 아주 오래전에 사라졌는데, 남겨진 문서를 통해 존재가 알려졌다. 그러나 다른 언어는 흔적도 없이 소멸되었다.

이들 언어가 서로 관계있거나 다른 언어와 구별되는 근거는 무엇인가? 첫 번째는 수천 개의 예에서 보듯이 어휘의 공통성에 있다. 두 번째 단서는 동사의 활용형과 명사의 수, 성, 격에 따른 어미변화가 유사하다는 점이다. 어미변화의 예로써, be 동사의 활용형 일부를 〈표 3〉에서 볼 수 있다.

가까운 관계가 있는 언어 사이에서 어근과 어미를 공통적으로 사용해도, 일반적으로 완전히 동일하지 않다는 점을 이해하면 더욱 간단하게 유사성을 발견할 수 있다.

반면에 어떤 언어의 특정 음이 다른 언어에서 다른 음으로 치환되는 경우가 자주 있다. 가까운 예로 영어의 'th'와 독어의 'd'(영어의 'thing'은 독어로 'ding', 'thank'는 'danke'), 영어의 's'와 스페인어의 'es'(영어의 'school'은 'escuela', 'stupid'는 'estupido')는 각각 같은 뜻인 경우가 많다.

인도유럽어족의 언어들은 이렇게 매우 사소한 부분까지도 유사하다. 인도유럽어족과 다른 어족을 구별하는 것은 발음과 단어 구성에 있다.

내가 프랑스에서 "지하철역이 어디입니까(Où est le métro)?"라고 물으면 그 억양은 내가 들어도 이상할 만큼 형편없다. 그러나 남아프리카 몇몇 언어의 '쩍' 하고 혀 차는 소리를 연상케 하는 발음이나 뉴기니 지지대 호수습지평원어湖水濕地平原語 8단계의 높낮이가 있는 모음에 비하면, 프랑스어의 어려움은 비교조차 안 된다. 호수습지평원의 친구는 나에게 어떤 새의 이름을 가르쳐주면서 재미있어 했다. 그 새의 이름이 '배설물'이라는 낱말과 음 높이만 달랐기 때문이다. 그 친구는 내가 그 '새'에 관한 정보를 마을 사람에게 물을 때마다 가만히 지켜보면서 즐거워했다.

인도유럽어족은 발음이 독특한 동시에 단어의 구성도 독특해서 동사와 명사의 어미가 변한다. 우리가 외국어를 배울 때 열심히 암기하는 변화가 그것이다(라틴어를 배운 적이 있는 사람 중 "amo amas amat amamus amatis amant"를 지금까지 암송할 수 있는 사람은 얼마나 될까?).

각각의 어미는 수많은 정보를 전달한다. 'amo'의 'o'는 1인칭 단수 현재 능동태를 의미한다. 즉 사랑하는 사람은 나의 경쟁자가 아니라 '나'이고, 우리 둘이 아닌 '나' 혼자이며, 사랑을 받는 것이 아니라 주는 것이고, 어제가 아니라 바로 지금 사랑하는 것이다. 그러나 터키어와 같은 어족은 그런 종류의 정보를 전달할 때 분리된 음절과 음소를 쓴다. 베트남어와 같은 어족은 실질적으로 단어 구성에 변화가 없다.

인도유럽어족에 속하는 언어들이 그런 유사성을 갖고 있으면서도, 한편으로는 저마다 차이가 있는 이유는 무엇일까?

몇 세기에 이르는 동안 문서로 남아 있는 언어를 살펴보면 시간과 함께 변화되는데, 그것이 원인을 찾는 실마리이다. 예를 들어 현대 영어를 쓰는 사람은 18세기 영어를 고풍스럽다고 생각하지만, 그래도 이해할 수는 있다.

우리는 셰익스피어(1564~1616)의 작품을 읽을 수는 있지만, 그의 단어를 이해하는 데는 각주가 필요하다. 그러나 서사시 〈베어울프〉 (700~750년경) 같은 고전 영어 텍스트는 실질적으로 외국어와 같다(15장 마지막의 시편 23편 참조).

이와 같이 기원이 같은 언어를 쓰는 사람들이 여러 지역으로 확대되면서 각지에서 단어와 발음이 독자적으로 변했고, 필연적으로 다양한 방언이 생겨났다. 1607년에 영국인이 이민을 시작한 이후, 겨우 몇 세기 만에 아메리카 각지에서 그러한 현상이 발생했다.

몇 세기가 지나면서 방언은 서로 대화가 불가능할 정도로 변화되어 다른 언어로 자리매김했다. 이 과정을 가장 잘 보여주는 사례가 라틴어에서 발전한 로망스어계의 언어이다.

8세기 이후 현대까지 남겨진 텍스트를 보면 프랑스, 이탈리아, 스페인, 포르투갈, 루마니아 각지의 언어가 어떻게 라틴어에서 서서히 확산되어 서로 분기됐는지를 알 수 있다. 라틴어에서 현대 로망스어가 파생된 경로를 더듬어 보면, 가까운 관계에 있는 언어군이 공통의 고대어에서 어떻게 발전해왔는지 알 수 있다.

라틴어의 텍스트가 현존하지 않는다고 해도 라틴인의 모국어는 대부분 현대 파생 언어를 비교하면 재구성할 수 있을 것이다. 같은 방법으로 모든 인도유럽어족의 계통도도 일부는 고대 텍스트에서, 일부는 추론에 근거해서 재구성할 수 있다. 따라서 언어의 진화 역시 다윈의 생물진화론처럼 유전과 분기의 과정을 밟으며 변화한다. 사람의 뼈와 마찬가지로 언어도 인접한 민족과 만났을 경우에는 고유성을 확보할 수 있겠지만, 오랜 시간이 흐른다면 세계 어떤 지역의 언어라도 분기를 계속할 것이다. 그 마지막 산물로 뉴기니를 예로 들 수 있다.

뉴기니는 유럽의 식민지가 되기 전에는 정치적으로 통일된 적이 한 번도 없었다. 그곳에는 서로 이해할 수 없는 1,000여 개의 언어—그중 수십 개는 서로 간의 관련성이나 다른 어떤 언어와의 관련성도 알려져 있지 않다—가 텍사스 크기 정도의 지역에서 지금도 쓰이고 있다.

따라서 동일하거나 가까운 관계에 있는 언어가 넓은 범위에서 쓰이고 있다면, 언어의 진화를 밝히는 작업은 처음부터 다시 시작해야 한다. 다시 말하면 어떤 언어가 최근에 확산되어 다른 언어를 배제하고 각지에서 다시 분화하기 시작했음이 틀림없다.

남아프리카의 반투어군에 속하는 언어와 동남아시아와 태평양의 오스트로네시아계의 모든 언어가 아주 비슷한 것은 그러한 과정을 거쳐서 변화했기 때문이다.

로망스어는 여기서도 가장 좋은 기록을 제공한다. B.C. 500년경 라틴어는 로마 근처의 좁은 지역에 국한되어 있었고, 이탈리아에는 다른 언어가 함께 쓰이고 있었다. 그러나 라틴어를 쓰는 로마인이 늘어나면서 다른 언어들은 모두 근절되고, 유럽의 다른 지방에서도 켈트어 같은 인도유럽어 몇 개가 한꺼번에 사라졌다. 이들 언어와 라틴어의 교체는 아주 철저했으므로, 산재한 단어·인명·비문을 통해서만 알 수 있다.

1492년 스페인과 포르투갈의 해외 영토 확장과 함께 처음에는 수십만 명의 로마인이 사용하던 그 언어는 다른 수백 개의 언어를 몰아내고 현재 5억의 인구가 사용하는 로망스어로 발전했다. 만약 인도유럽어족이 전체적으로 동일한 '불도저' 현상을 일으켰다면, 곳곳에서 살아남은 오래된 비인도유럽어의 단편을 발견할 수 있을 것이다.

현대 서유럽에 남은 유일한 흔적은 스페인의 바스크어로서, 전 세계의 어떤 언어와도 유사 관계가 알려져 있지 않다(기타 현대 유럽에 있어 비인도유럽어로는 헝가리어, 핀란드어, 에스토니아어, 라프어가 있다. 이것들은 비교적 최근 동방에서 유럽을 침략한 사람들의 언어이다).

그러나 로마시대까지 유럽에서 쓰였던 다른 언어들은 많은 단어와 비문이 충분히 보존되어 있어, 비인도유럽어라고 확인할 수 있는 것도 있다. 소멸된 언어 중 가장 중요한 자료가 보존되어 있는 것은 북서 이탈리아의 수수께끼에 싸인 에트루리아어일 것이다. 그 자료는 리넨 위에 쓰인 281행의 텍스트인데, 이집트의 미라를 싼 천으로 겨우 남아 있었다. 소멸된 모든 비인도유럽어는 인도유럽어족의 확장으로부터 떨어져나간 파편의 한 부분이었고, 많은 언어가 현존하는 인도유럽어의 본체에 잠식당했다.

언어학자가 그러한 부분을 어떻게 발견했는가를 이해하기 위해서 다음과 같이 상상해보자. 당신은 우주에서 지구로 막 도착했다. 당신은 영국인, 미국인, 오스트레일리아인 저자가 자신의 나라에 대해 쓴 세 권의 영어 책을 가지고 있다.

이들 세 권의 책에서 볼 수 있는 언어와 단어는 완전히 같다. 그러나 영국 책과 비교해보면 미국 책에는 확실히 이국적인 지명, 예를 들면 '매사추세츠, 위니페소키, 미시시피'라는 단어가 많이 포함되어 있을 것이다. 오스트레일리아 책에도 역시 'Woonarra, Goondi Windi, Murrumbidgee' 같은 이국적인 지명이 더욱더 많이 포함되어 있을 것이다.

당신은 아마 미국과 오스트레일리아에 온 영국인 이주민이 다른 언어를 쓰는 원주민을 만나, 그들로부터 전통적인 지명과 특산물 이름을 들었을 것이라고 추측할 것이다. 어쩌면 알려지지 않은 이들 모국어의 단어와 발음에 대해서 무엇인가를 추측할 수 있을지도 모른다. 그리고 우리는 그 추론이 옳았다는 것을 알 수 있다.

일부의 인도유럽어를 연구하는 언어학자도 현재는 소멸된 비인도유럽어임이 확실한 언어에서 빌려온 단어를 비슷하게 간파했다. 예를 들면 유래를 밝힐 수 있는 그리스어의 약 6분의 1은 비인도유럽어임을 알 수 있다.

그 단어들은 침략한 그리스인이 원주민에게서 차용했을 것이다. 코린토스와 올림포스 같은 지명, 올리브나무와 포도나무 같은 그리스 작물 이름, 아테네와 오디세우스 같은 신과 영웅의 이름이 그렇다. 그와 같은 단어는 인도유럽어 이전에 있던 집단 언어의 흔적일지도 모른다.

지금까지 살펴본 바와 같이 인도유럽어가 고대 '불도저' 현상의 산물임을 드러내는 증거가 적어도 네 가지 있다.

첫째, 현존하는 인도유럽어의 계통 관계

둘째, 최근까지 정복된 적이 없었던 뉴기니와 같은 지역에서 볼 수 있는 언어적인 다양성

셋째, 로마시대 이후에도 유럽에서 살아남은 비인도유럽어

넷째, 인도유럽어에서 볼 수 있는 비인도유럽어의 흔적이 그것이다

PIE — 소실된 모어

먼 과거의 인도유럽어의 모체가 되는 언어에 대한 증거가 확인된다면 그 일부라도 재구성할 수 있을까? 얼핏 이미 소멸해버렸고 문헌도 없는 언어를 배우는 것은 무모한 일이라고 생각된다. 그러나 언어학자는 모어의 파생어에 해당하는 언어의 공통 어근을 조사함으로써 모어의 대부분을 재구성해왔다.

일례를 들면 '양羊'이라는 단어가 현대 인도유럽어의 각 어류語類에서 전혀 다르다면, 모어에서 '양'을 어떻게 나타냈는가에 대해 누구도 결론을 내리지 못한다. 그러나 그 단어가 일부 언어에서 비슷하다면, 특히 인도이란어나 켈트어와 같이 지리적으로 떨어진 언어 사이에서도 비슷하다면, 여러 언어가 모어로부터 같은 어근을 물려받았을 것이라고 추측할 수 있을 것이다. 파생 언어 사이에서 바뀐 음을 안다면, 모어의 어근 형태까지 재구성할 수 있을지도 모른다.

〈그림 8〉에 나타난 것과 같이 인도에서 아일랜드까지 인도유럽어에

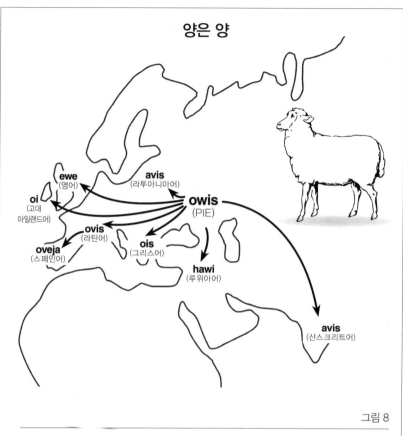

양은 양

ewe
(영어)

oi
(고대
아일랜드어)

avis
(라투아니아어)

owis
(PIE)

ovis
(라틴어)

oveja
(스페인어)

ois
(그리스어)

hawi
(루위어)

avis
(산스크리트어)

그림 8

문서로 보존되어 있는 고대 언어뿐만 아니라 현대 인도유럽어족의 대부분도 '양'을 표현하는 단어는 매우 비슷하다. 이 단어는 그들 단어의 모어인 원시 인도유럽어(PIE)에서는 'owis'였다고 추측되는 오래된 형태로부터 파생됐음에 틀림없다.

서 '양'을 나타내는 단어는 실제로 매우 비슷하다. 'avis', 'hawis', 'ovis', 'ois', 'oi' 등 현대 영어의 'sheep'은 다른 어근에서 온 게 확실하지만 영어에도 'ewe(암양)'라는 말에 원래의 어근이 남아 있다. 여러 인도유럽어가 거쳐 온 음의 변화를 종합하면 원형은 'owis'였다.

물론 몇몇 파생 언어가 공유하고 있는 어근이 같다고 해도 반드시 모어에서 계승했다고는 할 수 없다. 단어는 어떤 파생 언어에서 다른 파생 언어로, 후자에서 확산되는 경우도 있기 때문이다.

모어를 재구성하려는 언어학자의 시도에 회의적인 고고학자는 '코카콜라coca-cola'같이 대다수의 현대 유럽어에 공통으로 사용하는 단어를 자주 인용한다.

고고학자는 언어학자가 'coca-cola' 같은 단어까지 수천 년 전의 모어에 귀속시키려고 하는 것은 불합리하다고 주장한다. 실제로 'coca-cola'의 예는 언어학자가 최근의 차용어와 고대의 유산을 어떻게 구별하는가에 대해 다시 한 번 생각하게 한다.

이 단어는 분명히 외래어('coca'는 실제로 페루 원주민이고, 'cola'는 서아프리카에서 유래했다)며, 고대 인도유럽어의 어근이 나타내는 것 같은 언어 간 동일음의 변화가 없다(독어에서도 'Köcher Köhler'가 아니라 'Coca-Cola' 그대로다).

이러한 방법을 적용해 언어학자들은 원시 인도유럽어Proto-Indo-European, 보통은 생략해서 PIE라고 하는 모어 문법의 대부분과 약 2,000개의 어근을 재구성했다.

현대 인도유럽어의 모든 단어가 PIE에서 파생된 것은 아니다. 실제로는 많은 신조어와 차용어(PIE 어근 'owis'가 영어에서 'sheep'으로 바꿔놓은 것과 같이)가 추가되었기 때문에 절반은 다른 것이다.

PIE 어근에서 파생된 단어로는 수천 년 전 사람들이 명명했을 것 같은 숫자나 인간관계를 나타내는 말(《표 2》 참조), 신체 부위와 그 동작을 나타내는 말, '하늘, 밤, 여름, 추위' 같은 보편적인 사상과 관념을 나타내는 말 등이 있다.

인간 세계에서 다루는 재구성된 말 중에는 '방귀 뀌다'라는 너무나 흔한 말도 있는데, PIE어에서 이 단어는 큰 소리가 나는 방귀와 부드러운 방귀 소리에 따라 두 개의 어근이 구별되어 있다. 큰 방귀의 어근(PIE어에서는 'perd')은 현대 인도유럽어 중에서도 비슷한 말을 만들어('perdet', 'pardate' 등), 영어에서 'fart'로 되었다(《그림 9》 참조).

부끄러운 단어의 유래가 올바른 어원

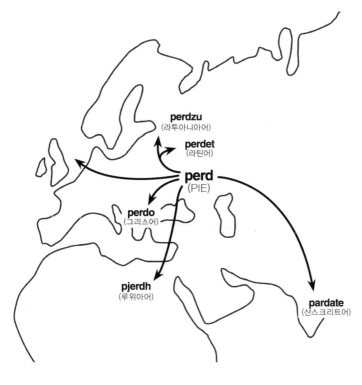

그림 9

단어 '양'과 마찬가지로 '큰 소리로 방귀 뀌다'라는 의미의 단어도 많은 인도유럽어에서 비슷하다. 모어인 PIE에서는 'perd'였을 것으로 추측된다.

히타이트어와 선형문자 B

지금까지 언어학자들이 문자가 없던 시대의 모어와 '불도저' 현상을 어떻게 추론하여 재구성했는지 살펴봤다. 다음은 이런 의문을 가질 수 있다.

그렇다면 PIE어는 언제 어디서 쓰였는가? 어떻게 해서 PIE어는 수많은 다른 언어를 압도할 수 있었는가?

우선 대답하기 불가능할 것 같은 '언제'의 문제부터 시작하자. 기록이 없는 언어의 단어를 추론하는 것만으로도 매우 어려운 일인데, 그것이 언제 쓰였는가는 어떻게 알 수 있을까?

적어도 인도유럽어 문자의 가장 오래된 자료를 검증하는 것으로 가능성을 찾아야 한다. 연구자가 밝힐 수 있었던 가장 오래된 자료는 B.C. 1000~800년경 이란어의 문서와 B.C. 1200~1000년경에 쓰인 것으로 짐작되는 산스크리트 문자였다.

'미탄니'라고 하는 메소포타미아 왕국의 문서는 비인도유럽어로 쓰였지만, 그 안에는 산스크리트어에 가까운 언어에서 빌려온 몇몇 단어가 포함되어 있다. 그러므로 산스크리트어의 존재는 약 B.C. 1500년까지 거슬러 올라간다.

다음 돌파구는 19세기 말에 발견된 대량의 고대 이집트 외교 통신문이었다. 대부분 셈어로 쓰였는데, 터키에서 발굴된 두 통의 편지는 불분명한 언어로 쓰여 있어, 같은 언어가 새겨진 수천 장의 판이 발견될 때까지 수수께끼로 남았다. 그 판은 B.C. 1650~1200년 사이에 번영했고 성서에서 '히타이트'라고 언급한 왕국의 고문서임이 밝혀졌다.

1917년에 해독된 히타이트어는 현재는 소멸된 인도유럽어의 일종인 아나톨리아어에 속하는 언어이며, 매우 독자적이고 고풍스러운 언어라는 설이 발표되자 학자들은 매우 놀랐다.

히타이트 도시가 있었던 지점에서 가까운 아시리아 상인의 교역 장소에서 발견된 오래된 편지에는 히타이트어로 추측되는 몇 가지 이름이 기재되어 있어, B.C. 1900년까지 거슬러 올라가 추리해볼 수 있다.

남겨진 그 편지가 모든 인도유럽어에서 그 존재를 나타낸 가장 오래된 증거이다. 이렇게 해서 1917년 시점에서 인도유럽어족의 두 가지 언어, 즉 아나톨리아어와 인도이란어는 각각 B.C. 1900년~1500년까지는 존재하지 않았다는 사실을 알게 되었다.

제3의 초기 어파語派의 존재는 1952년에 입증됐다. 젊은 영국인 암호 해독가인 마이클 벤트리스는 1900년경 발견된 이후 해독이 불가능했던 고대 크레타와 그리스 문자, 소위 선형문자 B가 그리스어의 오래된 형태라는 것을 밝혀냈다.

선형문자 B의 석판은 B.C. 1300년경의 것이다. 그러나 히타이트어와 산스크리트어, 고대 그리스어는 매우 달랐다. 그 차이는 1,000년 전에는 분기되지 않았던 현대 프랑스어와 스페인어의 차이보다 훨씬 크다. 따라서 히타이트어와 산스크리트어, 그리스어는 B.C. 2500년이나 그 이전까지는 PIE에서 나뉘어 있었던 것으로 보인다.

이들 어파 간의 차이는 초기 언어를 얼마만큼 암시하고 있을까? 어떻게 하면 '언어 사이의 차이 비율'에서 '분기가 시작된 후의 시간'으로 바꿀 수 있는 측정 요인을 얻을 수 있을까?

일부 언어학자는 초서Chaucer의 영어와 현대 영어로 쓰인 문자를 비교해 단어의 변화 비율을 이용한다. 언어연대학言語年代學이라는 학문에 속하는 이 계산법에 따르면 언어의 기본 어휘가 1,000년마다 약 20퍼센트 변화된다고 주장한다.

대부분의 연구자는 언어연대학의 계산법에 대해서 사회적 환경과 특정 단어 자체의 영향으로 단어의 치환율은 항상 변화한다는 근거로 반론을 제기하고 있다.

그러나 그들도 일반적으로 그들의 경험에 따라 추정하고 있다. 언어연대학이든 경험에 의한 추정이든, 대개 결론에서는 PIE는 B.C. 5000~3000년 이전(더 확실하게는 B.C. 2500년 이전)에 몇몇의 파생 언어로 분열되기 시작했을 것이라고 주장하고 있다.

언어화석학이라고 명명된 과학은 연대 문제에 관해 전혀 다른 주장을 하고 있다. 마치 화석학자가 지층에 묻힌 화석에서 과거를 발견해나가는 것처럼 언어화석학자도 언어에 숨겨진 유물의 파편을 찾는다.

이 작업을 이해하기 위해서 언어학자가 PIE 어휘 중 약 200개를 재구성하는 것을 살펴보자. 그 어휘 중 '형제'와 '하늘'이라는 단어는 인간 언어가 발생한 이후 수많은 파생어로 분열되었다.

그러나 PIE어에는 '총포'를 의미하는 단어가 없다. 총포는 PIE를 쓰는 사람들이 각지에 흩어져 이미 뚜렷하게 서로 다른 언어를 쓰게 된 1300년경에 생긴 말이기 때문이다. '총포'를 나타내는 단어의 어근은 영어에서는 'gun', 프랑스어에서는 'fusil', 러시아어에서는 'ruzhyo'이다.

인도유럽어에서 총포의 어근이 다양한 이유는 명백하다. 각각의 언어가 PIE어에서 '총포'를 나타내는 같은 어근을 전승받지 않았기 때문이다. 총포가 발명된 시점에 각 언어가 독자적인 언어를 만들었거나 다른 언어에서 차용했기 때문에 어근이 다양할 수밖에 없다.

총포의 예에서 알 수 있듯이 발명된 연대를 알면 발명품 이름이 PIE어로 재구성되어 있는가의 여부를 알 수 있다. 총포와 같이 PIE어의 분열 이후 발명된 물건들은 재구성된 이름이 없다. 그러나 '형제'같이 분열 전에 알려졌던 개념과 발명품은 그 이름이 있을 수 있다(많은 PIE어는 확실히 소실되었으므로 그 이름이 반드시 있지는 않다. '눈'과 '눈썹'에 해당하는 PIE어는 알려져 있지만, PIE어를 썼던 사람에게도 반드시 있었을 '속눈썹'을 나타내는 말은 알려진 것이 없다).

PIE어로 된 이름이 발견되지 않은 가장 오래된 발명은 B.C. 2000~1500년에 확산되기 시작한 두 바퀴 전투용 마차와 B.C. 1200~1000년에 중시되기 시작한 철鐵일 것이다. 히타이트어의 존재가 밝혀져 PIE어의 분열이 B.C. 2000년 이전이라는 것을 확신할 수 있으므로, 비교적 새로운 시대의 발명품을 나타내는 PIE어가 없어도 놀랄 일은 아니다.

PIE어에서 이름을 알 수 있는 말로는 B.C. 8000년경에 비로소 가축화된 '양'과 '산양', B.C. 6400년에 가축화된 소(암소, 송아지, 수소를 나타내는 각각의 단어가 있다), B.C. 4000년경에 가축화된 말 그리고 말이 가축화될 무렵에 발명된 쟁기 등이 있다. PIE에서 연대를 알 수 있는 최근의 발명품은 바퀴인데 그것은 B.C. 3300년경에 발명됐다.

별도의 증거가 없어도 언어화석학의 추론에 따르면 PIE어가 분열된 연대는 B.C. 2000년보다는 이전이고, B.C. 3300년보다는 후라는 결론에 이른다. 이 결론은 히타이트어, 그리스어, 산스크리트어 간의 차이에서 얻은 결론과 일치한다. 최초의 인도유럽어족의 흔적을 발견하려면 B.C. 5000년에서 2500년 사이, 좀 더 자세하게는 약 B.C. 3000년 전 무렵의 고고학적인 기록을 집중적으로 조사하면 된다는 결론을 얻을 수 있다.

PIE어의 고향

'언제'에 대한 의문에 대해 정당한 결론에 이르렀으면, 이번에는 '어디서' PIE어가 쓰였는지 알아보자. PIE어의 고향에 관한 중요성이 최초로 인정된 후 언어학자들의 견해는 지금까지 일치하지 않았다. 북극에서 인도까지, 유라시아 대서양 연안에서 태평양 연안까지 그럴듯한 대답은 모두 제출되었다.

고고학자인 J. P. 맬러리의 말처럼 이 문제는 "연구자가 인도유럽어족의 고향을 어디로 정하는가?"가 아닌 "연구자가 지금 그것을 어디에 두는가?"가 되어버렸다.

이 문제를 풀기가 왜 그토록 어려운지 이해하기 위해서 우선 지도(〈그림 7〉 참조)를 보고 서둘러 해답을 찾아보자.

1492년 현재, 현존하는 인도유럽어파의 대부분은 실질적으로 서유럽에 한정되었고, 인도이란어만이 카스피해 동부로 확산됐다. 따라서 PIE어의 고향을 탐색하는 해답으로 서유럽이 가장 간단할 것이다. 그러면 범위가 조금 좁혀지기 때문이다.

그런데 이 해답을 찾는 데 불리하게도, 1900년에 오래전에 소멸된 '새로운' 인도유럽어가 세 가지 의미에서 있을 수 없을 것 같은 장소에서 발견되었다. 이 언어(지금까지는 토카라어라고 부른다)는 불교 동굴 수도원의 벽 뒤쪽에 있는 비밀 방에서 우연히 발견됐다. 그 방에는 600~800년경에 불교도의 수도사나 상인이 기묘한 언어로 쓴 고문서가 있는 서고가 있었다.

그 절은 중국 투르키스탄 지방에 위치했다. 이는 현존하는 인도유럽어족의 동쪽 끝일 뿐만 아니라, 가장 가까운 현재의 분포 지역과도

1,600킬로미터나 떨어져 있는 곳이다. 토카라어는 인도유럽어 중에서 지리적으로 가장 가까운 언어인 인도이란어와는 관련이 없다. 오히려 서쪽으로 수천 마일 떨어진 유럽 언어와 관련이 있어 보인다. 마치 중세 초기의 스코틀랜드 주민이 중국어와 비슷한 언어를 사용했던 것처럼 말이다.

토카라인이 헬리콥터로 중국 투르키스탄 지방까지 도달하지 않았을 것이다. 그들은 걷거나 가축을 타고 그곳에 갔다. 그러므로 중앙아시아 에는 이외에도 인도유럽어가 있었는데, 애석하게도 비밀 서고에 문서를 남기지 않고 사라져버린 것 같다.

현대 유라시아 언어 지도(〈그림 7〉 참조)는 토카라어와 기타 소실된 중앙 아시아의 인도유럽어에 무슨 일이 일어났는가를 확실히 보여주고 있다.

현재 이 지역은 훈족과 칭기즈칸 이후에 이 지역을 정복한 기마민족 의 후손이 살고 있으며 투르크어와 몽골어를 사용하고 있다.

칭기즈칸 군대가 하라트를 점령했을 때 살육한 인간이 240만 명이었 는지 160만 명에 불과했는지에 대해서는 학설이 분분하나, 그 행위로 인해 아시아의 언어 지도가 변했다는 점에는 이론이 없다.

한편 갈리아인이 켈트어를 사용하는 것을 시저가 들었던 것처럼, 유 럽에서도 많은 인도유럽어가 소멸되고 다른 인도유럽어로 바뀌었다. 언 뜻 보면 1492년 인도유럽어의 중심점이 유럽에 있는 것은 아시아에서 의 '근대 언어 대참사'로 인한 인위적 효과이다.

만약 정말로 PIE어의 고향이 600년까지 아일랜드부터 중국 투르키 스탄까지 이르는 범위를 중심으로 위치했다면, 그 고향은 서유럽이 아 닌 코카서스 북쪽과 러시아의 스텝steppe(남부 러시아에서 중앙아시아에 걸쳐 펼쳐진 건조한 초원 지대-옮긴이)이 된다.

언어들이 PIE어의 분열 시기에 관해 실마리를 준 것처럼, PIE어의 고향에 대해서도 실마리를 제공하고 있다. 하나의 단서는, 인도유럽어와 관련성이 가장 확실한 어족은 핀란드와 러시아 북쪽 삼림 지대의 모국어를 포함하는 피노우그리아어족이다(〈그림 7〉 참조).

현재 피노우그리아어와 인도유럽어의 관계는 독일어와 영어의 관계와 비교도 안 될 정도로 약하다. 영어는 겨우 1,500년 전에 북부 독일에서 영국으로 전해졌기 때문이다. 또한 인도유럽어 중에서 아마도 수천 년 전에 분기했을 것으로 여겨지는 독일어와 슬라브어파 사이의 연계보다도 훨씬 약하다.

피노우그리아어와 인도유럽어의 관계는 아주 먼 옛날의 PIE어와 원시 피노우그리아어 사이의 유사성을 암시한다. 피노우그리아어는 북부 러시아 삼림에서 발생했으므로, PIE어의 고향은 그 삼림의 남부 러시아 스텝이 될 수도 있다는 점을 시사한다. 한편 PIE가 가장 남쪽(예를 들면 터키)에서 발생했다면, 인도유럽어와 가장 가까운 친척은 서아시아의 고대 셈어였을지도 모른다.

PIE어의 고향을 알기 위한 두 번째 단서는 극소수의 인도유럽어 중의 일부로 구성된 비인도유럽어의 어휘에 있다. 특히 그리스어에서 비인도유럽어가 자주 보였다는 것을 이미 살펴보았는데, 히타이트어·아일랜드어·산스크리트어에서도 발견된다. 이런 점에서 이 지역은 예전에 비인도유럽어족에게 점령되었으나 후에 인도유럽어족에게 다시 침략당한 것으로 보인다. 그렇다면 PIE어의 고향은 아일랜드나 인도도(어쨌든 오늘날 이들을 후보로 드는 학자는 거의 없으나), 그리스나 터키도(아직 그렇다고 생각하는 학자도 있다) 아니라는 결론이 된다.

거꾸로 현대 인도유럽어 중 PIE어와 가장 비슷한 언어는 리투아니아어다. 가장 오래된 리투아니아어 문서는 1500년경의 것인데, 그것보다 3,000년 전의 산스크리트어와 같을 정도로 PIE어의 어근 일부를 많이 포함하고 있다. 리투아니아어의 보존은, 그것이 비인도유럽어의 영향을 거의 받지 않았다는 점과 PIE어의 고향 부근에 남아 있었다는 점을 시사한다.

고트인과 슬라브인이 현재의 리투아니아와 라트비아 영토에서 발트인을 몰아낼 때까지 리투아니아어와 발트어파에 속하는 다른 언어들은 러시아보다 넓은 지역에 분포되어 있었다. 이러한 이유에서 PIE어의 고향은 역시 러시아에 있었을 것이라고 생각된다.

세 번째 단서는, 재구성된 PIE어의 어휘에서 확인할 수 있다. 사물의 이름으로 연대를 추론하는 언어화석학을 이용하면 PIE어가 쓰였던 시대를 알 수 있다는 것을 앞에서 살펴보았다. 마찬가지로 사물 이름의 유무를 조사하면 PIE어가 쓰였던 장소도 밝힐 수 있을지 모른다.

PIE어에는 눈을 나타내는 단어('snoighwos')가 있는데, 이것으로 열대가 아닌 온대지방이라는 것이 나타난다. 이 단어는 영어 'snow'의 어근과 연결된다. PIE어의 이름을 갖는 많은 야생 동식물('mus'=쥐 등)은 거의 유라시아 온대에 분포하여, PIE어의 고향의 위도—경도는 알 수 없다—를 알 수 있다.

PIE어의 어휘에서 얻은 최대의 실마리는 무엇을 포함하는지가 아니라 무엇이 빠져 있는가 하는 점이다. 즉 PIE어에는 이름이 없는 작물이 많다.

PIE어를 썼던 사람들이 쟁기와 가래에 해당하는 단어가 있다는 것은 그들이 농경을 했다는 증거가 된다. 그러나 곡류의 이름은 종류를 알 수 없는 것 하나밖에 남아 있지 않다. 이것과는 대조적으로, 재구성된 아프리카의 원시 반투어와 동남아시아의 원시 오스트로네시아어에는 이름 있는 작물이 많다. 원시 오스트로네시아어는 PIE어보다 훨씬 오래전에 사용되었다. 그러므로 오스트로네시아어는 현대 인도유럽어보다 오래된 작물 이름이 많이 소실되었다. 그럼에도 현대 오스트로네시아어에는 지금까지 매우 많은 작물의 고대 이름이 포함되어 있다.

따라서 PIE어를 썼던 사람들에게는 실상 아주 소수의 작물밖에 없었고, 좀 더 발전된 농경 지역으로 이동한 그들의 자손이 작물 이름을 차용하거나 만들었을 것이다.

그러나 이 결론에서는 두 가지 수수께끼가 생긴다. 첫 번째는 B.C. 3500년에 유럽 전 지역과 아시아 대부분의 지역에서 농경은 주요 생계 수단이었다. 따라서 PIE어의 고향이 되는 후보 지역은 매우 좁혀져서, 농경이 그다지 우세하지 않은 지역일 것이라는 결론이 나온다. 그렇다면 PIE어족은 어떻게 영토 확장을 할 수 있었을까 하는 의문이 두 번째 수수께끼다.

반투족과 오스트로네시아족의 세력이 확대된 원인은 그들의 선조가 농경민이었다는 데 있다. 원주민보다 인력에서 우수했던 그들이 수렵·채집인의 영토로 확산한 것이다.

미숙한 농경민이었던 PIE어족이 유럽 농경지에 침입했다는 것은 그 이전에 경험한 역사를 뒤엎는 결과이다. 그러므로 인도유럽어족 기원이 '어디'인지를 풀기 위해서는 가장 어려운 문제를 해결해야 한다. 그것은 '왜'라는 의문이다.

세계 제패의 열쇠

문자 시대에 들어서기 직전의 유럽에서는 언어학적 '불도저' 현상이 발생할 만큼 큰 영향력을 가진 두 가지 경제 혁명이 발생했다.

바로 농경과 목축의 도래를 들 수 있다. 농경과 목축은 B.C. 8000년경 서아시아에서 발생하여 B.C. 6500년경 터키와 그리스를 디딤돌 삼아 남북으로 확산되어 영국과 스칸디나비아에 도달했다.

농경과 목축은 이전의 수렵이나 채집만 하며 살았을 때보다 인구를 훨씬 더 증가시켰다. 영국 케임브리지 대학의 고고학 교수 콜린 렌프루는 저서에서 터키 출신의 농경민이 유럽에 인도유럽어를 가져온 PIE어족이라고 주장했다.

나는 렌프루의 책을 읽고 "그래, 맞아. 그의 말이 옳아"라고 생각했다. 농경은 아프리카와 동남아시아에서처럼 유럽에서도 틀림없이 언어학적인 격변을 불러일으켰을 것이다. 특히 유전학자가 밝힌 것처럼 최초의 농경민이 현대 유럽인의 유전자에 가장 많은 공헌을 했다는 사실을 보아도 이것은 있을 법한 일이다.

그러나 렌프루의 학설은 언어학적인 증거를 무시하거나 퇴조시키는 것이다. 농경민은 PIE어가 도달하기 수천 년 전에 유럽에 도착했다. PIE어족은 쟁기와 바퀴, 가축화된 말 등 신기술을 갖고 있었지만 최초의 농경민에게는 그런 기술이 없었다.

PIE어에는 작물을 나타내는 단어가 두드러질 정도로 부족해 PIE어족을 최초 농경민으로 정의하기 어렵다. 터키에서 가장 오래된 인도유럽어인 히타이트어는 렌프루의 터키 본거지설의 예상과 역행해, 순수한 PIE어와 가까운 인도유럽어가 아니라 오히려 가장 먼 언어이다.

렌프루의 설은 다음과 같은 삼단논법에 불과하다. 농경은 '불도저' 현상의 원인이었을 것이다. PIE어족의 '불도저' 현상에는 원인이 필요하다. 그러므로 농경이 그 원인이었을 것이다.

다른 증거로는 농경에 의해 유럽에 전해진 것은 PIE어가 아니라 에트루리아어나 바스크어 같은 오래된 언어라는 것을 들 수 있다.

B.C. 5000~3000년경, PIE어가 기원한 시대에 유라시아에서는 두 번째 경제 혁명이 발생했다. 새로운 혁명은 야금冶金(광석에서 쇠붙이를 공업적으로 골라내거나 합금을 만들어내는 일-옮긴이)의 시작과 일치했고, 가축을 대대적으로 이용할 수 있게 했다.

가축은 100만 년 동안 인류가 야생동물에서 얻었던 것처럼 고기와 모피를 제공했을 뿐만 아니라 우유나 털실을 생산하고, 쟁기와 화물차를 끌었으며, 사람을 태우는 목적에도 이용되었다.

이 혁명은 '멍에'와 '쟁기', '우유'와 '버터', '털실'과 '천', 그리고 바퀴가 달린 탈것과 관련된 단어들(바퀴, 바퀴의 회전축, 수레의 끌채, 마구, 차바퀴의 바퀴통, 바퀴를 굴대에 고정시키는 핀) 등 PIE어의 어휘에 짙게 반영되어 있다.

이 혁명은 인구가 증가할수록 힘을 얻었다. 암소에서 나온 우유와 유제품은 고기보다 높은 칼로리를 매일 만들어냈고, 쟁기 덕분에 농민은 괭이와 호미로 농사를 할 때보다 훨씬 넓은 밭을 경작할 수 있게 되었다. 사람들은 동물이 끄는 수레를 이용해 먼 지역까지 개발할 수 있었고, 그곳의 산물을 마을로 가지고 돌아와 조리해 먹을 수도 있었다.

이 혁명은 매우 빠르게 확산되어서 어디에서 발생했는지 추측하기 어렵다. 바퀴가 달린 수레는 B.C. 3300년 이전에는 알려지지 않았으나, 겨우 몇 세기 만에 유럽과 중동을 횡단했다고 광범위하게 기록되어 있다.

그러나 그 기원을 추측할 수 있는 결정적인 단서가 있다. 바로 말馬의 가축화다. 그 전에는 중동에서 남부 유럽까지 야생마가 없었고 북유럽에도 드물었다. 유일하게 러시아 스텝의 동쪽 지역에만 말이 많았다.

말이 가축이 되었다는 최초의 증거는 B.C. 4000년경 흑해의 정북 스텝 지역에 있는 스레드니 스토그 문화에서 발견됐다. 고고학자 데이비드 앤서니는 그곳의 말의 이빨에서 승마용 재갈을 이용한 것으로 보이는 마멸된 흔적을 확인했다.

세계의 어떤 지역이라도 가축화된 말이 전해지면 인간 사회는 눈부신 발전을 이뤘다. 인류 진화 역사상 비로소 인간은 걸을 때보다 빠르게 각지를 여행할 수 있게 되었다. 빨라진 속도 덕분에 사냥꾼은 사냥감이 있는 곳에 더 빨리 달려갔고, 목동은 더욱 넓은 장소에서 양과 소를 사육할 수 있게 되었다.

특히 중요한 것은 멀리 떨어진 적도 놀랄 만큼 빠른 속도로 기습하여, 적이 반격 준비를 갖추기 전에 공격할 수 있게 되었다는 점이다. 따라서 세계적으로 전쟁과 혁명이 빈번하게 일어났고, 말을 소유한 사람은 그렇지 못한 사람에게 두려운 존재가 되었다.

미국인이 평원 원주민에 대해 묘사하고 있는 무서운 얼굴을 한 말을 탄 전사의 모습은 실제로는 아주 최근에 만들어진 것으로, 1660년에서 1770년까지 불과 수 세기 전의 일이다. 유럽의 말은 유럽인이나 유럽의 물건보다 먼저 아메리카 서부에 전달됐으므로 말이 평원 원주민 사회를 바꾸어놓은 것이 틀림없다.

B.C. 4000년경, 아주 먼 옛날에도 가축화된 말이 러시아 스텝 지역의 인간 사회를 변화시킨 사실이 고고학적으로 증명됐다. 말을 이용하기 전에는 광대한 초원 생활을 개척하기 어려웠으나 말의 사용으로 거리와 운반의 문제가 해결됐다.

말이 가축화되면서 러시아 스텝의 정복은 가속화되었고, B.C. 3300년경 수소가 끄는 수레가 발명되면서 정복 속도가 폭발적으로 빨라졌다. 스텝 지방의 경제는 고기·우유·털실을 생산하기 위한 양과 소, 말과 수레, 그리고 약간의 농경을 토대로 이루어졌다.

초기의 스텝 지역에서는 대규모 농경이나 식량을 저장했다는 증거가 없다. 이는 동시대의 다른 유럽과 중동에서 많은 증거가 발견되는 것과 대조적이다. 스텝의 주인들은 영구적인 주거지 없이 이동이 잦은 사람들이었다. 이것 역시 수백 채의 2층 건물이 발견되는 남동 유럽과 대조적이다.

기마민족에게는 건축물은 없었지만 군사적 정열이 대단했다. 막대한 수의 단검과 기타 무기, 마차와 말의 뼈를 매장품으로 한 호화스러운 묘(남성 전용)를 보면 그들의 정열을 엿볼 수 있다.

이런 배경으로, 러시아의 드네프르 강(《그림 10》 참조)은 갑자기 문화적 경계가 되었다. 드네프르 강 동쪽에는 무장한 기마민족들이 살았고, 서쪽에는 풍요로운 농경민 마을과 곡창지대가 있었다.

늑대와 양이 옆에 있으면 어떤 일이 벌어질까? 보나마나 강자가 약자를 먹는 약육강식의 피비린내 나는 싸움이 벌어지게 마련이다. 바퀴의 발명으로 기마민족의 경제력이 완결된 순간, 그들이 만든 물건은 중앙아시아 스텝을 돌파하여 수천 킬로미터나 떨어진 동쪽으로 단숨에 확산됐다. 이동 과정 중에 토카라어족의 조상이 생겨난 것 같다.

스텝 민족이 서쪽으로 이동한 흔적은 두 가지 증거를 통해 알 수 있다. 스텝 지역의 경계에 유럽 농경민의 거대한 방어 정착촌이 집중 형성되어 있으며, 그 사회가 붕괴된 후에는 서쪽으로 헝가리에 이르기까지 독특한 스텝식 묘가 유럽에 출현했다.

스텝 민족의 '불도저' 현상의 원동력이 된 기술혁명 중, 그들의 진면목을 가장 확실히 알린 것은 말의 가축화이다. 그들은 수레, 우유, 털실을 만들 수 있었던 중동의 과학기술을 독립적으로 발전시켰을지도 모른다. 그러나 양, 소, 야금 그리고 쟁기는 중동이나 유럽에서 차용했을 것이다.

인도유럽어족은 어떻게 확산되었는가?

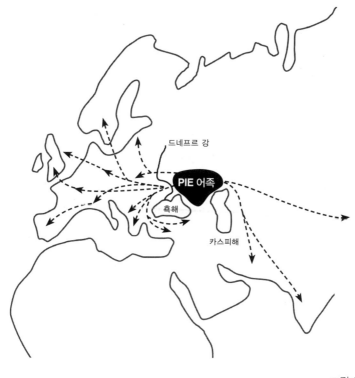

그림 10

이 지도는 인도유럽어족이 확산된 예상 경로를 나타내고 있다. 모어인 PIE를 사용하는 고향은 흑해 북쪽, 드네프르 강 동쪽의 러시아의 스텝으로 추측된다.

말이 가축화되면서 스텝 민족은 5,000년 동안 세계를 지배할 수 있는 경제력과 군사력을 처음으로 결합했다. 그리고 이 결합은 특히 남동 유럽을 침략하여 집약적인 농경을 시작한 후 확고해졌다.

따라서 그들의 성공은 1492년에 시작된 제2단계 유럽인의 확대와 마찬가지로 생물지리학적인 우연한 사건에 의한 것이다. 그들은 우연히 풍부한 야생마와 넓은 평원을 가졌고, 문명 중심지인 중동과 유럽의 인접지라는 조건을 갖춘 고향을 가진 사람들이었다.

PIE인은 러시아 스텝 민족이었는가?

UCLA의 고고학자 마리야 김부타스Marija Gimbutas는 B.C. 4000년대에 우랄산맥 서쪽에 살았던 러시아 스텝 민족이 우리가 지금까지 상상해온 원시 인도유럽어족의 모습과 딱 들어맞는다고 밝히고 있다.

그들은 바로 그 시대에 살았고, 그들의 문화는 PIE어로 재구성되는 중요한 경제 요소(바퀴와 말 등)를 포함하고 있으며, PIE어에 없는 요소(전차와 많은 작물 이름 등)는 그들의 문화 속에도 없었다. 또한 온대에서 피노우그리아어족의 남부 그리고 후대 리투아니아인과는 다르고 발트인의 고향과는 가까워서, PIE어에 가장 알맞다고 여겨지는 장소에 살았다.

이 정도로 적합성이 들어맞는데 왜 인도유럽어의 기원으로서 스텝설이 큰 논쟁이 될까?

만일 고고학자가 B.C. 3000년경 남부 러시아부터 아일랜드에 이르는 경로까지 급속히 확산되었던 스텝 문화를 증명할 수 있다면 논쟁은 자취를 감추게 될 것이다.

그러나 그런 일은 일어나지 않았다. 스텝 침략자의 직접적 증거는 헝가리에서 더 서쪽으로는 확산되지 않았기 때문이다. 그 대신 B.C. 3000년경 이후부터 유럽에서는 당혹스럽게도 일련의 다른 문화가 발견되어, 그 문화 유물에 대해 이름이 붙여졌다(예를 들면 새김무늬토기 문화, 전투부 문화). 이들 서유럽에 출현했던 문화는 말과 군대의 스텝 요소와 특히 정착 농경의 오래된 서유럽적 요소가 합쳐진 것이다. 이러한 사실 때문에 스텝 가설을 전체적으로 축소해서 받아들여, 서유럽 문화의 출현을 지역적인 발전으로 보는 고고학자가 많다.

스텝 문화가 아일랜드까지 확산될 수 없었던 이유는 명백하다. 스텝의 서쪽 한계는 헝가리 평원이다. 그곳은 몽골인처럼 스텝에서 유럽으로 온 모든 후세 침략자들의 종착지였다.

또한 영토 확장을 위해 스텝 사회는 집약적 농경을 도입해 현존하는 유럽 사회를 정복하고 그곳 사람들과 혼혈함으로써, 서유럽의 삼림에 적응해야만 했다. 그 결과 생긴 혼혈 사회의 유전자 대부분은 고대 유럽 유전자였던 것이다.

스텝 민족이 헝가리까지의 남동 유럽에 그들 모국어인 PIE어를 강제 제어했다면, 고유의 스텝 문화 자체가 아닌 인도유럽어의 이세문화二世文化가 생겼을 것이며, 그 문화는 더욱 확산되어 유럽 각지로 퍼졌을 것이다. 대규모 문화 변용을 나타내는 고고학적 증거를 살펴보면, 그렇게 파생된 문화는 B.C. 3000~1500년에 유럽과 동쪽의 인도에 이르기까지 도처에서 생긴 것이라는 점을 알 수 있다.

비인도유럽어의 대부분은 문자로 보존될 때까지 오랫동안 남아 있었으며—에트루리아어처럼—바스크어의 경우 오늘날까지도 잔존해 있다. 그러므로 인도유럽어족의 '불도저' 현상은 일시적인 기복이 아닌,

5,000년에 걸쳐 오랫동안 반복된 사건이었다.

이와 유사한 것으로 인도유럽어가 어떻게 현재의 남아메리카와 북아메리카에서 지배적인가를 생각해보자. 그것은 인도유럽어를 사용하는 유럽인들의 침략에서 분기된 것임을 나타내는 기록 문서는 많다. 그러나 유럽 이민이 한꺼번에 아메리카를 정복했던 것은 아니고, 16세기 신세계에서 원형 그대로의 유럽 문화 유적을 발견한 고고학자도 없다. 그보다는 오히려 인도유럽어와 대량의 유럽 기술(총포와 철)을 아메리카 원주민의 농작물과 원주민의 유전자(특히 라틴아메리카)에 결합시킴으로써 식민지 개척자의 문화는 크게 수정되거나 혼혈형을 이루었다.

신세계의 일부 지방에서는 인도유럽어의 경제력이 그 지역을 지배하기까지 몇 세기나 걸렸고, 20세기까지도 극지極地에는 도달하지 못했다. 현대에 이르러서야 아마존 유역의 대부분 지역에 도달하고 있고, 페루와 볼리비아의 안데스 사람들은 당분간 아메리카 원주민의 말을 사용할 것이다.

어떤 미래의 고고학자가 문헌 기록이 파괴되고 유럽에서 인도유럽어가 소멸된 후의 브라질을 발굴했다고 상상해보자. 그 고고학자는 1530년경 브라질 해안에서 갑자기 출현한 유럽 물건을 발견했는데, 그후 그 물건들은 아주 서서히 아마존 강을 통과했다. 브라질의 아마존 유역에서 만난 현지 사람들은 유전적으로는 아메리카 원주민, 아프리카 흑인, 유럽인 그리고 일본인이 뒤섞여 있었으며 언어는 포르투갈어를 사용하고 있었다. 그 고고학자는 포르투갈어가 혼혈 지역사회에 가져온 침략 언어라는 점을 좀처럼 이해할 수 없을 것이다.

말馬이 세계를 변화시켰다

PIE족이 확장한 B.C. 4000년대 후에도, 말과 스텝 민족과 인도유럽어의 새로운 교류는 유라시아 역사를 계속 형성해나갔다. PIE어족의 말을 다루는 기술은 원시적인 수준으로, 아마 재갈을 물려 제어하고 안장 없이 타는 정도였을 것이다.

그 후 B.C. 2000년경의 금속성 멍에와 말이 끄는 전차, 후세의 기병대의 편자·등자·안장에 이르기까지 다양한 발명과 함께 말이 갖는 군사적인 가치는 계속 증대되어 갔다. 이 모든 진보가 스텝에서 기원한 것은 아니지만 스텝 민족은 항상 풍부한 방목지와 많은 말을 갖고 있었으므로 최대의 이익을 얻고 있었다.

말을 다루는 기술이 발달할수록 더욱 많은 유럽 민족이 스텝 민족에게 침략당했다. 훈족·터키족·몽골족이 유명한데, 그들은 스텝부터 동유럽에 걸쳐 거대하지만 역사가 짧은 제국을 연이어 구축했다.

그러나 그 이후로 스텝 민족은 그들의 언어를 서유럽에 전파할 수 없었다. 안장 없는 말을 탄 PIE족이 가축화된 말이 전혀 없던 유럽에 처음으로 침공했었던 시기에 그들은 최고의 우월감을 만끽했다.

기록이 남아있는 후세의 침략과 기록이 없는 PIE족의 침략 사이에는 또 다른 차이가 있다. 후세의 침략자들은 이미 서부 스텝의 인도유럽어를 쓰는 사람들이 아니라 동부 스텝의 투르크어와 몽골어를 쓰는 사람들이었다. 11세기에 중앙아시아에서 번성했던 터키족이 최초로 인도유럽 문자를 가졌던 히타이트족의 토지를 침공할 수 있었던 것은 말 때문이었다.

가장 중요한 혁신은 그들의 후손과 부딪치면서 이루어졌다. 유전자로 보면 터키인의 대부분은 유럽인이지만 언어 측면에서는 비인도유럽어족(투르크어족)이다.

마찬가지로 896년 동방으로부터의 침략은 유전적으로는 유럽인이지만 언어로는 피노우그리아어족에 속하는 현대의 헝가리인을 남겼다. 터키와 헝가리는 소규모 스텝 기마민족의 침략군이 어떻게 그들의 언어를 유럽 전체에 강제로 쓰게 할 수 있었는가를 설명해줌으로써, 그 밖의 유럽에서 인도유럽어를 어떻게 쓰게 되었는가에 대한 모델이 되고 있다.

결국 스텝 민족은 언어와 관계없이 서유럽의 발전된 기술에 의해서 패배했다. 그리고 패망은 아주 빨리 왔다.

1241년 몽골은 헝가리에서 중국에 이르는 역사상 최대의 스텝 제국을 구축했다. 그러나 약 1,500년 후 인도유럽어를 쓰는 러시아인이 서쪽에서 침범하기 시작했다. 차르(러시아)제국주의는 수 세기 만에 5,000년 이상 유럽과 중국을 공포에 떨게 했던 스텝 기마민족을 정복했다.

오늘날 스텝은 러시아와 중국으로 분할되어 몽골에서만 스텝족이 스텝에서 독자적인 생활을 하던 흔적을 볼 수 있다.

인종차별주의자는 대체로 상상을 통해 인도유럽어족의 우월성에 관해 서술해왔다. 나치의 선전은 순수한 아리아 인종을 유지 발전시키는 데 목적을 두고 있었다. 사실 인도유럽어족은 5,000년 전 PIE족의 세력 확충 이후 한 번도 통일된 적이 없고, PIE어를 쓰는 사람들마저 그들과 관련된 문화로 나뉘어졌을 것으로 짐작된다. 따라서 나치가 말살하려고 했던 유대인·집시·슬라브인들은 그들의 박해자와 동일한 인도유럽어로 대화하고 있었던 것이다. 원시 인도유럽어를 썼던 사람들에게는 일련의 기술을 결합하는 데 유용한 장소와 시간에 우연히 함께 있었던 것에 불과하다. 그 행운의 만남으로 그들의 말은 모국어가 되었고, 이 세二╪의 언어에 해당하는 언어를 지금은 세계 과반수의 인구가 사용하게 된 것이다.

• 원시 인도유럽어의 우화

Owis Ekwoosque

Gwrreei owis, quesyo wlhnaa ne eest, ekwoons espeket, oinom ghe gwrrum woghom weghontm, oinomque megam bhorom, oinomque ghmmenm ooku bherontm.

Owis nu ekwomos ewewquet: "Keer aghnutoi moi ekwoons agontm nerm widntei."

Ekwoos tu ewewquont: "Kludhi, owei, keer ghe aghnutoi nsmei widntmos: neer, potis, owioom ɾ wlhnaam sebhi gwhemom westrom qurnneuti. Neghi owioom wlhnaa esti."

Tod kekluwoos owis agrom ebhuget.

(The) Sheep and (the) Horses

On (a) hill, (a) sheep that had no wool saw horses, one (of them) pulling (a) heavy wagon, one carrying (a) big load, and one carrying (a) man quickly.

(The) Sheep said to (the) horses: "My heart pains me, seeing (a) man driving horses."

(The) horses said: "Listen, sheep, our hearts pain us when we see (this): (a) man, the master, makes (the) wool of (the) sheep into (a) warm garment for himself. And (the) sheep has no wool."

Having heard this, (the) sheep fled into (the) plain.

양과 말

언덕 위에서 털 없는 양 한 마리가 말을 보았다. 한 마리는 무거운 마차를 끌고, 한 마리는 큰 짐을 나르고, 또 한 마리는 사람을 태우고 급히 가고 있었다.

양이 말에게 말했다.

"사람들이 당신들을 그렇게 부리는 걸 보니 마음이 아파요."

그러자 말이 대답했다.

"고마워요. 그러나 우리는 사람들이 양의 털로 따뜻한 옷을 만들어 입는 것을 볼 때 마음이 아파요. 당신도 털이 없네요."

이 말을 들은 양은 초원으로 부리나케 도망갔다.

위의 예문은 '원시 인도유럽어의 발음 소리가 어떤 느낌을 주는 말이었을까' 하는 수수께끼를 풀기 위해 PIE어로 재구성해본 짧은 얘기이다. 이 우화는 약 1세기 전에 언어학자 아우구스트 슐라이허가 창작한 것이다. 내가 인용한 개정판은 W. P. 레만Lehmann 과 L. 츠구스터Zgusta 가 1979년에 출판한 것을 참고했으며, 슐라이허Schleicher 시대 이후에 추가해서 얻은 PIE어의 이해를 돕기 위해 첨가했다.

여기에 다시 수록한 예문은 얀 푸벨Jaan Puhvel의 조언에 따라 레만과 츠구스타의 것을 조금 변화시켜 언어학자가 아닌 사람도 손쉽게 이용하도록 하였다.

PIE는 처음에는 기묘해 보여도 잘 살펴보면 익숙한 단어도 많을 것이다. 왜냐하면 영어나 라틴어의 비슷한 어근은 PIE에서 유래되었기 때문이다. 예를 들면 'owis'는 '양[ewe(양), ovine(양의)]', 'wlhnaa'는 '털실', 'ekwoos'는 '말[equestrian(기수), 라틴어로는 equus]', 'ghmmenm'은 '인간, 남자[human(인간), 라틴어에서는 hominem]', 'que'는 라틴어와 똑같이 '그리고(and)'의 뜻, 'megam'은 '크다[megabucks(100만 달러)]', 'keer'는 '마음[core(핵심), cardiology(심장병)]', 'moi'는 '나에게(to me)', 'widntei'와 'widntmos'는 '보다(video)'를 의미한다.

PIE 문장에는 정관사와 부정관사('the'와 'a')가 없고 동사는 문장과 절의 끝에 위치한다.

이 문장은 한 언어학자가 PIE어란 이러했을 것이라고 추측해서 보여준 것이며, 정확한 예라고는 생각하지 않길 바란다. PIE어에는 문자가 없었다는 점, 연구자에 따라서 재구성 방법의 세부사항이 다르다는 점, 여기에 제시된 이야기 자체가 꾸며낸 이야기라는 점을 염두에 두었으면 한다.

과거 1,000년간 영어가 어떻게 변화됐는가

―시편 23편―

현대 영어 (1989년)

The Lord is my shepherd, I lack nothing.

He lets me lie down in green pastures.

He leads me to still waters.

흠정역 성서 (1611년)

The Lord is my shepherd, I shall not want.

He maketh me to lie down in green pastures.

He leadeth me beside the still waters.

중세 영어 (1100~1500년)

Our Lord gouerneth me, and nothyng shal defailen to me.

In the sted of pastur he sett me ther.

He norissed me upon water of fyllyng.

고전 영어 (800~1066년)

Drihten me raet, ne byth me nanes godes wan.

And he me geset on swythe good feohland.

And fedde me be waetera stathum.

THE THIRD CHIMPANZEE

16장

종족 학살의 성향

제노사이드 — 오해에서 이해로

어떤 나라든 건국기념일은 국민들에게 축하할 만한 날로 여겨진다. 그러나 1988년 건국 200주년 기념행사가 열린 오스트레일리아에서는 항의 시위가 열렸다.

1788년, 삭막한 시드니 지방에 첫 번째 선단船團과 함께 발을 디딘 사람들은 커다란 장벽에 직면했다. 오스트레일리아는 그때까지 미지의 대지여서 이주자들은 어떤 일이 일어날지, 어떻게 살아가야 할지 생각조차 할 수 없었다. 그들은 모국을 떠나 8개월 동안 2만 4,000킬로미터를 항해해왔다. 그리고 굶주린 배를 움켜쥐고 2년 반을 버틴 뒤에서 영국으로부터 보급 물자를 실을 선단이 도착했다. 이주자의 대부분은 죄수로서 추방당한 사람들이었다. 그럼에도 이주자는 살아남았고 번영했으며, 대륙 전체로 이동하여 민주주의를 구축해 독자적인 국가로서의 지위를 확립했다. 오스트레일리아인이 자랑스럽게 건국을 축하하는 건 지극히 당연한 일일 것이다. 그럼에도 이 축하의 제전에 돌을 던지려는 한 무리의 항의자들이 있었다.

최초의 이주자는 백인이 아니었다. 5만 년 전에 오스트레일리아에 이주한 사람들은 '오스트레일리아 원주민Aborigine'으로, 오스트레일리아인 사이에서는 '흑인'으로 알려진 사람들의 조상이었다. 영국인의 이주 과정에서 원주민의 대부분은 이주자에 의해 살해되거나 다른 이유로 죽어갔다.

200주년을 축하하지 않고 항의 시위를 벌인 것은 그때 살아남은 생존자들의 후예였다. 이것을 계기로 '오스트레일리아가 어떻게 백인 국가가 되었는가' 하는 문제가 은연중에 세인의 관심거리로 떠올랐다.

이 장에서는 어쩌다가 오스트레일리아가 더 이상 흑인 국가가 아니게 되었는가, 또 용맹한 영국인 이주자들이 어떻게 종족 근절의 행위를 저지르게 되었는가, 하는 문제에 초점을 맞춰 살펴보기로 하자.

백인 오스트레일리아인의 반격을 피하기 위해 분명히 해두겠는데, 나는 그들의 조상이 뭔가 특별히 끔찍한 일을 저질렀다고 고발하려는 것이 아니다. 내가 오스트레일리아 원주민의 몰살을 말하려는 이유는 오히려 그것이 특별한 사건이 아니라는 데 있다. 또 잘 알려지지 않은 현상치고는 꽤 자주 일어나서 그 기록이 잘 정리되어 있기 때문이기도 하다.

세계적인 제노사이드genocide(특정 민족·집단의 절멸을 목적으로 하여 그 구성원을 살해하거나 생활 조건을 박탈하는 대량 집단살해 행위-옮긴이)의 예로 제일 먼저 떠올리는 것은 나치 강제수용소에서의 살육 행위이겠지만 그 사건도 20세기 최대 규모라고는 할 수 없다.

태즈메이니아인 등 소규모로 이루어진 현대 멸종 정책의 표적이 된 민족만 해도 수백이 넘는다. 전 세계에 흩어져 있는 많은 민족이 가까운 미래에 잠재적인 표적이 될 수 있다.

제노사이드는 워낙 끔찍한 사건이어서 우리는 제노사이드에 대한 생각을 꺼려하거나 그 같은 범죄는 나치나 저지르지 선량한 사람들과는 상관없다고 믿고 싶어 한다.

제노사이드에 대하여 생각하기를 거부해온 탓에, 우리는 제2차 세계대전 이후에 자행된 다양한 형태의 집단 학살을 제지하지 못했다. 따라서 다음에는 어디에서 그런 일이 일어날지에 대해서도 전혀 무방비한 상태이다.

핵무기와 결합된 집단 학살 성향은 환경 자원의 파괴와 함께 인류가 지금까지 이뤄온 진보를 일시에 전복시킬 수 있는 2대 요인이다. 제노사이드에 관한 관심이 일부 심리학자와 생리학자 그리고 일반인 사이에서도 고조되고는 있지만, 아직까지도 다음과 같은 기본적인 의문에 대해서조차 의견의 일치를 보지 못했다.

동물도 동종의 구성원을 상습적으로 죽이는 경우가 있는가? 동물에게는 그런 선례가 없는데 인간이 발명한 것인가? 인류 역사에서 제노사이드는 보기 드문 일탈 행위인가, 아니면 예술, 언어와 함께 인간성의 일부라고 생각해도 좋은 보편적인 행위인가? 단추만 누르면 현대적인 무기로 집단 학살을 저지를 수 있게 되면서 인간 살육에 대한 본능적인 억제력까지 줄어들고, 그에 따라 집단 살육의 빈도도 증가하는 추세인가? 그렇게 많은 선례가 있는데도 우리가 그다지 관심을 갖지 않는 이유는 무엇인가? 제노사이드를 자행하는 사람은 이상한 인간인가, 그렇지 않으면 단지 특이한 상황에 처한 정상적인 인간인가?

제노사이드는 편협한 견해로는 이해할 수 없다. 생물학과 논리학, 심리학을 동원해야 한다. 그러므로 우선 우리의 조상 격인 동물로부터 20세기에 이르는 생물학적 역사를 더듬어보는 것으로부터 집단 살육에 대한 연구를 시작해야 한다. 이어서 살해자가 집단 학살을 어떻게 윤리적으로 정당화시키는가를 묻고, 제노사이드가 가해자와 살아남은 피해자 그리고 방관자에게 미친 심리적 효과를 살펴보자.

그러나 그런 의문에 대한 해답을 찾기 전에, 대규모 제노사이드가 벌어진 태즈메이니아인의 말살부터 먼저 살펴보는 것이 유익하리라고 생각한다.

태즈메이니아 말살사

태즈메이니아는 오스트레일리아 남해안에서 240킬로미터 떨어져 있다. 면적은 아일랜드 크기에 산으로 이루어진 섬이다. 1642년 유럽 사람들이 태즈메이니아를 발견했을 때 섬에는 오스트레일리아 본토의 원주민과 가까운 수렵·채집인이 약 5,000명 살고 있었다. 그들은 가장 단순한 수준의 기술만을 갖췄다. 오스트레일리아 원주민과 달리 그들은 부메랑, 개, 그물, 재봉 지식이 없었고 불을 피우는 방법도 몰랐다. 태즈메이니아인이 제작했던 것은 종류도 적고 모양도 단순한 석기와 나무로 만든 도구뿐이었다.

운반 수단이라고는 아주 짧은 거리만 항해할 수 있는 뗏목이 전부였으므로, 1만 년 전에 해수면이 상승하면서 태즈메이니아와 오스트레일리아가 분리된 뒤로는 외부인과 접촉하지 못하고 살아왔다. 그들은 수백 세대에 걸쳐 그들만의 세계에 꼭꼭 틀어박혀 있어서 현대 인류 역사상 가장 오랫동안 고립된 상태로 생존해왔다. 그 이상의 고립 생활이 존재한다면 그것은 SF 세계에서나 묘사되어야 할 것이다. 오스트레일리아 백인이 이주하면서 마침내 태즈메이니아인들이 고립 상태에서 벗어났지만, 두 민족은 서로를 이해할 준비가 전혀 되어 있지 않았다.

영국인 물범 사냥꾼과 이주자들이 1800년경 이 섬에 도착하자마자 두 민족은 곧 전쟁으로 치달았다. 백인은 태즈메이니아인 아이를 유괴하여 노예로 만들고, 납치한 여자를 첩으로 삼았으며, 남자들의 손발을 절단하거나 죽이고, 수렵장을 황폐화시키는 등 그 땅에서 태즈메이니아인을 몰살시키려고 했다.

갈등의 초점은 곧 레벤스라움lebensraum('민족생활권'이라는 뜻의 나치의 대량 학살을 정당화하려고 내걸었던 구호-옮긴이)에 맞추어졌다. 레벤스라움은 인류 역사에서 가장 보편적인 집단 학살의 근거가 되어 왔다.

아이들이 유괴된 결과 1830년 11월 북동 태즈메이니아 원주민의 인구는 성인 남성 72명, 성인 여성 3명, 아이는 한 명도 없는 상태까지 이르렀다. 어떤 양치기는 못을 장전한 선회포로 19명의 태즈메이니아인을 사살하기도 했다. 다른 4명의 양치기는 원주민들을 끌고 와 엎드리게 한 후 30명을 죽여 그 시체를 오늘날 '승리의 언덕'으로 기념하고 있는 해안의 절벽에서 떨어뜨렸다.

태즈메이니아인이 복수를 했고, 다음에는 백인이 복수를 하는 과정이 되풀이되었다. 점점 확대되어 가는 복수전을 끝내기 위해 아서 총독은 1828년 4월, 태즈메이니아인에게 유럽인이 이주한 지역을 떠나도록 명령했다.

이 명령을 실행하기 위해서 죄수들을 모아 만든 '이동 부대'라는 정부 후원 집단이 경찰의 지휘 아래 태즈메이니아인을 눈에 띄는 대로 붙잡아 살해했다.

1828년 11월, 계엄령 선포와 함께 병사에게도 모든 태즈메이니아인을 살해할 권한이 주어졌다. 뒤이어 원주민을 생포할 경우 성인 한 명당 5파운드, 어린아이 한 명당 2파운드의 현상금이 걸렸다. '흑인 사냥'—태즈메이니아인의 짙은 피부색 때문에 그렇게 불렸다—은 민간인에게도, 공무를 수행하는 '이동 부대'에게도 큰 돈벌이가 됐다.

그 무렵 원주민에 대한 포괄적인 정책을 권고하기 위해 오스트레일리아의 영국 성공회 대주교인 윌리엄 브로턴을 대표로 하는 위원회가 만들어졌다. 위원회는 그들을 잡아 노예로 팔자는 안과 독을 먹이거나 가두자는 안, 그리고 개를 이용해 추적해 잡자는 제안들을 심의한 끝에 계속해서 현상금을 걸고 기마경찰대를 이용해서 그들을 말살하기로 결정했다.

1830년 유명한 선교사 조지 아우구스투스 로빈슨은 남아 있는 태즈메이니아인을 끌어모아 48킬로미터 떨어진 플린더스 섬으로 데려가는 역할을 맡았다. 로빈슨은 자기가 태즈메이니아인에게 좋은 일을 해주고 있다고 확신했다. 그 일의 대가로 그는 300파운드를 선불로 받았고, 일이 마무리되자 700파운드를 더 받았다.

용기 있는 원주민 여성 트루가니니의 도움을 받아 위험을 극복하고, 나머지 원주민을 데려가는 데 성공했다. 처음에는 투항하지 않으면 더욱더 나쁜 운명이 기다리고 있다고 설득했지만 나중에는 총구를 들이대는 수밖에 없었다.

로빈슨의 포로는 대부분 플린더스 섬으로 가는 도중에 사망했으므로, 섬에 도착했을 때 남은 사람은 200명뿐이었다. 그들이 한때 5,000명이나 됐던 태즈메이니아인 집단의 최후 생존자였다.

로빈슨은 플린더스 섬에서 생존자를 문명화하고 기독교도로 개종시키려고 결심했다. 그는 바람이 거세고 푸른 나무 하나 없는 정착지를 감옥처럼 운영했다. 문명화 작업을 수월하게 하기 위해서 아이들을 부모에게서 떼어놓기까지 했다.

엄격하게 관리된 일과에는 성경 낭독, 찬송가 합창, 그리고 침대와 식기가 청결하게 정리되어 있는지에 대한 점검이 포함되어 있었다. 그러나 감옥식食은 영양실조를 일으켰고, 그것이 질병을 악화시켜 원주민을 죽음으로 몰아넣었다. 어린아이들은 몇 주일도 채 버티지 못하고 모두 죽어갔다. 정부는 원주민이 모두 죽어 없어지기를 바라면서 예산을 삭감했다.

1869년까지 살아남은 주민은 트루가니니와 또 다른 여성 한 명, 그리고 한 명의 남성뿐이었다. 태즈메이니아인 세 명은 과학자들의 관심을 끌었다. 과학자들은 그들을 인류와 유인원의 중간으로 믿었던 것이다. 1869년 최후의 남성 윌리엄 래너가 사망하자 왕립 대즈메이니아협회의 조지 스토켈 박사와 왕립 외과대학의 W. L. 크라우더 박사가 이끄는 의사 팀이 앞다투어 래너의 시체를 파헤치고는 시체를 여기저기 도려내어 훔쳐갔다.

크라우더 박사는 머리를, 스토켈 박사는 손과 발을, 또 한 사람은 기념으로 귀와 코를 잘라갔다. 스토켈 박사는 래너의 피부로 담배쌈지를 만들기도 했다.

1876년에 사망한 최후의 여성 트루가니니는 래너처럼 사후에 절단될 것이 두려워 죽기 전에, 자기의 시신은 화장해서 바다에 뿌려 달라

사진 1

최후의 태즈메이니아인 남성인 윌리엄 래너

(울리 사진 — 태즈메이니아 미술박물관 소장)

고 탄원했지만 아무 소용이 없었다.

　그녀가 염려한 대로 왕립 협회는 그녀의 뼈를 파내 태즈메이니아 박물관에 진열했고, 그것은 1947년까지 전시되었다. 그해에 박물관은 여론의 거센 비난을 견디지 못하여 과학자만 볼 수 있는 별실에 트루가니니의 뼈를 이전했지만, 그런 조치 역시 저급한 취향이라고 비난받았다.

　드디어 1976년, 트루가니니의 뼈는 그녀가 죽은 지 100년이 지나서야 박물관의 반대를 무릅쓰고 그녀가 바라던 대로 화장되어 바다에 뿌려졌다.

　태즈메이니아인은 소수였으나 그들이 오스트레일리아 역사에 미친 영향은 매우 컸다. 태즈메이니아는 원주민 문제를 해결해야 했던 오스트레일리아 최초의 식민지로서, 거의 완벽하게 해결되었기 때문이다. 원주민을 모두 제거하는 데 확실하게 성공함으로써 가능했던 일이다 (그러나 사실 백인 물범 사냥꾼 어부들과 태즈메이니아 여성들 사이에 생긴 아이들 중 몇 명은 생존했는데, 오늘날 태즈메이니아 지방정부는 그들의 자손을 어떻게 다루어야

사진 2

최후의 태즈메이니아인 여성인 트루가니니
(울리 사진 ─ 태즈메이니아 미술박물관 소장)

할지 몰라 곤란을 겪고 있다).

오스트레일리아 본토의 백인들은 태즈메이니아의 철저한 해결을 부러워하며 그 흉내를 내고 싶어 했지만 동시에 교훈도 얻었다. 태즈메이니아인의 몰살은 도시의 언론이 지켜보고 있는 도시 안에서도 일어나, 약간이나마 반대 여론을 일으키기도 했다. 따라서 더 많은 본토 원주민들은 도심에서 멀리 떨어진 변경이나 그 너미에서 멸종을 당해갔다.

본토에서 그 정책을 맡은 정부 기관은 태즈메이니아 정부의 '이동 부대'를 본뜬 '원주민 경찰'이라는 기마경찰대였다. 그들은 소탕 작전을 써서 원주민을 죽이거나 몰아냈다. 전형적인 전술은 밤중에 캠프를 포위하고 새벽에 공격하여 주민을 사살하는 작전이었다.

또한 백인 이민자들은 오스트레일리아 원주민들을 죽이려고 독이 든 음식물을 광범위하게 사용했다. 뿐만 아니라 사로잡힌 오스트레일리아 원주민들의 목을 쇠사슬로 연결한 채 끌고 가서 감옥에 가두는 것도 아주 흔한 일로 벌어졌다.

영국인 작가 앤서니 트롤럽Anthony Trollope의 표현은 19세기에 대다수의 영국인이 품고 있던 오스트레일리아 원주민에 대한 태도를 잘 나타냈다. "오스트레일리아 흑인은 사라져야 한다. 불필요한 손해를 보지 않고 원주민의 씨를 말리는 것, 그것이 이 문제에 관심이 있는 모든 사람의 목표다."

20세기에 들어선 뒤에도 오스트레일리아에서는 그러한 책략이 한동안 계속됐다. 1928년 경찰이 앨리스스프링스에서 오스트레일리아 원주민 31명을 학살한 사건이 발생했다. 오스트레일리아 의회는 이 대학살을 인정하지 않았고, 경찰이 아니라 오스트레일리아 원주민 생존자 두 명이 살인 혐의로 재판을 받았다. 그들은 쇠사슬에 계속 목이 묶여 있었을 뿐만 아니라 1958년에 이르러서는 인도적인 행위로 옹호받기까지 했다. 서오스트레일리아 주 경찰국장이 《멜버른 헤럴드》지에 오스트레일리아 원주민 포로들이 쇠사슬로 묶이기를 원한다고 해명했기 때문이다.

본토 원주민은 태즈메이니아인과 같은 방법으로 절멸시키기에는 너무나 많았다. 그러나 영국인 이주민이 1788년에 도착한 이후, 1921년의 인구조사 때까지 오스트레일리아 원주민의 인구는 약 30만 명에서 6만 명으로 급격하게 줄어들었다.

집단살해의 역사에 대하여 오늘날 백인 오스트레일리아인의 태도는 실로 다양하다. 백인 정부와 국민 대부분의 견해는 오스트레일리아 원주민에 대해 점점 동정적인 방향으로 기울어졌으나 일부는 제노사이드의 책임을 부정하는 사람도 있다. 오스트레일리아의 주요 시사 해설지 《더 불러틴》은 1982년, 백인 주민이 태즈메이니아인을 절멸시켰다는 것을 강력하게 부인하는 패트리샤 코번이라는 여성의 투서를 게재했다. 이 글에 코번 부인은 다음과 같이 적고 있다.

"이주자들은 평화 애호가요, 매우 도덕적인 사람들이었다. 그러나 태즈메이니아인은 쉽게 배반하고, 살인을 즐기며, 싸움을 좋아하고, 불결했을 뿐만 아니라, 탐욕적이고 해충이 들끓고 매독에 걸려 있었다. 또한 자녀를 돌보지 않고, 목욕도 하지 않으며, 혐오스러운 결혼 풍습을 갖고 있었다. 그들이 죽은 것은 모두 이런 저질 위생 습관과 죽음을 원하는 전통 그리고 신앙심이 부족했기 때문이다. 수천 년을 생존해 있다가 이주자와의 갈등 과정에서 절멸된 것은 그저 우연의 일치였다. 학살은 오히려 태즈메이니아인이 이주자에게 자행한 것이지 그 반대의 경우는 없었다. 이주자들은 자기방어를 위해 무장했을 뿐이며, 총포 사용법에도 익숙하지 않았다. 따라서 한 번에 41명 이상의 태즈메이니아인을 살해한 일 따위는 결코 없었다."

제노사이드란 무엇인가?

태즈메이니아인과 오스트레일리아 원주민의 집단살해를 올바르게 평가하기 위해서, 서로 다른 세 가지 시기에 일어난 대규모 집단살해를 그림으로 나타낸 3장의 세계지도를 살펴보자(《그림 11, 12, 13》).

이 지도를 보면 제노사이드를 어떻게 정의하느냐는 문제가 발생하는데, 간단하게 대답할 수 없는 문제이다.

제노사이드Genocide의 어원은, 인종을 뜻하는 그리스어인 'genos'와 살인—Suicide(자살), Infanticide(유아 살해)와 같이—을 뜻하는 라틴어 'cide'가 합쳐져 '집단 학살'이라는 의미를 갖는다. 각각의 희생자가 살인을 유발하는 행동을 했든 안 했든 어떤 집단에 속해 있다는 이유만으로 무조건 희생자가 되고 마는 것이다.

집단의 성격을 정의하는 테두리로는 인종(백인 오스트레일리아인에 의한 흑인 태즈메이니아인 학살), 국가(1940년 카틴에서 러시아인들이 같은 슬라브인인 폴란드 장교들을 살해), 민족(1960년대와 1970년대에 르완다와 부룬디에서 일어난 흑인 아프리카 민족 후투족과 투치족 학살), 종교(최근 몇 십 년간 레바논에서 계속되어온 이슬람교도와 기독교도 사이의 살육), 정치(1975~1979년의 캄보디아의 혁명 세력이 동족인 캄보디아인들을 살육) 등 여러 경우가 있다.

따라서 제노사이드의 본질은 집단 학살인데, 정의의 폭을 어디까지 좁힐 것인가에 대해서는 이론의 여지가 있다. 원래의 의미를 잃을 정도로 폭넓게 사용되는 경우가 많아서 그 낱말을 풀이하는 데도 지칠 때가 있다. 심지어 제노사이드를 대규모인 경우로 한정해도 여전히 모호하다. 다음의 예는 그 모호함을 나타낸다.

단순한 살인이 아닌 제노사이드로 보려면 몇 명의 사망자가 필요한가? 이것은 완전히 자의적인 문제이다. 오스트레일리아인은 태즈메이니아인 5,000명을 전부 살해했으며, 아메리카 이주민은 1763년 최후의 서스쿼해나 원주민 20명을 살해했다. 완전히 절멸시켰어도 희생자의 수가 적으면 제노사이드가 아니라고 할 수 있을까? 정부가 저지르는 살인은 반드시 제노사이드로 간주해야 할까? 아니면 민간 차원의 살인도 제노사이드에 포함해야 할까? 사회학자인 어빙 호로비츠는 제노사이드를 개인적인 행위인 '암살'과 구별하여 '국가 관료적 기관의 힘으로 무고한 사람들을 구조적, 체계적으로 박멸하는 것'이라고 정의하고 있다.

그러나 '순수한' 정부 기관이 저지르는 살해(스탈린에 의한 정적의 숙청)와 '순수한' 개인적 살해(브라질의 토지 개발업자가 전문적인 원주민 살인 청부업자를 고용한 예)는 서로 깊은 관련이 있다. 아메리카 원주민을 살해한 것은 시민과 미국 군대 양쪽이며, 북부 나이지리아의 이보족도 군중과 병사들의 손에 살해됐다. 1835년 뉴질랜드 마오리의 테아티아와족Te Ari Awa은 배를 납치해 물건을 싣고, 채텀제도를 침공하여 300명의 섬 주민(모리오리족이라는 다른 폴리네시아인 집단)을 살해한 뒤 남은 주민은 노예로 만들어 섬을 점령하자는 대담한 계획을 세우고 그것을 성공시켰다.

호로비츠의 정의에 따르면 부족에는 국가 관료적인 기관이 결여되어 있으므로, 이처럼 잘 계획된 다른 많은 부족의 멸종도 제노사이드는 아닌 셈이다.

특별한 살해 계획 없이 잔혹한 행위로 많은 사람이 죽었다면 그것도 제노사이드라고 할 수 있을까? 충분히 계획된 제노사이드로는 오스트레일리아인의 태즈메이니아인 살해, 제1차 세계대전 당시 터키인의 아르메니아인 살해, 또 가장 유명한 예로는 제2차 세계대전 중에 나치가 저지른 행위를 들 수 있다.

다른 극단적인 예로는 1830년대 미국 동남부의 촉토족, 체로키족, 크리크족 원주민이 미시시피 강 서쪽으로 강제 이주된 일을 들 수 있다. 이주 도중에 발생한 많은 원주민의 사망은 앤드류 잭슨 대통령이 특별히 의도한 것은 아니었지만, 그들의 생존을 위해 최소한의 조치도 취하지 않았던 것도 사실이다. 식량과 의복이 거의 없는 상태에서 겨울철에 강제 행군을 시켰으니 집단살해는 단순하고 필연적인 결과이다.

제노사이드의 의도성을 따지는 노골적인 진술이 있는데 그것은 구아야키 원주민을 노예로 삼아 식사나 약도 주지 않고, 고문하고 학살하여 멸종시켜서 비난을 받고 있는 파라과이 정부의 변명이다. 파라과이 국방 장관은 구아야키족 절멸은 의도적인 것은 아니었다며 짤막하게 응답했다.

"희생자와 가해자가 있는 것은 사실이나, 제노사이드의 범죄성을 입증하는 데 필요한 제3의 요소, 즉 '의도'는 없었다. 따라서 ' 제노사이드'라고 할 수 없다."

아마존 원주민을 집단으로 살해하여 고발을 당한 브라질은 UN에서 브라질의 상임위원회가 이렇게 반박했다.

"……특별한 악의도 없었고 제노사이드로 규정짓는 데 필요한 동기도 없었다. 문제는 오로지 경제적 이유에서 일어난 것으로, 가해자는 희생자의 토지소유권을 빼앗기 위해서 행동했을 뿐이다."

나치가 유대인과 집시를 살해한 것처럼 대규모 살인 중에는 도발적인 행위가 없어도 자행되는 사례가 있다. 그 경우에는 희생자가 이전에 살인을 저질러서 복수를 당하는 것이 아니라 일방적인 희생을 강요당하는 것이다. 그러나 그 밖의 다른 많은 사례에서 대량 살인은 살인과 복수 살인의 악순환이 극에 달했을 때 발생한다. 자극에 대한 응분의 대가로 대규모 복수가 되풀이된다면, '단순한' 복수와 제노사이드는 어떻게 구별할 수 있을까?

1945년 5월 알제리의 세티프라는 마을에서는 제2차 세계대전 종결 축하 행사가 인종 폭동으로 발전하여, 알제리인이 프랑스인 103명을 살해했다. 격노한 프랑스인의 반응은 44개 마을에 대한 공중 폭격, 순양함을 이용한 해안 도시 폭격, 시민 게릴라들의 조직적인 보복 학살, 그리고 군대의 무차별적인 살육 행위로 나타났다. 알제리인 사상자는 프랑스의 발표로는 1,500명, 알제리의 발표로는 5만 명이었다. 이 사건에 대한 양자의 해석에도 사망자 수만큼이나 차이가 있었다. 프랑스인에겐 반란 진압이고 알제리인에게는 대학살이었다.

1492～1900년 제노사이드의 예

그림 11

사망자 수	희생자	살해자	장소	연대
1 ××	일레우트족	러시아인	알류산 열도	1745～1770
2 ×	베오두크 인디언	프랑스인, 미크맥족	뉴펀들랜드	1497～1829
3 ××××	인디언	미국인	미합중국	1620～1890
4 ××××	카리브 해 인디언	스페인인	서인도 제도	1492～1600
5 ××××	인디언	스페인인	라틴아메리카	1498～1824
6 ××	아라우칸 인디언	아르헨티나인	아르헨티나	1870년대
7 ××	프로테스탄트	가톨릭교도	프랑스	1572
8 ××	부시먼, 호텐토트인	보어족	남아프리카	1652～1795
9 ×××	오스트레일리아 원주민	오스트레일리아인	오스트레일리아	1788～1928
10 ×	태즈메이니아인	오스트레일리아인	태즈메이니아	1800～1876
11 ×	모리오리인	마오리인	채텀제도	1835

×= 1만 명 이하, ××= 1만 명 이상, ×××= 10만 명 이상, ××××= 100만 명 이상

1900~1950년 제노사이드의 예

그림 12

	사망자 수	희생자	살해자	장소	연대
1	×××××	유대인, 집시, 폴란드인, 러시아인	나치	유럽 점령지	1939~1945
2	×××	세르비아인	크로아티아인	유고슬라비아	1941~1945
3	××	폴란드 장교	러시아 인	카틴	1940
4	××	유대인	우크라이나인	우크라이나	1917~1920
5	×××××	반체제자	러시아인	러시아	1929~1939
6	×××	소수민족	러시아인	러시아	1943~1946
7	××××	아르메니아인	터키인	아르메니아	1915
8	××	헤레로족	독일인	남서 아프리카	1904
9	×××	힌두교도 이슬람교도	이슬람교도 힌두교도	인도, 파키스탄	1947

×= 1만 명 이하, ××= 1만 명 이상, ×××= 10만 명 이상, ××××= 100만 명 이상,
×××××= 1,000만 명 이상

1950~1990년 제노사이드의 예

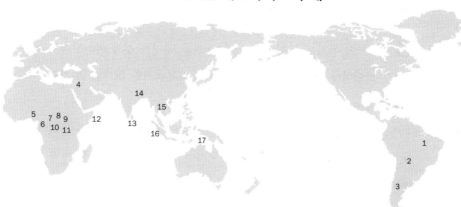

그림 13

	사망자 수	희생자	살해자	장소	연대
1	××	인디언	브라질인	브라질	1957~1968
2	×	아체 인디언	파라과이인	파라과이	1970년대
3	××	아르헨티나 시민	아르헨티나 군대	아르헨티나	1976~1983
4	××	이슬람교도, 기독교도	기독교도, 이슬람교도	레바논	1975~1990
5	×	이보족	북나이지리아 인	나이지리아	1996
6	××	반체제자	독재자	적도 기니	1977~1979
7	×	반체제자	보카사 황제	중앙아프리카공화국	1978~1979
8	×××	남수단인	북수단인	수단	1955~1972
9	×××	우간다인	이디 아민	우간다	1971~1979
10	××	투치족	후투족	르완다	1962~1963
11	×××	후투족	투치족	부룬디	1972~1973
12	×	아랍인	흑인	잔지바르	1964
13	×	타밀인, 신할라족	신할라족, 타밀 인	스리랑카	1985
14	××××	벵골인	파키스탄 군대	방글라데시	1971
15	××××	캄보디아인	캄보디아의 혁명 세력	캄보디아	1975~1979
16	×××	공산주의자, 중국인	인도네시아인	인도네시아	1965~1967
17	××	티모르인	인도네시아인	동부 티모르	1975~1976

×= 1만 명 이하, ××= 1만 명 이상, ×××= 10만 명 이상, ××××= 100만 명 이상

살해 동기

제노사이드의 동기를 분류하는 것은 정의를 내리는 것과 마찬가지로 어려운 작업이다. 여러 가지 동기가 동시에 작용하지만 대체로 네 가지 형태로 나눌 수 있다.

가장 흔한 동기는 군사적으로 강한 민족이 약한 민족의 저항을 물리치고 땅을 차지하려 할 때 생긴다. 제노사이드는 군사적으로 좀 더 우세한 사람들이 그보다 약한 사람들의 토지를 점령하려다가 그들의 저항을 받았을 때 발생하는 것 같다. 백인 오스트레일리아인이 태즈메이니아인과 오스트레일리아 원주민을 살육했던 사례 이외에도, 백인 미국인이 아메리카 원주민을, 아르헨티나인이 아라우칸 원주민을, 그리고 남아프리카 보어인 이주민이 부시먼과 호텐토트인을 살육한 사례이다.

또 다른 일반적인 동기는 다민족 사회 내부에서 장기적인 권력 투쟁 끝에 어떤 한 민족이 다른 민족을 살해함으로써 최종적인 해결을 꾀하려고 하는 경우이다. 두 민족 사이에 일어난 투쟁의 사례로는 1962~1963년에 르완다에서 후투족이 투치족을 살육한 일, 1972~1973년에 부룬디에서 투치족이 후투족을 살육한 일, 제2차 세계대전 중 유고슬라비아 크로아티아인이 세르비아인을, 세계대전이 끝날 무렵에 세르비아인이 크로아티아인을 살육한 일, 1964년 잔지바르에서 흑인이 아랍인을 살육한 일 등이 있다.

살해하는 측과 살해당하는 측이 정치적 견해만 다르고 같은 민족인 경우도 있다. 정치적인 반대자들에 대한 구소련 정부의 숙청이 그 예이다. 소련 정부의 숙청은 1929~1939년 사이에 희생자가 약 2,000만 명이었고, 1917~1959년 사이에는 6,600만 명에 이르는 사상 최대 규모의 제노사이드로 알려졌다.

최근에 일어난 정치적 살해로는 1970년대 캄보디아 혁명 세력이 수백만 명의 캄보디아인 동포에게 자행한 숙청이 있고, 1965~1967년에 인도네시아에서 벌어진 수십만 명의 공산주의자 살해가 있다.

방금 언급한 두 가지 동기에는 땅과 권력이 결부되어 있다. 세 번째 동기는 희생양 만들기다. 주류의 심기를 건드리거나 두려움을 준다는 이유로 힘이 없는 소수파를 죽이는 것이다.

유대인은 14세기에 가래톳흑사병의 희생양이 되어 기독교인에게 학살당했다. 그 이후에도 20세기 초에는 러시아 정치 문제의 희생양으로, 제1차 세계대전 후에는 볼셰비키 위협의 희생양으로, 제2차 세계대전 중에는 나치가 제1차 세계대전의 패배에 대한 희생양으로 유대인을 살해했다.

1890년 운디드니에서 수백 명의 수족 원주민을 살해한 미국 제7기병대의 병사들은, 14년 전 리틀빅혼 싸움에서 커스터 장군의 제7기병대를 전멸시킨 수족에게 뒤늦게나마 복수한 것이라고 말했다. 1943~1944년에 나치의 침략으로 큰 어려움을 겪은 러시아에서는 스탈린이 그 분풀이로 발카르족, 체첸족, 크림 타타르족, 잉구슈족, 칼미크족, 카라차이족을 대량 살해하거나 국외로 추방했다.

네 번째 동기로는 인종적, 종교적 박해가 있다. 나치의 심리를 이해한다고 말할 수는 없지만, 굳이 풀이하자면 나치의 집시 말살은 '순전히' 인종적 동기에서, 유대인 말살 행위는 인종적, 종교적 동기가 합쳐져 일어났을 것이다.

종교적 학살은 역사가 길다. 1099년 제1차 기독교 십자군이 예루살

렘을 함락시켰을 때 이슬람교인과 유대인을 학살했고 1572년 프랑스 가톨릭은 성바르톨로메오 축일에 프랑스 프로테스탄트를 학살했다. 인종적, 종교적 동기가 토지와 권력을 둘러싼 투쟁과 분풀이 때문에 일어난 제노사이드를 합리화하는 데 크게 기여했음은 말할 것도 없다.

동물 세계의 살육

제노사이드의 정의와 동기에 대한 의견은 일치하지 않고 있지만 그 사례는 엄청 많다. 이번에는 인류 역사와 선사시대의 제노사이드 기록은 어디까지 거슬러 올라가는지 살펴보자.

인간이 같은 종의 구성원을 살해하는 유일한 동물일까? 저명한 생물학자 콘라트 로렌츠는 그의 책 《공격On Aggression》에서 동물은 같은 종의 살육을 억제하는 본능적 성향이 있어서 공격적 충동을 제어한다고 주장했다. 그러나 인간의 역사에서는 무기가 발명되면서 그 균형이 무너져버렸고 유전적으로 물려받은 억제 능력은 이미 새롭게 얻은 살육 능력을 억제할 만큼 강하지 않다는 것이다. 그렇듯 인간은 유일하게 같은 종인 인간을 살해하는 습성을 지녔고, 진화의 역사에 비추어 인간을 부적격자로 보는 견해는 아서 케스틀러를 비롯한 많은 작가에게 받아들여져 왔다.

하지만 최근 연구에 따르면 많은 동물 종이 동족을 살해한다는 기록이 꽤 알려지고 있다. 인접 지역의 세력권과 식량 그리고 암컷을 얻을 수 있다면 주위의 개체와 무리를 학살하는 것은 동물에게 이익이 될지도 모른다. 그러나 공격을 하려면 다소의 위험을 감수해야 한다. 같은 무리를 죽이는 수단을 갖고 있는 동물은 많지 않으며, 가졌다 하더라도 그것을 행사하는 데는 억제 본능이 작용한다. 이렇게 설명하면 동종 살육을 대가代價와 이익으로 분석하는 것은 전혀 빗나간 방법이라고 생각할지도 모른다. 그럼에도 이러한 분석은 동종 살육이 몇몇 종에만 특징적으로 나타나는 이유를 이해하는 데 도움이 된다.

사회성이 없는 동물 세계에서는 동종 개체 간의 살육이라고 해도 한 개체가 다른 한 개체를 죽이는 것에 불과하다. 그러나 사자와 늑대, 하이에나, 개미와 같은 사회성을 지닌 육식동물은 한 무리의 성원이 협력하여 이웃 무리의 성원을 공격하는 형태를 띤다. 이른바 집단 학살 또는 '전쟁'이다.

전쟁의 형태는 종에 따라서 다르다. 수컷이 이웃의 수컷을 추방(랑구르 원숭이)하거나 살해(사자)하고 새끼는 죽여도 암컷은 아무런 해도 주지 않고 배우자로 삼는 일도 있다. 또는 암컷과 수컷을 모두 죽이기도 한다(늑대). 다음은 한스 크루크가 탄자니아의 응고롱고로 분화구에서 일어난 두 하이에나 집단의 싸움을 그린 것이다.

"십여 마리의 줄무늬하이에너 들은 점박이하이에나 수컷 한 마리를 붙잡아 특히 배, 다리, 귀를 중심으로 몸 구석구석을 물어뜯었다. 공격자들은 희생자를 완전히 둘러싼 채 약 10분 동안 계속해서 덤볐다. 점박이하이에나 수컷은 말 그대로 갈기갈기 찢겼다. 나중에 보니 양쪽 귀와 다리, 고환이 물어 뜯겨 있었고, 척추에 입은 상처로 움직일 수 없게 되었으며, 뒷다리와 복부에 큰 상처를 입었고, 온몸에 피하 출혈이 일어나 있었다."

인간 제노사이드의 기원을 이해하는 데 특히 흥미로운 것은 인간과 가장 가까운 유인원인 고릴라와 침팬지의 행동이다.

1970년대까지는 어떤 생물학자라도 유인원이 동족을 살해한 일이 있어도, 도구를 다룰 줄 알고 협력해서 공동의 계획을 세우는 능력을 가진 인간이 유인원보다 훨씬 살인 성향이 강하다고 생각했을 것이다. 그러나 유인원에 관한 최근의 연구에 따르면, 고릴라나 침팬지도 인간과 마찬가지로 종족에게 살해될 가능성이 높다는 사실이 밝혀졌다.

고릴라는 수컷들이 암컷의 하렘(아랍어로 배우자의 거처, 여기서는 많은 암컷을 지배하는 장소-옮긴이) 소유를 둘러싸고 투쟁하는데, 승자는 패자와 패자의 새끼들까지 죽이기도 한다. 이러한 투쟁은 고릴라 새끼와 암컷의 주요한 사인死因이 된다. 고릴라 암컷이 평생 동안 수컷에게 적어도 한 마리의 새끼를 잃는 일은 보통이다. 바꿔 말하면 새끼 고릴라 사인의 38퍼센트는 수컷에 의한 유아 살해이다.

제인 구달의 연구에서 특히 유익한 사례를 찾을 수 있다. 1974년부터 1977년에 걸쳐 한 침팬지 집단이 다른 집단을 말살한 일련의 사건이다.

1973년 말, 두 집단은 백중지세였다. 15제곱킬로미터 지역을 점유한 북부 카사켈라 집단에는 성숙한 수컷이 여덟 마리 있었고, 10제곱킬로미터를 점유한 남부 카하마 집단에는 성숙한 수컷이 여섯 마리 있었다.

치명적인 최초의 사건은 1974년 1월에 일어났다. 카사켈라 집단의 어른 수컷 여섯 마리와 젊은 수컷 한 마리, 그리고 뒤에 새끼를 남긴 암컷 한 마리가 남쪽으로 이동했다. 앞쪽에서 침팬지의 울음소리가 들리자 그들은 소리 내지 않고 더욱더 속도를 내서 남쪽으로 이동했고, 드디어 '고디'라는 카하마 수컷 한 마리를 덮쳤다. 카사켈라 수컷 한 마리가 도망가는 고디를 지상으로 끌어내려 머리 위에 올라타고 다리를 움직이지 못하도록 짓누르는 사이, 다른 무리는 약 10분에 걸쳐 고디를 세게 때리고 물어뜯었다. 공격자들은 마지막으로 고디에게 큰 돌을 던지고 떠났다.

고디는 중상을 입었고 피를 많이 흘렸으며 구멍이 뚫린 깊은 상처도 발견됐다. 그의 모습은 두 번 다시 볼 수 없었는데 그 상처 때문에 사망한 것으로 짐작된다.

다음 달에는 카사켈라 수컷 세 마리와 암컷 한 마리가 다시 남쪽으로 이동했고, 이전에 받았던 공격이나 병으로 이미 쇠약해진 카하마 수컷 '디'를 습격했다. 공격자들은 디를 나무에서 끌어내어 짓밟고 물고 때리고 피부를 갈기갈기 찢었다.

디와 함께 있던 발정한 암컷은 공격자들에 의해 강제로 북쪽으로 끌려갔다. 2개월 후 디는 아직 생존한 상태로 발견되었으나 마르고 쇠약해졌으며, 척추와 골반은 툭 튀어나오고 손톱과 발가락 일부는 잘려나갔으며, 음낭은 보통의 5분의 1 정도로 줄어들었다. 그 이후 그의 모습은 더 이상 보이지 않았다.

1975년 2월, 카사켈라 집단의 어른 수컷 다섯 마리와 젊은 수컷 한 마리는 카하마의 늙은 수컷 '골리앗'을 쫓아가 공격했다. 그들은 18분 동안 골리앗을 때리고, 물고, 차고, 밟고, 들어 올렸다가 떨어뜨리고, 땅바닥으로 끌고 돌아다니며 디리를 꺾었다. 이 공격을 받은 후 골리앗은 바르게 앉지 못했고 그 후 다시는 나타나지 않았다.

그때까지만 해도 공격은 카하마 집단의 수컷을 표적으로 했으나 1975년 9월에는, 적어도 네 번의 가벼운 공격을 받은 적이 있는 카하마 암컷 '마담 비'가 치명적인 중상을 입었다. 카사켈라 집단의 수컷 네 마리가 공격하고, 젊은 수컷 한 마리와 암컷 네 마리(그중 한 마리는 마담 비의 유괴된 딸)가 그 장면을 지켜보고 있었다.

공격자는 마담 비를 때리고, 질질 끌고 다니고 수차례 세게 짓밟고, 땅바닥에 내동댕이치고, 들어 올렸다 내던지고, 언덕 위에서 굴러 떨어뜨렸다. 그런 일이 있은 지 5일 후 마담 비는 죽었다.

1977년 5월, 카사켈라 수컷 다섯 마리가 카하마 수컷 '찰리'를 죽였으나 싸움의 자세한 상황은 관찰되지 않았다. 1977년 11월, 카사켈라 수컷 여섯 마리는 카하마 수컷 '스니프'를 때리고, 물고, 잡아당기고, 왼쪽 다리를 부러뜨렸다. 스니프는 다음 날까지만 해도 살아있었지만 그 후로는 보이지 않았다.

남은 카하마 집단의 침팬지 중 어른 암컷 두 마리와 어른 수컷 두 마리는 행방불명되었고, 젊은 암컷 두 마리는 예전의 카하마 세력권을 정복한 카사켈라 집단으로 옮겨갔다. 그러나 좀 더 남쪽에서, 어른 수컷이 적어도 아홉 마리나 있는 대규모 칼란디 집단이 1979년에 카사켈라 세력에 접근하기 시작했다. 그 후 카사켈라 집단의 침팬지 상당수가 부상을 입거나 행방불명되었는데, 칼란디 집단과의 충돌 때문인 것으로 보였다.

같은 집단 안에서 일어나는 폭력 행위는 침팬지에 관한 또 다른 장기적인 연구를 통해서도 관찰되고 있다. 보노보는 장기적인 관찰로도 집단 공격이 발견되지 않는다.

살해 성향이 있는 침팬지는 인간에 비해 비효율적이다. 세 마리나 여섯 마리의 공격자가 한 마리를 습격해 방어할 수 없는 상태가 되어도, 10분 내지 20분에 걸쳐 폭행을 계속해도, 피해자는 언제나 최후까지 살아남았기 때문이다. 그러나 공격자는 피해자를 꼼짝 못하게 함으로써 실질적으로는 죽인 거나 다름없었다.

공격 형태를 살펴보면, 피해자는 처음에는 쭈그리고 앉아 머리를 보호하려는 것 같지만 결국 모든 방어를 체념한다. 공격자는 피해자가 움직이지 않아도 공격을 계속한다. 이 점에서 집단끼리의 공격은 집단 내에서 발생하기 쉬운, 좀 더 온건한 싸움과는 다르다. 침팬지의 살해가 비효율적이라는 것은 무기가 없기 때문이기도 한데, 물어 죽이는 살해 방법을 습득하지 못했다는 점은 놀랍다.

인간의 기준으로 보면 살해 방법뿐만 아니라 침팬지의 집단 살육 자체가 비효율적이다. 카하마 침팬지를 최초로 살육한 후 그 집단을 소멸시키기까지 3년 10개월이 걸렸고, 한 번에 한 마리씩 살해하였다. 여러 마리의 카하마 침팬지를 한 번에 죽인 경우는 결코 없었다.

이에 비해 오스트레일리아 이주민들은 새벽, 한 차례의 공격으로 한 원주민 부족을 몰살했다. 침팬지의 이런 비효율적인 면도 부분적으로는 그들이 무기를 갖고 있지 않기 때문이다. 침팬지는 무장이라고는 전혀 하지 않기 때문에, 한 마리라 하더라도 여러 마리가 힘을 모아 습격하지 않으면 살해는 성공하지 못한다. 한편 총을 가졌다는 점에서 무기가 없는 오스트레일리아 원주민보다 훨씬 유리한 이주민은 한 번에 많은 수를 사살할 수 있었다.

한편으로는 집단 살육을 하는 침팬지의 지력智力과 전략적 계획이 인류보다 훨씬 뒤떨어져 있다는 점도 원인이 된다. 침팬지는 야습이나 팀을 나눠 함께 매복할 전략은 가지고 있지 않다.

그러나 집단 살육을 저지르는 침팬지는 의도적이고 세련되지는 않지만 계획적인 행동을 보인다. 카하마 집단을 살육할 때 카사켈라 집단은 의도적으로 재빠르고 은밀하게 그리고 조심스럽게 전진해서 카하마의 세력에 침입한 뒤, 한 시간 가까이 나무 위에 앉아 귀를 기울인 끝에 카하마 침팬지를 발견하면 마침내 공격을 감행했던 것이다. 외부 세력을 확실히 구별하고 싫어한다는 점에서도 침팬지는 인간과 비슷하다.

단적으로 말하면 예술, 언어, 마약 등 인간의 모든 본성 중에서도 동물의 조상에게서 가장 직접적으로 물려받은 것이 제노사이드의 본성이다. 침팬지는 오래전부터 계획적인 살해, 인접 집단을 몰살하는 잔인한 행위, 영토 정복을 위한 전쟁, 성적 매력이 있는 젊은 암컷의 약탈을 실행하고 있었다. 침팬지가 만일 창이라든가 그 밖의 전쟁을 위한 무기를 손에 넣었다면 인간과 같은 효율적인 살육을 했으리라는 것은 의심할 나위도 없다.

침팬지의 행동은 인간의 생존 방식이기도 한 집단생활이 왜 생겨났는가를 말해주는 주된 이유를 암시한다. 그것은 바로 다른 인간 집단의 공격으로부터 자체 집단을 방어하기 위한 조치라고 보아야 할 것이다. 특히 인간은 무기를 갖고 매복을 계획할 수 있을 만큼 뇌가 커졌기 때문에 집단 방어가 가능했을 것이다. 이 설명이 옳다면 인류학자가 전통적으로 강조한 인류 진화의 원동력으로 '인간=사냥꾼' 가설이 타당할지도 모른다. 다만 내 생각이 종래의 설과 다른 점은, 인간 자체가 포식자인 동시에 사냥의 대상이므로 할 수 없이 집단생활을 하게 됐다는 것이다.

근대 문명의 병리인가?

가장 일반적인 인간 제노사이드의 두 가지 유형은 동물에도 선례가 있다는 점을 알았다. 수컷과 암컷을 모두 죽이는 유형은 침팬지나 늑대에서 나타나고, 고릴라와 사자는 수컷은 죽이고 암컷은 내버려둔다.

그러나 1976~1983년에 걸쳐 아르헨티나 군대가 정치적으로 반대당인 데사파레시도스Desaparecidos 당원들과 그 가족 1만 명 이상을 살해한 사건은 동물 세계에서도 유례를 찾아볼 수 없다.

희생자는 대개 남성과 여성, 그리고 3~4세 이상의 아이들로 여러 차례 고문을 받고 나서 죽었다. 사건의 가해자들은 임산부를 체포할 때 동물에게서도 볼 수 없는 짓을 자행했다. 출산할 때까지 임산부를 살려두었다가 출산을 하면 머리를 총으로 쏘아 죽이고 신생아는 자녀가 없는 군인에게 양자로 주었다.

동종 개체 살육의 성향은 인간만 가지고 있는 것은 아니다. 그렇다면 근대 문명의 병리적인 산물이라고 말할 수 있을까?

'진보한' 사회가 '미개한' 사회를 파괴한 것에 대한 혐오감을 느끼는

사진 3

아르헨티나 인권보호단체가 찾아낸 '데사파레시도스' 당원. 사례 195호.
임신 5개월인 릴리아나가 납치되었다. 그녀는 1978년 2월 남자아이를 출산할 때까지 고문 센터(ESMA군 아카데미)에 수용되었다가 출산 후 머리에 총을 맞고 살해되었다. 그녀의 유해는 다른 데사파레시도스 당원들이 매장된 마르 데 플라타 묘지에서 발견되어 1985년에 신원이 밝혀졌다. 그녀의 아들은 발견되지 않았고 병사 부부에게 건네졌을 것으로 짐작된다. 릴리아나가 받았던 대우는 이전의 아르헨티나 임시 정부가 그 행위를 정당화하기 위해 행사했던 명예의 개념이 어떤 것인가를 예증한다. 릴리아나의 사진을 게재하도록 허가해준 아부엘라 데 플라자 데 마이요에게 감사한다.

일부 현대 작가들은 수렵·채집인을 '고귀한 야만인'으로 이상화한다. 그들은 평화 애호가였다든가, 단발적인 살인은 저질렀어도 학살은 하지 않았다고 생각한다.

에리히 프롬은 수렵·채집인 사회의 전쟁을 '피투성이가 되지 않는 특징이 있다'고 믿었다. 문자가 없는 몇몇 민족(피그미족과 이누이트 등)이 다른 민족보다 덜 호전적(뉴기니인, 대평원 원주민, 아마존 원주민 등)이다. 호전적인 사람들도 의식화된 양식으로 싸우다가 소수의 적을 살해하면 싸움을 멈춘다는 주장도 있다.

그러나 이러한 이상적인 주장은 소수이거나 의식적인 싸움을 하는 예로 이 책에 자주 인용한 뉴기니 고지인에 관한 내 경험과는 일치하지 않는다. 물론 뉴기니에서 벌어진 대부분의 전투는 사망자가 거의 없는 충돌이었다. 하지만 그들은 자신에게 유리하고 안전하며 생존이 걸린 문제라는 판단만 내려지면 근접 주민을 추방하거나 살해하려고 했다.

초기 문자 문명을 살펴보면 제노사이드가 빈번했다는 증거가 여러 문서의 기록에서 증명되고 있다. 그리스와 트로이, 로마와 카르타고, 아시리아와 바빌로니아는 모두 전쟁이 끝나면 남녀를 불문하고 패자를 학살했으며, 남자는 죽이고 여자는 노예화하든가 둘 중 하나를 선택했다. 여호수아의 나팔 소리와 함께 여리고 성벽이 어떻게 무너졌는지 우리는 성경을 통해 잘 알고 있다. 다음 기록은 그 뒤에 어떤 일이 일어났는지를 말해준다.

여호수아는 여리고에서처럼 아이, 막케다, 리브나, 헤브론, 드빌 등 다른 많은 도시에서도 주민을 대학살하라는 여호와의 명령에 따랐다. 그것은 너무나 일상적인 일이라 여호수아서에는 그 내용이 일일이 기록되어 있지도 않다. 마치 "물론 그는 모든 주민을 죽였다. 그밖에 무엇을 기대하는가?"라는 뜻 같다. 여리고 성에서의 살육 양상이 자세히 묘사된 것은 오로지 여호수아가 그곳에서 비범한 일을 했기 때문이다. 그곳에서 그는 전령을 도와주었다는 이유로 어떤 일가족의 목숨을 구했던 것이다.

십자군, 태평양의 여러 섬 주민, 기타 민족 집단의 전쟁 기록에도 비슷한 에피소드가 있다. 물론 전쟁에서 패배하면 남녀를 불문하고 무조건 학살당했다고 단언하는 것은 아니다. 그러나 남녀를 모두 죽이든, 남자만 죽이고 여자는 노예로 삼든, 대규모 살육은 자주 발생했다.

1950년 이후에도 약 20여 건에 달하는 제노사이드가 발생했다. 그중에는 희생자가 100만 명 이상 되는 사건이 두 건(1971년 방글라데시, 1970년대 후반 캄보디아), 10만 명 이상인 사건이 네 건(1960년대 수단과 인도네시아, 1970년대 브룬디와 우간다) 포함된다(《그림 13》 참조).

제노사이드가 수백만 년에 걸친 인류 유산의 일부였다는 사실은 분명하다. 오랜 역사에 비춰볼 때 20세기 제노사이드의 독특한 점은 어떤 것일까?

희생자의 수적인 면에서 스탈린과 히틀러는 신기록을 세웠다. 그들은 이전 세기의 학살자에 비해 목표로 잡은 희생자들의 인구밀도가 더 높았고, 희생자를 포위하기 위한 통신수단과 대량 살인 기술이 발전했다는 세 가지 이점이 있었기 때문이다.

과학기술이 제노사이드를 촉진시킨 정도를 나타내는 다른 예로는 남서태평양 로비아나 해의 솔로몬제도 주민을 예로 들 수 있다. 그들은 이웃에 있는 섬을 습격하여 주민의 목을 베는 것으로 유명하다.

그러나 로비아나에 사는 한 친구의 말에 따르면 쇠도끼가 솔로몬제도의 각 섬에 전래된 19세기 전까지는 기술적으로 뛰어나지는 않았다고 한다. 돌도끼로 머리를 치기는 힘든데다가 돌도끼의 날카로운 끝은 금방 무뎌져 다시 갈려면 많은 시간이 걸렸기 때문이다.

더욱 중대한 논의의 초점은 콘라트 로렌츠가 지적한 것처럼, 오늘날 과학기술이 발전하면서 제노사이드의 심리적 부담이 줄었는가는 더 까다로운 문제다.

인간은 유인원 단계부터 진화하면서 먹을 것을 얻기 위해 점점 많은 동물을 죽이게 되었다. 반면 사람의 수가 점점 증가하면서 우리는 서로 간의 협력에 대한 의존도가 커졌다. 이런 사회에서는 같은 무리에 속한 인간을 죽이지 못하도록 강력히 제어하지 않으면 사회 그 자체가 유지될 수 없었다.

인간의 진화 역사를 볼 때, 무기는 대체로 가까운 거리에서만 쓰였기 때문에 상대를 잘 보고 주의하면 충분히 적을 죽일 수가 있었다. 그러나 단추만 누르면 되는 근대 병기는 사람을 가려서 살상하는 억제력은 커녕 얼굴을 보지 않고도 상대를 죽일 수 있게 되었다.

이러한 과학기술은 아우슈비츠, 트레블링카, 히로시마, 드레스덴에서 살펴볼 수 있듯이 제노사이드를 행해도 심리적으로 감당하기가 훨씬 수월해졌다는 것이다.

이런 심리적 이유가 오늘날 제노사이드가 쉽게 발생하는 데 크게 영향을 끼치고 있는가에 대해서는 확신할 수가 없다. 희생자 수는 비교도 안 되지만 적어도 과거 제노사이드 발생 빈도는 오늘날과 비슷할 정도로 빈번했던 것으로 보인다. 제노사이드를 더 깊이 이해하기 위해서 우선 살인의 윤리를 살펴보기로 하자.

살인의 합리화

살인 충동이 윤리적 규범에 의해 그동안 억압된 것은 자명한 사실이다. 그것을 해방시킨 것은 무엇일까?

오늘날 사람들을 '우리'와 '그들' 두 카테고리로 분류한다. '그들'의 언어, 외모, 습관만 해도 수천 가지의 유형이 있다. 우리는 책과 텔레비전 그리고 여행을 통해서 그 사실을 알고 있다.

13장에서 이미 밝힌 바와 같이 기나긴 인류 역사 속에서 어느 한때를 지배했던 정신적 틀로 되돌아가는 것은 불가능하다. 침팬지, 고릴라, 사자와 늑대 같은 사회적 육식동물이나 초기 인류는 집단 세력의 범위 내에서 살아왔다. 오랜 옛날 인류가 알고 있는 세계는 오늘날보다 훨씬 작고 단순했으며 알고 있는 '그들'의 종류도 극소수에 불과했다.

예를 들어 뉴기니의 각 부족은 최근까지 인접 부족과 서로 전쟁과 동맹 관계를 유지해왔다. 어떤 사람이 옆 계곡으로 우호적인 방문(전혀 위험이 없는 것은 아니지만)을 했다거나 전투적인 습격을 감행했다고 가정해보자. 그것은 적의 없는 빙문일지도 모르고 전쟁을 위한 습격일지도 모른다. 그러나 몇몇 계곡을 잇달아 우호적으로 횡단할 수 있는 가능성은 거의 없는 것이나 마찬가지다. 자신이 속해 있는 무리를 '우리'로 생각하는 강력한 규칙은 정체불명의 적인 '그들'에게는 해당되지 않았다. 뉴기니 계곡 사이를 걸을 때마다 그곳 사람들은 매번 나에게 옆 계곡에서 말할 수 없이 미개하고 야만스러운 식인종을 만날지도 모른다고 경고했다. 심지어 20세기 시카고의 알 카포네 갱단도 그 고장 사람이 아닌 외지인을 암살자로 고용하는 것을 원칙으로 삼았다. 암살자로 하여금 '우리' 중의 하나가 아닌 '그들' 중의 한 명을 살해한다는 느낌을 갖게 하려는 의도였다.

고대 그리스에서도 부족 간의 텃세가 만연했다. 그들이 알고 있는 세계는 이전보다 훨씬 더 넓고 다양했으나 '우리' 그리스인은 '그들' 야만족과는 여전히 구별되어 있었다.

'야만족barbarian'이라는 말은 단순히 비非그리스인, 외국인을 의미하는 그리스어 '바르바로이barbarioi'에서 유래되었다.

이집트인과 페르시아인은 그리스와 비슷한 문명 수준을 가지고 있었지만, 그리스인의 눈에는 '바르바로이'일 뿐이었다. 모든 인간을 동등하게 다루지 않고, 친구에게는 보답하고 적은 혼내주는 것이 그들이 생각하는 이상적인 행동이었다.

아테네 작가 크세노폰이 존경하는 지도자 키루스에게 보내는 최대의 찬사에서 강조한 것도, 키루스가 친구의 선행에 대해 항상 얼마나 관대하게 보답하고, 적의 행위에 대해서는 얼마나 엄중히 복수했는가(귀를 자르고 눈을 도려내는 것)였다.

점박이하이에나와 줄무늬하이에나 같은 하이에나 집단처럼 인간도 이중의 행동 규범을 준수한다. 즉 '우리'의 일원을 죽이는 일은 엄격히 통제하지만, 위험하지 않다면 '그놈들'을 살해하는 일은 허용하는 것이다. 그와 같은 이분법을 유전된 동물적 본능으로 간주하든, 인간 특유의 윤리 규범으로 간주하든, 제노사이드는 이분법 아래에서 허용되어 왔다. 오늘을 사는 인간도 어린 시절에 이미 다른 사람을 존경할 것인가 또는 경멸할 것인가에 대한 나름대로의 이분법적 기준을 갖게 된다.

이와 관련해서 뉴기니 고지의 고로카 공항에서 본 광경이 생각난다. 나를 도와주던 투다웨족 사람들이 허름한 셔츠를 걸치고 맨발로 서 있었다. 그런데 오스트레일리아 사투리가 심한 한 백인이 수염을 깎기는 커녕 목욕 한 번 하지 않은 것 같은 모습으로 나타나 낡은 모자를 깊이 눌러쓰며 투다웨인을 비웃는 말을 꺼냈다.

"검둥이 부랑자 놈들, 100년을 지내봐라. 이 나라에 너희가 어울리나."

나는 그가 그런 말을 꺼내기 전부터 속으로 욕하고 있었다.

'더럽고 무식한 오스트레일리아 녀석, 웬만하면 집에 가서 양의 소독액이라도 뒤집어쓰고 올 일이지.'

바로 이런 반감 사이를 비집고 제노사이드가 스며들 수 있는 여지가 있다. 즉 나는 얼핏 한 번 쳐다본 인상만으로 그 오스트레일리아인을 경멸했고 그는 투다웨인을 경멸했던 것이다.

세월이 지나면서 옛날 그대로의 이분법을 윤리 규범으로 받아들이기가 점점 어려워졌다. 대신 세계 공통의 규범을 만들려는 경향이 생겨서 어떤 사람을 대하든 비슷한 규칙을 적용하는 쪽으로 바뀌었다. 제노사이드는 세계 공통의 규범과 정면으로 충돌한다. 이러한 윤리적인 모순에도 수치심을 못 느끼는 근대 '집단 살인마'들은 자신들의 행동을 자랑스럽게 여겨왔다.

아르헨티나의 율리오 아르헨티노 로카 장군이 아라우칸 원주민을 잔혹하게 몰살시키고 백인 이주자들에게 팜파스(아르헨티나의 대초원-옮긴이)를 개방하자, 아르헨티나 국민은 1880년 그를 대통령으로 선출함으로써 기쁨에 날뛰며 감사의 뜻을 표했다.

현대의 집단 살인마들은 그들의 행위와 공통 윤리 규범과의 모순을 어떻게 극복할까? 그들은 세 가지 형태의 합리화 중 하나에 호소할 것인데, 어느 것이든 '그렇게 죽음을 당한 건 놈들의 자업자득일 뿐이야'라는 단순한 심리적 주제의 변형에 불과하다.

첫째, 사람들은 세계 공통의 규범을 믿으면서도 자기방어는 정당하다고 생각한다. 이것은 편리한 자기 합리화다. '그들'을 자극하여 '우리'의 자기방어를 정당화할 수 있는 행동을 충분히 유도할 수 있기 때문이다. 예를 들어 태즈메이니아인은 종족의 상당수가 불구가 되고, 어린이들이 유괴되고, 여자들이 강간당하고 살해되자, 그 보복으로 34년 동안 180여 명의 이주자를 살해했다. 이는 백인 이주자들에게 원주민을 박멸하는 정당한 구실이 되었다.

히틀러 역시 제2차 세계대전을 일으킬 때 폴란드 군이 독일 국경 수비대를 공격한 것처럼 꾸며, 자기방어 명분으로 폴란드 침략을 정당화하려 했다.

둘째, 자신들의 종교와 인종과 정치적 신념만이 정당하고 자신들의 문명만이 진보되었다고 주장하는 것은, 잘못된 신념을 가진 사람들에게 무슨 짓이든 제노사이드를 포함해 저지를 수 있는 면죄부를 준다.

내가 뮌헨에서 공부하던 1962년, 나치의 만행을 여전히 뉘우치지 않는 사람들은 러시아가 공산주의를 선택했기 때문에 독일이 러시아를 침공할 수밖에 없었던 것이라며, 마치 진실을 알려주듯 덤덤하게 설명하곤 했다.

뉴기니의 팍파크 산지에서 나를 도와주던 15명의 원주민도 처음에는 모두 똑같아 보였으나, 결국 그들도 자기들 가운데 누가 이슬람교도고 누가 기독교도인지, 왜 상대방이 구원받기 힘든 열등 인간인지를 제각기 나에게 설명해주었다.

일반적으로 발전된 야금술과 문자를 소유한 사람들(아프리카에서는 백인 이주자)은 목축민(투치족과 호텐토트족)을 경멸하고, 목축민은 농경민(후투족)을, 농경민은 방랑민 또는 수렵·채집인(피그미족과 부시먼)을 무시한다.

마지막으로 인간의 윤리 규범은 동물과 인간을 별개의 대상으로 보고 있다. 그래서 현대의 제노사이드는 살해를 정당화하기 위해서 희생자를 늘 동물로 간주했다.

나치는 유대인을 인간이 아닌 한낱 '이'와 같은 기생충으로 다루었고, 알제리의 프랑스인 이주자들은 현재 이슬람교도를 '쥐'라고 불렀다. '문명화된' 파라과이인은 수렵·채집인인 아체족을 '미친 쥐'로, 보어인은 아프리카인을 개코원숭이로 불렀다. 또 교육 수준이 높은 북나이지리아인은 이보족을 사람이 아닌 해충으로 여겼다. 경멸감을 표현할 때는 영어에서처럼 "이 돼지야(원숭이, 암캐, 들개, 개, 수소, 쥐, 멧돼지)!"와 같은 동물의 이름을 사용하는 경우가 많다.

오스트레일리아인은 이 세 가지 형태의 윤리적 합리화를 태즈메이니아 몰살을 정당화하기 위해 사용했다. 완전하게 멸종시켰다고는 할 수 없으나 미국인이 자행한 아메리카 원주민 박멸의 역사만 봐도 그렇다. 미국인에게 스며들었던 일련의 태도는 대충 다음과 같다.

첫째, 미국인들은 원주민의 참사에 대해, 이를테면 제2차 세계대전 중에 유럽에서 벌어진 제노사이드처럼 충분히 논의하는 일이 없다. 그보다는 남북전쟁을 미국의 가장 큰 국가적 비극으로 꼽는다. 백인과 원주민의 대립에 대해서는 어느 정도 생각해봤자 미국인들은 그건 지나간 먼 이야기로 치부하고, 그나마 어쩌다 언급하게 될 때에도 '피쿼드 전쟁', '대습지 전투', '운디드니 전투', '서부 정복'과 같은 군사적인 용어로 말한다.

미국인의 눈에 원주민은 다른 원주민 부족에 대해서조차도 호전적이고 폭력적인, 기습과 배신의 명수로 비치기 일쑤다. 그들은 야만스럽기로도 유명한데, 그중에서도 포로에게 행하는 고문과 적의 머리 가죽을 벗기는 원주민의 독특한 관습은 아주 널리 알려졌다. 들소를 사냥하는 수렵민으로서의 원주민의 인구는 극소수였다.

1492년의 아메리카 원주민은 약 100만 명쯤으로 추정된다. 2억 5,000만 미국 인구에 비하면 너무 소수이므로 이 대륙을 백인이 점령하는 것은 지극히 당연하다는 견해가 자연스럽게 받아들여졌다.

많은 원주민이 천연두나 그 밖의 병으로 죽어갔다. 앞서 말한 견해를 바탕으로 미국 대통령과 지도자들은 원주민에 대한 정책 방향이 잡혔던 것이다(446페이지에서 〈미국 대통령 등의 원주민 정책〉의 인용문을 참조하기 바란다).

이러한 자기 합리화는 역사적 사실을 변형시킨 뒤에 성립된다. 군사 용어를 사용한다는 것은 선전포고와 함께 성인 남자 병사들 사이에 벌어진 전쟁임을 암시한다. 그러나 실제로 백인은 마을과 야영지를 기습하여 남녀노소를 불문하고 원주민을 죽이는 전술을 폈다(그 방법은 백인 민간인도 자주 이용했다).

백인이 이주한 첫 1세기 동안 정부는 원주민 사냥을 하는 살인자에게 머리 가죽의 수에 따라 보상금을 지불했다. 반란, 계급 간의 투쟁, 취중 폭동, 범죄자에 대한 합법적인 폭행, 전면 전쟁, 식량과 재산에 대한 파괴 행위 등이 발생한 빈도 면에서는 근대 유럽 사회도 원주민 사회만큼이나 호전적이고 폭력적이었다. 사지를 잡아당겨 찢기, 말에 매달아 끌고 다니기, 불에 태우는 화형, 고문대 등 그 잔악한 고문의 방법은 유럽에서 연마된 것이었다.

백인을 접촉하기 이전 북아메리카 대륙의 원주민 인구에 대한 의견은 다양하다. 가장 타당하다고 생각되는 최근의 추계에 따르면 약 1,800만 명이다. 이는 1840년 무렵의 미국 백인 이주자를 모두 합한 수

치보다 많은 것이다. 미국 내 원주민 중에는 농경을 하지 않고 반半 유목 생활을 하는 수렵민도 있었으나 대부분은 마을에 정착해 사는 농경민이었다.

질병은 분명히 원주민에게 있어서 최대의 사인이었다. 몇몇 질병은 백인이 의도적으로 퍼뜨린 것이다. 질병이 아닌 가장 직접적인 방법으로 살해된 원주민도 많았다. 미국의 최후 '야성野性의' 원주민('이시'라는 이름의 '야히족' 원주민, 〈사진 4〉 참조)은 1916년에 사망했는데, 그의 부족을 살해했던 백인이 쓴 솔직하고 죄책감이 없는 회상기는 1923년까지 출판되어 있었다.

미국인은 백인과 원주민의 대립을 말을 탄 성인 남자들의 전쟁, 즉 미국 기병대와 카우보이가 강력히 저항하는 사나운 들소들을 물리치는 낭만적인 이야기로 그렸다. 그러나 그것은 문명화된 가난한 농사꾼 인종이 같은 가난한 농사꾼이었던 다른 인종을 근절시킨 역사로 표현하는 편이 훨씬 정확하다

미국인은 알라모 요새(사망자 200명)와 전함 메인호(사망자 260명), 그리고 진주만(사망자 2,600명)에서의 패배에 따른 굴욕적인 분노를 잊지 못한다. 그러한 패배는 결국 멕시코 전쟁, 미국-스페인 전쟁, 제2차 세계대전을 전 국민의 지지를 모아 수행케 하는 계기가 되었다.

그러나 그때의 사망자 수도 미국인이 죽인 원주민 수에 비하면 지극히 적은 수에 불과하다. 미국인들도 결국은 국가의 엄청난 비극들을 다시 고쳐 씀으로써, 오늘날 다른 민족처럼 제노사이드를 세계 공통 윤리 규범에 일치시켜온 것을 알 수 있다. 그 해결법은 자기방어에 호소하기, 상대방의 정당성을 짓밟기, 그리고 희생자를 야만스러운 동물로 간주하는 것 등의 세 가지 유형이었다.

미국 대통령 등의 원주민 정책

조지 워싱턴 대통령

"우리의 당면 목표는 원주민 부락의 전면 파괴와 유린이다. 기본적으로 토지 작물을 파괴하고, 더 이상 경작하지 못하도록 해야 한다."

벤자민 프랭클린

"지상의 문명인들을 위해서 저 미개인들을 근절하는 것이 신의 뜻이라면, 술이 적절한 수단이 될 것이다."

토마스 제퍼슨 대통령

"그들을 구해내고 문명화하기 위해 우리가 그토록 많은 고통을 감수해왔음에도, 그 불행한 종족은 스스로를 방치하고, 잔인한 야만성을 버리지 않음으로써 자신들의 근절을 정당화시켜 왔다. 이제 그들의 운명은 우리의 손에 달려 있다."

존 퀸시 애덤스 대통령

"아무 때나 사냥감을 찾아 수천 마일의 삼림을 헤매는 사냥꾼한테 삼림에 대해 무슨 권리가 있다는 것인가?"

제임스 먼로 대통령

"사냥꾼이나 야만인은 반드시 따라야 할 진보적이고 문명화된 생활을 요구하는 화합보다는, 그 상태를 유지하기 위해 더 넓은 땅을 탐낼 뿐이다."

앤드류 잭슨 대통령

　"원주민들에게는 지성도 근면함도 도덕적 습성도 없으며, 게다가 생활수준을 더 바람직하게 변화시키는 데 필수적인 개선의 욕구조차 없다. 다른 우수한 인종에게 둘러싸인 이상, 열등의 원인을 충분히 인식하고 그것을 통제하려고 노력하지 않는 한, 그들은 환경의 힘에 굴복당해 머지않아 사라져버릴 것이다."

존 마셜 대법관

　"이 땅에 살았던 원주민 부족들은 전쟁을 직업으로 삼고, 숲에서 나오는 산물로 생계를 이어온 야만인이었다……. 정복자와 피정복자의 관계를 일반적으로 규정하는 법, 그리고 규정해야만 하는 법은 그러한 상황의 사람들에게는 적용될 수 없다. 유럽인에 의한 아메리카 내륙의 발견은 그 대륙을 매입하든 정복하든, 원주민의 점유권을 소멸시킬 수 있는 독점권을 주었다."

윌리엄 헨리 해리슨 대통령

　"창조주로부터 많은 사람들을 도와 그 지역을 문명화시킬 운명을 부여받은 경우, 과연 소수의 야비한 미개인들이 거주하는 곳을 자연 상태로 남겨두는 것이 가장 공평한 분배일까?"

시어도어 루즈벨트 대통령

"아메리카 대륙 이주자들과 개척자들은 사실, 그들 나름대로의 정당성을 가지고 있었다. 이 위대한 대륙을 저 더러운 야만인들을 위해 수렵 보호구역으로 남겨둘 수만은 없었기 때문이다."

필립 셰리든 장군

"내가 지금껏 보아온 원주민 중 선량한 자라고는 죽은 원주민뿐이었다."

제3자에 대한 영향

우리가 미국 역사를 제노사이드의 측면에서 다시 기록하는 일은 제노사이드 예방이라는 점에서 매우 중요하다. 아울러 제노사이드가 살해자, 가해자 그리고 제3자에게 미치는 심리적인 영향까지도 예방할 수 있다.

제3자에게 영향을 미치는지, 혹은 전혀 그렇지 않은지는 가장 큰 의문이다. 언뜻 생각하면 의도적이고 집단적이며 야만적인 대량 살인만큼 대중의 주의를 끌 만한 공포는 없는 것처럼 보일지도 모른다.

그러나 사실상 제노사이드가 다른 민족의 주의를 끄는 일은 거의 없고, 외국의 개입으로 저지되는 일은 더욱 드물다. 1964년 잔지바르 섬에서의 아랍인 몰살과 1970년대 파라과이 아체족 원주민 몰살에 대해 우리 중 얼마나 관심을 가졌을까?

사진 4

이 사진에서 보듯 1911년 8월 29일, 그는
굶주리고 두려움에 찬 모습으로 나타났다.
드디어 41년 동안 숨어 있던 인적 드문 황
야를 벗어난 것이다. 그의 친구들은 대부
분 1853~1870년에 백인 개척자들에 의
해 살해되었다. 1870년 최후 학살 후에도
살아남은 16명의 생존자는 라센 산의 황
야로 숨어들어가 수렵·채집인 생활을 계
속했다.

1908년 11월, 4명으로 줄어든 생존자의
캠프를 발견한 정찰대가 그들의 도구, 의
복, 겨울 식량을 가져갔다. 그로 인해 남아
있던 3명(이시의 모친, 누이 그리고 나이 든 남
자)이 사망했다. 그 후 이시는 3년 동안 혼
자 살다가 견디다 못해 죽음을 각오하고
백인 사회로 나온 것이다. 그는 샌프란시
스코의 캘리포니아 대학 박물관에 고용되
었고, 1916년에 결핵으로 죽었다.

(사진은 버클리 캘리포니아 대학, 로위 인류학박
물관 고문서관 소장)

이처럼 최근 수십 년 동안 발생한 거의 모든 제노사이드에 대해서 무관심했던 것과는 대조적으로, 현대의 두 제노사이드에 사람들은 민감한 반응을 보였다.

그것은 나치의 유대인 학살과 그보다는 약하지만 터키의 아르메니아인 학살이다. 이 두 가지 예는 다른 제노사이드와 세 가지 면에서 다르다. 희생자가 다른 백인이 인정하는 백인이라는 점, 가해자(특히 나치)가 증오의 대상으로 죄악시되어온 전쟁 적국이라는 점, 그때의 생존자들이 우리에게 그것을 기억시키려고 무던히도 노력하고 있다는 점 등에서 차이가 있다. 이처럼 제3자가 제노사이드에 주목하기 위해서는 여러 조건이 집약되어야 한다.

이상하리만치 소극적인 제3자의 태도는 정부의 태도에도 단적으로 나타난다. 그것은 인간의 집단 심리를 반영한 것이다. 국제연합(UN)은 1948년 제노사이드가 범죄라고 선언했다. 그러나 방글라데시, 부룬디, 캄보디아, 파라과이, 우간다에서 진행 중인 제노사이드를 반대파의 호소에도 불구하고 방지·제지·처벌하기 위한 구체적인 조치를 한 번도 취한 적이 없었다.

이디 아민의 공포 정치가 절정에 달했을 때, 우간다를 위한 세계의 양식 있는 사람들의 호소에 대해서 국제연합 사무총장은 아민에게 조사를 요청했을 뿐이다. 미국 역시 제노사이드에 관한 국제연합의 선언을 거들떠보지 않은 나라 중의 하나다.

무관심을 넘어서

우리의 무관심은 현재 진행되고 있는 제노사이드에 대한 정보가 없어서일까? 그렇지 않다. 방글라데시, 브라질, 캄보디아, 동티모르, 적도기니, 인도네시아, 레바논, 파라과이, 르완다, 수단, 우간다, 잔지바르 등 1960년대와 1970년대에 일어난 제노사이드는 그때마다 자세히 보도되었다(방글라데시와 캄보디아의 사상자 수는 100만 명에 이르렀다).

1968년 브라질 정부는 원주민 보호국의 직원 700명 중 134명이 아마존 원주민을 학살했다는 혐의로 고발되었다. 학살의 진상은 브라질의 법무장관이 쓴 5,115페이지나 되는 〈피게이레도 보고서〉에 자세히 기록되어 있다. 브라질 국무장관의 기자회견에서도 발표됐는데, 다이너마이트, 기관총과 비소 섞인 사탕을 이용해 원주민을 죽였다. 또 천연두와 독감과 결핵 그리고 홍역 바이러스를 의도적으로 퍼뜨렸으며 원주민 아이들을 유괴해 노예로 삼았다. 토지개발 회사는 원주민 살인청부업자를 고용하기도 했다. 〈피게이레도 보고서〉에 대한 기사는 미국과 영국에서도 보도되었지만 큰 반향을 불러일으키지는 못했다.

그렇다면 대개의 사람들은 다른 민족에게 일어난 부정행위 따위는 마음에 두지 않거나 모른 척한다는 결론이 성립할지도 모른다. 그렇지만 그것이 전부는 아니다. 많은 사람은 남아프리카공화국의 흑인에 대한 인종 격리 정책과 같은 일부의 불공정에 대해서는 열광적으로 관심을 보인다.

그런데 왜 제노사이드에 대해서는 관심을 보이지 않을까? 그 의문에 대하여 1972년 부룬디에서 투치족이 후투족을 8~20만 명 집단살해했을 때 살아남은 후투족 한 명이 아프리카 기구에서 격한 어조로 연설했다.

"투치인은 포르스테르의 '아파르트헤이트'(남아프리카공화국의 흑인에 대한 인종차별 정책-옮긴이)보다도 잔인하며, 포르투갈 식민지주의자보다도 비인도적입니다. 히틀러의 나치 운동을 제외하면 세계 역사에서 이것과 비교할 만큼 엄청난 사건은 없을 겁니다. 그럼에도 아프리카인들은 아무런 반응이 없었습니다. 아프리카 국가의 지도자들은 오히려 사형 집행인인 미콤베로(투치인, 부룬디 대통령)를 받아들여, 그와 우애의 악수를 나누기까지 했습니다. 존경하는 각국의 지도자들이여, 만약 백인 압제자로부터의 해방 운동에 나미비아, 짐바브웨, 앙골라, 모잠비크 그리고 기니비사우 등 아프리카인들의 도움을 바란다면, 당신들에게는 아프리카인에 의한 다른 아프리카인 살인을 용인할 권리가 없는 것입니다. 여러분은 의견을 표명하기 전에 부룬디의 후투 민족 전체가 절멸되기를 기다리고 있는 겁니까?"

제3자의 무반응을 이해하기 위해서는 희생자로서 살아남은 사람들의 반응을 주목할 필요가 있다. 아우슈비츠 생존자와 같은 제노사이드 목격자들을 연구해온 정신분석가는 그들에게는 '심리적 마비' 현상이 나타난다고 밝혔다.

대부분의 사람에게 있어 사랑하는 친구나 가족의 자연사나 행방불명은 충격이고, 쉽게 잊히지 않는 고통스러운 경험이다. 그러나 자신의 눈앞에서 사랑하는 많은 친구와 가족이 잔혹한 방법으로 죽임을 당하는 모습을 보아야 했을 때 엄습하는 고통은 상상을 넘어서는 것이다.

생존자들에게선 그러한 잔학 행위는 금지된 것이라는 암묵적인 신념 체계가 무너져버린 지 오래다. 그러한 잔인한 기억을 갖도록 선택될 만큼 무가치한 인간이라는 오욕의 감정과 동료는 죽었는데 자신은 살아 있다는 죄책감이 주는 고통은 이루 말할 수 없다.

한계를 넘어선 신체적 고통이 감각을 마비시키듯, 심리적 고통이 지나쳐도 감각이 마비된다. 온전한 정신으로 살아남을 수 있는 다른 방도가 없다. 나는 아우슈비츠에 2년 동안 수용되었다가 살아남은 한 친척에게서 이러한 반응을 볼 수 있었다. 그는 수십 년 동안 거의 울지도 못했다.

살인자의 반응은 어떤가. '우리'와 '그들'을 차별하는 윤리 규범을 갖고 있는 살인자라면 자긍심을 느낄 수도 있겠지만, 세계 공통의 윤리 규범에 따르며 자란 사람이라면 범행에 대한 죄책감이 쌓여 결국은 희생자나 다름없는 마비가 올 것이다.

베트남전쟁에 참가한 수십만 명의 미국인이 감각이 마비되어 고통받았다. 집단 학살을 자행한 사람들의 자손들은 또 그들대로, 개인적인 책임이 없는데도 공동의 죄의식을 가질 것이다.

그들의 죄의식과 희생자들 전체에 찍은 낙인은 제노사이드라는 한 사건이 빚어낸 정반대의 결과인 것이다. 그러한 죄의식을 덜기 위해 자손들은 역사를 자주 고친다. 오늘날 미국인이나 코번 여사를 비롯한 현대 오스트레일리아인의 반응이 그 예이다.

이제 우리는 제노사이드에 대한 제3자의 무반응을 좀 더 잘 이해할 수 있게 되었다. 제노사이드는 그것을 직접 경험한 피해자와 살인자 모두에게 정신적으로 큰 충격을 주어 쉽게 치료되지 않는 상처를 남긴다. 뿐만 아니라 아우슈비츠 생존자의 후손이나 아우슈비츠 생존자와 베트남전쟁의 퇴역 군인을 치료하는 심리치료사처럼, 제노사이드에 대해 간접적으로 들은 사람들에게도 깊은 상처를 줄지도 모른다. 인간의 비참함에 덤덤해지도록 전문적인 훈련을 받은 치료 전문가조차 제노사이드에 휩쓸렸던 사람들이 들려주는 끔찍한 회상은 차마 듣지 못하는 경우가 종종 있다.

전문가조차 참을 수 없다면, 평범한 사람은 그 정도가 어떠하겠는가? 극한 상황에서 살아남은 생존자를 많이 치료한 미국인 정신과 의사 로버트 제이 리프톤은 히로시마 원폭의 생존자를 인터뷰한 후 다음과 같이 밝혔다.

> "……이제 나는 원폭 문제를 논하기보다는 내 앞에 앉아 있는 한 인간이 실제로 체험했던 무시무시한 사건을 자세히 밝히고자 한다. 인터뷰 초기에 나는 깊은 충격과 감정의 고갈을 느꼈다. 그러나 며칠 안 가 변했다. 똑같은 공포 이야기를 듣고 있는데도 그 반응은 줄어들었다. 그 경험은 원자폭탄의 피해를 입은 모든 측면을 특징짓게 하는 '심리적 청산'의 잊을 수 없는 예증이기도 하다. '심리적 청산'은 원자폭탄의 피해자에게서 예외 없이 나타나는 특징이다."

제노사이드와 인류의 미래

미래의 인간 호모사피엔스에게는 어떤 제노사이드가 발생할까? 비관적일 수밖에 없는 이유가 많다. 세계 각지에는 제노사이드의 여건이 무르익었다고 생각되는 분쟁 지점이 있다. 또 현대 무기를 이용하면 전례가 없을 정도로 많은 희생자를 살육할 수 있다. 양복과 넥타이를 차려입은 채 살해자가 될 수 있으며 인류 전체를 위협하는 세계적인 규모의 제노사이드도 가능하다.

동시에 미래의 살인 성향이 과거보다 뚜렷하지 않을 것이라는 신중한 낙관주의도 근거가 있다. 오늘날 많은 나라에서는 인종, 종교, 민족이 다른 사람들이 각각의 사회 정의 기준을 가지고 있으면서도 대규모 살인 없이 함께 살아가고 있다. 스위스, 벨기에, 파푸아뉴기니, 피지 그리고 '이시' 이후의 미국도 그 예라고 할 수 있다.

몇몇 제노사이드는 그것을 염려한 제3자의 반응에 의해 중지, 축소 또는 방지되었다. 가장 저지할 수 없었던 제노사이드로 여겨지는 나치의 유대인 학살을 살펴보면, 유대인 이송이 시작되기 직전이나 직후에 그것을 공식적으로 맹렬히 비난했던 모든 점령국에서는 좌절되었다.

또 한 가지 희망적인 징후는 오늘날 여행, 텔레비전, 사진, 인터넷이 보급되면서 수천 킬로미터 떨어져 있는 사람도 우리와 같은 인간이라는 점을 알게 된 것이다. 20세기 과학기술의 진보는 부정적인 측면도 많지만, 제노사이드를 초래하는 '우리'와 '그들'의 구분을 모호하게 했다는 장점도 있다.

첫 대면 이전의 세계에서는 제노사이드가 사회적으로 인정받았고 심지어 바람직한 현상이라고 여겨졌지만, 오늘날 국제적 문화가 전파되고 멀리 떨어진 민족에 대하여 알게 되면서 제노사이드를 정당화하기가 더욱 어려워졌다.

하지만 제노사이드를 이해하려고 노력하지 않고 이상한 사람들이나 저지르는 드문 일이라는 자기기만에 빠져 있다면, 제노사이드의 위험성은 사라지지 않을 것이다. 물론 제노사이드에 대한 책을 읽고 있는 동안에 심리적 마비에 빠지지 않고 온전한 정신을 유지하는 것은 어려운 일이다. 우리가 알고 있는 평범한 사람들이 힘없는 인간들을 죽이는 장면을 방치하고 있었다는 것을 상상하는 건 무척 두려운 일이다. 나는 대학살에서 살해자 역할을 맡았던 한 오랜 친구의 이야기를 통해 그때의 상황을 대강 짐작할 수 있었다.

카리니가는 뉴기니에서 나와 함께 일했던 침착한 투다웨족 남자였다. 우리는 목숨을 걸고 위험한 상황에서 두려움과 승리를 함께 나누었으며, 나는 그를 좋아하고 존경했다. 카리니가와 알게 된 지 5년째 되던 어느 날 밤, 그는 젊은 시절의 얘기를 들려주었다. 투다웨족과 인근 마을에 사는 다리비족 사이에는 오랜 대립의 역사가 있었다. 내게는 투다웨족과 다리비족이 비슷하게 보였지만, 카리니가는 다리비족이 입에 담지 못할 정도로 야비하다고 말했다.

매복 공격을 반복한 끝에 드디어 다리비족이 카리니가의 아버지를 포함한 많은 투다웨인들을 제거하는 데 성공하자, 살아남은 투다웨인들은 결사적으로 저항해야 했다. 투다웨족의 남자들은 한밤중에 다리비 마을을 포위하고 새벽에 오두막에 불을 질렀다.

잠이 덜 깬 다리비인들은 불타는 오두막 계단을 비틀거리며 내려오다가 창에 맞았다. 다리비족 중에는 숲으로 달아나 몰래 숨은 사람도 있었으나, 몇 주 동안 투다웨 사람들에게 추적당한 끝에 대부분 살해됐다. 그러나 오스트레일리아 정부의 개입으로 카리니가가 부친의 살해범을 붙잡기 전에 그 전쟁은 종결되었다.

그날 밤 이후 그 일을 생각할 때마다 나는 전율을 느끼곤 한다. 새벽의 학살을 이야기할 때의 카리니가의 눈빛, 부족의 적들에게 창을 쏘았을 때의 강렬한 만족감, 부친의 적을 놓친 분노와 좌절의 눈물. 그날 밤 적어도 나는 한 선한 사람이 어떻게 하면 살인을 저지르는가를 깨달았다.

카리니가로 하여금 치닫게 한 제노사이드의 환경은 잠재적으로 우리 모두의 내부에 존재하고 있다. 인구 증가와 함께 다른 사회끼리, 또는 사회 내부의 대립이 첨예화되면서 인간은 점점 살육의 충동이 강해졌다. 그리고 살육 충동을 실행에 옮기기 위해 더욱더 효과적인 무기를 소유하려 할 것이다. 제노사이드에 대해 직접 겪은 경험자의 말에 귀를 기울이는 것은 견디기 어려울 만큼 고통스러운 일이다. 그러나 계속 회피하고 이해하려고 노력하지 않는다면, 우리 자신이 살인자나 희생자가 될 날이 언제 올지 모를 일이다.

5부
갑자기 역전된 진보

인간은 이제 인구, 지리적 범위, 힘, 지배하고 있는 지구의 생산량 비율에 있어서도 정점에 이르고 있다. 이것은 좋은 소식이다. 나쁜 소식도 있다. 우리는 이것을 창조해온 속도보다 훨씬 빠르게 모든 진보를 역행시키고 있다.

우리의 힘은 인간의 존재를 위협하고 있다. 인간이 갑자기 자기 자신을 멸망시킬까? 그렇지 않으면 지구온난화, 자연환경 파괴, 인구 증가, 식량 결핍, 다른 생물의 멸종 등으로 혼란과 불안 속에서 천천히 숨을 거두게 될까? 미래에 대해서는 아무도 모른다. 그런데 이 위험들은 정말로 산업혁명 이후에 등장한 새로운 위험일까?

자연 상태에서 생물은 서로 환경과 균형을 유지하며 생존한다는 것이 일반적인 생각이다. 육식동물은 먹이를 다 먹어치우지 않고, 초식동물 역시 식물을 필요 이상 지나치게 먹지 않는다. 이러한 견해에서 볼 때 인간은 유일하게 환경에 적응하지 못하는 존재이다. 만약 이것이 사실이라면 인간은 자연에서 어떤 교훈도 배우지 못한 것이다.

아주 드문 경우를 제외하면 자연 상태에서 현재 인간이 멸종시키는 속도보다 빠르게 소멸하는 종은 없다. 예외적인 사건으로는 약 6,500만 년 전에 소행성의 충돌로 일어난 것으로 짐작되는 대규모 멸종을 들 수 있다. 공룡이 멸종한 것도 이 시기다.

진화의 관점에서 보면 새로운 종은 매우 천천히 생성되므로, 자연의 종도 절멸해가는 속도가 그만큼 더딜 것이다. 그렇지 않다면 인간 주변의 생물은 훨씬 옛날에 사라졌을 것이다. 바꿔 말하면 상처 입기 쉬운 종은 빨리 절멸하므로 오늘날 자연계에서 볼 수 있는 종은 튼튼한 종이라는 뜻이다. 그러나 이렇게 쉽게 결론을 내리기에는 한 종이 다른 종을 멸종시킨 사례가 너무 많다. 대부분 다음 두 가지로 요약할 수 있다.

첫째, 포식자가 새로운 환경에 진출하여 순한 먹잇감을 만났을 때, 먹잇감은 대처할 준비가 되지 않아 생태계 균형이 이루어지기 전에 멸종을 당할지도 모른다.

둘째, 포식자의 먹잇감이 어느 한 종류에 국한되어 있지 않은 교체형 포식자인 경우이다. 이 포식자는 먹이가 되는 특정 종을 멸종시킨 다음에 다른 종으로 먹이를 바꾸어 생존할 수 있다.

이러한 멸종은 인간이 의도적으로 또는 우연히 어떤 생물을 지구상의 한 장소에서 다른 장소로 이동시키면서 발생한다. 쥐, 고양이, 염소, 돼지, 개미, 뱀이 그렇게 옮겨진 포식자의 무리에 속한다. 예를 들어 나무 위에 사는 오스트레일리아 뱀은 제2차 세계대전 중에 배나 비행기에 실려 뱀이 없던 태평양의 괌으로 수송되었다. 이 포식자로 인해 괌에 서식하고 있던 산새는 대부분 멸종되거나 멸종의 위기에 직면했다.

그 지역의 새들은 뱀에 대한 방어 행동이 진화될 기회가 전혀 없었기 때문이다. 그러나 뱀은 먹이인 새가 거의 사라졌음에도 위기를 모면했다. 쥐, 생쥐, 뒤쥐(쥐와 비슷하나 몸집이 더 작다. 주둥이는 길고 뾰족하며 귀와 눈은 작다─옮긴이) 등으로 사냥감을 바꿨기 때문이다.

또 다른 예로는 인간이 오스트레일리아로 데려간 고양이와 여우를 들 수 있다. 그들은 소형 유대류와 쥐를 잡아먹으면서 확산됐는데, 토끼 등 먹잇감이 많아서 고양이나 여우가 위기 상황에 처할 일이 없었다.

교체형 포식자로 가장 적합한 예는 우리 인간이다. 인간은 달팽이와 바닷말에서 고래, 버섯, 딸기에 이르기까지 무엇이든지 먹을 수 있다. 인간은 한 종이 멸종할 때까지 먹어치운 후 다른 것으로 교체할 수 있다. 따라서 멸종의 파장은 이제까지 인류가 발을 디딜 때마다 점점 커진다.

멸종의 동의어가 되어버린 도도새는 예전에 모리셔스 섬에 살았었다. 1507년에 그 섬이 발견된 후, 그곳의 육지나 민물에 서식하는 조류의 과반수가 멸종되었다. 특히 도도새는 몸집이 크고 식용이 가능한데다 날지도 못했기 때문에 굶주린 뱃사람에게 쉽게 잡혔다.

하와이의 새들도 약 1,500년 전에 폴리네시아인에게 발견된 후 대규모로 멸종되었으며, 아메리카의 대형 포유류도 1만 1,000년 전에 원주민 선조가 들어오고 나서 멸종되었다. 인간이 오랫동안 살았던 땅에서는 수렵 기술의 엄청난 개량과 함께 멸종의 물결이 일었다. 100만 년 동안 인간에게 사냥 당할 위험 속에서 살아온 서아시아의 아름다운 영양, 아라비아오릭스 무리는 결국 1972년 고성능 소총 앞에 멸종되고 말았다.

개개의 사냥감을 멸종시키는 성향은 동물 세계에서도 많지만, 대상을 바꾸면서 살아온 종은 인간뿐이다. 자원의 기초가 되는 부분까지 완전히 파괴하고 먹어치워 멸종시키는 선례를 동물 세계에서도 찾아볼 수 있을까?

일반적으로 그런 일은 없다. 왜냐하면 동물은 공급되는 식물에 비해 개체 수가 너무 많을 때는 자동적으로 출생률을 낮추든가 사망률을 높이고, 그 반대일 때는 개체 수를 그에 맞게 조절하기 때문이다.

예를 들어 포식자, 질병, 기생충, 기아 같은 외적 요인에 의한 사망률은 집단의 밀도가 높을수록 증가한다. 고밀도는 새끼 살해, 번식 지연, 공격성 증가같이 동물 스스로의 반응도 유발한다. 이것은 외적 요인이 개체 수를 끌어내려 자원이 고갈되기 전에 자원에 대한 압력을 완화시킨다.

그런데 동물 집단 중에서 먹이를 모두 먹어치우고 멸종해버린 사례가 있다. 1944년 베링해의 섬 세인트매튜에 도입된 순록 29마리의 번식이 그 예이다.

1963년에 순록은 6,000마리까지 증식했지만, 순록의 주요 먹이는 성장 속도가 느린 이끼 같은 지의류였는데 이끼가 다시 자랄 기회가 없었다. 순록이 먹이를 찾아 이동할 곳이 없었기 때문이다.

1963~1964년 사이 매서운 겨울이 닥쳤을 때, 41마리의 암컷과 1마리의 수컷을 제외하고 순록들은 모두 굶어 죽었다. 섬에는 머지않아 절멸할 소수의 순록 집단과 이미 굶어 죽은 수천 마리의 순록 뼈만이 흩어져 있었다.

20세기 초 하와이 서쪽 리시안스키 섬에 토끼가 들어왔을 때도 비슷한 일이 있었다. 10년이 채 되지 않아 토끼는 두 종류의 나팔꽃과 담배

밭을 제외하고 모든 식물을 완전히 먹어치우고 나서 멸종했다.

대륙에 사는 토끼는 일반적으로 포식자에게 잡아먹히고, 대륙의 순록은 풀을 뜯어 먹고 나면 있던 장소에서 멀리 옮겨감으로써 지나간 지역의 식물이 재생할 수 있는 시간적 여유를 갖게 한다. 그러나 리시안스키 섬과 세인트매튜 섬에는 토끼와 순록의 포식자가 없었고 대이동도 불가능했으므로, 토끼와 순록은 무절제하게 풀을 먹어치우며 무한정 번식을 계속해 나갔다.

동물의 생태학적 자살 사례는 보통 개체 수를 억제하던 요인이 갑자기 사라질 때 일어난다. 최근 인간은 인구 억제력을 잃어가고 있다. 우리는 우리를 잡아먹는 포식자를 오래전엔 없애버렸다. 의학 기술의 발달 덕분에 전염병으로 인한 사망률도 현저히 줄어들었다. 게다가 유아 살해, 만성이 되어버린 전쟁, 성적 금욕 등 인구를 억제하던 행동은 사회적으로 용인되지 않게 되었다.

현재 세계 인구는 계속 증가하고 있다. 그 증가 속도가 세인트매튜 섬의 순록만큼 빠르지는 않다. 지구라는 섬은 세인트매튜 섬보다는 크고, 인간이 이용하는 자원은 순록처럼 지의류에 국한되어 있지 않다(석유와 같이 한정된 자원들도 있지만). 그러나 그 결론의 성격은 마찬가지다. 어떤 생물 집단도 끝없이 성장할 수는 없다.

그러므로 인간이 현재 처해 있는 생태학적 궁핍 상태는 가까운 동물의 선례에서 찾을 수 있다. 많은 교체형 포식자와 마찬가지로 인간 역시 새로운 환경을 식민지화하거나, 새로운 파괴력을 얻으면 일부 먹잇감을 멸종시킨다. 인간은 개체 수를 억제하던 요인이 갑자기 사라진 동물 집단처럼 자원 기반을 파괴함으로, 자기 자신을 파괴하는 위험을 저지르고 있다.

그렇다면 산업혁명 이전에는 생태학적 균형을 이루고 살았으나 산업혁명 이후, 종의 멸종과 환경의 과잉 개발이 심각해졌다는 견해는 타당한 것일까?

5부에서는 장 자크 루소적인 발상을 적용하여 이 견해에 대해 살펴볼 것이다.

우선 옛날에는 우리가 황금시대를 누렸다는 일반적인 믿음에 대해 생각해보자. 예전에는 인간이 자연과 조화를 이루며 살아왔던 '고귀한 야만인'이었다는 견해이다. 실제로는 과거 1만 년 동안 또는 훨씬 오래 전부터 인간의 생활권이 크게 확장되었던 시기마다 대규모의 멸종이 발생했다. 멸종에 대한 인간의 직접적인 책임이 가장 명백하게 드러난 예로는 1492년 이후 유럽인이 지구 전체를 겨냥한 영토 확장이다. 그보다 조금 앞선 시기에는 폴리네시아인이 마다가스카르 섬과 오세아니아의 모든 섬으로 확장했다. 아주 오래전 유럽인이 영토 확장을 위해 아메리카나 오스트레일리아를 점거했을 때도 수많은 종이 멸종했다.

'황금시대'의 전설에 그늘이 드리우기 시작한 것은 대규모의 멸종 탓만으로 돌릴 수는 없다. 대규모의 인간 집단이 자원을 몽땅 먹어치우고 소멸된 적은 없지만, 작은 섬에 사는 집단은 소멸된 사례가 있다. 대규모 집단 중에도 경제가 붕괴될 정도로 자원을 더 이상 쓸 수 없게 만든 일도 많았다. 가장 확실한 예는 이스터 섬과 아나사지 문명처럼 격리된 문화에서 나타난다.

중동, 그리스, 로마제국의 연속적인 몰락 등을 포함해서 서양 문명을 변화케 한 것도 환경 요인 때문이었다. 따라서 자기 파괴적인 환경의 남용은 근대에서 시작된 것이 아니라 인류 역사 초기부터 오랫동안 행해져 온 것이다.

다음으로, 가장 극적이고 논란이 많은 '황금시대의 대멸종'에 관해 자세하게 살펴볼 것이다.

약 1만 1,000년 전 남북아메리카라는 두 대륙에 살던 대형 포유류 대부분이 멸종되었다. 바로 그 무렵 아메리카 원주민의 조상이 남아메리카를 최초로 점거했다는 명확한 증거가 있다. 이것은 100만 년 전 호모에렉투스가 아프리카에서 유럽과 아시아로 이동한 이래 최대의 영토 확대였다. 최초의 아메리카인과 최후의 아메리카 대형 포유류의 존재가 시간적으로 일치하고, 그 무렵 다른 지역에서는 대규모 소멸이 없었으며, 당시 멸종된 동물 대신 어떤 종의 동물이 수렵되었는지를 알려주는 증거자료들이 있다. 이런 증거자료들은 신세계 기습 침공이라는 가설을 뒷받침한다.

이 가설에 따르면, 그 지역을 최초로 찾아간 수렵민 집단이 증가하면서 캐나다부터 파타고니아까지 확산되었다. 수렵민 집단은 전에 본 적이 없는 대형 동물을 만났고 그 동물을 멸종시키면서 진군했다는 것이다. 이 가설에는 지지자만큼이나 비판도 많으므로 논점을 알기 쉽게 소개하겠다.

마지막으로, 인간이 지금까지 멸종시킨 종의 수를 추정해볼까 한다. 우선 근대에 멸종되어 그 기록이 확실히 남아 있는 종과 생존 개체에 대해 충분히 탐색해서 멸종됐다는 사실에 의심의 여지가 없는 종이 얼마나 되는지 확실한 수를 살펴보고, 확실하지 않은 세 종류의 절멸된 종도 헤아려볼 것이다. 세 가지 종이란 상당히 오랫동안 생존이 확인되지 않아 누구도 알지 못하는 사이에 멸종된 현생종現生種의 수, '발견'된 적이 없음에도 이름이 붙여진 현생종의 수, 그리고 근대과학이 성립되기 전에 인류가 멸종시킨 종을 말한다.

그 배경도 함께 생각해봄으로써 인간이 주로 어떤 메커니즘에 따라 종을 절멸시켰는지, 또—만약 현재와 같은 상황으로 많은 종의 절멸이 진행된다면—나의 아이들이 살아있는 동안 어떤 종이 절멸되어갈 것인지 그 윤곽을 대충 그릴 것이다.

황금시대의 환상

"우리 부족에게는 지상의 구석구석이 모두 신성하다. 햇빛에 반짝이는 솔잎, 금빛 모래사장, 어두운 숲에 자욱이 낀 안개, 곤충들의 맑은 노랫소리, 이 모두가 우리 부족의 추억과 경험 속에서 신성하기만 하다……. 백인은…… 한밤중에 찾아와 이 땅에서 그들이 원하는 것은 무엇이든지 모두 빼앗아간 침입자들이다. 그들에게 있어 지구는 형제가 아니라 적이다……. 그런 식으로 잠자리를 계속 더럽힌다면, 어느 날 밤 당신은 당신이 버린 쓰레기에 묻혀 질식하고 말 것이다."

—1855년 아메리카 원주민 두와니시족 시애틀 추장이
프랭클린 피어스 대통령에게 보낸 편지에서

황금시대 전설

산업사회의 발달로 지구가 입은 파괴에 분노하는 환경보호론자들은 흔히 과거를 '황금시대'라고 여긴다. 유럽인이 아메리카에 이주하기 시작하던 무렵에는 공기도 강도 맑았고 풍경은 온통 초록빛이었으며 흔히 대평원에는 많은 들소가 뛰놀고 있었다. 오늘날 우리는 스모그를 들이마시고, 수돗물의 유독 화학물질을 고민하며, 지면은 거의 포장되어 있어서 좀처럼 대형 야생동물을 볼 수 없다.

상황은 나날이 악화되어 내 아들이 퇴직할 무렵에는 세계에 존재하는 종 가운데 절반이 멸종되고, 대기는 방사성 물질로, 바다는 기름으로 오염될 것이다.

지구 환경이 이처럼 점점 악화되는 것은 두말할 것 없이 현대의 기술이 과거 석기보다 파괴력이 크기 때문이다. 또 하나는 인구가 폭발적으로 증가해 그 어느 때보다 많은 사람이 지구에 살고 있다.

제3의 요소도 빼놓을 수 없는데, 그것은 태도의 변화이다. 이 장의 서두에 인용한 두와니시족 추장의 편지에서도 알 수 있듯이, 적어도 산업화 이전의 사람들은 현대의 도시 거주자들과 달리 그 지역의 환경에 의존하며 경외심을 품고 살았다.

실제로 그들이 어떻게 자연보호를 실천했는가에 대한 이야기는 많다. 뉴기니 부족의 한 남자가 들려준 이야기다.

"어느 날 사냥꾼이 마을 한쪽에서 비둘기 한 마리를 쏘아 죽였다고 하자. 우리의 습관대로라면 다음 비둘기 사냥까지는 적어도 일주일 동안 쉬어야 한다. 그리고 그 후에도 사냥은 정반대 쪽에서 해야 한다."

미개 민족의 자연보호 사상이 실제로 얼마나 세심하고 세련되었는지 이제야 우리는 깨닫기 시작한 것이다. 선의의 외국인 전문가들은 결과적으로 아프리카의 넓은 지역을 사막화시키기도 했다. 그 지방의 목축민은 소들이 같은 지역에서만 너무 많은 풀을 뜯어 먹지 않도록 1년 주기로 유목을 함으로써 수천 년 동안 번영을 누려왔는데 말이다.

최근까지 나를 포함한 동료 환경보호론자의 대부분은 이러한 사례를 공유하며 과거를 황금시대라고 생각했다. 이러한 견해의 대표적인 인물은 18세기 프랑스의 철학자 장 자크 루소다. 그는 《인간 불평등 기원론》에서 이른바 황금시대부터 자기 주위의 참혹한 상황에 이르기까지 인간 타락의 역사를 재조명했다.

18세기에 유럽의 탐험가들이 폴리네시아인이나 아메리카 원주민 같은 산업화 이전의 사람들과 만나자, 일부 상류사회의 사람들은 원주민들을 종교적 편협이나 폭정, 사회적 불평등이라는 문명의 재앙과는 무관한 채 여전히 황금시대를 누리고 있는 '고귀한 야만인'이라고 이상화했다.

오늘날도 고대 그리스와 로마 시대는 일반적으로 서양 문명의 황금시대라고 생각되고 있다. 그런데 역설적이지만 그리스인과 로마인 역시 자신들이 황금시대에서 이미 타락해 왔다고 생각했다.

고교 시절 암송했던 로마 시인 오비디우스의 라틴어 시 한 구절을 지금도 반쯤은 무의식적으로 암송할 수 있다. "Aurea prima sata est aetas, quae vindice nullo……(사람들이 스스로의 자유의지로 정직하고 공정했을 때 비로소 황금시대가 왔다……)."

오비디우스는 그러한 미덕을 그의 시대에 만연한 배신이나 전쟁과 비교했다. 미래의 사람들은 틀림없이 지금의 사람들이 황금시대에 살았다고 회고적으로 기술할 것이다. 그런데 최근 고고학자와 고생물학자가 발견한 사실은 충격적이다. 산업화 이전의 사회가 수천 년에 걸쳐 많은 종을 멸종시키고 환경을 파괴하며 스스로의 존재 기반을 무너뜨렸다는 것이 밝혀졌기 때문이다.

좋은 예가 환경보호자가 가장 자주 인용하는 사람들, 즉 폴리네시아인과 아메리카 원주민이다. 이 수정주의적인 견해는 학계뿐만 아니라 하와이와 뉴질랜드의 대중, 그리고 많은 폴리네시아인과 소수의 원주민이 사는 다른 지역에서 거센 반발을 불러일으켰다.

이러한 새로운 '발견'은 백인 이주자가 토착민을 추방했던 과거를 정당화하기 위해 내세운 사이비 과학에 지나지 않은 것일까? 만약 그 발견이 옳다면, 그것을 역사적 교훈으로 이용함으로써, 우리의 환경 정책이 불러일으킬 미래 운명을 예측할 수는 없을까? 이스터 섬과 마야 원주민 같은 고대 문명이 불가사의하게 소멸한 것도 최근의 발견으로 설명될 수 있을까?

논쟁의 초점이 되는 의문에 답하기 전에 '과거 황금시대=환경보호주의'라는 가설을 뒤집는 새로운 증거에 대해 이해할 필요가 있다. 먼저 과거에 일어난 멸종의 물결에 대한 증거를 살펴보고, 과거의 환경 파괴에 대한 증거를 고찰해보자.

마오리인에 의한 멸종

1800년대 영국인 이주자가 처음으로 뉴질랜드에 정착했을 때, 그곳에는 박쥐를 제외하면 땅에 사는 포유류는 없었다. 이것은 그다지 놀랄 일이 아니었다. 뉴질랜드는 대륙에서 멀리 떨어진 곳에 있으므로 날지 못하는 포유류가 그곳까지 갈 수는 없었던 것이다.

이주자들은 마오리인(백인보다 앞서 뉴질랜드에 정착했던 폴리네시아인)이 '모아moa'라는 이름으로 기억하고 있는 이미 멸종된 대형 새의 뼈와 알의 껍질을 발견했다. 몇 마리는 최근 것이어서 피부와 날개가 남아있어 살아있을 때 모아새가 어떤 모습이었을지 상상할 수 있었다.

모아새는 타조와 비슷했다. 키가 90센티미터이고 체중이 18킬로그램인 작은 종에서 3미터에 230킬로그램까지 나가는 거대한 종까지 12종에 이르렀다. 또 보존 상태가 좋은 모래주머니(곡류를 먹는 새의 위장의 일부분. 곡류를 으깨는 작용을 한다-옮긴이)에서 수십 종류의 가지와 잎이 발견된 것으로 보아 모아새는 초식동물이었으며 사슴이나 영양 같은 대형 초식 포유류의 일종이었다는 것을 알 수 있었다.

유럽인이 도착하기 전에 사라진 새는 모아만이 아니다. 화석으로 남아 있는 적어도 28종의 새가 유럽인이 정착하기 전에 소멸했다는 사실이 나타났다. 대형 오리, 거대한 검둥오리, 대형 기러기 등 모아새 외에도 상당수의 새가 날지 못하는 대형 새였다. 그들은 정상적인 새의 자손이지만, 뉴질랜드로 날아온 뒤 육상 포유류 포식자가 없으므로 나는 데 필요한 근조직이 퇴화되었다. 펠리컨류, 백조류, 대형 까마귀류, 거대한 독수리류에 속하는 다른 멸종한 새들은 날개가 퇴화되기 전에는 완벽하게 날 수 있는 능력이 있었다.

체중이 13킬로그램이나 되는 독수리는 생존 당시에도 세계 최대, 최강의 육식조肉食鳥였다. 현존하는 최대 맹금류인 열대 아메리카의 부채머리수리도 그보다는 작을 것이다.

이 뉴질랜드 독수리는 다 자란 모아새를 습격하는 유일한 포식자였다. 모아새 중에는 이 독수리보다 20배나 무거운 것도 있었지만 두 다리로 서는 자세 때문에 잡아먹힌 것 같다. 사자가 기린을 습격할 때같이 독수리는 모아새의 긴 다리를 공격하여 꼼짝 못하게 하고, 머리와 긴 목을 공격해서 죽인 후 며칠에 걸쳐 사체를 먹는다. 발견된 모아새의 사체 대부분이 머리가 없었던 것도 독수리의 그런 습성 탓일 것이다.

이제까지 뉴질랜드에서 멸종된 대형 동물에 대해 살펴보았다. 그러나 화석 발굴가들은 쥐나 생쥐 정도의 크기밖에 안 되는 소형 동물의 뼈도 발견했다. 그중 지상을 뛰어다니거나 돌아다니던 생물로는, 전혀 날 수 없거나 능숙하게 날지 못하는 세 종류의 명금류, 여러 종의 개구리, 대형 달팽이, 무게가 생쥐의 두 배나 되는 거대한 귀뚜라미 같은 다수의 곤충, 날개를 만 채 달리는 생쥐와 비슷하게 생긴 기묘한 박쥐 등이 있었다.

이들 소형 동물 중 몇몇 종류는 유럽인이 도달하기 전에 멸종됐다. 뉴질랜드 근해의 섬에는 아직 생존하고 있는 종도 있는데, 화석의 유골로 볼 때 이전에 뉴질랜드 본토에도 많이 살던 것들임을 알 수 있다.

이상의 연구 결과를 정리하면 모아새는 사슴에 해당하고, 날 수 없는 대형 오리와 거대한 검둥오리는 토끼, 대형 귀뚜라미와 소형 명금류와 박쥐는 생쥐, 거대한 독수리는 표범에 해당했을 것이다.

화석과 생화학적 증거를 볼 때, 모아새의 선조는 수백만 년 전에 뉴질랜드에 왔다. 그처럼 오래 살아온 모아새가 언제, 어떻게 멸종된 것일까? 귀뚜라미, 독수리, 오리, 모아새 등 다양한 동물에게 어떤 재난이 덮쳤던 것일까? 특히 이 기묘한 동물들은 마오리인이 정착했던 1000년경에도 여전히 생존해 있었을까?

내가 1996년 뉴질랜드를 처음 방문했을 때 사람들은 모아새가 기후변화 때문에 멸종했다고 믿었다. 따라서 최초의 마오리족이 뉴질랜드에 발을 디뎠을 때는 이미 멸종을 눈앞에 두고 있었다고 알려졌다. 뉴질랜드인의 정설에 의하면, 마오리인은 자연보호주의자여서 모아새를 멸종시켰을 가능성이 전혀 없다.

다른 폴리네시아인과 마찬가지로 마오리인 역시 석기를 사용하고 농경과 어업으로 생활하며, 현대 산업사회와 같은 파괴력은 없었다. 마오리인은 멸종 직전의 모아새 집단이 죽음의 고통에서 벗어날 수 있도록 마지막 일격을 가했을 뿐이라고 짐작되어 왔다. 그러나 다음 세 가지 발견은 이런 믿음을 무너뜨렸다.

첫째, 약 1만 년 전 마지막 빙하기가 끝났을 때 뉴질랜드의 대부분은 빙하나 툰드라(항상 얼어붙어 있는 땅-옮긴이)에 뒤덮여 있었다. 그 이후 뉴질랜드는 기온이 상승하여 삼림도 풍부해지고 점점 쾌적해졌다. 최후의 모아새는 모래주머니에 먹이를 가득 넣고, 과거 1만 년 동안 겪어온 기후 중 가장 쾌적한 기후를 누리다가 죽어갔다.

둘째, 마오리인의 선사 유적에서 발견된 모아새의 유골을 방사성 탄소법을 사용해서 연대를 측정한 결과, 알려진 모아새의 종 모두가 마오리인이 최초로 상륙한 무렵에도 아직 많이 살아있었다는 것을 알 수 있었다.

기러기와 오리, 백조, 독수리류에 속하는, 그러나 지금은 화석으로만 알려진 다른 새도 마찬가지였다. 수백 년 동안 모아새를 비롯한 다른 새들은 대부분 멸종했다.

수백만 년 동안 뉴질랜드를 주거지로 삼고 있던 수십 종의 동물이, 하필이면 인간이 정착한 순간, 기후변화 때문에 일제히 사라졌다는 것은 아무리 우연의 일치라고 해도 좀처럼 믿기지 않는 얘기다.

결정적인 증거로, 100여 개 이상의 큰 선사유적—그중 몇 개는 수십

제곱킬로미터가 넘는 것도 있다—에서 마오리인이 엄청난 양의 모아새를 잘게 썰어 조리해 먹고, 그 찌꺼기를 버린 흔적이 발견됐다. 그들은 고기는 먹고 가죽은 의복으로 착용했으며, 뼈는 낚싯바늘과 장식품으로 가공했고, 알의 껍질은 물통으로 이용했다. 유적에 남아 있던 모아새의 뼈는 19세기에 짐마차로 운반해서 없애버렸다.

마오리인의 수렵장으로 알려진 장소에는 약 10~50만 마리에 이르는 모아새의 사체가 있었던 것으로 짐작되는데, 그 수는 뉴질랜드에 모아새가 살아 있던 무렵의 최대 생식 수의 약 10배에 상당하는 것으로 알려졌다. 마오리인은 몇 세대에 걸쳐 모아새를 몰살한 것이 틀림없다.

따라서 마오리인이 모아새를 멸종시켰다는 사실은 이제 명백히 밝혀졌다. 그들은 모아새를 죽이거나 둥지에서 알을 빼앗은 것이 분명하다. 또 모아새가 사는 숲을 개간함으로써, 모아새의 생존 기회를 박탈했을 것이다. 바위가 많은 뉴질랜드의 산악지대를 둘러본 적이 있는 사람은 의아해할 것이다.

뉴질랜드 피오르드랜드의 관광포스터를 상상해보라. 가파르게 깎인 3,000미터 깊이의 빙하, 연간 1만 밀리미터를 넘는 강수량, 그리고 혹한의 거울. 전문 사냥꾼이 헬리콥터를 타고 망원경이 달린 소총을 사용하더라도, 이들 산악지대에 있는 사슴을 쏘아 맞히기란 생각만큼 쉽지 않다. 그런데 석기와 곤봉만을 가지고 맨발로 다니던 200~300명의 마오리인이 어떻게 한 마리의 모아새도 빼놓지 않고 잡을 수 있었단 말인가?

사슴과 모아새는 결정적인 차이가 있다. 사슴은 수만 년에 걸쳐 인간 사냥꾼으로부터 벗어나도록 진화했지만 모아새는 마오리인이 건너오기 전까지는 한 번도 인간을 본 적이 없었다. 오늘날 갈라파고스제도의 순진한 동물들처럼 모아새는 대개 붙임성이 좋았을 테고, 따라서 사냥꾼이 바짝 곁으로 다가가 일격을 가하는 데는 어려움이 없었을 것이다.

게다가 모아새의 번식률은 사슴과 달리 매우 낮아서, 두세 명의 수렵민이 2년에 한 번 꼴로 모아새를 죽여도 번식률은 그 속도를 따라잡지 못했을 것이다. 그것은 오늘날 뉴기니의 포유류 중 최대의 비율을 차지하는 베와니 산중의 나무타기캥거루가 겪고 있는 상황과 같다.

나무타기캥거루는 야행성 생활을 하는 대단히 겁이 많은 동물이고 나무 위에 살기 때문에, 모아새 사냥보다 훨씬 어렵다. 생태 조건이 그런데다 베와니족은 매우 소수임에도 가끔씩 하는 수렵—실제로 한 계곡에 들어가는 것은 몇 년에 한 번이다—만으로도 캥거루는 멸종 지경에 이르렀다. 나무타기캥거루에게 일어난 사실을 통해 모아새에게 어떤 일이 일어났는가를 쉽게 이해할 수 있다.

모아새뿐만 아니라 뉴질랜드에서 멸종한 다른 조류들도 마오리인이 상륙했을 때까지는 살아있었으나, 2~3세기 후반에는 태반이 사라졌다. 예를 들면 백조, 펠리컨, 날지 못하는 거대한 기러기와 검둥오리 등의 대형 새는 식량으로 쓰기 위해 사냥했을 것이고, 거대한 독수리는 마오리인이 자기방어를 위해 죽였을 것이다.

사냥감에게 상처를 입히고 죽이기에 유용한 두 개의 다리를 가진 키가 1~3미터 정도 되는 포식 독수리가 신장 180센티미터의 마오리인을 처음 보았을 때, 어떤 일이 일어났을지 상상해보라.

오늘날에도 만주에서는 사냥 훈련을 받은 매가 조련사를 죽이는 경우가 이따금 있는데, 그 매는 살인 능력이 있었던 뉴질랜드의 거대한 독수리에 비하면 아주 작은 새에 지나지 않을 것이다.

그러나 뉴질랜드 고유의 귀뚜라미, 달팽이, 굴뚝새, 박쥐가 갑자기 사라진 것은 어떻게 된 것일까? 왜 이렇게 많은 동물이 근해의 섬을 제외한 모든 서식지에서 소멸됐을까?

그 일부는 삼림 파괴 때문일 것이고, 그보다 더 큰 이유는 우연이었는지는 모르지만 마오리인이 데려온 또 다른 사냥꾼, 쥐 때문이다. 모아새가 사람을 모르는 상태에서 인간에 대해 아무런 방어 능력이 없는 종으로 진화했듯이, 섬의 작은 동물들도 쥐를 몰랐기 때문에 쥐에 대한 방어력이 없었다.

쥐가 없는 하와이 같은 섬에서는 근대에 이르러 유럽인이 가져간 쥐들이 많은 새를 멸종시켰다는 사실이 밝혀졌다. 예를 들어 1962년에 쥐가 뉴질랜드 바깥의 빅사우스케이프 섬에 도달한 지 3년 만에 여덟 종류의 새와 박쥐가 멸종되거나 대량으로 죽었다. 이런 이유로 그나마 살아남은 뉴질랜드 종들은 쥐 같은 천적이 없는 섬에서만 간신히 살아가고 있다.

뉴질랜드에 마오리인이 상륙했을 당시에 사람의 손길이 닿지 않은 원형 그대로의 생물들은 워낙 기이하게 생겨서, 화석화된 그들 선조의 유골이 발견되지 않았다면 우리는 그들을 SF소설에나 나올 법한 상상 속의 동물이라고 생각할 정도로 마치 다른 행성의 생명체를 보는 것 같은 느낌을 가질 것이다.

하지만 뉴질랜드의 생물 군집은 대부분 생태학적 대학살로 단기간에 붕괴되었고, 남은 군집도 유럽 사람들이 도착한 뒤에 제2차 학살로 붕괴되었다. 그 결과 현재 뉴질랜드에는 마오리인이 만났던 조류 중 약 절반의 종밖에 남아 있지 않고, 생존하는 종도 대부분은 멸종 위기에 처해 있거나 해로운 짐승이 없는 안전한 섬으로 숨어들고 있다. 수백만 년이나 되는 모아새의 역사가 몇 세기 동안의 아주 짧은 수렵으로 막을 내린 것이다.

헨더슨 섬의 비밀

뉴질랜드뿐만 아니라 최근에 고고학자가 조사한 다른 모든 태평양의 외딴섬에서도 최초의 이주민이 남긴 유적에 멸종된 새의 뼈가 상당수 발견되었다. 그곳에서도 인간의 정착과 새의 멸종이 깊은 관계가 있었다는 것을 알 수 있다.

스미스소니언 연구소의 고생물학자 스토아 올슨과 헬렌 제임스는 하와이의 주된 모든 섬에서 500년경에 시작된 폴리네시아인의 이주기에 소멸됐던 새의 화석을 확인했다. 그 화석 중에는 지금도 살아있는 종과 비슷한 작은꿀새뿐만 아니라, 이제는 가까운 종조차 찾아볼 수 없는 기묘하게 생긴 날지 못하는 기러기류와 따오기류도 있다.

하와이는 유럽인의 이주 후 조류가 멸종된 섬으로 악명이 높긴 했지만, 1982년에 올슨과 제임스가 연구 결과를 발표하기 전까지 그보다 앞서 일어났던 멸종의 물결에 관해서는 전혀 알려지지 않았었다. 현재 알려진 바로는 쿡James Cook 선장이 도착하기 전에 하와이에서 멸종한 조류는 적어도 50종에 이르는데, 이것은 북아메리카 본토에서 서식하는 종류의 약 10분의 1에 해당하는 놀라운 숫자다.

하와이에 있던 새가 모두 사냥을 당해서 멸종된 것은 아니다. 기러기류는 모아새처럼 대규모의 수렵으로 멸종됐을 것이고, 소형 명금류는 최초의 하와이인과 함께 온 쥐에 의해 멸종됐을 가능성이 높다. 그리고 하와이인이 농경지를 개간하기 위해 숲을 벌채했기 때문인지도 모른다. 초기 폴리네시아인의 고고학 유적처럼 타히티, 피지, 통가, 뉴칼레도니아, 마르케사스제도, 채텀제도, 쿡제도, 솔로몬제도, 비스마르크열도에서도 멸종된 조류의 흔적이 발견되었다.

조류와 폴리네시아인의 충돌에서 특히 흥미로운 것은 열대 태평양에 산재하는 섬 중 가장 외딴섬으로 유명한 핏케언 섬에서도 동쪽으로 200킬로미터를 더 가야 하는 헨더슨 섬에서 일어났다(핏케언 섬이 얼마나 먼 낙도인지는 블라이 선장으로부터 전함 바운티호를 탈취한 폭도들이, 그 섬이 재발견되기까지 18년 동안 세계와 격리되어 살아온 곳이라는 점을 생각하면 잘 알 수 있을 것이다). 헨더슨 섬은 정글로 뒤덮인 낭떠러지 투성이의 산호섬이어서 농경에는 부적합했다. 1606년 유럽인이 그 섬을 처음 발견한 뒤로 줄곧 무인도였던 것은 당연한 일이다. 헨더슨 섬은 사람의 손길이 전혀 닿지 않은, 세계에서 가장 원초적인 환경의 하나로 자주 언급되어 왔다.

따라서 최근에 올슨과 동료 고생물학자인 데이비드 스티드만이 약 500~800년 전쯤에 헨더슨 섬에서 멸종된 2종의 대형 비둘기와 1종의 소형 비둘기, 3종의 바닷새 뼈를 발견한 것은 충격적인 사건이었다. 그와 같거나 비슷한 조류 여섯 종이 이미 폴리네시아 여러 섬의 많은 고고학 유적에서 발견됐는데, 그때 그 새들은 인간에 의해 멸종됐음이 밝혀졌었다.

그래서 그 새들이 무인도인 헨더슨 섬에서 멸종됐다는 사실이 의문이었다. 그 의문은 헨더슨 섬에서 오래된 폴리네시아인의 유적이 발견되면서 깨끗하게 풀렸다. 수백 개의 생활용품들이 발굴됨으로써, 섬에는 실제로 몇 세기 동안 폴리네시아인이 살았다는 사실이 드러난 것이다. 그 유적에서는 멸종된 여섯 종류에 이르는 새의 뼈와 함께 현존하는 다른 새와 물고기 뼈도 발견되었다.

헨더슨 섬에 살았던 초기의 폴리네시아 이주민은 주로 비둘기나 바닷새, 물고기를 먹으며 살았는데, 조류의 개체군을 마구잡이로 사냥한 결과 식량 공급선마저 무너져 굶어 죽었거나 섬을 버린 것이다.

태평양에는 헨더슨 섬 외에도 유럽인이 발견했을 때는 무인도였으나 그 이전에 폴리네시아인이 살았다는 고고학적 증거가 있는 '비밀에 싸인' 섬이 적어도 열한 개나 있다. 그 섬의 일부는 수백 년 동안 인간이 정착했으나 그 후 결국 모두 죽어버렸거나 섬을 떠났다.

대부분의 섬은 지역이 좁기도 하고, 또 한편으로는 농경에 부적합하기 때문에 정착자는 먹을거리를 새와 물고기에 크게 의존했을 것이다. 초기 폴리네시아인이 야생동물을 남획했다는 증거가 광범위하게 발견된 사실을 안다면, 헨더슨 섬뿐만 아니라 비밀에 싸인 다른 섬 역시 자원의 기반을 파괴했던 인간의 묘지를 상징한다고 할 수 있을 것이다.

코끼리새의 비극

산업화 이전에 온갖 수단을 동원하여 여러 종을 멸종시킨 것이 폴리네시아인뿐이라는 인상을 주지 않도록, 이번에는 지구를 반 바퀴쯤 돌아 인도양 아프리카 쪽에 자리 잡은 세계에서 네 번째로 큰 마다가스카르 섬을 살펴보기로 하자.

1500년경 포르투갈인 탐험가가 도착했을 때, 마다가스카르에는 이미 말라가시라는 원주민들이 있었다. 지리적으로는 그들의 언어가 서쪽으로 300킬로미터 떨어진 모잠비크 해안에서 사용하는 아프리카 언어에 가깝다고 생각하는 사람이 많을 것이다. 그러나 놀랍게도 그들의 언어는 북동쪽으로 수천 킬로미터나 떨어진 인도네시아 섬 보르네오에서 사용하는 언어군에 속하는 것이었다.

신체적 특징도, 말라가시인의 외모는 전형적인 인도네시아인에서 전형적인 동아프리카 흑인에 이르기까지 범위가 넓었다. 이러한 현상은 해안을 따라 인도양을 항해하던 인도네시아인 상인이 인도에서 동아프리카에 도착한 결과 일어났다. 그들이 1,000~2,000년 전 사이에 마다가스카르까지 흘러가서 마다가스카르인이 된 것이다. 그 후 그들은 마다가스카르에서 소와 산양과 돼지를 기르는 목축과 농업·어업을 기본으로 하는 사회를 이루었고, 이슬람 무역상을 통해 동아프리카 해안과도 관계를 맺었다.

마다가스카르인만큼이나 관심을 끄는 것은 현재 마다가스카르에 생존하는 야생동물과 이미 소멸된 과거 야생동물이다. 이곳과 아주 가까운 아프리카 본토에는 지상에서 볼 수 있는 주행성 대형 동물이 매우 많다. 영양, 타조, 얼룩말, 개코원숭이, 사자 등은 현재 동아프리카에 관광객을 유치하는 데 한몫을 하고 있다.

그런데 마다가스카르에는 그런 동물이 전혀 없으며, 계통적으로는 멀어도 생태적으로는 같은 동물조차 없다. 오스트레일리아의 유대류가 바다에 가로막혀 뉴질랜드로 건너갈 수 없었던 것처럼, 아프리카 동물들도 300킬로미터 너비의 바다에 막혀 마다가스카르로 건너갈 수 없었다. 대신 마다가스카르에는 여우원숭이라 불리는 소형 영장류가 20종류 넘게 있다. 여우원숭이는 고작 9킬로그램의 체중에 대부분 야행성이어서 나무 위에 살고 있다. 설치류와 박쥐, 식충류 그리고 몽구스와 비슷한 것도 꽤 발견되는데, 체중은 많이 나가야 11킬로그램 정도이다.

마다가스카르의 해안에는 멸종된 거대한 새의 흔적이 흩어져 있는데, 축구공만 한 새 알의 무수한 파편이 그것이다. 그 알을 품고 있던 새뿐만 아니라 멸종된 대형 포유류와 파충류의 뼈도 적잖게 발견됐다.

그 알의 주인은 날 수 없는 6종류의 새로, 길이가 3미터, 체중이

450킬로그램이나 된다. 모아새나 타조와 비슷하면서도 훨씬 튼튼한 몸을 가져 지금은 코끼리새로 불리고 있다. 파충류로는 등딱지의 길이가 약 90센티미터나 되는 2종류의 거대한 육지거북이 있었다. 이들의 뼈가 많이 발견되는 것을 보면 옛날에는 아주 흔했을 것으로 짐작된다. 거대한 조류나 파충류보다 종류가 더 다양하고, 크기가 가장 큰 것으로는 고릴라만 한 여우원숭이 12종을 들 수 있다.

12종 모두가 지금 살아있는 여우원숭이보다 몸집이 크며, 더 좋은 체력을 갖고 있다. 두개골의 눈 부위가 작은 것을 보면, 멸종한 여우원숭이의 대부분은 아마도 야행성이 아니라 주행성이었을 것이다. 그들 중 몇 종류는 개코원숭이처럼 지상에서 생활했고, 그 밖의 종류는 오랑우탄과 코알라처럼 나무 위에서 살았다.

이 동물 외에도 마다가스카르에서 멸종한 피그미하마(암소 정도의 크기), 흙돼지 그리고 퓨마와 닮은 몽구스류의 대형 육식동물의 뼈도 출토되고 있다. 그 모든 동물들을 종합해서 생각할 때 멸종된 대형 동물은 현재 관광객을 불러들이고 있는 아프리카 야생동물 공원의 대형 동물과 기능적으로 동일한 위치를 차지한다.

코끼리새는 뉴질랜드의 모아새 대역을, 피그미하마는 영양이나 얼룩말에 해당하는 초식동물 대역을, 여우원숭이는 비비나 대형 유인원의 대역을, 몽구스류의 육식동물은 표범이나 덩치가 작은 사자의 역할을 대신했을 것이다.

이들 멸종된 포유류나 파충류, 조류에게 어떤 일이 일어났던 것일까? 적어도 몇 종류는 최초로 찾아온 말라가시인의 눈을 즐겁게 하면서 살아남았던 게 확실하다. 말라가시인은 코끼리새의 알껍데기를 물그릇으로 사용했다.

피그미하마 등 몇몇 동물의 뼈를 잘게 빻은 가루가 쓰레기 더미에 버려져 있기도 했다. 그 외에도 멸종된 동물의 뼈가 약 1,000년 전의 화석이 발견된 장소에서 함께 출토되었다.

그 시점까지 수백만 년 동안 진화하며 살아왔을 그 모든 동물이 굶주린 인간이 등장하기 바로 직전에 죽음의 신에게 굴복한 것이라고는 생각할 수 없다. 실제로 17세기의 프랑스인 총독 플라쿠르가 고릴라만 한 여우원숭이로 추측되는 동물에 대한 보고를 받은 이후 유럽인이 마다가스카르에 도착했을 때, 마다가스카르의 벽지에 남아 있던 동물은 겨우 몇 종류밖에 없었다. 코끼리새는 인도양의 아랍 상인에게 널리 알려질 때까지 살아남아 〈신드바드의 모험〉에 등장하는 거대한 새 로크의 모델이 되었다.

마다가스카르에서 사라져버린 거대한 동물들이 일찍이 말라가시인의 여러 활동으로 인해 멸종된 것은 어쨌든 사실이다. 코끼리새의 알껍데기가 약 8리터의 편리한 휴대 용기로 사용된 걸 보면, 그들이 왜 멸종되었는지 쉽게 짐작할 수 있다.

말라가시인은 대형 동물을 사냥하기보다는 목축과 어업으로 생활하는 사람들이었지만, 이전에 인간을 본 적이 없는 대형 동물들은 뉴질랜드의 모아새처럼 쉽게 잡혔을 것이다.

그것이 눈에도 잘 띄고 잡기도 쉬우며 도살할 가치가 있는 큰 여우원숭이—즉 대형이고 주행성이며 지상 생활을 하는—가 모두 멸종되고, 소형에 야행성이며 나무 위에 사는 종이 살아남게 된 이유일 것이다.

그러나 말라가시인의 활동 중 살상을 의도치 않은 행동이 사냥으로 죽인 것보다 더 많은 대형 동물을 죽였을지도 모른다. 목초지로 쓰기 위해 숲을 벌채하거나 매년 풀이 더 잘 자라도록 불을 지르는 것은 야생동물이 살아가는 서식지를 파괴하는 것이다. 풀을 먹는 목우나 산양은 서식지를 변형시켰고 식량을 둘러싸고 육지거북이와 코끼리새가 직접적인 경쟁자가 되었다. 인간이 데려온 개와 돼지는 땅 위에 사는 동물과 새끼나 알을 잡아먹었을 것이다.

포르투갈인이 마다가스카르 섬에 발을 디뎠을 때, 그토록 많던 코끼리새는 이미 해안을 뒤덮고 있는 알껍데기와 땅속의 유해, 그리고 거대한 새 로크의 아련한 기억으로만 존재할 뿐이었다.

전 대륙에 걸친 생물학적 대학살

마다가스카르와 폴리네시아의 사례는 유럽인의 영토 확장 이전인 과거 500년 동안 인간이 이주한 큰 섬에서 전개된 멸종의 물결 중 조사가 잘 된 하나의 예에 불과하다.

사람이 없는 상태에서 생물이 진화한 섬에는 오늘날의 동물학자는 결코 볼 수 없는 독특한 대형 동물이 살고 있었다.

지중해의 크레타 섬과 키프로스 섬에는 마다가스카르와 마찬가지로 피그미하마나 육지거북이 외에 소형 코끼리나 소형 사슴도 살고 있었다. 서인도제도에서는 원숭이나 육지에 사는 나무늘보, 곰만 한 크기의 설치류, 다양한 크기의 올빼미가 사라져버렸다.

이들 대형 조류나 포유류, 땅거북류 역시 처음에 섬을 찾아온 지중해인과 아메리카 원주민들에게 어떤 식으로든 굴복 당한 거라고 생각할 수 있다. 조류나 포유류, 땅거북만이 희생자는 아니었다. 도마뱀과 개구리, 달팽이, 대형 곤충까지도 사라졌다.

대양의 모든 섬까지 합쳐 생각한다면 멸종된 종의 수는 수천 마리에 가깝다. 올슨은 이처럼 섬에서 일어난 멸종에 대해 "세계 역사상 가장 급격하고 심각한 생물학적 대학살의 하나"라고 서술하고 있다.

다만 폴리네시아나 마다가스카르에서처럼 다른 섬에서도 최후의 동물의 뼈와 최초의 인간의 유적 연대를 정확하게 알기 전까지는 무조건 인류에게 책임이 있다고 단정할 수는 없을 것이다.

이와 같이 산업화 이전에 섬에서 일어났던 멸종뿐 아니라, 그보다 더 오랜 과거에도 대륙에서 멸종의 물결에 희생된 동물들이 있었을 가능성이 있다. 약 1만 1,000년 전 아메리카 원주민 최초의 조상이 신세계에 도달했을 때, 남북아메리카의 구석구석에서 대부분의 대형 포유류가 멸종했다.

이들 대형 포유류가 원주민 사냥꾼에게 살해되었는지, 또는 그 시대의 기후변화에 적응할 수 없었기 때문에 쓰러지고 말았는지에 관해서는 오랜 세월 동안 격렬한 논쟁이 계속되고 있다. 나는 개인적으로 사냥꾼 때문이라고 보는 쪽인데, 그 이유는 다음 장에서 설명하겠다.

약 1만 1,000년 전에 일어났던 사건의 연대와 원인을 파헤치는 일은, 마오리인과 모아새의 충돌처럼 1,000년 전에 일어난 일을 알아내는 것보다 훨씬 어렵다. 과거 5만 년 동안 오스트레일리아에서도 현재의 원주민 조상이 이주하면서 많은 대형 동물이 사라져버렸다.

거대한 캥거루나 '주머니사자(신생대 오스트레일리아에 살았던 육식 유대류-옮긴이)', '주머니코뿔소(쌍문치류雙門齒類로 알려져 있다)' 그리고 거대한 도마뱀, 뱀, 악어, 조류 등이 그것이다. 그러나 오스트레일리아에 도착한 인류가 어떤 방법으로 오스트레일리아의 대형 동물을 멸종시켰는가에 관해서는 아직 알려져 있지 않다. 섬에 처음으로 도착한 산업혁명 이전의 사람들이 섬의 생물을 파멸시킨 것은 확실하지만, 대륙에서도 비슷한 일이 생겼는지는 아직 결론이 나지 않고 있다.

이스터 섬의 거대한 석상의 수수께끼

황금시대는 멸종된 종으로 얼룩져 있음을 알았다. 이번에는 환경 파괴에 대한 증거로 눈을 돌려보자. 지금부터 열거하는 세 가지 극적인 예는 고고학의 수수께끼로도 유명하다. 이스터 섬의 거대한 석상, 미국 남서부의 폐허가 된 원주민 부락, 그리고 페트라의 유적이 바로 그것이다.

1722년 네덜란드인 탐험가 야콥 로게벤이 이스터 섬과 그 주민을 '발견'한 이래, 이스터 섬은 불가사의한 분위기에 싸여 있었다. 칠레의 먼 바다 서쪽으로 약 3,000킬로미터 거리에 외롭게 떠 있는 이스터 섬은 헨더슨섬을 능가할 정도의 외딴섬 가운데 하나이다.

이곳에 무게 85톤, 높이 11미터에 달하는 몇 백 개나 되는 석상이 동력이라고는 인간의 근육밖에 없었을 사람들의 손에 의해 화산의 채석장에서 잘려 나와, 어떤 방법을 썼는지 알 수 없어도 수 킬로미터 밖까지 운반되어 높은 받침대 위에 똑바로 세워져 있었다.

또 채석장에 미완성인 채로 남겨져 있거나, 완성은 됐지만 채석장에서 받침대로 오는 길 중간에 방치된 석상들도 많았다. 마치 석공과 운반공이 갑자기 일을 팽개치고 버려둔 일터처럼 왠지 스산한 정적만 감도는 광경이었다.

로게벤이 도착했을 때만 해도 새로 만들고 있는 석상은 없었지만 여전히 많은 석상이 세워져 있었다. 1840년경에 석상은 모두 이스터 섬 사람들에 의해 쓰러뜨려져 있었다. 어떻게 그 큰 석상들을 운반하고 세워놓았을까? 나중에 왜 쓰러뜨리고 조각을 멈춘 것일까?

첫 번째 의문은 생존한 이스터 섬 사람들 덕분에 해결되었다. 그들은 노르웨이의 인류학자 토르 헤이에르달에게 자기들의 조상들이 석상을 운반하기 위한 굴림대나 석상을 세우기 위한 지렛대로 통나무를 이용했다는 이야기를 들려주었다.

그 후에 고고학이나 고생물학적 연구에 의해 또 다른 의문마저 풀리면서 이스터 섬의 소름끼치는 역사가 드러나고 말았다. 서기 400년경 폴리네시아인이 이스터 섬에 정착했을 때에 섬은 숲으로 뒤덮여 있었다. 그 후 섬사람들은 정원을 꾸미고 카누를 만들거나 석상을 세울 통나무를 얻기 위해 숲을 조금씩 훼손해갔다. 1500년경 인구는 약 7,000명(1제곱미터당 약 70명)까지 늘어났고, 석상은 1,000개가 넘게 만들어졌는데 그중 적어도 324개가 세워졌다. 그러나 숲은 완전히 황폐해져 나무라곤 한 그루도 남지 않게 되었다.

석상을 운반하고 일으켜 세울 때 필요한 통나무가 없어져 석상 조각을 중단한 것은 그들 스스로 자초한 생태학적 참사이다. 삼림 파괴는 두 가지 간접적인 결과를 가져왔고 굶주림으로 이어졌다. 토양의 침식과 산성화로 작물의 수확량이 줄었고 카누용 목재가 부족해져 어로 식량원이 사라진 것이다. 그 결과 섬이 지탱할 수 있는 인구수가 넘어서자 섬 사회는 붕괴되었다. 동료끼리의 전쟁으로 인한 대학살과 식인 풍습이 만연했다. 엄청나게 많은 화살촉이 섬 일대에 흩어졌고 군인 계급이 승리했다.

패자는 먹히든가 노예가 되었다. 부족들은 서로 싸우면서 상대방의 석상을 무너뜨렸고 사람들은 방어를 위해 동굴에 숨어 살았다. 일찍이 세계에서도 가장 주목할 만한 문명의 하나를 가졌던 섬이 지금은 불모의 초지에 석상이 뒹굴고 인구도 과거의 3분의 1로 줄어들어 황폐할 대로 황폐해지고 말았다.

폐허로 변한 원주민 부락

산업화 이전에 생식 환경이 파괴된 두 번째 사례는 북아메리카에서 가장 발전했던 한 원주민 문명의 붕괴이다.

미국 남서부에 가까스로 도착한 스페인 탐험대는 사막 한가운데 서 있는 거대한 고층(푸에블로pueblo) 원주민 부락을 발견했다. 사람은 물론 나무 한 그루도 없었다.

그중 하나인 뉴멕시코 차코 문화 국립역사공원에 있는 5층 건물은 방이 650개, 길이가 204미터, 너비가 96미터이다. 19세기 후반에 강철로 지은 고층 빌딩이 생기기 전까지 북아메리카에서 지어진 건물 중에서 가장 컸다. 그 지역에 살고 있는 나바호 원주민이 사라져버린 건축가에 대해서 알고 있는 것이라고는 '아나사지Anasazi', 즉 '옛날 것'이라는 이름뿐이었다.

고고학자들은 차코에 원주민 부락이 건축된 것은 서기 900년이 조금 지난 무렵이었고, 12세기쯤에는 거주자가 없어졌다는 사실을 밝혀 냈다. 왜 아나사지의 사람들은 약속의 땅이라고는 절대 말할 수 없는 불모의 서부에 도시를 세웠던 것일까?

집을 지을 때 땔감이나 지붕을 지탱하는 목재로 쓰인 20만 개나 되는 5미터 길이의 나무 서까래는 어디서 조달한 것일까? 왜 그처럼 방대한 노력을 기울여 세운 도시를 포기하고 만 것일까? 마다가스카르의 코끼리새나 뉴질랜드의 모아새가 기후변화 때문에 절멸했다는 주장과 마찬가지로, 전통적인 견해에 따르면 차코 협곡이 버려진 이유는 가뭄 탓이라고 한다.

그러나 고식물학자 율리오 베탄코르트와 토마스 반 드벤더 및 그의 동료들은 시간에 따른 차코 식물의 생태적인 변천을 연구한 결과 다른 해석을 제시했다.

그들이 사용한 방법은 숲쥐packrat라는 소형 설치류를 이용한 것이다. 이 쥐는 식물이나 다른 재료를 보금자리('두엄 더미'라고 불리는 곳)에 모아 두었다가 50년에서 100년쯤이 지난 후 그곳을 포기하는데, 사막이면 그 흔적이 매우 좋은 상태로 보존될 수 있었다. 식물은 몇 세기 후에도 분류할 수 있고, 그 '두엄 더미'는 방사성 탄소법을 이용하면 연대 측정도 가능하다. 따라서 각각의 두엄 더미는 사실상 그 지역 식생의 타임캡슐인 것이다.

이 방법으로 베탄코르트와 반 드벤더는 거기에서 일어났던 사건의 변천을 다시 복원할 수 있었다.

원주민 부락이 세워진 무렵의 차코는 불모의 사막이 아니라 소나무와 향나무 숲으로 둘러싸여 있었고, 근처에는 각종 황색 재목의 소나무 숲도 있었을 법한 지역이었다. 이 발견으로 땔감과 건축재를 어디서 구했는지에 관한 수수께끼가 단번에 풀렸고, 불모의 사막에 진보된 문명이 생겼다는 명백한 모순의 수수께끼도 풀렸다. 그러나 사람들이 계속 차코의 삼림을 벌채해서 결국 오늘날처럼 나무 한 그루 없는 황량한 땅이 되어버렸다.

원주민은 땔감을 얻기 위해 15킬로미터 이상, 소나무 목재를 얻기 위해서는 38킬로미터 이상 도시 밖으로 나가야 되었다. 소나무를 베어낸 끝에 숲이 사라지자 그들은 스스로의 노동력만으로 80킬로미터 떨어진 산의 경사면에서 가문비나무나 전나무 목재를 끌어오기 위한 도로 시스템을 고심해서 만들어냈다. 또 아나사지 사람들은 계곡 아래에 물을 모아 놓는 관개 시스템을 만들어, 건조한 환경에서도 농사를 지을 수 있었다. 그러나 삼림의 무분별한 벌채는 점차 토지의 침식과 홍수를 일으켰고 관개용 수로도 조금씩 땅속 깊이까지 파고 들어갔다. 급기야 펌프 없이는 물을 끌어올릴 수 없을 정도로 저주지 수위가 낮아져 더는 밭에 물을 댈 수 없었다. 아나사지가 차코 협곡을 버린 것은 가뭄 탓도 있겠지만 그들이 자초한 생태적 재앙도 큰 요인이었다.

중동, 지중해 문명의 환경 파괴

산업화 이전의 서식지 파괴의 예로, 고대 서양 문명의 권력 중심이 지리적으로 조금씩 이동해 간 사실을 들 수 있다. 최초에 권력과 기술 혁신의 중심은 중동에 있었다. 그곳에서 농경, 가축화, 문자, 왕권 국가, 전차 등 실로 많은 중요한 발전이 뚜렷하게 나타났다. 지배권은 아시리아, 바빌로니아, 페르시아, 이집트나 터키로 바뀌었지만 그 중심 지역은 언제나 중동이었다.

알렉산더 대왕이 페르시아제국을 정복한 후 지배권은 점차 서방으로 이동하여 그리스에서 로마로 그리고 북서 유럽으로 이동했다.

왜 중동, 그리스, 로마는 차례로 지배권을 잃어버린 것일까(오늘날 중동의 중요성은 석유 자원에만 의존하는 일시적인 것일 뿐, 다른 측면에서의 근대화는 늦다)? 왜 오늘날 강대국은 미국, 러시아, 독일, 영국, 일본, 중국과 같은 나라들이고, 그리스나 페르시아는 더 이상 강대국의 대열에 설 수 없게 된 것일까?

이와 같은 권력의 지리적인 변천이 우연한 것이라고 생각하기에는 그 사례가 너무 대규모인 데다 영속적이다. 그 원인에 대한 그럴듯한 가설은 그들이 이룩한 고대 문명의 중심지들이 자원의 기반을 차례차례 파괴했기 때문이라는 것이다.

중동과 지중해의 옛 모습은 결코 오늘날처럼 황량하지 않았다. 고대에는 이 지역의 대부분이 나무가 무성한 언덕과 비옥한 계곡이 어우러진 싱싱한 토지였다. 수천 년에 걸친 삼림 벌채와 지나친 방목, 토지의 산성화와 침식, 폐기물로 인한 계곡의 침적으로 서양 문명의 고향은 오늘날 대부분 건조한 황야로 변했다.

고대 그리스의 인구 증가에는 몇 번의 굴곡이 있었는데, 인구의 격감과 거주지 포기가 동시에 일어났다는 것이 고고학적인 조사를 통해 분명히 밝혀졌다. 인구 증가기에는 계단식 언덕과 댐이 얼마 동안 경관을 지켜주었다. 그러나 인간은 숲을 벌목하고 언덕을 개산하고 많은 가축을 방목했으며 흙이 회복되지 못할 만큼 경작 간격이 짧았다. 각 시대의 결말은 구릉의 대규모 침식, 계곡의 범람 그리고 인간 사회의 붕괴였다.

찬란한 미케네 문명이 왜 붕괴했는지, 그 이유는 지금까지도 수수께끼로 남아 있지만 아마 이와 비슷한 과정을 겪었을 것이다(붕괴의 원인은 자연 파괴였을 것이다).

고대의 환경 파괴에 관한 이 같은 견해는 현대적인 설명과 고고학 자료에서 그 근거를 얻을 수 있다. 그러나 모든 일화적 증거를 모은 것보다 몇 장의 사진이 훨씬 결정적인 사료가 될 것이다.

만약 그리스에 있는 언덕을 1,000년 간격으로 촬영한 스냅 사진이 있다면 거기에 심어진 식물을 분류할 수 있고, 맨땅인지 녹지인지를 측정할 수 있고, 왜 삼림이 산양도 살 수 없는 관목뿐인 황야로 변하게 되는 과정을 살펴볼 수 있을 것이다. 이런 방법으로 환경 파괴의 정도를 등급화할 수 있을지도 모르겠다.

다시 한 번 숲쥐의 '두엄 더미'로 돌아가 도움을 청해보도록 하자. 중동에는 숲쥐는 없지만, 바위너구리hyrax라는 마못(다람쥐과 설치류)처럼 생긴 토끼만 한 크기의 동물이 '두엄 더미'를 쌓는다(놀랍게도 바위너구리에 가장 가까운 현생 동물은 코끼리로 짐작된다). 세 명의 애리조나 과학자 패트리샤 폴과 신시아 린드퀴스트, 스티븐 팔코너는 고대 서양 문명의 역설을 대표하는 요르단의 유명한 잃어버린 도시 페트라에서 바위너구리의 '두엄 더미'를 조사했다.

오늘날 페트라는 스티븐 스필버그와 조지 루카스의 영화를 좋아하는 사람들에게는 특히 친숙한 곳이다. 그들의 작품 《인디아나 존스 3—'최후의 성전'》에서 숀 코네리와 해리슨 포드가 성배를 찾는 사막 한복판의 장대한 석굴묘와 사원이 있는 그곳이 페트라이다.

페트라가 나오는 장면을 본 사람이라면, 누구나 어떻게 그처럼 부유한 도시가 그와 같은 황량한 환경에서 생겨났고, 또 그 주민은 어떻게 생계를 유지했을까 하는 의문을 가졌을 것이다.

실제로는 B.C. 7000년 이전에 이미 페트라 유적 근처에 신석기인의 촌락이 있었고, 그 직후에 농경과 목축이 발생했다. 나바테아 왕조의 수도인 페트라는 유럽, 아라비아, 오리엔트 간의 교역을 맡고 있는 상업 중심지로 번창했다. 이 도시는 로마의 통치 시대에서 비잔틴 시대에 이르는 동안 유례가 없을 만큼 크고 부유해졌다. 그러나 그 후 페트라는 방치되어 1812년 폐허가 재발견되기까지 완전히 잊혀졌었다.

페트라 몰락의 원인은 무엇이었을까? 페트라의 바위너구리의 '두엄 더미'에서는 100종에 이르는 식물의 잔재가 나왔다. '두엄 더미' 속의 꽃가루를 현대 서식지의 꽃가루와 비교함으로써, '두엄 더미'들의 주인이 생존해 있던 시대의 서식 환경을 측정할 수 있었다. 이들 '두엄 더미'로부터 재구성한 페트라의 환경 파괴 과정은 다음과 같다.

페트라는 로스앤젤레스의 우리 집 뒷산의 숲과 별로 다름없는 건조한 지중해성 기후 지역이었다. 원래는 떡갈나무와 피스타치오가 아주 많은 산림지대였다. 그러나 로마와 비잔틴제국 시대에 이르러 수목의 대부분은 잘려나갔고, 주위 토양은 나무가 없는 광활한 초원이 되어버렸다. 추적한 꽃가루 중 수목에 해당되는 것은 겨우 전체의 18퍼센트밖에 되지 않았다. 나머지는 키가 작은 식물이었다(비교하기 위해 덧붙이자면, 현대의 지중해성 기후 숲에서는 꽃가루의 40~85퍼센트가, 숲이나 스텝의 중간 지대에서는 18퍼센트가 수목에서 나온 것이다).

페트라 지역에 대한 비잔틴제국의 지배가 끝나고, 수세기가 지난 서기 900년경에는 남아 있던 삼림의 3분의 2가 사라져버렸다. 덤불과 풀과 벼과의 잡초까지, 오늘날 우리가 보는 것과 같은 사막이 되어버린 것이다. 현재 남아 있는 수목은 염소가 오를 수 없는 벼랑이나 염소가 들어갈 수 없도록 둘러싸인 곳에만 흩어져 있을 뿐이다.

바위너구리의 '두엄 더미'에서 얻은 자료를 고고학적 자료와 문서 자료와 함께 나란히 놓고 대조하면 다음과 같은 해석이 성립된다.

신석기 시대로부터 비잔틴제국 시대에 이르는 동안 삼림 파괴가 일어난 이유는 숲이 농업용 토지로 개간되고, 나무가 마구 벌채되어 염소나 양의 먹이가 되고, 땔감이나 집을 짓기 위한 목재로 쓰였기 때문이다.

신석기 시대의 집도 규모가 크고 튼튼한 목재로 받치는 구조였으므로, 벽이나 마루를 만들기 위해서는 한 집당 약 13톤의 판자가 필요했다. 제국의 인구가 폭발적으로 증가하면서 삼림 파괴와 정도를 넘어선 방목의 속도도 점점 빨라졌다. 또 과수원과 마을에 필요한 물을 확보하기 위해 더욱 정교한 수로와 파이프 그리고 저수지가 필요하게 되었다.

비잔틴제국이 멸망한 후 과수원은 방치되었고 인구는 감소했지만, 남아 있는 주민이 의지할 것이라곤 집중적인 방목밖에 없었기 때문에 토지의 파괴는 더욱 심해졌다.

포만감을 모르는 염소들은 덤불이나 풀, 심지어 벼과의 풀도 가리지 않고 닥치는 대로 먹었다. 제1차 세계대전 전에, 오스만투르크 정부는 헤자즈 철도 건설에 필요한 나무를 얻기 위해 그때까지 남아 있던 숲을 베어냈다.

나를 비롯한 영화광들은 피터 오툴이 연기한 아라비아의 로렌스가 이끄는 아랍 게릴라들을 보고, 그들이 컬러 화면을 누비며 쏜살같이 철도를 달려가는 광경에 열광했을 것이다. 그러나 그 광경이야말로 페트라의 숲이 파괴되는 최후의 장면이었다.

황폐해진 페트라의 광경은 서구 문명 발상지에서 무슨 일이 일어났었는지를 암시하고 있다. 오늘날 페트라의 주변은, 페르시아 제국 같은 초강대국의 수도를 먹여 살릴 만한 식량을 수확할 수 없었던 것처럼, 한때 세계의 주요 무역 항로를 장악했던 도시를 유지시키기엔 역부족이다.

이 도시의 폐허는—아테네나 로마도 마찬가지로—자기 자신의 생존 수단을 파괴해버린 국가에 남은 일종의 기념비다. 생태학적 자살을 선택한 문화 국가는 지중해 문명에서만 찾을 수 있는 것은 아니다.

중앙아메리카의 고대 마야 문명, 인도 인더스 계곡의 하랍과 문명도 인구 증가가 환경을 압도하여 생태학적 파국을 맞았을 것이다. 문명의 역사에서는 왕과 야만족의 침입이 자주 강조되지만, 긴 안목에서 보면 삼림 파괴나 토양 침식 쪽이 인류 역사를 형성하는 데 훨씬 중요한 부분이다.

과거의 환경 문제에서 무엇을 배우는가

최근의 고고학적 발견으로 옛날은 환경과 조화를 잘 이룬 황금시대였을 거라는 생각을 점점 믿을 수 없게 되었다. 이제 내가 처음에 제기한 더 큰 문제로 돌아가자.

첫째, 옛날에도 환경 파괴가 있었다는 새로운 사실과 산업혁명 이전의 사회에 살았던 사람들은 대부분 자연보호를 실천하고 있었다는 견해는 어떻게 일치될 수 있을까?

물론 모든 종이 멸종하거나 모든 서식지가 파괴된 것은 아니기 때문에 황금시대가 온통 어둡기만 한 것은 아니다. 이 모순에 대해서 나는 다음과 같이 대답하고자 한다. 소규모로 오래 존속하는 평등 사회에서는 자연보호가 실천된 것이 사실이다. 왜냐하면 그러한 사회에서는 자기 주변의 자연을 완전히 알았고 자신에게 무엇이 제일 중요한가를 인식하는 데 충분한 시간이 있기 때문이다.

환경 파괴는 최초의 마오리인이나 이스터 섬의 주민처럼 사람들이 낯선 환경으로 갑자기 이주해왔을 때나, 아메리카 대륙에 도착한 최초의 원주민처럼 새로운 땅으로 개척해 들어갈 때 일어나기 쉽다.

또 현대의 뉴기니인들이 엽총으로 비둘기 개체군을 위협하고 있듯이, 새로운 기술을 손에 넣었지만 그것이 지닌 파괴력을 제대로 인식 못해도 환경 파괴가 일어날 가능성이 높다. 환경 파괴는 중앙집권적인 국가에서 잘 일어나는 편이다. 자기가 살고 있는 곳의 환경을 알지 못하는 지배자에게 부가 집중되기 때문이다. 그리고 상대적으로 파괴되기 쉬운 종과 거주 환경도 있다. 예를 들어 모아새나 코끼리새처럼 인간을 본 적이 없는 날지 못하는 새라든가, 지중해 문명이나 아나사지 문명이 발생한 건조하고 저항력이 약한 환경이 그것이다.

둘째, 최근의 고고학적 발견으로부터 우리가 구체적으로 배울 수 있는 교훈은 무엇일까?

고고학은 대개 사회적으로 쓸모없는 학문으로 간주되어, 예산이 절감될 때 언제나 제일 먼저 희생되었다. 그러나 고고학 연구는 정책 입안자들에게 유익하면서도 비용이 가장 적게 드는 연구 중의 하나이다.

오늘날 세계 전역에서 진행되는 다양한 개발 사업은 돌이킬 수 없는 손상을 초래하고 있다. 과거에 인류 사회가 일으킨 어떤 손해보다도 큰 것이다. 다섯 개 나라를 다섯 가지 방법으로 개발시킨 후, 그중에서 어떤 방법을 사용한 나라가 파괴되는지 실험해볼 수는 없는 노릇이다. 그보다는 고고학자를 채용하여 과거에 무슨 일이 일어났었는지를 조사하는 것이 같은 과오를 반복하는 것보다 훨씬 효과적이다.

그 예를 하나 들어보자. 아메리카 남서부에는 25만제곱킬로미터 이상 되는 소나무와 향나무 숲이 있는데, 땔감으로 베어내는 나무가 점점 많아지고 있다. 유감스럽게도 미국의 산림국은 그 숲을 지속적으로 이용하고 재생하는 데 필요한 자료가 없다. 아나사지인이 이미 실험을 시도했으나 계산 착오가 있었던 탓에, 차코 협곡의 숲은 800년이나 지난 지금까지 회복되지 않고 있다.

고고학자에게 아나사지의 땔감 사용량을 계산하게 하는 쪽이 같은 잘못을 범해서 25만제곱킬로미터나 되는 미국의 토지를 파괴시키는 것보다 훨씬 나을 것이다.

마지막으로, 가장 미묘한 문제를 직시해보자. 오늘날 환경보호론자들은 종을 멸종시키고 서식지를 파괴하는 사람들을 윤리적으로 나쁘다고 생각한다. 환경보호론자들의 의견에 따른다면 뉴질랜드의 모아새를 멸종시킨 마오리인과 차코 협곡의 숲을 파괴한 아나사지 원주민은 모두 나쁜 사람들일까? 여기에서 생각해야 할 것은, 생물학상의 자원을 다 낭비하지 않고 안전하게 수확할 수 있는 적당한 속도를 파악하기가 상당히 어렵다는 것이다. 자원의 고갈과 해마다 일어나는 변동을 구별하는 것은 쉽지 않다.

모든 사람이 자원의 고갈을 인식할 무렵이면, 그 종과 서식지를 구제하기에는 이미 늦은 때이다. 따라서 자신들의 자원을 유지해갈 수 없었던 산업화 이전의 사회는, 윤리적인 죄를 범한 것이 아니라 무지의 탓으로 매우 어려운 생태학적 문제를 해결하는 일에 실패했다고 보아야 할 것이다. 이 같은 실패는 생활양식 전체를 붕괴시켜 버리기 때문에, 만약 처음부터 그 결과를 알고 있었다면 윤리적으로 죄가 될 것이다.

바로 이 점에서 우리와 11세기의 아나사지 원주민 사이에 두 가지 큰 차이점이 있다. 그것은 과학 지식과 문자의 유무이다. 우리는 유지 가능한 자원 개체군의 규모와 자원을 이용하는 속도를 함수 그래프로 표시할 수 있지만, 과거의 그들은 그럴 만한 능력이 없었다. 또 우리는 과거에 어떤 생태학적 파국이 있었는지를 읽을 수 있지만 그들은 읽을 수 없었다.

그런데도 우리 세대는 마치 모아새를 잡거나 소나무와 향나무 숲을 베어버린 적이 전혀 없었던 것처럼, 고래를 잡고 열대우림을 베어 쓰러뜨리고 있다. 옛날은 '무지한 황금시대'였지만, 현대는 알면서도 모르는 척 시치미를 떼는 '철의 시대'인 것이다.

이런 관점에서 현대사회에서 더 많은 사람이 더욱 파괴적인 도구로 과거의 생태학적 자살 행위를 되풀이하는 것은 매우 이해하기 어렵다. 마치 지금까지 인류 역사 속에서 특별한 일을 한 번도 겪은 적이 없어서 그 필연적인 귀결을 전혀 모르는 사람들 같다.

셸리의 시 〈오지만디아스Ozymandias〉(고대 이집트 왕 람세스 2세의 별명-옮긴이)는 페르세폴리스나 티칼(고대 마야의 유적-옮긴이) 그리고 이스터 섬을 생각나게 한다. 언젠가는 이 시가 우리 후손에게 우리 문명의 폐허를 상기시킬 것이다.

오지만디아스

I met a traveller from an antique land
나는 고대의 나라에서 온 여행객을 만났다.
Who said: Two vast and trunkless legs of stone
그의 이야기다. 몸뚱이 없는 거대한 돌기둥 두 개가
Stand in the desert. Near them on the sand,
사막에 서 있다. 그 옆 모래 위에는
Half sunk, a shatter'd visage lies, whose frown
부서진 석상의 얼굴이 반쯤 묻힌 채 놓여 있다. 찡그린 표정

And wrinkled lip and sneer of cold command

주름 잡힌 입술 그리고 차디찬 경멸의 조소는

Tell that its sculptor well those passions read .

조각가가 그 정열을 잘 알고 있었음을 말해준다.

Which yet survive, stamp'd on these lifeless things,

그 정열은 아직도 생명 없는 것에 아로새겨진

The hand that mock'd them and the heart that fed.

그것을 빚은 손과 다듬은 심장의 고동이다.

And on the pedestal these words appear:

그리고 부서진 석상의 받침대에는 이런 문구가 남아 있다.

"My name is Ozymandias, king of kings:

"내 이름은 오지만디아스, 왕 중의 왕이로다.

Look on my works, ye Mighty, and despair!"

내 업적을 보라. 너희 위대한 자들아, 그리고 절망하라!"

Nothing beside remains: round the decay

그 밖엔 아무것도 남아 있지 않다. 그 웅장한 폐허의

Of that colossal wreck, boundless and bare,

썩고 사라진 것들을 둘러싼 채 끝이 없고 텅 빈

The lone and level sands stretch far away

적막하고 무심한 모래만이 끝없이 뻗어 있을 뿐.

신세계에서의 전격전과 추수감사절

원주민의 추수감사절

유럽인이 신세계를 '발견'한 극적인 사건을 기념하기 위해 미국은 콜럼버스의 날과 추수감사절을 국경일로 정해 놓았다. 그러나 그것보다 아득한 옛날에 원주민이 대륙을 발견한 것을 기념하는 경축일은 없다.

고고학 발굴에 따르면 원주민이 대륙을 발견한 과정은, 크리스토퍼 콜럼버스나 메이플라워호를 탄 청교도들의 모험을 하찮게 만들 만큼 극적이었다. 북극의 빙상을 통과해서 현재의 캐나다와 미국의 국경을 넘는 통로를 발견한 지 불과 1,000년도 안 돼서 원주민은 파타고니아(남아메리카)의 최남단까지 이르렀고, 생산성이 풍부한 미개척지인 두 대륙에 살기 시작했다. 원주민의 남쪽으로의 전진은 호모사피엔스 역사상 최대의 영토 확대였다. 이 정도의 사건은 지구에서 전무후무한 일이었다.

남쪽으로 확산하는 과정에는 극적인 사건이 한 가지 더 있었다. 원주민 사냥꾼이 도착한 아메리카는 대형 포유류로 득실거리는 땅이었다. 이미 멸종된 이들 포유류로는 코끼리와 비슷한 매머드와 마스토돈, 무게가 3톤이나 되는 땅늘보, 아르마딜로와 비슷한 1톤 무게의 글립토돈트, 곰만큼 큰 비버, 아메리카사자, 치타, 낙타, 말 등이 있었다.

만약 지금도 이 짐승들이 살아 있었더라면, 옐로스톤 국립공원을 방문하는 관광객들은 곰과 들소뿐만 아니라 매머드나 사자도 볼 수 있었을 것이다. 수렵민과 야생동물이 만났을 때 무슨 일이 일어났었는지에 대해서는 고고학자나 고생물학자들 사이에서 격렬한 논쟁이 끊이지 않고 있다. 가장 설득력 있는 설명에 따르면, 그 결말은 순식간에—어떤 지역에서도 10년을 넘기지는 않았을 것이다—야생동물을 멸종시켜버린 '전격전blitzkrieg'이었다는 것이다.

만약 이 견해가 옳다면 6,500만 년 전 소행성의 충돌로 공룡이 멸종한 이래 대규모의 대형 동물들이 집중적으로 절멸한 사건이다. 또 그것은 '평화로웠던 지구의 황금시대'라는 가설을 무색케 하는 일련의 전격전 중 최초였을 것이다.

클로비스인의 전격전

원주민 사냥꾼과 대형 포유류의 극적인 대면은 모든 대륙을 점령한 인류의 장편 서사시의 대단원을 장식하는 것이었다. 인류의 아프리카 조상은 약 100만 년 전에 아시아와 유럽으로 진출했고, 5만 년 전에는 아시아에서 오스트레일리아로 영토를 확장하였다. 그때까지 인간이 거주할 수 있는 최후의 무인도 대륙은 남북아메리카밖에 없었다.

캐나다에서 티에라델푸에고(남아메리카 남단의 제도)에 이르기까지 아메리카 원주민의 외모가 서로 비슷한 것으로 보아, 그들은 유전적으로 다양해질 시간이 없었을 정도로 짧은 시간 안에 도착한 듯하다.

고고학자가 최초의 원주민이 남긴 발자취를 밝히기 전에, 이미 사람들은 원주민이 아시아에 그 뿌리를 두었을 것이라고 짐작했었다. 현재 살아있는 원주민은 아시아의 몽골 인종과 상당히 많이 닮았기 때문이다. 최근의 유전학과 인류학 자료는 그 결론을 뒷받침해준다.

지도를 대충 훑어보면 아시아에서 아메리카로 가는 가장 쉬운 방법은 시베리아와 알래스카 사이의 베링해협을 건너는 것이다. 이 해협이 육지(조금씩 끊어진 부분도 몇 군데 있지만)로 연결되어 있었던 것은 2만 5,000～1만 년 전까지의 일이었다.

그러나 육지가 다리가 되어준다고 해서 신세계로 이주할 수 있는 것은 아니다. 다리 끝인 시베리아에 인간이 살고 있어야 했다. 하지만 혹독한 기후 탓으로 시베리아의 북극지방에 사람이 정착한 것은 아주 최근의 일이었다.

이주자들은 현재의 우크라이나 지방에 살면서 매머드의 뼈를 정성스럽게 조립해서 집을 지었던 석기시대의 수렵민처럼 아시아나 동유럽의 한랭대寒冷帶 출신이었을 것이다.

시베리아와 베링해협을 넘은 후에도, 빙하시대의 수렵민과 미국이라는 미래의 수렵지 사이에는 또 하나의 장애물이 가로놓여 있었다. 오늘날 그린란드를 뒤덮고 있는 것과 같은 거대한 만년빙萬年氷이 캐나다의 양쪽 해안까지 펼쳐져 있었던 것이다.

빙하기에는 간헐적으로 이 만년빙 사이에 남북으로 뚫린 얼음 없는 좁은 통로가 로키산맥의 바로 동쪽까지 생기곤 했다. 그 통로가 약 2만 년 전에 다시 닫혔을 때는 알래스카에 인간이 살고 있지 않았으므로 그곳을 횡단할 사람도 없었다.

그러나 약 1만 2,000년 전에 다시 통로가 열렸을 때 수렵민은 준비가 되어 있었다. 그 직후의 것으로 추정되는 그들의 석기가 통로의 남단인 에드먼턴(캐나다 앨버타 주-옮긴이) 주변뿐만 아니라, 만년빙의 남쪽 각지에서 발견되고 있기 때문이다. 이 시점에서 수렵민이 아메리카의 대형 동물과 만났고 드디어 드라마가 시작되었다.

고고학 용어로 개척기의 원주민 조상은 클로비스인이라고 부른다. 그들의 석기가 텍사스 주 경계에서 뉴멕시코로 15킬로미터 들어간 클로비스 시가지 근처에서 최초로 발굴되었기 때문이다. 그러나 클로비스 식의 석기나 그것과 비슷한 석기는 에드먼턴에서 북멕시코까지 미국의 48개 주에서 잇달아 발견되어 왔다.

애리조나 대학의 고고학자 밴스 헤인즈는 한 가지 분명한 예외를 제외하면 이들 석기가 그 이전 시대에 동부 유럽이나 시베리아에 살았던 매머드 수렵민의 석기와 상당히 비슷하다고 주장한다. 그 예외란 평평하게 가공한 뾰족한 도구 양쪽 면에, 석기 끝을 자루에 끼우기 쉽게끔 세로 홈이 새겨져 있다는 점이다. 이 세로 홈에 끼워 고정시킨 도구가 손으로 던지는 작살이었는지, 투사 장치를 이용해 쏘는 화살이었는지, 찌르는 창이었는지는 확실치 않다.

어쨌든 이 뾰족한 도구는 뼈를 관통할 만큼 엄청난 힘으로 대형 포유류를 향해 발사되었다. 고고학자들은 늑골 안쪽에 클로비스 식의 뾰족한 도구가 박혀 있는 매머드나 들소의 뼈를 발견했는데, 그중에는 남애리조나에서 출토된 매머드처럼 뾰족한 도구가 8개나 들어있는 것도 있었다. 발굴된 클로비스 유적에서 출토된 뼈들을 보면 매머드가 가장 일반적인 포획물이었던 것 같다. 그 외에 들소, 마스토돈, 맥, 낙타, 말, 곰 등도 그들의 사냥감이었다.

클로비스인에 대한 발견 중에 특히 놀라운 것은 확산 속도다. 방사성 탄소법으로 연대를 측정한 결과, 미국 클로비스 유적이 확산된 것은 1만 1,000년 전이 되기 직전의 불과 몇 백 년 동안의 일이다. 파타고니아 남단에 있는 인류의 유적도 약 1만 5,000년 전으로 측정된다. 에드먼턴의 얼음 없는 통로가 열린 지 약 1,000년 사이에, 인류는 대륙의 동서 해안은 물론 남북까지 신세계 전역으로 확산된 것이다.

클로비스 문화의 전달 속도도 놀라운 점이다. 약 1만 1,000년 전 클로비스의 뾰족한 도구는, 폴섬Folsom의 뾰족한 도구처럼 더 작고 더욱 정교한 양식으로 변했다(이 창 촉들은 뉴멕시코 폴섬 근처에서 발견되었다).

폴섬의 뾰족한 도구는 멸종된 아메리카들소의 뼈와 함께 자주 발견되지만, 클로비스인이 주로 사냥하던 매머드가 발견되는 곳에서는 전혀 보이지 않는다.

폴섬의 수렵자가 수렵 대상을 매머드에서 들소로 바꾼 이유는 단순할 수도 있다. 매머드가 이미 남아 있지 않게 된 것이다. 마스토돈, 낙타, 말, 대형 땅늘보, 그 외의 대형 포유류도 이미 없었다. 그것을 모두 합하면 매우 놀라운 수치가 나타난다. 북아메리카(73퍼센트)와 남아메리카(80퍼센트)에서 동시에 대형 포유류 종이 대량으로 이 시대에 사라졌다.

많은 고생물학자들은 클로비스 수렵민 때문에 아메리카 동물이 멸종되었다고 보지 않는다. 몇 군데에서 발견된 잘린 상처가 있는 사체의 화석화된 뼈 외에는 대량 살육의 증거가 남아 있지 않기 때문이다. 그 대신 빙하기 말엽의 기후나 서식지 변화가 원인이었고, 마침 그때 클로비스 수렵인들이 도착했다는 것이다.

그러나 이 설명은 몇 가지 점에서 설득력이 없다. 빙하가 녹아내리면서 초목과 삼림이 되살아났으므로 얼음이 녹은 후 매머드의 서식지는 축소되기는커녕 오히려 확대되었다. 어쨌든 아메리카의 대형 포유류는 적어도 스물두 차례의 빙하기를 이겨내고 살아남았다. 만약 기후변화가 원인이라면, 더운 기후를 좋아하는 종과 추운 기후를 좋아하는 종이 한꺼번에 멸종했을 리 없다.

그런데 그랜드캐니언에서 나온 화석의 연대를 방사성 탄소법으로 측정해본 결과, 열대지방에서 온 새스타땅늘보와 한대지방에서 온 해링턴산양은 모두 1만 1,000년 전의 1~2세기 안에 각각 사멸했다. 땅늘보는 갑자기 멸종되기 직전까지만 해도 그 수가 넘쳐나는 동물이었다. 아메리카 남서부의 몇몇 동굴에 남아 있는 보존 상태가 양호한 야구공만 한 둥근 대변에서 식물학자는 최후의 땅늘보가 게걸스럽게 갉아먹었던 식물의 찌꺼기를 분류했다.

그 식물은 현재도 동굴 주위에서 볼 수 있는 마황차Mormon tea와 당아욱이었다. 그랜드캐니언에서 먹이가 부족한 줄 모르고 살아가던 땅늘보와 산양 모두가 클로비스 수렵민이 애리조나에 찾아온 직후 사라져버렸다는 것은 몹시 미심쩍은 사건이다. 배심원들은 결정적이라고 할 수 없는 증거를 바탕으로 그 원인이 살인 때문이라는 판결을 내렸다.

만약 기후가 땅늘보에게 큰 영향을 미쳤다면 우리는 이 짐승이 뜻밖에도 매우 지적이라는 사실을 받아들여야 할 것이다. 왜냐하면 모두가 수렵민에게 죄를 뒤집어씌울 만큼 교묘하게 바로 그 순간 동시에 절멸했기 때문이다.

'우연의 일치'로 보이지만 여기에는 타당한 인과관계가 있다. 애리조나 대학의 지구과학자 폴 마틴은 수렵민과 코끼리의 극적인 만남을 '전격전'이라고 표현한다.

그의 견해에 따르면, 에드먼턴의 얼음 없는 통로에서 출현한 최초의 수렵민은 사람을 무서워하지 않아서 수렵하기 쉬운 대량의 대형 포유류를 발견한 덕분에 번영했고 인구도 점점 늘어났다.

어떤 지역에서 포유류를 다 죽이면, 그들의 자손은 포유류가 아직 많은 새로운 지역으로 계속 확산하여 마주치는 포유류의 개체군을 절멸시켜 갔다. 그리하여 사냥꾼의 전선이 남아메리카의 남단에 이를 무렵에는 신세계의 대형 포유동물은 대부분 전멸 당했던 것이다.

'전격전' 이론의 검증

마틴의 이론에 제기된 반론은 다음 네 가지로 집약된다.

1. 에드먼턴에 도착한 100명가량의 사냥꾼 무리가 1,000년 동안에 지구의 반 정도를 채울 만큼 급속히 번식할 수 있었을까?
2. 그 당시에 에드먼턴에서 파타고니아까지, 모두 1만 3,000킬로미터 가까운 거리를 어떻게 그렇게 빨리 나아갈 수 있었을까?
3. 클로비스인이 정말로 신세계에 발을 디딘 최초의 인간이었을까?
4. 석기시대와 수렵민이 수렵의 증거가 되는 화석을 거의 남기지 않고, 수억 마리나 되는 대형 포유류를 한 마리도 남기지 않을 만큼 효율적으로 사냥할 수 있었을까?

번식률에 관한 첫 번째 의문에 대해서 생각해보자. 현대 수렵·채집인의 인구는 가장 좋은 수렵지에서조차 2.5제곱킬로미터당 약 한 명에 불과하다. 따라서 서반구 전체에 정착했어도 클로비스 시대에 빙하로 덮여 있던 캐나다와 그 외의 지역을 제외한 신세계의 면적은 2,500만제곱킬로미터였기 때문에, 수렵·채집인의 인구는 기껏해야 1,000만 명에 지나지 않았을 것이다.

근대에는 사람이 살지 않는 땅에 이주민이 들어올 경우(예를 들어 전함 바운티호가 핏케언 섬에 도착했던 것처럼) 인구 증가율은 연 3.4퍼센트 정도이다.

이 증가율은 한 쌍의 부부가 네 명의 자녀를 낳고, 세대의 평균수명이 20년인 경우에 해당한다. 이 비율로는 100명의 사냥꾼이 1,000만 명에 이를 때까지 340년밖에 걸리지 않는다.

그렇다면 클로비스 수렵민은 1,000년이 채 되지 않아도 쉽게 1,000만 명까지 인구를 증가시킬 수 있었을 것이다. 에드먼턴의 개척자 자손들은 과연 1,000년 만에 남아메리카의 끝까지 도달할 수 있었을까?

육상의 최단 거리는 1만 3,000킬로미터에 못 미치므로, 연평균 13킬로미터씩 나아가야 한다. 그것은 그리 대단한 일이 아니다. 남녀를 불문하고 건강한 사냥꾼이라면 그 정도의 거리는 하루 만에 다 걸을 수 있기 때문이다. 남은 364일은 가만히 있어도 되는 것이다. 19세기 아프리카의 줄루족 중 일부는 50년 만에 5,000킬로미터를 이동했다고 한다.

클로비스 수렵민이 캐나다 만년빙의 남쪽으로 진출한 최초의 인류였는가 하는 것은 매우 풀기 어려운 문제여서 고고학자들 사이에서도 논쟁이 되고 있다. 클로비스인을 지지하는 가장 큰 이유는 반론을 제기할 만한 근거가 없다는 것이다.

옛날 캐나다 빙산氷山의 남쪽에 있던 신세계 어디에도 클로비스 이전 시대의 것으로 짐작될 만한 뚜렷한 유적이나 인공물이 없다. 하지만 클로비스 이전의 인류가 남겼다는 장소는 수십 군데나 있다. 그러나 이 주장은 곤란한 문제를 내포하고 있다. 방사성탄소연대 측정에 이용되는 재료가 더 오래된 탄소를 함유하고 있었던 것은 아닌지, 측정된 재료가 정말 인간의 유적과 함께 있던 것인지, 인간이 만들었다는 도구가 사실은 단지 자연 상태의 돌은 아닌지 등의 의문이 남는다.

클로비스 이전의 유적 중에서 가장 믿을 만한 것은 약 1만 6,000년 전의 것으로 측정된 펜실베이니아 주의 메도크로프트Meadowcroft 석굴과 적어도 1만 3,000년 전의 것으로 측정된 칠레의 몬테베르데 유적이다. 몬테베르데에는 보존 상태가 양호한 조형물이 여러 종류 있지만, 이 조형물에 대한 방사성탄소연대 결정에 의문이 제기되고 있다.

메도크로프트에서는 방사성탄소연대 측정이 정확한지를 놓고 논란이 벌어졌다. 유적에서 발견된 동식물 종이 1만 6,000년 전보다 훨씬 최근까지도 그곳에 살지 않았다고 생각되기 때문이다.

이와는 대조적으로 클로비스인의 증거는 명백하다. 48개 주에서 유적이 발견되었고 모든 고고학자가 수긍하고 있다. 여러 클로비스 유적에서 클로비스의 조형물과 멸종된 많은 대형 동물의 뼈가 같은 층에서 발견된다. 클로비스 층 바로 위에는 폴섬의 조형물을 볼 수 있지만, 들소 이외의 멸종된 대형 포유류는 단 한 종도 찾아낼 수 없다. 클로비스 바로 아래층은 수천 년간 온난했던 기후를 반영하고 있는데 멸종된 대형 포유류의 뼈는 많아도 인간이 남긴 조형물은 무엇 하나 발견되지 않는다.

클로비스보다 먼저 신세계로 이주했을지 모를 사람들이 어떻게 석기나 화로, 살고 있던 동굴, 인골 등 방사성 탄소법으로 정확히 연대를 측정할 수 있는 충분한 증거를 남기지 않았을까? 헬리콥터라도 사용한 것처럼 어떻게 도중에 아무런 증거도 남기지 않으면서 알래스카에서 펜실베이니아 그리고 칠레까지 도달할 수 있었을까? 그런 점에서 메도크로프트와 몬테베르데의 측정 연대는 부정확하고 어딘가 잘못되었다는 견해가 맞다. 클로비스 이전에도 인류가 있었다는 설명은 수긍이 가지 않는다.

매머드 사냥법

마틴의 전격전 이론과 관련하여 또 하나의 반론은 대형 포유류의 남획과 멸종에 대한 추정이다. 석기시대 사냥꾼이 도대체 어떻게 매머드를 잡았을까? 그것도 상상하기 어려운데 하물며 어떻게 매머드를 모두 멸종시킬 수 있을지가 더 큰 수수께끼다. 만약 사냥꾼들이 매머드를 도살했다면 그 이유는 무엇일까? 그 뼈는 어디에 있을까?

사실 박물관에 진열된 매머드의 골격 표본 앞에 서면, 돌촉 창으로 이런 거대한 어금니를 가진 야수를 공격한다는 것은 자살행위나 다름없다는 걸 알게 될 것이다. 그러나 현대의 아프리카인이나 아시아인은 그렇게 단순한 무기로 코끼리를 죽인다. 무리 지어 엎드려 기다렸다가 불을 사용해서 잡는 일도 많지만, 때로는 창이나 독화살로 무장한 사냥꾼이 혼자서 살며시 다가가는 일도 있다.

현대의 코끼리 사냥은 수십만 년 동안 석기를 이용한 수렵 전통을 계승해온 클로비스 시대의 매머드 사냥꾼에 비하면 아마추어의 장난에 지나지 않는다. 박물관의 미술가들은 석기시대의 사냥꾼을 이미 한두 명의 사냥꾼을 밟아 죽이고 더욱 격노해서 돌진해오는 매머드에게 목숨을 걸고 돌을 던지는 벌거벗은 야만인으로 묘사하지만, 그것은 터무니없는 얘기다. 그랬다면 사냥꾼이 매머드를 멸종시킨 것이 아니라 매머드가 사냥꾼을 멸종시켰을 것이다. 이보다 좀 더 현실적인 묘사는 따뜻하게 껴입은 전문 사냥꾼이 좁은 강바닥에 엎드려 있다가 무서워 떨고 있는 매머드를 향해 창을 던져 잡는 그림이다.

클로비스인이 신세계를 찾은 최초의 인간이라면, 신세계의 대형 포유류는 클로비스 수렵민 이전에는 한 번도 인간을 본 적이 없었을 것이다. 남극 대륙과 갈라파고스를 보면 인간이 없는 환경에서 진화한 동물이 얼마나 붙임성 있고 겁이 없는지 알 수 있다.

무인 지대인 뉴기니의 포야 산지를 방문했을 때 내가 만났던 커다란 나무캥거루는 바로 몇 미터 앞까지 다가올 정도로 유순했다. 아마 신세계의 대형 포유류도 그렇게 순진해서 인간이 두려워지기 전에 모두 살육됐을 것이다.

클로비스 수렵민이 매머드를 멸종시킬 만큼 빨리 죽일 수 있었을까? 한 명의 수렵·채집인과 한 마리의 매머드(현재의 아프리카코끼리 정도라고 생각할 때)가 살아가는 데는 평균 1평방 마일이 필요하다고 간주하고, 클로비스 인구의 4분의 1이 2개월에 한 마리의 매머드를 잡는 성인 남성 사냥꾼이었다고 가정해보자. 이 경우 매머드는 4평방 마일에서 연간 여섯 마리씩 죽게 된다. 살해된 숫자를 보충하려면 1년에 한 마리 이상 번식해야 한다.

그러나 오늘날 코끼리를 보면 같은 수만큼 낳고 또 낳는 데 약 20년이 걸릴 뿐만 아니라 한 번 새끼를 낳고 나서 3년 이내에 번식하는 대형 포유류는 거의 없다. 따라서 클로비스 사냥꾼이 어떤 지방에서 대형 포유류를 멸종시키고, 다른 지역으로 이동해가는 데 불과 2~3년밖에 걸리지 않았다고 생각해도 무리 없을 것이다.

오늘날 고고학자가 살육의 흔적을 기록하려고 하는 것은 마른풀의 화석에서 바늘을 찾아내려는 것과 같다. 몇 십만 년 동안 자연사한 모든 매머드의 뼈 중에서 2~3년 동안에 학살된 것의 뼈를 찾아내는 일이기 때문이다. 늑골에 클로비스의 뾰족한 도구가 박힌 매머드의 사체가 아주 조금밖에 발견되지 않았다고 해도 이상한 일은 아니다. 왜 매머드인 사냥꾼은 2개월마다 매머드를 죽이려고 했을까? 2,200킬로그램의 매머드로부터는 1,100킬로그램의 고기를 얻을 수 있다. 그러므로 한 마리만 잡으면 사냥꾼과 아내와 아이 두 명이 두 달 동안 매일 한 사람당 4~5킬로그램의 고기를 먹을 수 있기 때문이었을까? 4~5킬로그램이라고 하니까 엄청난 대식가처럼 생각되겠지만, 그것은 실제로 지난 세기에 아메리카 개척민 한 사람이 하루에 먹던 고기의 양과 큰 차이가 없다.

그것도 클로비스 수렵민이 징말로 1,100킬로그램의 고기를 모두 먹었을 경우의 이야기다. 그러나 2개월 동안 고기를 보존하려면 그 고깃덩어리를 건조시켜야 한다. 당신이라면 살아있는 매머드를 사냥해서 싱싱한 고기를 얻을 수 있는데도 1톤의 고기를 건조하겠는가?

밴스 헤인즈가 지적한 것처럼 클로비스인은 매머드를 죽여 일부만을 해체한 것이 분명하다. 풍부한 포획물에 둘러싸여 있던 사람들이었기 때문에 고기를 매우 낭비적·선택적으로 이용했음에 틀림없다.

수렵은 고기를 얻기 위한 목적이 아니라 상아나 피혁 또는 단순히 남성다움을 증명하기 위해서 했을지도 모른다. 근대에도 물범이나 고래를 수렵해 기름이나 모피를 얻으면 고기는 부패하도록 버려두었다. 나는 뉴기니의 어촌에서 진귀한 상어 지느러미 수프를 만들기 위해—이때 필요한 것은 오직 지느러미뿐이다—살해되고 버려진 큰 상어의 사체를 자주 보았다.

우리는 근대의 유럽인 사냥꾼이 들소, 고래, 물범 등 대부분의 대형 동물을 멸종시킨 전격전에 대해서는 잘 알고 있다. 최근 수많은 대양大洋의 섬에서 이루어진 고고학적 발견으로, 순진한 동물이 사는 땅에 최초의 사냥꾼이 도착했을 때는 언제나 전격전이 일어났었다는 사실이 밝혀졌다.

인간과 온순한 대형 동물의 충돌의 결과는 늘 급격한 멸종으로 끝났는데, 어떻게 순수한 신세계에 들어온 클로비스 사냥꾼의 경우만 다르다고 말할 수 있겠는가?

그러나 그것은 에드먼턴에 간신히 도착한 최초의 수렵민이 결코 예견하지 못했던 결과이다. 넘쳐나는 인구 때문에 먹을 만한 것들은 모조리 사냥해버린 알래스카로부터 얼음이 없는 회랑을 빠져나와 붙임성 있는 매머드나 낙타, 그 밖의 동물의 무리를 발견한 것은 그야말로 극적인 순간이었음에 틀림없다.

그들의 앞에는 대평원이 지평선까지 펼쳐져 있었다. 탐색을 시작하자마자 그들은 크리스토퍼 콜럼버스나 플리머스의 순례자와는 달리 자신들이 비옥한 토지에 찾아온 최초의 인간이라는 것을 금방 깨달았을 것이다. 에드먼턴의 순례자들 역시 추수감사절을 경축해야 할 충분한 이유가 있었던 것이다.

제2의 구름

핵과 환경 ― 인류가 직면한 두 가지 문제

우리 세대 전까지는 다음 세대의 인간들이 살아남을 수 있을지, 과연 이 행성 위에서 가치 있는 생활을 즐길 수 있을지 고민할 이유가 없었다.

이런 의문에 직면한 것은 우리 세대가 처음이다. 우리는 아이들에게 자기 자신을 돌보고 다른 사람과 어울려 살아가는 방법을 가르치는 데 많은 시간을 들였다. 그러나 날이 갈수록 우리는 이런 노력이 완전히 쓸데없는 것은 아닌지 자문하게 되었다.

이런 염려가 생긴 것은 우리의 머리 위를 덮는 두 개의 구름―상당히 달라 보이지만 결국은 같은 결과를 가져올 두 개의 구름―때문이다. 그 하나는 핵으로 인한 대량 학살의 위협으로, 히로시마의 하늘을 뒤덮었던 버섯 모양의 구름에서 그 정체를 드러냈다(1945년).

현재 막대한 양의 핵무기가 저장되어 있고 역사상 정치가들이 저질러온 어리석은 오판 때문에 핵전쟁은 현실적인 위험으로 다가왔다. 만약 핵으로 인한 대학살이 일어난다면 우리 모두가 멸망할 수 있다는 건 누구나 알고 있다. 오늘날 세계 외교는 핵 위험을 둘러싸고 이루어지고 있다. 우리가 합의를 보지 못하는 유일한 문제는 어떻게 처리하는 것이 최선인가 하는 것이다. 예를 들어 핵군축核軍縮은 부분적이어야 하는지 전면적이어야 하는지, 핵의 균형을 지향해야 하는지, 우위성을 인정해야 하는지, 하는 문제들이다.

두 번째 구름은 대규모 환경 파괴의 위험이다. 환경 파괴는 지구 생물의 멸종을 서서히 야기하고 있는 잠재적 원인이다. 핵으로 인한 대학살과 달리 대규모 멸종의 위험이 현실적인 문제인지 아닌지, 만약 발생한다면 정말로 우리에게 유해한 것인지 아닌지에 대해서는, 의견이 엇갈려 있다.

예를 들어 가장 자주 인용되는 계산은 과거 2세기부터 3세기에 이르는 동안 인간이 지구 위에 사는 조류의 약 1퍼센트를 멸종으로 몰아갔다는 것이다.

이 의견에 대한 반응은 두 갈래로 나누어지는데, 한쪽의 극단적인 견해를 가진 사려 깊은 사람들—특히 경제학자, 산업계의 리더, 일부 생물학자를 비롯한 대다수의 일반인—은 1퍼센트 정도의 손실이라면 만약 실제로 일어났다고 해도 별것 아니라고 생각한다.

그들은 1퍼센트라는 것은 과장한 것이고 비록 그 수치가 사실이어도, 대부분의 생물 종은 우리에게 별반 쓸모없는 것들이므로, 그 10배 정도의 종을 잃어버려도 별로 큰일이 났다고 생각하진 않는다.

그러나 반대 입장에 있는 다른 사람들, 특히 환경생물학자나 점점 늘어나는 환경보호 운동에 참여하고 있는 사람들은 정반대로 생각한다. 그들은 1퍼센트라는 수치는 오히려 너무 낮게 잡은 것이며, 대규모 멸종은 인류의 생활의 질뿐만 아니라 생존 그 자체를 위협한다고 생각한다. 이처럼 극단적인 두 견해 중 어느 쪽이 진실에 가까운가에 따라 우리 자손들의 미래가 크게 달라진다.

핵으로 인한 대규모 참상과 환경 파괴의 위기는 오늘날 인류가 직면한 가장 절박한 문제다. 이 제2의 구름에 비교한다면 우리가 언제나 신경 쓰고 있는 암이나 에이즈, 다이어트 등은 매우 하찮은 문제이다. 그런 문제가 인류 전체의 생존을 위협하는 것은 아니기 때문이다. 만약 핵과 환경의 위기가 현실적인 문제가 아니라면, 인류는 암이나 그 밖의 사소한 문제와 씨름할 시간이 많을 것이다. 그러나 만약 이 두 문제를 피할 수 없다면 암을 퇴치하는 것이 무슨 소용인가.

인류는 지금까지 얼마나 많은 종을 멸종으로 몰아간 것일까? 또 다음 세대에서는 얼마나 많은 종이 멸종될 것인가? 만약 많은 종이 멸종한다면 어떻게 될까? 굴뚝새는 국민총생산에 얼마만큼의 기여를 하고 있을 것일까? 늦든 빠르든 모든 종은 멸종할 운명에 처한 것일까? 대량 멸종의 위기가 임박했다는 것은 좀 지나친 거짓말에 불과한 것일까? 아니면 정말로 미래에 일어날 위험일까? 그것도 아니면 충분히 실증되고 있는, 이미 겪고 있는 현실일까?

얼마나 많은 종이 대량 멸종되었는지 정확하게 따져보기 위해서는 세 가지 단계를 밟아야 한다. 첫 번째, 근현대(1600년 이후)에 멸종된 종은 몇 종이나 되는지 조사해보고, 두 번째, 1600년 이전에는 얼마만큼의 종이 멸종되었는지 조사해보자. 세 번째 단계로 우리 자손들의 세대에서는 또 얼마만큼의 종이 멸종될 것인지를 예측해보자. 마지막으로 그것이 우리에게 과연 어떤 결과를 가져올지에 대해서 생각해보자(소련의 붕괴와 냉전의 종식으로 핵무기의 위협은 격감되었으나, 여전히 핵무기는 폐기되지 않고 남아 있다. 또 세계정세는 언제 어떻게 변할지 모르며 특히 구소련권 핵발전소의 위험 등 인류 절멸의 잠재적 가능성은 현재도 여전히 남아 있다-옮긴이).

조용히 사라져가는 생물들

근현대에 어느 정도의 종이 멸종했는지 계산하는 것은 단순하다. 식물이든 동물이든 하나의 그룹을 선택해 전체 종의 수를 헤아려 1600년 이후에 멸종한 것으로 알려진 종을 구별한 후 전부 더하면 된다.

이런 방법에는 새가 가장 편리하다. 관찰이나 분류하기도 쉽고 조류학자가 많기 때문이다. 그래서 다른 어떤 동물군보다 새에 대한 종이 많이 알려져 있다.

오늘날 살아있는 조류는 약 9,000종이다. 새로운 종이 발견되는 것은 매년 1종 아니면 2종 정도이므로 현생하는 새는 거의 모두 학계에 알려져 있는 셈이다. 전 세계적으로 조류 보호에 관한 지도 기구인 국제조류보호회의International Council for Bird Preservation: ICBP는 1600년 이후, 108종의 새와 더 많은 수의 아종이 멸종되었다고 보고한다. 이들이 멸종된 원인은 가지각색이지만 결과적으로는 모두 인간 때문이었다.

게다가 인간에 의한 멸종은 앞으로도 한층 심화될 것이다. 108종이라는 수치는 9,000종의 약 1퍼센트이다. 앞서 1퍼센트라는 수치를 제시한 근거는 여기에 있다. 이를 멸종된 현대 조류의 최종 수치로 간주하기 전에 어떤 방법으로 108종이라는 수치가 얻어진 것인지 먼저 이해해두자. ICBP는 이전에 그 새가 보이거나 출현했을 가능성이 있는 지역을 충분히 조사한 후, 오랫동안 발견되지 않는 경우에 한해서 '멸종된 새의 목록'에 올리고 있다.

새 전문가들은 대개 어떤 집단이 점점 작아져서 몇 마리의 개체가 될 때까지 관찰하고 가장 마지막까지 남은 개체의 운명을 끝까지 지켜보고 확인했다. 예를 들어 최근 미국에서 가장 많이 멸종된 새의 아종은 플로리다 주 타이터스빌 근처의 소택지에 살고 있던 옅은해안참새dusky seaside sparrow였다.

서식지인 소택지가 파괴되면서 개체 수가 감소됐기 때문에 야생동물국은 얼마 남아 있지 않은 이 새에게 식별용 띠를 발에 채워서 개체마다 식별이 가능하게 했다. 겨우 여섯 마리가 남았을 때, 옅은해안참새는 보호와 번식을 위해 사육 시설로 옮겨졌지만 유감스럽게도 한 마리씩 죽어갔다. 그러다가 1987년 7월 16일에 마지막 남은 개체마저도 죽었다.

따라서 옅은해안참새의 멸종은 의문의 여지가 없다. 멸종 목록에 올라가 있는 그 밖의 108종이나 아종도 마찬가지다. 유럽인의 이주가 시작된 후, 북아메리카에서 모습을 감춘 새의 종명과 그 최후의 개체가 죽은 해를 보면 큰바다쇠오리(1844년), 안경가마우지(1852년), 까치오리(1875년), 여행비둘기(1914년), 캐롤라이나앵무새(1918년)가 있다.

큰바다쇠오리는 유럽에도 서식하고 있었는데, 1600년 이후 '멸종 새 목록'에 게재된 유럽 새는 없다. 단, 유럽에서는 사라졌지만 다른 대륙에서 발견된 새는 조금 있다. ICBP의 엄격한 멸종 기준에 들어맞지 못한 나머지 새들은 어떻게 되었을까? 아직 생존해 있다고 말할 수 있을까? 북아메리카와 유럽의 새에 대한 대답은 "그렇다"이다.

이들 대륙에서는 수십만 명에 이르는 열광적인 조류 관찰자들이 매년 모든 새를 감시하고 있다. 희귀한 새일수록 조사는 더욱 열렬하다. 북아메리카와 유럽의 조류 중 발견되지 않은 채 멸종된 새가 있을 가능성은 없다. 북아메리카의 새 중에서 현재 생사가 불분명한 것은 한 종밖에 없다. 바크만 휘파람새Bachman's warbler인데 정확한 기록으로는 1977년 기록이 최후의 것이다. 그러나 최근에도 불확실한 기록이 있기 때문에, ICBP는 아직 희망을 버리지 않고 있다(상아부리딱따구리도 북아메리카의 개체군은 단지 아종일 뿐 이미 멸종되었을지도 모른다. 이 딱따구리의 다른 아종에 속하는 몇 마리는 쿠바에 살아남아 있다). 따라서 1600년 이후 북아메리카에서 멸종된 새는 5종보다는 많고 6종보다는 적다. 바크만 휘파람새 이외의 모든 새는 '확실한 멸종'이나 '확실한 생존'의 어느 한쪽에 속한다. 마찬가지로 1600년 이후 유럽에서 멸종된 새는 확실히 한 종밖에 없다. 그 이상도 이하도 아니다.

그러므로 1600년 이후에 북아메리카와 유럽에서 멸종된 새는 몇 종인가, 하는 문제에 대해서 우리는 정확하고 확실한 대답을 가지고 있다. 다른 생물군에 대해서도 확실한 대답을 할 수 있다면, 대량 멸종을 둘러싼 논쟁의 첫 단계는 완료될 것이다.

그러나 유감스럽게도 이런 분명한 상황은 식물이나 다른 동물에는 들어맞지 않고 지구의 다른 지역에도 적용할 수 없다. 특히 압도적으로 많은 생물이 살고 있는 열대지방에서는 적용하기 곤란하다. 대부분의 열대 나라에는 조류 관찰자가 극소수이거나 전혀 없기 때문에 매년 새를 조사하는 일도 없다. 열대 지역에는 아주 오래전에 처음으로 생물학적 조사가 이루어진 후, 두 번 다시 조사되지 않은 곳이 많다. 많은 열대 생물은 발견된 후 두 번 다시 보이지 않는다든가, 확실히 조사되지 않았기 때문에 현 상태가 불분명하다.

뉴기니의 새 중 브라스탁발승새brass's triabird는 1939년 3월 22일부터 4월 29일 사이에 아이덴버그 강의 한 초호礁湖에서 총에 맞은 채 발견된 18마리의 표본만 알려져 있다. 그 후 이 초호를 방문한 과학자가 없기 때문에 브라스탁발승새의 현황에 대해서는 어느 것 하나 알려진 것이 없다. 그나마 적어도 어디를 조사하면 좋은지는 알려져 있다.

19세기 탐험대가 수집한 다른 많은 종의 채집지는 대부분 그 표기가 명확하지 않다(예를 들면 '남아메리카'와 같이). 어디를 조사하면 좋은지 대강의 힌트밖에 없다면 희귀종의 현 상태를 어떻게 해명할 수 있을지 생각해보자.

이 새의 지저귐이나 행동, 좋아하는 서식지에 관해서는 아무것도 알려진 바가 없으므로 어디를 조사해야 할지도 모르고, 한 번 흘끗 보거나 소리를 들어서 분류하는 방법도 모른다. 따라서 열대 종의 현 상태는 '확실한 생존'으로도 '확실한 멸종'으로도 분류할 수 없고, 다만 '불명'이라고 할 수밖에 없는 경우가 많다. 또는 어떤 종이 조류학자의 주의를 끌어 조사 대상이 되는가 하는 것은 우연의 문제이기 때문에 멸종으로 인정됐을 수도 있다.

예를 들어보자. 솔로몬제도는 태평양 지역에서 내 마음에 드는 또 하나의 새 연구지이고, 나이가 지긋한 미국인이나 일본인에게는 제2차 세계대전 중에 가장 치열했던 전투지의 하나로 기억될 만한 장소(과달카날 섬, 헨더슨 평지, 케네디 대통령의 쾌속 초계 어뢰정, 동경 공습 직행편을 떠올리지 않을까?)일 것이다. ICBP는 솔로몬제도에 살았던 새의 일종인 미크의 관비둘기Meek's crowned pigeon만을 멸종 목록에 올려놓고 있다. 그러나 새로 알려진 솔로몬제도의 164종에 대한 최근의 조사를 일람표로 만들어보고 나서, 나는 그중 12종이 1953년 이후 확인되고 있지 않다는 것을 알았다. 12종 중의 몇몇은 이전에는 흔한 새였는데 고양이 때문에 사라졌다는 솔로몬제도 주민들의 말로 미루어 확실히 멸종된 것으로 여겨진다.

164종 중 12종이 멸종되었다는 것은 그다지 우려할 만한 일이 아닐지도 모른다. 그러나 솔로몬제도는 인구가 많지 않고 새의 종류도 적으며, 경제적인 발전도 없고 풍부한 삼림을 갖춰, 대부분의 다른 열대 지역보다 환경 측면에서 훨씬 혜택을 받은 곳이다.

좀 더 전형적인 열대 지역으로는 말레이시아를 들 수 있다. 새의 종수는 훨씬 많지만 저지림의 대부분은 베어져버렸다. 생물학 탐험대는 말레이시아의 삼림 하천에 사는 266종의 담수어를 분류했는데, 4년에 걸쳐 계속된 최근의 조사에서는(1992년 기준) 반도 못 미치는 122종밖에 발견할 수 없었다. 발견하지 못한 144종의 말레이시아 담수어들은 멸종했든지 극소수만 남았든지, 일정한 지역에만 국한된 것이 틀림없다. 담수어들은 어느 사이에 그 지경이 되어버린 것이다.

말레이시아는 인간의 압력을 정면으로 받고 있는 전형적인 열대 지역이다. 물고기는 과학적인 관심을 많이 끌지 못한다는 의미에서 새를 제외한 모든 동물의 전형이다. 그러므로 말레이시아가 이미 반수 이상 (또는 대부분)의 담수어를 잃었다는 추정은 다른 열대 지역에 살고 있는 식물이나 무척추동물, 새 이외의 척추동물의 현 상태에도 해당될 것이다. 많은 수의 종의 현 상태가 알려져 있지 않은 것이다.

바로 이런 이유 때문에 1600년 이후에 멸종된 종의 수를 정확하게 파악하기 어렵고 복잡하다. 그러나 문제를 한층 복잡하게 만드는 다른 난제가 있다. 지금까지 우리는 이미 발견되어 기록(명명)된 종에 대해서만 멸종을 조사하고 기록해왔다. 기록조차 되지 않은 채 멸종되어 버린 것도 있지 않을까?

물론 있을 수 있는 일이다. 특정 지역을 집중적으로 조사하는 표본 추출 방법에 따르면, 실제로는 전 세계에서 약 3,000만 종의 생물이 존재하는 것으로 추정되지만 지금까지 기록된 것은 200만 종도 되지 않는다. 기록되기 전에 종이 멸종될 수 있다는 두 가지의 분명한 예를 설명하겠다. 식물학자 올윈 젠트리는 에콰도르에서 센티넬라라는 고립된 산악지대의 식물을 조사한 후 그 산등성이에서만 서식하는 38종의 새로운 종을 발견했다.

그 후 얼마 안 있어 그 산악지대는 나무가 베어졌고 그 식물들은 멸종했다. 카리브 해의 그랜드케이맨 섬에서 동물학자 프레드 톰프슨이 대리석 산등성이 숲에서만 사는 두 종의 육생 달팽이를 발견했는데 그 숲은 2~3년도 되지 않은 사이에 택지 개발 때문에 완전히 베어져버렸다.

젠트리와 톰프슨이 산등성이를 방문한 때가 우연히도 나무가 베어지기 전이었기 때문에 우리가 멸종된 그 종의 이름을 알고 있는 것이다. 그러나 대부분의 열대 지역은 생물학자가 한 번도 조사하지 않은 상태에서 개발되고 있다. 센티넬라에도 육생 달팽이가 있었을 것이고, 다른 무수한 열대의 능선 위에도 인간이 발견하기 이전에 멸종해버린 식물이나 달팽이가 살고 있었을 것이다.

요약하면 근현대에 멸종된 종의 수를 결정한다는 것은, 언뜻 보면 단순하고 타당한 추정이 가능하다고 생각될 수도 있다. 예를 들어 북아메리카와 유럽에서 멸종된 새는 확실히 5~6종이었다. 그러나 잘 생각해보면, 멸종된 종의 목록이 실제의 멸종 수보다 과소평가될 수밖에 없는 두 가지 이유를 납득할 수 있을 것이다.

첫째, 당연한 얘기지만 발표된 멸종 목록에는 명명된 종밖에 없는데, 새처럼 충분히 연구되어 있는 경우를 제외하면 상당히 많은 종이 아직 명명조차 되어 있지 않은 상태이다.

둘째, 북아메리카와 유럽 이외에서 발표된 멸종 목록에는 새를 제외하면, 어떤 생물학자가 우연히 그 종에 흥미를 가졌다든가 뭔가 다른 이유로 멸종한 것을 발견한 약간의 종만이 게재되어 있다. 현재 상태가 알려져 있지 않은 나머지 생물 종 중에는 많은 것이 멸종되었든지, 멸종 직전에 있다.

선사시대의 멸종

그렇다면 대량 멸종 논쟁을 평가하는 제2단계를 생각해보자. 지금까지 추정한 것은 종의 과학적 분류가 시작된 1600년 이후의 멸종에 대한 것이었다. 이런 멸종은 인구가 증가하면서 과거에는 살지 않았던 지역에 인간들이 진출하고 무서운 기세로 파괴적인 기술을 발명해왔기 때문에 일어났다. 이런 요인은 수백만 년이라는 인류사를 흘려보내고 1600년에 갑자기 튀어나온 것일까? 1600년 전에는 멸종이란 게 전혀 없었을까?

물론 아니다. 5만 년 전까지 인류는 아프리카와 유럽, 아시아의 온난화 지역에서만 살고 있었다. 그때부터 1600년 사이에 인간은 대대적으로 영토를 확대했다. 그리하여 5만 년 전쯤에는 오스트레일리아 대륙과 뉴기니, 뒤이어 시베리아와 남북아메리카의 거의 모든 지역으로 퍼져나가 기원전 2000년경에 이미 대양의 동떨어진 섬까지 확산되었다.

수적으로도 엄청나게 늘어, 5만 년 전 수백만 명 정도에 불과했던 인구는 1600년에 약 5억 명에 이르렀다. 과거 5만 년 동안에 진행된 수렵 기술의 개발, 과거 1만 년 동안의 마제 석기나 농경의 발전, 과거 6,000년 사이의 금속기 발전 등과 함께 인간의 파괴력 역시 커졌다.

고생물학자들이 연구했던 세계 모든 지역과 과거 5만 년 동안 인간이 도착한 모든 곳에서 인간의 도래와 때를 같이하여 대형 동물의 멸종이 일어났다. 마다가스카르, 뉴질랜드, 폴리네시아, 오스트레일리아, 서인도제도, 남북아메리카, 지중해의 섬들에 대해서는 17장, 18장에서 서술했다.

이 사실을 알게 된 과학자들 사이에서는 멸종의 원인이 인간인지, 아니면 기후변화로 종들이 이미 멸종하고 있었는데 우연히 시기가 일치한 것인지를 놓고 논쟁을 벌였다.

폴리네시아 섬들에서 있었던 멸종은 인간의 출현이 다양한 멸종의 원인으로 이어졌다는 것에 의심의 여지가 없다. 새의 멸종과 폴리네시아인의 도래는 2세기에서 3세기 정도의 간격을 두고 일치하는데, 그 시대에는 특기할 만한 기후변화가 없었다. 또 모아새의 뼈 수천 개가 폴리네시아인의 화덕 속에서 발견되었다. 마다가스카르도 마찬가지다. 그러나 오스트레일리아와 아메리카 대륙에서 초기에 일어난 멸종의 원인에 대해서는 아직도 의견이 분분하다.

앞 장에서 설명한 아메리카 대륙에서의 멸종은 폴리네시아나 마다가스카르 이외의 땅에서도 인간이 종의 멸종에 한몫을 했다는 증거이다. 세계 어디에서나 인간이 이주한 곳은 멸종으로 이어지곤 했기 때문이다. 인간이 이주하기 전에 기후변화가 일어났어도 동물들은 멸종되지 않았다. 따라서 기후변화가 멸종의 원인은 아니다. 남극이나 갈라파고

스제도를 방문한 사람이라면 누구든지 동물들이 최근까지도 인간 존재에 얼마나 익숙하지 않은지 잘 알 수 있을 것이다.

코앞까지 바싹 다가가서 사진을 찍어도 잠자코 있을 정도로 순하기 짝이 없는 동물들이다. 수렵자들도 마찬가지였을 것이다. 다른 지역에 최초로 정착했던 수렵자들도 순한 매머드나 모아새에게 그렇게 다가가고, 최초의 수렵자와 함께 도착한 쥐도 하와이나 다른 섬의 순진한 작은 새들에게 마찬가지로 다가갔을 것이다.

선사시대 사람들은 새로 차지한 땅뿐만 아니라 오래전부터 살던 곳에서도 동물을 멸종시켰을 것이다. 지난 2만년 동안 유라시아에서는 털코뿔소, 매머드, 큰뿔사슴이 멸종됐고, 아프리카에서는 거대 들소, 거대 영양, 거대 말이 멸종됐다. 이들 대형 동물은 그 전에도 수렵되었지만, 전례 없이 강한 무기를 가진 선사인들에게 희생되었을 것이다. 유라시아나 아프리카의 대형 동물은 인간에게 순하게 굴지는 않았다. 하지만 캘리포니아의 회색곰이나 영국의 곰, 늑대, 비버가 몇 천 년 동안 인간에게 사냥당한 끝에 결국 최근에 멸종된 것처럼, 동식물은 두 가지 이유로 사라졌다. 다름 아니라 인구가 증가했고 무기가 발전했기 때문이다.

선사시대에 멸종된 종이 얼마나 되는지 어떻게 추정할 수 있을까? 서식지의 파괴로 선사시대의 식물이나 무척추동물, 도마뱀이 얼마나 멸종되었는지 추정하려는 사람은 아직 아무도 없다.

고생물학자가 방문한 모든 대양의 섬에서 최근에 멸종된 조류의 흔적이 발견되고 있다. 아직 고생물학자가 방문하지 않은 지역까지 포함하면 약 2,000종의 조류, 다시 말해서 조류 종의 5분의 1에 해당하는 새들이 선사시대에 섬 지역에서 멸종했다는 얘기이다.

이 숫자에는 선사시대에 대륙에서 멸종된 새는 포함시키지 않았다.

북아메리카에서는 대형 동물의 73퍼센트가 인간이 도착한 당시나 이후에 멸종했다. 남아메리카와 오스트레일리아에서는 각각 80퍼센트와 86퍼센트가 그렇게 멸종됐다.

미래의 멸종에 대한 예측

대량 멸종을 평가하는 마지막 단계는 미래를 예측하는 것이다. 인류가 불러일으킨 멸종의 물결은 이미 그 한계를 넘은 것일까? 아니면 거의 육박해가고 있는 것일까??

이 문제를 생각하는 데는 두 가지 방법이 있다. 제일 간단한 방법은 오늘날 멸종 위기에 처한 종의 명단에서 내일 멸종할 종이 나올 것이라고 생각하는 것이다. 현존하는 종 가운데 위험할 정도로 개체 수가 감소한 새는 얼마나 될까?

ICBP는 적어도 1,666종의 조류가 멸종에 임박해 있거나 멸종 직전이라고 추정하고 있다. 현존히는 조류의 거의 20퍼센트에 해당한다. '적어도 1,666종'이라고 한 것은 ICBP가 이미 멸종한 조류의 종 수를 과소평가했듯이, 이것 역시 과소평가된 수치이기 때문이다. 양쪽 수치 모두 과학자들의 주의를 끌었던 종만 기준으로 삼은 것이어서 모든 종의 조류를 고려해서 추정한 것은 아니다.

미래의 멸종에 대해 생각하는 또 다른 방법은 우리가 종을 멸종시켜온 구조를 이해하는 것이다. 1600년대에는 5억 명이었던 세계 인구가 현재는 70억 명 이상이다. 인구 증가가 멈추고 기술 혁신이 한계에 다다르지 않는 한, 인류는 멸종을 점점 앞당기게 될 것이다. 매일 새로운 기술혁신이 생겨 지구와 그 주인의 생활을 변화시키고 있다.

인구가 늘면 네 가지 방식으로 종이 멸종에 내몰린다. 그것은 남획, 도입종, 서식지 파괴, 파급 효과이다. 이 네 가지 구조가 한계에 이르게 될지 아닐지 살펴보자.

동물은 번식하는 것보다 죽는 속도가 더 빠르기 때문에 남획은 매머드에서 캘리포니아 회색곰에 이르기까지 인간이 대형 동물을 멸종시킨 주요 원인이 된다(내가 살고 있는 캘리포니아 주의 기旗에는 회색곰이 그려져 있는데, 캘리포니아 사람은 우리가 그들을 오래전에 멸종시켜 버렸다는 사실을 개의치 않는다).

인간은 이미 죽일 수 있는 대형 동물을 모조리 죽여버린 것일까? 물론 그렇지 않다. 남획으로 고래의 개체 수가 격감하자 상업용 포경이 국제적으로 금지되었다. 하지만 일본은 '학술적인 이유로' 포획률을 3배로 늘렸다.

아프리카의 코끼리나 코뿔소는 상아나 뿔 때문에 점점 많이 학살되고 있다. 이 추세라면 코끼리나 코뿔소뿐만 아니라 아프리카나 동남아시아에 사는 대부분의 대형 포유류가 10~20년 안에 멸종되어 동물원이나 국립공원 안에서만 볼 수 있을 것이다.

인간이 종을 멸종시킨 두 번째 방법은 도입종이다. 도입종이란 고의든 우연이든 생물을 다른 지역으로 옮겨놓는 것을 말한다. 아메리카에 도입돼 단단히 뿌리를 내린 대표적인 종은 시궁쥐, 유럽 찌르레기, 느릅나무와 밤나무에 피해를 입히는 균류가 있다.

어떤 종이 새로운 장소에 옮겨지면 대부분 그곳의 토착종을 먹어버리든가 병을 옮겨 멸종시킨다. 희생되는 생물은 도입종이 없는 환경에서 진화했기 때문에 옮겨 들어온 생물에 저항할 수 없다. 아메리카의 밤나무는 밤나무줄기마름병에 대한 저항력이 없어서 거의 모두 멸종되었다. 대양의 섬에서도 마찬가지로 많은 식물이나 새를 염소나 쥐가 멸종시켜 버렸다.

그렇다면 인간은 해로운 것들을 온 세계에 이미 퍼뜨린 것일까? 물론 아니다. 아직 염소와 시궁쥐가 없는 섬이 많고, 곤충이나 질병은 각국이 검역을 강화하면서 확산을 간신히 저지하고 있다.

그러나 공격성이 강한 아프리카산 유럽 꿀벌과 과실이나 야채의 해충인 광대파리의 침입을 저지하려고 미국 농무부에서 꽤 노력했지만 헛수고였다.

좋은 의도가 좋은 결과를 포장하지도 않는다. 실제로 최근에 들어온 포식자로 인해 아프리카의 빅토리아 호수에서 최대 규모의 멸종이 빚어지고 있다. 빅토리아 호수에만 사는 수백 종의 멋진 물고기는 새로운 어업을 진흥시키려는 잘못된 계획으로 도입된 나일농어Nile perch(아프리카의 대형 담수어-옮긴이)라는 대형 포식어에 의해 멸종될 위기에 처해 있다.

서식지 파괴는 인간이 종을 멸종시킨 세 번째 원인이다. 대부분의 종은 아주 한정된 유형의 서식지에서만 산다. 늪휘파람새marsh warbler는 늪에서 살고 소나무휘파람새pine warbler는 소나무 숲에서 산다. 늪이 마르거나 숲이 벌목되면 이곳이 서식지인 종의 모든 개체는 마치 총에 맞아 죽는 것처럼 멸종된다. 필리핀 세부 섬의 삼림이 모두 잘려 없어졌을 때 세부 섬 고유의 10종의 새 중 9종이 멸종된 예도 있다.

서식지 파괴에 대한 최악의 사태는 지금부터 일어날 것이다. 인간이 세계에서 서식하는 종이 가장 많은 열대우림을 파괴하기 시작했기 때문이다. 열대우림은 생물학적으로 너무나 풍요로운 곳이다. 파나마의 열대우림에서 자라는 어떤 종의 나무에는 1,500종이나 되는 갑충류가 살고 있다.

열대우림은 지구 표면의 단 6퍼센트만을 덮고 있지만 지구상에 존재하는 종의 반쯤이 그곳에 살고 있다. 각각의 열대우림 지역에는 그 지역에만 사는 고유한 종이 수없이 많다. 현재 벌목되고 있는 열대우림 중에서 특히 종의 수가 두드러지게 많은 곳은 브라질의 대서양 연안의 삼림과 말레이시아 저지대의 삼림이다. 이들은 거의 모두 벌목되었다. 보르네오와 필리핀의 숲도 사라지고 있다. 21세기 중엽이 되면 남은 대규모 열대우림이라고는 남아메리카 아마존 유역과 아프리카 콩고민주공화국 일부가 고작일 것이다.

모든 종의 식량이나 서식지는 다른 종과 겹치게 마련이다. 즉 모든 종은 제비뽑기나 도미노처럼 연결되어 있다. 하나의 도미노를 쓰러뜨리면 다른 도미노들이 연속적으로 쓰러지듯이, 어떤 한 종의 멸종이 다른 종에게 손실을 가져오면 그 종마저 위기에 처할 수 있다. 그것을 파급 효과라고 하는데, 멸종의 네 번째 원인이다.

자연계에는 수많은 종이 존재하고 서로 복잡하게 연결되어 있기 때문에, 특정 종의 멸종이 어떤 파급 효과를 일으킬지에 대해 정확하게 예측할 수 없다.

50년 전 파나마의 콜로라도 섬에서 대형 포식자(재규어, 퓨마, 부채머리수리)가 멸종된 것이 작은 개미새의 멸종을 초래하고, 또 그것이 섬의 숲에서 자라는 나무의 종에 큰 변화를 불러일으키게 되리라고는 아무도 예상하지 못했지만 결국 실제로 일어났다.

대형 포식 동물은 페커리돼지(남·북아메리카산 멧돼지의 일종), 원숭이, 긴코너구리 등의 중형 포식 동물 그리고 아구티쥐와 파카(둘 다 설치류의 일종이다)처럼 중간 크기의 씨앗을 먹는 동물을 잡아먹었다.

대형 포식 동물이 없어지자 중형 포식 동물의 개체 수가 폭발적으로 증가해 개미새와 알을 다 먹어치웠다. 중간 크기의 씨앗을 먹는 동물도 개체 수가 늘어나, 지면에 떨어진 씨앗을 모두 먹어버렸다. 그 결과 큰 씨앗을 내는 나무는 번식하고 확산되기 힘들어진 반면에 작은 씨앗을 내는 나무는 번식과 확산이 수월해졌다.

삼림의 수종에 이와 같은 변화가 일어나면 작은 종자를 먹는 쥐나 생쥐의 개체 수가 증가하고, 그것은 곧 이들 소형 동물을 먹는 매, 올빼미, 오셀롯(작은 정글고양이) 등을 증가시킬 것이다.

이처럼 재규어, 퓨마, 부채머리수리의 멸종은 동식물을 포함한 모든 집단에 파급 효과를 미쳐 다른 종까지 멸종시켰다.

남획, 도입종, 서식지 파괴, 파급 효과라는 네 가지 구조는 현존하는 종의 거의 반을 멸종시키든지 멸종 위기에 처하게 만들 것이다. 나도 다른 아버지들처럼 내 쌍둥이 아들 형제에게 내가 태어나고 자란 세계를 보여주고 싶다. 그러나 아이들은 내가 본 세상을 못 볼 수도 있다. 아이들이 성장해서 내가 25년 동안 일한 뉴기니에 함께 갔을 무렵에는 뉴기니의 동쪽 고지림의 대부분이 벌목되어 사라질지도 모르기 때문이다.

인간이 지금까지 자초한 멸종에 앞으로 빚어낼 멸종을 더하면, 그 파장은 공룡을 멸종시켰던 소행성의 충돌을 웃노는 규모가 될 것이 분명하다. 소행성의 충돌에서도 포유류나 식물, 그 밖의 많은 종이 대부분 상처 없이 계속 살아남았다. 하지만 이제부터 일어날 멸종은 거머리도 백합도 사자도 모두 똑같이 공격할 것이다. 그렇기 때문에 멸종의 위기는 과장된 악몽도, 먼 훗날에 일어날 일도 아니다. 그것은 5만 년 동안 가속되어 왔다.

왜 멸종의 위기가 문제인가

마지막으로 멸종 위기가 당면 문제라는 것은 인정하지만, 중요성을 인정하지 않는다는 주장을 검토해보자.

무엇보다도 멸종은 어차피 자연적인 과정이 아닐까? 그렇다면 어째서 지금 일어나고 있는 멸종이 그렇게 대단한 걸까?

현재 인류가 일으키고 있는 멸종률이 그 어떤 자연적인 멸종률보다 훨씬 높다. 지구에 존재하는 3,000만 종 가운데 반 정도가 다음 세기에 멸종할 것이라는 예측이 맞는다면, 1년에 15만 종, 한 시간에 17종이 멸종하고 있는 셈이다.

새의 자연적 멸종 속도는 평균 100년에 한 종 미만이다. 하지만 지금은 해마다 두 종 이상이 사라지고 있다. 자연적 멸종 속도의 200배나 되는 것이다. 멸종이 자연법칙이라는 이유로 그 위기를 무시한다면 사람은 누구나 죽게 마련이라며 학살을 정당화하는 것과 같다.

두 번째 문제는 "그래서 어떻게 하라는 것인가?"이다. 우리는 자녀의 일에는 신경을 써도 딱정벌레나 물고기의 일에는 무신경하다. 1,000만 종의 딱정벌레가 멸종했다고 해서 누가 눈이라도 깜짝하겠는가? 이 문제에 대한 답 역시 간단하다.

인간 역시 다른 종과 마찬가지로 존재하기 위해 여러 측면에서 많은 종에 의지하며 살아간다. 우리가 호흡하는 산소의 생산, 내뿜는 이산화탄소의 흡수, 배출하는 쓰레기의 분해, 식량, 토양의 생산성 유지, 수목이나 종이의 생산은 다른 종으로부터 얻는 혜택이다.

그렇다면 인간에게 필요한 종만을 보호하고 다른 종은 멸종시켜도 상관없지 않을까? 물론 그것은 잘못된 생각이다. 인간에게 필요한 종 역시 다른 종에게 의존해서 살고 있기 때문이다. 파나마의 개미새는 자기들에게 재규어가 필요하다는 것을 상상조차 할 수 없었을 것이다. 그처럼 생태학적 연쇄 관계는 매우 복잡하여 필요 없는 도미노가 어떤 것인지 우리로서는 알 수 없다.

다음의 세 가지 질문에 대답해보자.

1. 세계의 종이 생산에 가장 기여하고 있는 수목 10종은 무엇인가?
2. 그들 10종의 수목에 해로운 10종의 새는 무엇이며, 그 꽃의 자가수분 곤충 10종은 무엇이고, 그 종자를 퍼뜨리는 동물 10종은 무엇일까?
3. 이 새와 곤충은 또 어떤 종에 의지할까?

만약 당신이 목재 회사의 사장이라서 멸종시켜도 괜찮은 수종을 결정하게 된다면, 당신은 대단히 어려운 이 세 가지 질문에 대답해야 한다.

또 당신이 몇 백만 달러라는 이익을 위해 종을 멸종시키지 않으면 안 되는 개발 계획을 고려하고 있다면, 불확실한 손실은 무시하고 확실한 이익을 얻고 싶은 유혹에 끌릴 것이다.

그렇다면 비슷한 경우를 생각해보자. 누군가가 당신에게 100만 달러를 주고 당신 신체의 중요한 살 50그램을 고통 없이 잘라가겠다는 제안을 했다고 가정하자. 당신은 어쩌면 50그램의 살은 체중의 1,000분의 1밖에 안 되며, 아직 1,000분의 999나 되는 살이 남아 있기 때문에 괜찮다고 생각할지 모른다. 그 50그램이 당신 몸에 불필요한 피하지방이고 유능한 외과의사가 자르는 것이라면 문제는 없다.

그러나 그 외과의사가 어디든 적당한 부위에서 50그램을 마구 잘라낸다면, 또는 그가 본질적으로 어디가 중요한 곳인지조차 모르는 외과

의사라면 어떻게 될까?

그 50그램은 당신의 요도尿道 부근일지도 모른다. 그리고 지금 우리가 이 행성의 자연 서식지의 대부분을 팔아치우려 하듯이 당신이 당신 몸의 대부분을 팔아버릴 생각이라면, 결국은 요도 부근도 없어지게 될 게 분명하다.

이 장의 처음에 인간의 미래에 드리워져 있다고 말한 두 개의 구름을 비교하고 문제를 조명해보자. 핵으로 인한 대량 살육은 매우 위험한 결과를 가져온다. 지금은 일어나지 않고 있지만 미래에 일어날 수도 있고 영원히 일어나지 않을 수도 있다.

환경 파괴로 인한 대량 살육은 치명적이라는 점에서 핵 위험과 같다. 그러나 이미 진행되고 있다는 점에서 핵보다 더욱 위험하다. 이미 수만 년 전부터 시작된 환경 파괴는 일찍이 유례가 없었던 큰 손실의 원인이었으며 나날이 더욱 심해질 것이다. 만약 이대로 아무런 대책을 강구하지 않는다면 앞으로 1세기 안에 파국이 찾아올 것이다.

확언할 수 없는 건 그 파국이 우리 아이들을 덮칠 것인지, 아니면 손자들을 덮칠 것인지 하는 문제이다. 그리고 우리가 그것을 방지하기 위해서 노력할 준비가 되어 있는가 아니면 없는가, 하는 것뿐이다.

에필로그

아무 교훈도 얻지 못하고
모든 것을 잊고 말 것인가?

인류가 번영하기 시작한 지난 300만 년의 역사를 돌아보고 우리가 구축한 이 모든 진보를 전복시키려는 지금 이 순간을 직시하면서 이 책의 주제를 생각해보자.

인간의 조상이 동물들 중에서도 유별났음을 보여주는 최초의 표시는 약 250만 년 전 아프리카에서 등장한 매우 조잡한 석기였다. 이 도구가 대량으로 발견된 것은 석기들이 인류의 일상생활에서 점차 중요한 역할을 했음을 말해준다. 인간과 가장 가까운 생물인 보노보나 고릴라는 도구를 사용하지 않지만 침팬지는 극히 초보적인 몇 개의 도구를 사용한다. 그러나 그 도구가 침팬지의 생존에 꼭 필요한 것이라고 말할 수 없다.

어쨌든 조잡한 도구는 인간이 종으로 성공하는 데 큰 도움을 주진 않았다. 그 후로도 약 150만 년 동안 인간은 아프리카에서만 살았다. 약 100만 년 전에 이르러 인간은 유럽과 아시아의 온대지방까지 뻗어

나갔고, 침팬지의 세 종 중에서는 가장 넓은 지역에 분포하는 종이 되었다. 하지만 여전히 사자보다는 생활 범위가 훨씬 좁았다. 인간의 도구는 조잡하기 이를 데 없는 수준에서 매우 조잡한 수준으로 아주 느리게 진보했다.

10만 년 전이 되자 적어도 유럽과 서아시아의 네안데르탈인은 일상적으로 불을 사용하기 시작했지만, 불의 사용만 제외하면 인간은 대형 포유류의 한 종에 지나지 않았다.

그때까지 인간은 예술과 농업, 고도의 기술 등을 조금도 발명하지 못했다. 언어를 가지고 있었는지, 약물중독이 되어 있었는지, 또는 오늘날과 같은 기묘한 성적 습성과 삶의 주기적 전환을 가지고 있었는지 알 수 없다. 적어도 네안데르탈인은 40세 이상 사는 일이 거의 없었기 때문에 폐경을 맞는 여성은 없었을 것이다.

행동상의 대약진은 약 6만 년 전에 갑자기 유럽에 나타났는데, 이것은 해부학적 현생 인류인 호모사피엔스가 아프리카에서 유럽으로 발을 디딘 시기와 일치한다.

그 시점에서 예술이 등장했고 다양한 쓰임새에 일맞은 도구를 만드는 기술이 발전했으며, 사는 장소와 시간에 따라 문화적 차이가 나타나기 시작했다.

이러한 행동의 약진은 의심할 여지없이 유럽 이외의 땅에서 발전했지만, 막상 발전이라고 할 만한 것은 아주 급격히 일어났음에 틀림없다. 그 까닭은 10만 년 전에 남아프리카에 살았던 해부학적인 의미에서의 현대인이 동굴에 남긴 유류품을 보면 그들은 그때까지도 훌륭한 침팬지에 지나지 않았기 때문이다.

대약진을 일으킨 요인은 인간이 가진 유전자 중 아주 일부 때문이었을 것이다. 인간과 침팬지의 유전자는 오늘날까지도 1.6퍼센트밖에 차이가 나지 않는다. 대약진은 인간의 언어 능력이 완성됨으로써 가능했다고 생각된다.

우리는 흔히 크로마뇽인을 인류의 고귀한 특징을 맨 처음으로 나타낸 사람이라고 여겨왔다. 그 특징이란 서로를 학살하고 환경을 파괴하는 것을 말한다. 크로마뇽인 이전에도 뭔가 예리한 것으로 구멍이 뚫리고, 뇌를 끄집어내기 위해서인 듯 마구 깨뜨려진 인간의 두개골이 나와 살인과 식인의 증거를 제공하고 있다.

크로마뇽인이 나타난 직후에 네안데르탈인이 사라졌다는 점도 제노사이드가 일어났다는 것을 짐작케 한다. 인간이 삶의 자원을 스스로 파괴하는 능력은 5만 년 전 인류가 오스트레일리아에 도착한 이후, 그곳에 살던 대형 포유류가 대부분 멸종된 사실로 알 수 있다.

만약 고도 문명의 발생이 늘 자멸의 씨앗과 함께 자란다는 것이 다른 태양계에서도 적용된다면, 외계에서 비행접시가 왜 지구를 찾아오지 않는지 쉽게 이해할 수 있다.

약 1만 년 전 마지막 빙하기가 끝날 무렵에 인간은 발전의 속도를 점점 가속화시켰다. 인간이 남북아메리카 대륙을 점유하면서 동시에 대형 포유류가 멸종하기 시작했는데, 그것은 인간이 빚어낸 일인지도 모른다. 그 직후에 농업이 시작되고 수천 년 후에는 최초로 문자 기록을 남겼다. 그 기록을 보면 인간은 이미 약물에 중독되었으며, 대량 학살을 빈번하게 자행했을 뿐만 아니라, 그것을 찬양까지 했다는 것을 전하고 있다.

환경 파괴는 점점 많은 사회의 기반을 무너뜨렸다. 폴리네시아와 마다가스카르에 최초로 정착한 사람들은 대량으로 생물을 멸종시킨 장본인이었다. 읽고 쓸 줄 아는 유럽인이 1492년부터 전 세계에 확산되면서 인류의 흥망성쇠가 속속들이 기록되어 있다.

1940년대 이후로 인간은 다른 별에 신호를 보내는 방법뿐만 아니라 하룻밤 사이에 스스로를 파괴시킬 수 있는 기술까지 발달시켰다.

비록 인간이 그렇게 빨리 종말에 이르지 않는다 해도, 지구 생산력의 대부분을 독점적으로 이용하고 있으며, 다른 종을 멸종시키고, 환경을 빠른 속도로 파괴하고 있기 때문에 다음 세기까지 인류의 생존이 유지될 수 있는지 장담할 수 없다.

역사의 종말이 찾아올 것 같은 징조는 없다고 반론하는 사람이 있을지도 모른다. 그러나 잘 생각해보면 세계의 종말이 다가오고 있음을 나타내는 조짐이 분명히 있다. 기아, 오염, 파괴적인 기술은 날로 증가하고 있다. 이용 가능한 농지, 바다의 식량 자원 그리고 폐기물을 흡수하는 자연의 능력은 점점 감소하고 있다. 인구수는 증가하는데 자원은 더욱 부족해져, 자원을 놓고 정력적으로 싸우면 큰 희생을 감수해야 한다는 건 자명한 이치다.

그러면 도대체 어떤 일이 일어날까?

비판적일 수밖에 없는 이유는 얼마든지 있다. 오늘 살아있는 사람이 내일 모두 죽는다 해도, 인간이 지금까지 저질러온 환경 파괴의 영향은 앞으로 몇 십 년 동안 계속될 것이다. 수많은 종이 아직 멸종하지 않았지만 종의 유지 가능성을 상실할 정도로 개체 수가 줄어들어 이미 '살아있는 시체'나 다름없다.

인간은 자신이 저지른 자기 파괴적인 행동을 보고 충분히 교훈을 얻었을 법도 하건만, 아직도 인구를 억제하거나 환경 착취를 중단할 이유가 없다고 주장하는 사람이 많다.

그런가 하면 자기의 이익이나 무지 때문에 환경 파괴를 돕고 있는 사람도 있다. 살아가는 데 급급해서 자신의 활동이 가져올 종말에 관심을 기울일 만한 여유가 없는 것이다. 이런 파멸의 파도가 이미 막을 수 없는 여세로 밀어닥치고 있으며, 인간 역시 '살아있는 시체' 중의 하나여서 나머지 두 침팬지처럼 우리의 미래도 어둡다.

이런 비관적인 관점은 네덜란드의 탐험가이자 학자인 아서 비흐만 Arthur Wichmann이 1912년에 쓴 책의 아이러니컬한 문장 속에 잘 나타나 있다.

비흐만은 뉴기니 탐험의 역사에 관한 세 권의 방대한 저서에 10년이란 세월을 쏟아부었다. 그는 1,198페이지 속에서 인도네시아를 통해 얻은 가장 초기의 정보부터 19세기에서 20세기 초기에 걸친 '대탐험시대' 정보에 이르기까지 뉴기니에 대해 알아낼 수 있는 정보는 모두 검토했다. 비흐만은 꼬리를 이어 계속 몰려드는 탐험대들이 이전의 탐험대가 저지른 실수를 되풀이하는 것을 보고 서서히 환멸을 느꼈다. 과장된 업적 속의 오만, 파멸적인 실수를 인정하지 않는 기만, 앞선 탐험가의 경험을 무시하고 과거의 잘못을 되풀이함으로써 생기는 불필요한 참상과 죽음의 역사, 이 모든 것을 회고하며 그는 미래의 탐험가도 역시 같은 과오를 범할 것이라고 생각했다. 비흐만은 다음과 같은 신랄한 문장으로 끝을 맺는다.

"아무런 교훈도 얻지 못하고 모든 것을 잊고 말 것이다!"

하지만 나는 인류의 미래에 대해 낙관할 수 없는 모든 부정적인 근거에도 불구하고 희망이 있다고 믿는다. 인류의 흥망을 좌우하는 문제를 일으킨 것은 인간이기 때문에 그 해결도 인간의 손에 달려 있다고 생각한다.

언어·예술·농업이 인간만의 독특한 특징은 아니지만, 우리는 지리적·역사적으로 멀리 떨어진 우리 종의 구성원이 겪은 경험에서 교훈을 얻을 수 있는 유일한 동물이다.

인류의 멸망을 막는 희망의 길은 있다. 산아제한과 환경을 지키기 위한 여러 가지 대책 등 현실적인 정책은 얼마든지 있으며, 이미 많은 나라에서 환경을 지키는 정책을 실행하고 있다.

예를 들어 많은 사람이 환경 문제에 대해서 눈을 뜨기 시작했고, 환경보호 운동이 정치적인 발판을 얻게 되었다. 개발업자가 늘 승리하는 것도 아니고 근시안적인 경제 이론이 항상 우세한 것도 아니다. 많은 나라는 수십 년 동안 인구 증가를 둔화시켜 왔다. 집단 학살이 사라진 것은 아니지만, 통신 기술이 진보하면서 멀리 떨어진 곳에 있는 사람들을 우리와 다른 열등한 인간으로 취급하는 일은 비난의 대상이 되었다. 또 전통적으로 외지 사람을 혐오하는 인간의 성향은 약화되었다.

히로시마와 나가사키에 원자폭탄이 떨어졌을 때 일곱 살이었던 나는, 그 후 수십 년간 세계를 뒤덮었던 핵 살육의 위기감을 생생히 기억하고 있다. 그때부터 반세기가 훨씬 지난 지금까지 핵이 군사 복적으로 사용된 일은 없다. 지금은 1945년 8월 9일 이후의 어떤 때보다도 핵으로 인한 대학살의 위기는 멀어진 듯하다.

1979년, 나는 인도네시아 정부의 고문으로 인도네시아령인 뉴기니(이리안자야라고 불리는 지역)에 자연보호구를 만든 후, 나의 미래 예측은 상당히 변화되었다.

겉보기만으로는 인도네시아가 위태로운 자연환경을 보존하는 데 큰 성공을 거둘 수 있는 지역이라고 말할 수 없다. 인도네시아는 열대지방의 제3세계가 안고 있는 문제를 가장 첨예하게 드러내고 있다.

인도네시아는 2억 5,000만의 인구를 가진, 세계에서 네 번째로 인구가 많은 가난한 나라이다. 인도네시아의 인구는 급속하게 증가하고 있는데 15세 이하가 그 절반을 차지하고 있다. 특히 인구가 많은 몇몇 지역의 과잉 인구가 다소 인구가 적은 지역(이리안자야 등)으로 유입되고 있다. 이곳에 조류 관찰자가 많을 리 없고 현지 사람들로 구성된 환경보호 운동이 있을 리도 없다. 정부 역시 서구적 의미의 민주주의는커녕 극도로 부패가 만연하다. 인도네시아는 석유와 천연가스의 수출에 이어 원시림의 벌목으로 외화를 벌고 있는 것이다.

이런 모든 상황을 종합하면, 인도네시아는 국가 차원에서 환경보호 정책을 다루지 않을 것이라고 생각하기 쉽다. 처음에 이리안자야에 갔을 때, 나 역시 제대로 이루어진 환경보호 계획이 가능하다고 기대하지 않았다. 하지만 다행스럽게도 비흐만 같은 비관적인 생각은 사실과 다르다는 것을 알게 되었다.

환경보호의 가치를 충분히 깨닫고 있는 인도네시아 지도층의 지도력 덕분에 이리안자야에는 전체 면적의 20퍼센트에 해당하는 지역을 보호하는 계획이 실시되기 시작했다. 그들의 환경보호 계획은 관리의 책상 위에 머무는 부질없는 것이 아니었다. 이 계획에 따라 내가 인도네시아 정부의 고문 자격으로 일을 추진했다. 나는 자연보호 구역 안에 버려진 목재소, 순찰 중인 삼림 보호관, 차례차례 완성되는 산림 관리 계획 등을 보았고 기쁨에 넘친 놀라움에 사로잡혔다. 그 결과는 단순한 이상주의의 산물이 아니라 인도네시아의 국익을 냉정하게 내다봄으로써 이루어낸 결과였다. 인도네시아에서 이런 일이 가능했다면, 환경보호 운동을 벌이는 데 비슷한 장애가 있는 다른 나라에서나, 또 환경보호 운동의 기반이 더 폭넓은 부유한 나라에서도 가능한 일이다.

인류의 문제를 해결하기 위해 완전히 새로운 기술이 발명되길 기다릴 필요는 없다. 우리에게 필요한 것은 확실한 환경보호 정책을 과감하게 추진하는 국가가 더 많이 늘어나도록 만드는 것이다.

일반 국민도 무력하지 않다. 시민단체들은 포경 금지, 모피코트를 만들기 위한 대형 고양잇과 동물의 남획, 야생 침팬지의 수입 금지 등 멸종을 막으려고 노력하고 있다.

사실 이런 일은 지극히 평범한 시민이 약간의 기부만으로도 큰 영향을 행사할 수 있다. 모든 환경보호 조직은 조촐한 예산으로 운영되고 있다. 예를 들어 최근 세계자연보호기금이 '모든' 영장류의 보호를 위해 벌이고 있는 전 세계적인 활동 예산은 겨우 수십만 달러에 불과하다. 수천 달러만 더 있으면 멸종에 임박한 또 다른 원숭이나 유인원 그리고 여우원숭이류의 보호도 가능하다.

인간은 생존을 둘러싼 매우 어려운 문제에 봉착해 있고 해결 전망도 불확실하다. 그러나 나는 조심스럽게 인류의 미래를 낙관적으로 보고 있다. 비흐만의 신랄한 마지막 문장은 틀렸음이 증명되었다. 비흐만 이후의 뉴기니 탐험가들은 과거의 교훈을 받아들여 전임자들이 범했던 파괴적이고 어리석은 행동을 반복하지 않았다.

비흐만의 말보다 인류의 미래에 더 어울리는 유명한 글귀는 오토 폰 비스마르크의 회고록 속에 들어 있다. 몇 십 년 동안 유럽 정치의 중심에 있었던 예리한 지성의 소유자인 비스마르크는 어리석은 행동이 반복되는 역사를 보아왔을 것이다. 그럼에도 비스마르크는 역사로부터 교훈을 얻을 수 있다고 믿고, 자신의 자손에게 헌정하는 회고록을 남겼다. 그는 회고록에 '이 책이 나의 아이들과 손자들이 과거를 이해하고 미래로 나아가는 데 지침이 되기를 바란다'고 썼다.

나도 같은 마음으로 이 책을 두 아들과 그들 세대에게 바친다. 만약 우리가 이 책에서 더듬어 온 인류의 과거로부터 교훈을 얻는다면, 우리의 미래는 나머지 두 침팬지보다 밝을 것이다.

과학적인 글쓰기의 걸작

에드워드 O. 윌슨
(하버드 대학 교수)

《제3의 침팬지》는 인간을 인간으로 만드는 것이 무엇인가에 대한 중요하고 의욕적인 탐험에 성공했다.

다른 동물의 기준으로 보면 인간의 강력한 문명은 독특한 것이다. 인간의 섹슈얼리티와 행위의 대부분도 마찬가지이다.

그러나 많은 점에서 인간은 유전자 중 98퍼센트 이상이 침팬지와 동일한 영장류의 또 다른 종에 불과하다. 이 흥미롭고 설득력 있는 책에서 재레드 다이아몬드는 전체의 2퍼센트도 안 되는 유전자가 어떻게 인간을 다르게 만들었느냐라는 질문에 대한 슬기로운 해답을 찾아냈다.

무엇이 인간에게 종교와 문명을 건설하게 하고, 언어를 발달시키고, 우주를 여행하게 만들었으며, 무엇이 인간에게 이 모든 업적을 하룻밤 사이에 파괴할 수 있는 능력을 부여했는가?

'원시적인' 인간 사회에 대한 자신의 연구를 포함한 광범위한 최신 과학연구를 활용한, 재레드 다이아몬드는 인류의 생물학적이고 사회적인 발전을 4만 년 전에 있던 인간의 대약진에서부터 현대까지 추적하고, 미래의 인간의 운명까지 전망하고 있다. 그는 세계 정복자로서의 인간의 역할을 추적하며, 인간이 어떻게 배우자를 선택하고, 어떤 이유로 종종 그들을 배신하는지, 어떻게 언어와 예술을 발전시켰는지 등에 대해 고찰하고, 또 종족 말살의 경향, 그리고 독성이 있는 화학물질에 대한 중독성 등과 같은 흥미진진한 주제에 대해서도 말하고 있다.

이러한 인간의 특성을 그들의 동물 조상과 연결시키고 뛰어난 통찰력으로 인간이라는 동물의 미래에 대해 풀어나가고 있다.

재레드 다이아몬드는 그의 탁월하고 광범위한 지성의 모든 자원을 동원하여 과학적 글쓰기의 걸작을 내놓았다. 《제3의 침팬지》는 풍부한 내용을 가진 매우 유익하고 값진 책으로 독자에게 인류의 과거를 돌아보고 미래를 전망해볼 수 있는 기회를 제공하리라 믿는다.

1.6퍼센트의 차이로 인간이 된
'제3의 침팬지'

이현복
(서울대 교수)

《제3의 침팬지》는 미국 캘리포니아 대학의 생물학 교수인 재레드 다이아몬드 박사의 역저이다. 이 책은 과학대중화 위원회와 과학박물관이 주관하는 1992년 '과학도서상'을 수상한 바 있다. 과학도서상은 과학의 대중화와 보편화에 이바지한 공로가 큰 과학·기술 부문의 도서에 수여되는 영예로운 상이다.

다이아몬드 교수는 명망 있는 생물학 교수일 뿐만 아니라 인류학과 역사에도 조예가 깊으며, 나아가서 인간의 언어와 문자에도 전문 언어학자 못지않은 해박한 지식을 지니고 있다.

특히, 그는 한글의 우수성을 극찬하고 인류의 문자 사상 한글이 차지하는 독특한 위치를 명쾌하게 설파하는 논문을 1994년 미국의 과학 전문잡지 《디스커버Discover》에 실어, 우리 민족의 긍지를 온 세계에 드높여준 고마운 인물이기도 하다.

그 논문이 계기가 되어 다이아몬드 교수는 1995년 10월 한글날 즈음하여 세종대학 세계어연구소가 서울에서 개최한 국제회의에 초청되어 한글에 관한 강연을 한 바 있어서, 우리에게 잘 알려진 학자이기도 하다.

《제3의 침팬지》는 먼저 인간과 침팬지는 어떠한 차이점과 유사점을 가지는가에 관심의 초점을 맞춘다. 그리고 동물로서의 인류의 기원과 인간 지성의 뿌리, 언어의 기원, 성, 마약 등을 중요한 주제로 삼았다. 그리고 침팬지와 인간이 공유하는 폭력성과 환경 파괴의 성향 등을 다양한 각도에서 흥미롭게 다루고 있다. 나아가서 이러한 제3의 침팬지의 성향이 앞으로 인류의 장래에 어떠한 영향을 미칠 것인가를 예견한다.

그러면 다이아몬드 교수는 어째서 인간을 '제3의 침팬지'라고 이름을 붙였을까? 그는 자이르의 보노보와 그 밖의 아프리카 지역의 침팬지에 이어 인간을 제3의 침팬지라고 분류하며, 그 까닭을 유전자인 DNA의 분석에서 찾았다. 즉, 인간과 침팬지는 DNA의 98.4퍼센트가 같은 모습과 특성을 가지고 있고, 차이는 1.6퍼센트 이하라고 한다. 그럼에도 인간이 다른 영장류와 그렇게도 다르고 또 훨씬 우월하다고 할 수 있는 것은 바로 언어능력 때문이라고 보는 것이다. 다시 말해, DNA 조직을 보면 인간이 700만 년 전 침팬지로부터 분화되었음을 알 수 있는데, 처음에 원시적인 도구를 사용한 네안데르탈인이 보여준 초기의 인류 진화에 이어 인간과 침팬지를 구분 짓은 가장 결정적인 도약의 요인은 언어에서 비롯되었다고 보는 것이다. 특히 인간의 목소리는 복잡하고 정교하여 모음과 자음을 발음하려면 뼈, 근육, 힘줄 등이 모두 함께 상호작용하는 복잡한 해부학적 토대가 뒷받침되어야 한다. 그리고 인간은 이같이 정교한 언어를 향유하게 되면서 새로운 사물을 발명하고 인생과 예술을 논하며 즐길 수 있는 것이다.

다이아몬드 교수는 뉴기니, 인도네시아, 태평양 등지에서의 환경 연구를 통하여 인간이 만든 변화가 지금 예측할 수 없을 정도로 세계의 종을 파괴하고 있음을 확인했다. 무분별한 사냥과 개발로 동식물의 서식처 파괴 등은 인간의 미래를 심각하게 위협하는 환경 학살이라고 말한다. 인류의 파멸을 가져올 환경 파괴는 지금도 이 지구상에서 일어나고 있고, 미래에도 일어날 수 있다는 점을 지적한다. 그러므로 결국 인류의 진보는 원천적으로 언어 습득으로 이루어졌고, 인류의 몰락은 환경의 파괴에 기인할 것임을 예견하고 있다. 1.6퍼센트라는 침팬지와의 차이가 인류 진보의 근원이었다면, 제3의 침팬지로서의 인간이 지니는 폭력성이 인류의 몰락을 초래할 것이라는 논리이다.

다이아몬드 교수는 과학이 아직까지 설명하지 못하는 문제로 남아 있는 인간과 동물의 성행위 행태 차이를를 지적한다. 원숭이는 암컷이 성교를 갖고자 할 때에 공개적으로 성교를 하는 데 비해서, 인간은 즐거움을 위해 성교를 하되 사적으로 은밀하게 하며, 여성의 폐경기는 동물의 암컷보다 늦다. 또한 여성은 임신을 하기 전에도 원숭이 암컷보다도 더 큰 가슴을 가지고 있는데 그 까닭은 무엇일까? 다이아몬드 교수는 풀리지 않는 몇 가지의 문제에 해답을 제시하기도 한다. 가령 남성의 고환은 왜 고릴라보다 크고 침팬지보다 작을까에 대한 것이다. 즉 인간은 생식을 위해서만이 아니고 즐거움을 위해서도 섹스를 하기 때문에 인간은 자주 성행위를 하게 마련이다. 그러나 고릴라는 사람과 달라서 아주 드물게 짝짓기를 하며, 반면에 침팬지는 매일 짝짓기를 하면서 성적인 환희 속에 지낸다는 것이다. 고릴라의 성기는 길이가 4분의 1인치이고 침팬지가 3인치, 인간의 남성은 5인치이므로 유인원 중에서 인간 남성이 가장 길고 큰 성기를 가지고 있다는 사실은 바로 이 같은 성행위 형태의 차이를 설명한다고 볼 수 있다.

《제3의 침팬지》는 인간의 폭력성을 보여준다. 그 폭력성은 인간이 거주하고 있는 모든 환경과 생물의 종을 말살시킬 수 있는 상태까지 나아간다. 그는 침팬지의 연구를 통해 그들의 끔직한 공격성을 관찰했다. 새 거처를 얻기 위해 외부에서 온 침팬지 무리는 기존의 침팬지를 무차별 공격하여 언덕 아래로 몰아내는 것을 보았다. 이러한 공격성과 종 말살의 에피소드는 인간의 역사 속에도 있다. 가령, 호주의 개척자들은 10만 명 이상의 원주민을 죽였고, 순수 태즈메이니아 종족도 거의 대부분을 죽이고 말았다.

그러나 다이아몬드 교수는 이같이 심각한 징조에도 인류의 미래를 낙관하고 있다. 지금 인간에게 필요한 것은 인류가 과거에 저지른 파괴 행위를 반성하는 것이라고 강조한다. 그렇게 되면, 20세기가 가장 모범적인 평화와 화해와 균형의 세기가 될 수 있음을 확신한다. 여기에 바로 인간과 침팬지의 중요한 차이가 있다고 그는 강조한다. 언어를 이용하여 책을 읽는다는 것 자체가 과학이나 환경에 대한 이해를 깊게 하고, 과거의 실수를 수정해나갈 수 있는 가능성을 뜻하는 것이라고 이해된다. 그래서 인류의 미래는 앞에서 말한 두 종류의 다른 침팬지보다 훨씬 밝을 것이라고 내다본 이 책을 젊은 학도들은 물론 지식인이면 누구나 일독할 만한 쉽고 재미있게 쓴 교양서라고 믿으며 널리 추천코자 한다.

소설처럼 재미있고 쉽게 쓴
인류 역사의 쾌저

김정흠
(고려대 명예교수)

우선 인간을 가리켜 '제3의 침팬지'라고 한 책 제목부터가 충격적이었다. 아니, 인간이 침팬지라니? 우리 인간이 동물원의 철망으로 둘러싸인 울타리 안에서, 이 홰에서 저 홰로 날다시피 날렵하게 뛰어 오르내리며, 희희낙락하게 놀고 있는 원숭이 무리의 한 품종에 불과하다니, 말도 안 된다.

그러나 그 말이 전적으로 틀린 것은 아니다. 만약 어느 날 머나먼 미래에 지구를 찾아온 우주인, 즉 외계인 동물학자가 지구상의 모든 동물을 DNA의 구조에 따라 분류한다면, 틀림없이 인류를 일반 침팬지와 보노보에 이은 제3의 침팬지로 분류할 것이다.

왜냐하면 제1, 제2의 침팬지와 인간의 DNA은 98.4퍼센트가 동일하고, 인간을 인간이게 하는 차이점은 오직 1.6퍼센트에 불과하기 때문이다. 이 1.6퍼센트의 차이도 그리 대수로운 것은 아니며 의미 있는 차이는 영점 몇 퍼센트에 불과하다는 것이다.

그래도 다행인 것은 불과 1.6퍼센트의 차이가 인간에게 언어를 구사할 수 있는 성대와 인후 구조를 형성시키고, 그 언어 구사력으로 인해 한때 동종이자 형제였던 침팬지들을 따돌리고 고도의 문명을 구축했다는 것이다(이 분류는 거의 약 700만 년 전에 이루어졌다고 분자생물학자들은 밝히고 있다).

그리고 바로 그 능력에 의해 인간은 만물의 영장으로서 엄청난 발전과 진화를 이룩하긴 했지만, 동시에 자칫 잘못하면 멸망의 길로 치달을 수도 있다는 것이 저자의 주장이다.

사실 이 책의 원제는 1991년에 출판된 영국판에서는, 《제3의 침팬지의 흥망The Rise and Fall of the Third Chimpanzee》라는 멋진 이름으로, 저 유명한 책 《제3국의 흥망》을 연상케 하는데, 실제로도 인류라는 생물의 흥망을 논하고 있다. 또 이듬해에 출판된 미국판(하퍼 콜린스 출판사, 1992년)에서는 길었던 책명을 《제3의 침팬지The Third Chimpanzee》로 바꾼 대신 〈인류의 진화와 미래The Evolution and Future of the Human Animal〉와 같은 부제를 달아 비슷한 의미를 나타내고 있다.

즉 이 책은 인간이라는 종이 어떻게 해서 침팬지와 같은 대형 포유동물의 일종에서 세계의 패자覇者로 군림하게 되었고, 고도로 진화하면서 만들어낸 문화를 하루아침에 수포로 돌아가게 하는 능력까지도 몸에 지니게 되었는가를 밝힘으로써, 인류의 미래에 대해 일종의 경종을 울리고 있다.

저자는 이 책에서 인류학·분자생물학·동물행동학·진화생태학·미술사·병리학·천문학·언어학·민속학·고고학·농학·지리학·역사학·심리학·환경과학·사회학·윤리학 등등 엄청나게 방대한 지식을 종횡

무진하면서 다재다능한 능력을 과시하고 있다. 그도 그럴 것이 저자인 재레드 다이아몬드 박사는 UCLA의 의과대학 생리학 교수이자, 틈틈이 뉴기니를 탐구 활동의 본거지로 삼은 일류 조류학자이기도 하다. 또 그는 세계적으로 유명한 과학 월간지인 《네이처Nature》, 《내추럴 히스토리Natural History》, 《디스커버Discover》 등 수많은 고정란에 기고를 하는 저널리스트인 동시에 이들 과학지의 논설위원도 하는 등 과학 저술인으로서 활발하게 활약하고 있는 박학한 지식의 소유자였던 것이다. 그의 다재다능한 능력은 이 책의 군데군데에서 유감없이 발휘되고 있다.

그는 이 책에서 약 700만 년 전 침팬지들과의 공동 조상에서 갈라져 나온 인류(제3의 침팬지기도 한)가, 불의 사용법을 터득한 베이징인을 거쳐 크로마뇽인의 단계에 들어서자 어떤 변화(성대의 완성과 언어 습득)에 의해 동굴 속 벽에 벽화를 남길 수 있을 정도의 예술적 재능까지 갖게 됐는가 등 인간의 진화 과정을 자세하면서도 파노라마적으로 밝히고 있다. 즉 인류의 과거·현재·미래를 통해 전망하는 장대한 인류 통사의 빛과 그림자를 엮어내고 있다. 특히 그는 종래의 인류 진화사와는 달리 생태학적 역사관을 전면에 강하게 내세우고 있다.

또한 진화적 산물로서의 인류라는 종의 기본 주장을 강조하지만 생물학적 결정론으로 치우치는 일 없이 문화적 존재로서의 인간이라는 종의 특이성(인간의 인간다운 점)에 대해서도 적정한 언급을 하고 있다.

이 책의 제목이 주는 매력 때문에 밤을 새우면서 읽는 내내 저자의 그 방대한 지식과 통찰력에 사로잡혔고 또 그의 과학자답지 않은 명문에 매료되고 말았다.

그러다가 문득 대학 1학년 때 읽은 H.G.웰즈(Herbert George Wells,

1866~1946)의 대저大著인《세계문화사대계》(전 20권, 1920)를 떠올렸다. 원래는《타임머신》,《투명인간》 등 공상과학소설을 연달아 발표해서 세상을 깜짝 놀라게 했던, SF의 아버지라고도 불리는 웰즈는 문명비평가로서도 맹활약을 하는 등 20세기 초엽의 사상계에 커다란 영향을 미쳤다. 그는 과학소설뿐만 아니라 인류의 이상과 진보에 관한 일군의 사상 소설인《완성 중인 인류》,《근대적 이상향》 등을 연달아 발표했고, 1898년에 이미 원자폭탄을 예언한 과학소설《우주전쟁》을 통해 인류의 미래에 대해 근심스럽게 논했다. 드디어 방대한 대저인《세계문화사대계》를 저술하여 인류가 걸어온 역사를 생명의 기원부터 시작해서 기나긴 지질학적 연대에 걸친 발전 과정과 미래의 전망에 대해 논했던 것이다.

그런 의미에서 다이아몬드 교수의《제3의 침팬지》는 H.G. 웰즈의《세계문화사대계》에 버금가는 인류사 또는 생태학적 사관에 의한 속편같이 느껴지기도 한 탓에 번역에 착수했다. 어쨌든 근래에 보기 드문 쾌저快著요, 웅장한 저술임에 틀림없었다.

이 책의 영국판은 출간되자마자 베스트셀러가 되어 오랫동안 그 대열에서 벗어나지 않았고 1992년 5월 27일에는 영국에서 매년 대중을 위한 그해 가장 우수한 과학서적에 수여하는 '과학도서상Science Book Prize', 1992년 '론 플랑Rhone Poulens 상'을 수상하기도 하였다. 이것을 계기로 오스트레일리아, 미국 등의 여러 대학에 초청되어 이 저서와 관련하여 지구의 온난화, 오존 홀의 확대, 열대우림의 소실과 표토 유실에 따른 환경 파괴, 엄청난 수의 야생동물이나 각종 생물 종의 멸망 등 지구가 지금 당면한 각종 문제를 파헤치는 고찰을 통해 많은 사람에게 경각심을 불러일으키기도 했다.

즉 인간은 다른 동물과 달리 말할 줄 알고, 글을 쓸 줄도 알고, 복잡한 기계를 만들어 사용할 수 있는 뛰어난 재능뿐만 아니라 옷을 만들어 입고, 예술을 창조하고 그것을 사랑하며 또 종교를 믿고 철학을 논하는 등 만물의 영장으로서 온갖 우월성을 다 갖고 있다는 것이다. 그 결과 인간은 35억 년이라는 기나긴 생물 진화의 역사(지구 탄생으로부터 따지면 46억 년)에 비할 때 눈 깜짝할 사이인 지난 4만 년(크로마뇽인 시대부터 따져) 사이에 지구의 구석구석까지 그 세력을 펼쳤고, 에너지자원 및 생산의 대부분을 지배하게 되었으며, 대양의 심해로부터 우주 공간까지 세력의 범위를 확대하는 등 대약진을 했다. 그러나 어두운 일면도 갖고 있다는 것이다. 예컨대 제노사이드, 지나친 고문 성향, 유독 물질 중독, 몇 천 몇 만이나 되는 여러 생물 종의 절멸, 대규모의 환경 파괴, 환경오염 등 그칠 줄 모르는 파괴 행동도 서슴지 않는다는 것이다.

저자는 인류역사상 여러 구체적 예들, 예컨대 남태평양 이스터 섬 환경 파괴와 멸망, 태즈메이니아 원주민의 집단 살육, 기름졌던 메소포타미아 비옥토의 사막화와 메소포타미아 문명의 멸망, 인도네시아 열대우림의 벌목에 따른 삼림의 손실 등의 예를 들면서 근심스럽게 고발하고 있다.

다만 이런 과거사에대한 고발에도 다이아몬드 교수는 우리 인류의 미래를 조심스럽게 낙관한다. 지금 우리는 과거의 실수를 거울삼아 고쳐 나가야 한다는 것이다.

그리하여 그는 20세기야말로 어쩌면 가장 덜 살인적인 세기가 될 수도 있다는 것이다. 왜냐하면 각 국가가 환경 살리기에 대중적 합의를 얻어냄으로써 환경오염이나 환경 파괴 방지의 선결 조건의 하나로 제거할 수도 있기 때문이다. 쉽게 말해 활기찬 논의와 교육을 통해 인류가 당면하고 있는 여러 난관을 돌파할 수 있을 것이라는 것이다.

끝으로 이처럼 생물학과 자연인류학, 그리고 역사학과 언어학에 이르기까지 해박하고 심오한 지식을 바탕으로 써낸 이 역저는 고등학교 학생 정도의 지적 수준만 돼도 누구나 소설처럼 재미있게 읽을 수 있고 알기 쉽게 서술한 저자의 노력과 배려에 시종 경탄하면서 변역을 진행했음을 덧붙여두고자 한다. 아무쪼록 이 책이 누구나 평생 한 번쯤은 의문을 갖는 "인간은 어디서 와서 어디로 가는 것일까" 하는 궁금증을 속 시원히 푸는 데 있어 큰 도움이 되기를 바란다.

참고 문헌 소개

더 자세하게 배우고 싶은 독자를 위한 문헌 소개이다. 기본적인 단행본과 학술 논문 외에 종전의 연구에 관한 포괄적인 문헌 제목이 붙어 있는 최근의 논문을 선택했다. 학술 논문은 논문명, 잡지 호수, 처음 페이지와 마지막 페이지, 출판 연도순이다.

DNA 시계를 이용해서 인간과 다른 영장류의 계통 관계를 조사한 문헌은 일련의 전문 논문으로 과학 잡지에 게재됐다. C.G. 시블리와 J.E. 알퀴스트는 세 편의 주요 논문을 발표했는데, 2, 3권은 1권의 자료를 늘려 간행한 책이다.

C. G. Sibley · J. E. Ahlquist, The phylogeny of the hominoid primates, as indicated by DNA-DNA hybridization. *Journal of Molecular Evolution* 20 pp.2~15, 1984.

C. G. Sibley · J. E. Ahlquist, DNA hybridization evidence of hominoid phylogeny: results from an expanded data set. *Journal of Molecular Evolution* 26 pp.99~121, 1987.

C. G. Sibley · J. A. Comstock · J. E. Ahlquist, DNA hybridization evidence of hominoid phylogeny: a reanalysis of the data. *Journal of Molecular Evolution* 30 pp.202~236, 1990.

시블리와 알퀴스트가 동일 DNA법을 조류 계통 관계에 이용한 많은 연구는 다음 두 권에 실려 있다.

C. G. Sibley · J. E. Ahlquist, *Phylogeny and Classification of Birds* (New Heaven: Yale University Press, 1990).

C. G. Sibley · B. L. Monroe, Jr., *Distribution and Taxonomy of the Birds of the World* (New Heaven: Yale University Press, 1990).

다른 방법을 이용해 DNA를 비교해도 사람과 영장류의 계통 관계에 관해 동일한 결론을 얻을 수 있다(시블리와 알퀴스트가 사용했던 하이드록시아파타이트 방식이 아니라 4에틸 염화암모늄 방식이다).

A. Caccone · J. R. Powell, DNA divergence among hominoids. *Evolution* 4, pp.925~942, 1989.

또 다른 다음의 논문에서는 DNA 융해점에서 공통되는 DNA 비율을 어떻게 계산하는지 설명되어 있다.

A. Caccone · R. DeSalle · J. R. Powell, Calibration of the changing thermal stability of DNA duplexes and degree of base pair mismatch. *Journal of Molecular Evolution* 27 pp.212~216, 1988.

위의 논문은 전체적인 근연성近緣性을 하나의 측도로 나타내기 위해서, 두 종류 사이의 모든 유전 조성(DNA)을 융해점을 이용해서 비교한 것이다. DNA 일부를 구성하고 있는 실제 분자 배열을 알 수 있는 방법이다. 이외에도 실험적인 방법을 적극 활용하여, 각 종마다 DNA의 작은 조각에 대해서 더 상세한 정보를 알 수 있다. 아래 다섯 편의 연구는 같은 연구실에서 얻은 결과로, 사람과 영장류의 계통 관계를 조사하는 데 응용된 자료다.

M. M. Miyamoto et al., Phylogenetic relations of humans and African apes from DNA sequence in the Ψ-globin region. *Science* 238 pp.369~373, 1987.

M. M. Miyamoto et al., Molecular systematics of higher primates: genealogical relations and classification. *Proceedings of the National Academy of Science* 85 pp.7627~7631, 1988.

M. Goodman et al., Molecular phyolgeny of the family of apes and humans, *Genome* 31 pp.316~335, 1989.

M. M. Miyamoto · M. Goodman, DNA systematics and evolution of primates. *Annual Reviews of Ecology and Systematics* 21 pp.197~220, 1990.

M. Goodman et al., Primate evolution at the DNA level and a classification of hominoids. *Journal of Molecular Evolution* 30 pp.260~266, 1990.

다음 논문은 같은 방법을 빅토리아 호수의 시클리드의 계통 관계에 응용한 자료다.

A. Meyer et al., Monophyletic origin of Lake Victoria cichlid fishes suggested by mitochondrial DNA sequences. *Nature* 347 pp.550~553, 1990.

DNA 시계 전반과 특히 시블리와 알퀴스트에 의한 사람과 영장류의 관계에 대한 응용을 엄격하게 비판한 논문은 다음의 두 편이다.

J. Marks·C. W. Schmidt·V. M. Sarich, DNA hybridization as a guide to phylogeny: relationships of the Hominoidea. *Journal of Human Evolution* 17 pp.769~786, 1988.

V. M. Sarich, C. W. Schmidt·J. Marks, DNA hybridization as a guide to phylogeny: a critical analysis. *Cladistics* 5 pp.3~32, 1989.

개인적으로는 막스와 슈미트, 서리치의 비판에는 충분히 해답이 되었다고 생각한다. 시블리와 알퀴스트에 의해 측정된 DNA 시계, 카콘과 파웰에 의해 측정된 DNA 시계 그리고 DNA 연쇄라는 상이한 방법을 사용해도 인간과 영장류의 계통 관계에 관한 결론이 일치하므로, 이들 결론의 정확함이 인정된다.

DNA 시계에 관한 그 밖의 논문은《Journal of Molecular Evolution》지 제30권(1990년) 3호와 5호에 특집으로 실려 있다.

다음의 책은 인류 진화에 관해 자세한 설명이 실려 있는 많은 서적 중 최근 내가 가장 유익하다고 생각한 책이다.

Richard Klein, *The Human Career*(Chicago: University of Chicago Press, 1989).

그림을 많이 싣고 기술적인 설명을 생략한 책으로는 다음의 두 권을 들 수 있다.

Roger Lewin, *In the Age of Mankind*(Washington, D. C.: Smithsonian Books, 1988).

Brian Fagan, *The Journey from Eden*(New York: Thames and Hudson, 1990).

다음의 두 권에서는 현대인의 진화에 관해서 여러 저자들이 전문적인 해설을 했다.

Fred H. Smith·Frank Spencer (eds.), *The Origins of Modern Humans*(New York: Liss, 1984)

Paul Mellars·Chris Stringer (eds.), The Human Revolution: *Behavioural and Biological Perspectives on the Origins of Modern Humans*(Edinburgh: Edinburgh University Press, 1989).

인류 진화의 연대와 지리적 분포를 다룬 최근 논문으로는 다음의 서적이 있다.

C. B. Stringer·P. Andrews, Genetic and fossil evidence for the origin of modern humans. *Science* 239 pp.1263~1268, 1988.

H. Valladas et al., Thermoluminescence dating of Mousterian

'proto-Cro-Magnon' remains from Israel and the origin of modern man. *Nature* 331 pp.614~616, 1988.

C. B. Stringer et al., ESR dates for the hominid burial site of Es Skhul in Israel. Nature 338 pp.756~758, 1989.

J. L. Bischoff et al., Abrupt Mousterian Aurignacian boundaries at c. 40 ka bp: accelerator ^{14}C dates from l' Arbreda ave(Catalunya, Spain). *Journal of Archaeological Science* 16 pp.563~576, 1989.

V. Cabrera-Valdes·J. Bischoff, Accelerator ^{14}C dates for Early Upper Paleolithic (Basal Aurignacian) at El Castillo Cave (Spain). *Journal of Archaeological Science* 16 pp.577~584, 1989.

E. L. Simons, Human origins. Science 245 pp.1343~1350, 1989.

R. Grün et al., ESR dating evidence for early modern humans at Border Cave in South Africa. *Nature* 344 pp.537~539, 1990.

다음의 세 권에는 빙하시대 예술의 아름다운 그림이 많이 실려 있다.

Randall White, *Dark Caves, Bright Visions*(New York: American Museum of Natural History, 1986).

Mario Ruspoli, *Lascaux: The Final Photographs*(New York: Abrams, 1987).

Paul G. Bahn·Jean Vertut, *Images of the Ice Age*(New York: Facts on File, 1988).

다음은 인간 수렵 활동의 진화에 관한 논문집이다.

Matthew. H. Nitecki·Doris V. Nitecki, *The Evolution of Human Hunting* (New York: Plenum Press, 1986).

네안데르탈인이 정말로 시체를 매장했는가에 대한 의문과 이를 둘러싼 논쟁은 다음의 잡지에 게재되어 있다.

R. H. Gargett, Grave shortcomings: the evidence for Neanderthal burial. *Current Anthropology* 30 pp.157~190, 1989.

사람의 후두 해부학적 구조와 네안데르탈인이 말을 할 수 있었는가에 대한 의문에 관해서는 아래 책과 논문을 참조하라. 많은 문헌이 인용되어 있다.

Philip Lieberman, *The Biology and Evolution of Language*(Cambridge, Mass.: Harvard University Press, 1984).

E. S. Crelin, *The Human Vocal Tract*(New York: Vantage Press, 1987).

B. Arensburg et al., A Middle Palaeolithic human hyoid bone. *Nature* 338 pp. 758~760, 1989.

4장 혼외정사의 과학

동물 행동 전반에 관해 진화적인 진보에 흥미가 있는 독자들은 다음의 두 권이 필독서다.

E. O. Wilson, *Sociobiology*(Cambridge, Mass.: Harvard University Press, 1975)

John Alcock, *Animal Behavior*, 4th ed.(Sunderland: Sinauer, 1989). 성 행동의 진화에 관해 논의된 훌륭한 책에는 아래의 서적이 있다.

Donald Symons, *The Evolution of Human Sexuality*(Oxford: Oxford University Press, 1979).

R. D. Alexander, *Darwinism and Human Affairs*(Seattle: University of Washington Press, 1979).

Napoleon A. Chagnon·William Irons, *Evolutionary Biology and Human Social Behavior*(North Scituate, Mass.: Duxbury Press, 1979).

Tim Halliday, *Sexual Strategies*(Chicago: University of Chicago Press, 1980).

Glenn Hausfater·Sarah Hrdy, *Infanticide*(Hawthorne, N. Y.:Aldine, 1980).

Sarah Hrdy, *The Woman That Never Evolved*(Cambridge, Mass.: Harvard University Press, 1981).

Nancy Tanner, *On Becoming Human*(New York: Cambridge University Press, 1981).

Frances Dahlberg, *Woman the Gatherer*(New Haven: Yale University Press, 1981).

Martin Daly·Margo Wilson, *Sex, Evolution, and Behavior*(Boston: Willard Grant Press, 1983).

Bettyann Kevles, *Females of the Species*(Cambridge, Mass.: Harvard University Press, 1986).

Hanny Lightfoot–Klein, *Prisoners of Ritual: An Odyssey into Female Genital Circumcision in Africa*(Binghamton: Harrington Park Press, 1989).

특히 영장류의 번식생물학을 소재로 한 책으로는 다음과 같은 서적을 들 수 있다.

C. E. Graham, *Reproductive Biology of the Great Apes*(New York: Academic Press, 1981).

B. B. Smuts et al., *Primate Societies*(Chicago: University of Chicago Press, 1986).

Jane Goodall, *The Chimpanzees of Gombe*(Cambridge, Mass.: Harvard University Press, 1986).

Toshisada Nishida, *The Chimpanzees of the Mahale Mountains, Sexual and Life History Strategies*(Tokyo: University of Tokyo Press, 1990).

Takayoshi Kano, *The Last Ape: Pygmy Chimpanzees Behavior and Ecology*(Stanford: Stanford University Press, 1991).

다음은 성의 생리와 행동 진보에 관한 논문이다.

R. V. Short, The evolution of human reproduction. *Proceedings of the Royal Society*(London), series B 195 pp.3~24, 1976.

R. V. Short, Sexual selection and its component parts, somatic and genetical selection, as illustrated by man and the great apes. *Advances in the Study of Behavior* 9 pp.131~158, 1979.

N. Burley, The evolution of concealed ovulation. *American Naturalist* 114 pp.835~858, 1979.

A. H. Harcourt et al., Testis Weight, body weight, and breeding system in primates. *Nature* 293 pp.55~57, 1981.

R. D. Martin and R. M. May, Outward sighs of breeding. *Nature* 293 pp.7~9, 1981.

M. Daly·M. I. Wilson, Whom are newborn babies said to resemble? *Ethology and Sociobiology* 3 pp.69~78, 1982.

M. Daly·M. I. Wilson·S. J. Weghorst, Male sexual jealousy. *Ethology and Sociobiology* 3 pp.11~27, 1982.

A. F. Dixson, Observations on the evolution and behavioral significance of 'sexual skin' in female primates. *Advances in the Study of Behavior* 13 pp.63~106, 1983.

S. J. Andelman, Evolution of concealed ovulation in vervet monkeys(Cercopithecus aethiops). *American Naturalist* 129 pp.785~799, 1987.

P. H. Harvey·R. M. May, Out for the sperm count. *Nature* 337 pp.508~509, 1989.

4장에서는 일부일처 조류 한 쌍이 혼외정사를 한 예를 몇 가지 소개했다. 이 연구의 자세한 사례는 다음 논문을 참조하라.

D. W. Mock, Display repertoire shifts and extra-marital courtship in herons. *Behaviour* 69 pp.57~71, 1979.

P. Mineau·F. Cooke, Rape in the lesser snow goose. *Behaviour* 70 pp.280~291, 1979.

D. F. Werschel, Nesting ecology of the Little Blue Heron: promiscuous behavior. *Condor* 84:381~384, 1982.

M. A. Fitch and G. W. Shuart, Requirements for a mixed reproductive strategy in avian species. *American Naturalist* 124 pp.116~126, 1984.

R. Alatalo et al., Extra-pair copulations and mate guarding in the polyterritorial pied flycatcher. *Ficedula hypoleuca*. Behavior 101 pp.139~155, 1987.

5장 어떻게 섹스 상대를 찾아내는가?

놀랄 일도 아니지만 이 주제에 관해서는 정말로 많은 과학적 연구가 있다. 인간의 배우자 선택에 관한 총설에는 다음과 같은 자료가 있다.

E. Walster et al., Importance of physical attractiveness in dating behavior. *Journal of Personality and Social Psychology* 4 pp.508~516, 1966.

J. N. Spuhler, Assortative mating with respect to physical characteristics. *Eugenics Quarterly* 15 pp.128~140, 1968.

E. Berscheid · K. Dion, Physical attractiveness and dating choice: a test of the matching hypothesis. *Journal of Experimental Social Psychology* 7 pp.173~189, 1971.

S. G. Vandenberg, Assortative mating, or who marries whom? *Behavior Genetics* 2 pp.127~157, 1972.

G. E. DeYoung and B. Fleischer, Motivational and personality trait relationships in mate selection. *Behavior Genetics* 6 pp.1~6, 1976.

E. Crognier, Assortative mating for physical features in an African population from Chad. *Journal of Human Evolution* 6 pp.105~114, 1977.

P. N. Bentler · M. D. Newcomb, Longitudinal study of marital success and failure. *Journal of Consulting and Clinical Psychology* 46:1053~1070, 1978.

R. C. Johnson et al., Secular change in degree of assortative mating for ability? *Behavior Genetics* 10 pp.1~8, 1980.

W. E. Nance et al., A model for the analysis of mate selection in the marriages of twins. *Acta Beneticae Medicae Gemellologiae* 29 pp.91~101, 1980.

D. Thiessen · B. Gregg, Human assortative mating and genetic equilibrium: an evolutionary perspective. *Ethology and Sociobiology* 1:111~140, 1980.

D. M. Buss, Human Mate selection. *American Scientist* 73 pp.47~51, 1985.

A. C. Heath·L. J. Eaves, Resolving the effects of phenotype and social background on mate selection. *Behavior Genetics* 15 pp.75~90, 1985.

A. C. Heath et al., No decline in assortative mating for educational level. *Behavior Genetics* 15 pp.349~369, 1985.

B. I. Murstein, Who Will Marry Whom? *Theories and Research in Marital Choice*(New York: Springer, 1976).

동물의 배우자 선택에 관한 문헌도 인간에 관한 문헌에 뒤지지 않을 정도로 종류가 많다. 지침서로 다음과 같은 책이 무난할 것이다.

Patrick Bateson(ed.). *Mate Choice*(Cambridge, Mass.:Cambridge University Press, 1983).

베이트슨의 일본 메추라기 연구는 위의 책 11장에 요약되어 있는데, 그의 논문도 참조하라.

P. Bateson, Sexual imprinting and optimal outbreeding. *Nature* 273 pp.659~660, 1978.

P. Bateson, Preferences for cousins in Japanese Quail. *Nature* 295 pp.236~237, 1982.

성장한 생쥐와 쥐가 모친과 부친의 체취를 좋아한다는 연구는 다음의 논문에 밝혀져 있다.

T. J. Fillion and E. M. Blass, Infantile experience with suckling odors determines adult sexual behavior in male rats. *Science* 231 pp.729~731, 1986.

B. D'Udine·E. Alleva, Early experience and sexual preferences in rodents. in Patrick Bateson(ed.) *Mate Choice* pp.311~327.

기타 이 장과 관련된 논문은 3, 4, 6, 11장 항목에도 거론되어 있다.

6장 성선택과 인종의 기원

자연선택에 관한 다윈의 고전적 설명은 지금까지도 훌륭한 입문서이다.

Charles Darwin, *On the Origin of Species by Means of Natural Selection, or the Preservation of Favored Races in the Struggle for Life*(London: John Marray, 1859).

현대적 해설로 정평 있는 서적은 마이어의 저서다.

Ernst Mayr, *Animal Species and Evolution*(Cambridge, Mass: Harvard University Press, 1963).

쿤이 쓴 두드러진 인류의 지리적 변이에 관한 서적은 다음의 세 권이다.

Carleton S. Coon, *The Origin of Races*(New York: Knopf, 1962).

_____, *The Living Races of Man*(New York: Knopf, 1965).

_____, *Racial Adaptations*(Chicago: Nelson-hall, 1982).

이 외에 다음과 같은 관련 서적이 있다.

Stanley M. Garn, *Human Races*, 2nd ed. (Springfield, Ill.: Thomas, 1965). 특히 5장.

K. F. Dyer, *The Biology of Racial Integration*(Bristol: Scientechnica, 1974). 특히 2, 3장.

A. S. Boughey, *Man and the Environment*, 2nd ed. (New York: Macmillan, 1975).

자연선택의 견지에서 인류의 피부색 변화를 설명한 문헌은 다음과 같다.

W. F. Loomis, Skin-pigment regulation of vitamin-D biosynthesis in man, *Science* 157 pp.501~506, 1967.

Vernon Riley, Pigmentation(New York: Appleton-Century-Crofts, 1972), 특히 2장.

R. F. Branda·J. W. Eaton, Skin Color and nutrient photolysis: an evolutionary hypothesis. *Science* 201 pp.625~626, 1978.

P. J. Byard, Quantitative genetics of human skin color. *Yearbook of Physical Anthropology* 24 pp.123~137, 1981.

W. J. Hamilton III, *Life's Color Code*(New York: McGraw-Hill, 1983)

인류의 지리적 변이가 추위에 대응하고 있다고 논의된 것은 다음 두 권의 논문이다.

G. M. Brown·J. Page, The effect of chronic exposure to cold on temperature and blood flow of the hand. *Journal of Applied Physiology* 5 pp.221~227, 1952.

T. Adams and B. G. Covino, Racial variations to a standardized cold stress. *Journal of Applied Physiology* 12 pp.9~12, 1958.

자연선택과 더불어 성선택에 관해서도 다윈은 훌륭한 입문서를 저술했다.

Charles Darwin, *The Descent of Man, and Selection in Relation to*

Sex(London: John Murray, 1871)

5장의 문헌 안내에서 예로 든 동물의 배우자 선택에 관한 연구는 이 장과도 관련된다. 다음 논문에서 맬티 앤더슨은 수컷 공작새 꼬리 날개를 인위적으로 늘리거나 줄이면 암컷의 선택 기호 대응이 어떻게 변화하는가를 조사했다.

Malte Andersson, Female choice selects for extreme tail length in a windowbird. *Nature* 299 pp.818~820, 1982.

흰색, 청색, 분홍색 흰기러기의 배우자 선택에 관해서 쿡과 맥널리는 세 편의 논문을 발표했다.

F. Cooke · C. M. McNally, Mate selection and colour preferences in Lesser Snow Geese. *Behaviour* 53 pp.151~170, 1975.

F. Cooke et al., Assortative mating in Lesser Snow Geese(Anser caerulescens). *Behavior Genetics* 6 pp.127~140, 1976.

F. Cooke · J. C. Davies, Assortative mating, mate choice, and reproductive fitness in Snow Geese. *Mate Choice* pp.279~295.

7장 우리는 왜 늙고 죽을까?

다음은 노화 현상의 진화에 관해서 조지 윌리엄스가 발표한 고전적인 논문이다.

George Williams, Pleiotropy, natural selection, and the evolution of senescence. *Evolution* 11 pp.398~411, 1957.

진화에 대한 그 밖의 논문은 다음과 같다.

G. Bell, Evolutionary and nonevolutionary theories of senescence.

American Naturalist 124 pp.600～603, 1984.

E. Beutler, Planned obsolescence in humans and in other biosystems. *Perspectives in Biology and Medicine* 29 pp.175～179, 1986.

R. J. Goss, Why mammals don't regenerate—or do they? *News in Physiological Sciences* 2 pp.112～115, 1987.

L. D. Mueller, Evolution of accelerated senescence in laboratory populations of Drosophila. *Proceedings of the National Academy of Science* 84 pp.1974～1977, 1987.

T. B. Kirkwood, The nature and causes of ageing. in D. Evered and J. Whelan(eds.), Research and the Ageing Population(Chichester: John Wiley, 1988), pp.193～206.

다음은 생리학적 연구(가장 가까운 요인의 분석)에서 노화 현상을 다룬 두 권의 책이다.

R. L. Walford, *The Immunologic Theory of Aging*(Copenhagen: Munksgaard, 1969).

MacFarlane Burnett, *Intrinsic Mutagenesis: A Genetic Approach to Ageing*(New York: John Wiley, 1974).

세포 활성과 재생에 관한 연구는 아래 논문에서 논의되고 있다.

R. W. Young, Biological renewal: applications to the eye. *Transactions of the Ophthalmological Societies of the United Kingdom* 102 pp.42～75, 1982.

A. Bernstein et al., Genetic damage, mutation, and the evolution of sex. *Science* 229 pp.1277～1281, 1985.

J. F. Dice, Molecular determinants of protein half-lives in eukaryotic cells. *Federation of American Societies for Experimental Biology Journal* 1 pp.349~357, 1987.

P. C. Hanawalt, on the role of DNA damage and repair processes in aging: evidence for and against. in H. R. Warner et al. (eds.), *Modern Biological Theories of Aging* (New York: Raven Press, 1987). pp.183~198.

M. Radman · R. Wagner, The high fidelity of DNA duplication. *Scientific American* 259, no. 2 pp.40~46, 1988.8.

모든 사람이 노화에 따른 자기 자신의 신체 변화에 눈을 뜨게 되는데, 다음 논문에서는 세 가지 다른 기관에서 일어나는 중요한 변화를 다루고 있다.

R. L. Doty et al., Smell identification ability: change with age. *Science* 226 pp.1441~1443, 1984.

J. Menken et al., Age and infertility. *Science* 223 pp.1389~1394, 1986.

R. Katzman, Normal aging and the brain. *News in Physiological Sciences* 3 pp.197~200, 1988.

〈기어다니는 남자〉는 코난 도일의 책에 실려 있다.

Arthur Conan Doyle, *The Complete Sherlock Holmes*(New York: Doubleday, 1960).

호르몬을 주사함으로써 회춘을 시도하는 것이 단순히 도일의 공상에 지나지 않는다고 생각되면 다음 책을 참조하라. 실제로 일어난 사건이 묘사되어 있다.

David Hamilton, *The Monkey Gland Affair*(London: Chatto and Windus, 1986).

다음의 책은 버빗원숭이의 음성 전달 체계에 관해 읽기 쉽게 설명되어 있을 뿐만 아니라, 일반적으로 동물이 어떻게 대화하고 세계를 보고 있는가에 대해 쓰인 훌륭한 입문서이다.

Dorothy Cheney · Robert Seyfarth, *How Monkeys See the World*(Chicago: University of Chicago Press, 1990).

비커튼은 인간의 언어가 어떻게 서로 뒤섞였는가에 관한 연구와 인간의 언어의 기원에 관한 그의 견해를 다음의 두 권과 여러 편의 논문에 발표했다.

Derek Bickerton, *Roots of Language*(Ann Arbor: Karoma Press, 1981).

_____, *Language and Species*(Chicago: University of Chicago Press, 1990).

논문으로서는 아래와 같은 서적이 있다. 두 번째 책에는 비커튼 논문에 이은 다른 연구자의 논문이 게재되어 있다.

Derek Bickerton, Creole languages. *Scientific American* 249, No. 1 pp.116~122, 1983.

_____, The language bioprogram hypothesis, *Behavioral and Brain Sciences* 7 pp.173~221, 1984.

_____, Creole languages and the bioprogram. in F. J. Newmeyer(ed.) *Linguistics: The Cambridge Survey*, vol.2(Cambridge: Cambridge University Press, 1988) pp.267~284.

다음 책은 피진어과 크리올어에 대한 좀 더 오래된 설명이다.

Robert A. Hall, Jr., *Pidgin and Creole Languages*(Ithaca: Cornell University Press, 1966).

신멜라네시아어에 관한 가장 좋은 입문서는 다음의 책이다.

F. Mihalic, *The Jacaranda Diary and Grammar of Melanesian Pidgin*(Milton, Queensland: Jacaranda Press, 1971).

다음 책은 신멜라네시아의 역사에 관해 쓰인 책이다.

Roger Keesing, *Melanesian Pidgin and the Oceanic Substrate*(Stanford: Stanford University Press, 1988).

언어에 관한 노암 촘스키의 꽤 영향력이 있는 서적 중에서도 다음 두 권이 대표적인 책이다.

Noam Chomsky, *Language and Mind*(New York: Harcourt Brace, 1968).

_____, *Knowledge of Language*: Its Nature, Origin, and Use(New York: Praeger, 1985).

8장에서 너무나 얄팍하게 다룬 관련 분야 문헌에도 흥미 있는 책이 있다. 다음 책은 가슴 아픈 인간의 비극인 동시에, 병적인 부모에 의해서 13살이 될 때까지 보통 사람의 언어와 사회로부터 격리된 소년에 관한 연구 보고이기도 하다.

Susan Curtiss, *Genie: a Psycholinguistic Study of a Modern-Day "Wild Child"*(New York: Academic Press, 1977).

사육되고 있는 유인원에게 인공 언어를 사용해서 대화 훈련을 하는 연구에 관해서는 다음의 최근 보고를 참조하라.

Carolyn Ristau·Donald Robbins, Languzge and the great apes: a critical review. in J. S. Rosenblatt et al., (eds.)*Advances in the Study of Behavior*, vol.12(New York: Academic Press, 1982) pp.141~255.

E. S. Savage-Rumbaugh, *Ape Language: From Conditioned Response to Symbol*(New York: Columbia University Press, 1986)—et al., Symbols: their communicative use, comprehension, and combination by bonobos(Pan paniscus). in Carolyn Rovee-Collier and Lewis Lipsitt (eds.) *Advances in Infancy Research*, vol. 6, (Norwood, N. J.: Ablex Publishing Corporation, 1990) pp.221~278.

아이들의 초기 언어 학습에 관한 방대한 연구의 출발점으로는 다음 과 같은 서적이 있다.

Melissa Bowerman, Language Development: in Harvey Triandis and Alastair Heron (eds.) *Handbook of Cross-Cultural Psychology: Developmental Psychology*, vol. 4(Boston: Allyn and Bacon, 1981), pp.93~185.

Eric Wanner and Lila Gleitman, *Language Acquisition: The State of the Art*(Cambridge, Mass.: Cambridge University Press, 1982).

Dan Slobin, *The Crosslinguistic Study of Languzge Acquisition*, vols. 1·2 (Hillsdale, N. J.: Lawrence Erlbaum Associates, 1985).

Frank S. Kessel, *The Development of Language and Language Researchers: Essays in Honor of Roger Brown*(Hillsdale, H. J.: Lawrence Erlbaum Associates, 1988).

9장 예술의 기원

다음은 코끼리의 예술에 대해서, 그리고 그 코끼리의 사진과 코끼리가 그린 작품 등을 묘사한 책이다.

David Gucwa·James Ehmann, *To Whom It May Concern: An Investigation of the Art of Elephants*(New York: Norton, 1985).

유인원의 예술에 관한 서적은 다음과 같다.

Desmond Morris, *The Biology of Art* (New York: Knopf, 1962)

또한 다음의 책에서도 동물이 창조하는 미술이 실려 있다.

Thomas Sebeok, *The Play of Musement* (Bloomington: Indiana University Press, 1981).

아래의 두 권은 바우어새와 극락조의 아름다운 화집으로, 새들이 만든 '정자' 사진도 실려 있다.

E. T. Gilliard, *Birds of Paradise and Bower Birds* (Garden City, N. Y.: Natural History Press, 1969).

W. T. Cooper·J. M. Forshaw, *The Birds of Paradise and Bower Birds* (Sydney: Collins, 1977).

가장 최근의 전문적인 보도로는 나의 논문을 참조하라.

J. Diamond, Biology of birds of paradise and bowerbirds. *Annual Reviews of Ecology and Systematics* 17 pp.17~37, 1986.

_____, Bower Building and decoration by the bowerbird Amblyornis inornatus. *Ethology* 74 pp.177~204, 1987.

_____, Experimental study of bower decoration by the bowerbird Amblyornis inornatus, using colored poker chips. *American Naturalist* 131 pp.631~653, 1988.

보르지아는 암컷 바우어새가 수컷의 장식에 확실히 주의를 기울인 점을 실험으로 나타냈다.

Gerald Borgia, Bower quality, number of decorations and mating success of male satin bowerbirds *(Ptilonorhynchus violaceus)* : an experimental analysis. *Animal Behaviour* 33 pp.266~271, 1985.

다음은 대개 동일한 습성을 갖는 공작새에 관한 보고이다.

S. G.·M. A. Pruett-Jones, The use of court objects by Lawes' Parotia: *Condor* 90 pp.538~545, 1988.

10장 인간에게 농업은 축복인가?

수렵을 포기하고 농경을 하게 된 결과, 건강이 어떻게 변했는가 하는 문제는 다음의 책 속에 자세히 설명되어 있다.

Mark Cohen·George Armelagos (eds.), *Paleopathology at the Origins of Agriculture*(Orlando: Academic Press, 1984).

S. Boyd Eaton, Marjorie Shostak, and Melvin Konner, *The Paleolithic Prescription*(New York: Harper&Row, 1988).

세계 속의 수렵·채집인 생활에 관해서는 다음 책에 정리되어 있다.

Richard B. Lee·Irven DeVore (ed.),*Man the hunter*(Chicago: Aldine, 1968).

수렵·채집인의 작업 일정을 수록하고 그것을 농경민의 작업과 비교한 연구는 위의 서적 외에 아래의 책과 문헌에 발표되어 있다.

Richard Lee, *The! Kung San*(Cambridge, Mass.: Cambridge University Press, 1979).

K. Kawkes et al., Ache at the settlement: contrasts between farming and foraging. *Human Ecology* 15 pp.133~161, 1987.

_____, Hardworking Hadza grandmothers, in V. Standen and R. Foley (eds.), *Comparative Socioecology of Mammals and Man* (London: Black Well, 1987)pp.341~366.

K. Hill and A. M. Hurtado, Hunter-gatherers of the New World.

American Scientist 77 pp.437~443, 1989.

유럽에서 고대 농경민이 서서히 늘어났던 사실은 다음 책에서 서술하고 있다.

Albert J. Ammerman·L. L. Cavalli-Sforza, *The Neolithic Transition and the Genetics of Populations in Europe*(Princeton: Princeton University Press, 1984).

11장 왜 흡연과 음주와 마약에 빠지는가?

자하비는 핸디캡 이론을 다음 두 권의 논문에서 설명하고 있다.

Amotz Zahavi, Mate selection—a selection for a handicap. *Journal of Theoretical Biology* 53 pp.205~214, 1975.

_____, The cost of honesty (further remarks on the handicap principle). *Journal of Theoretical Biology* 67 pp.603~605, 1977.

동물 배우자 선택이 어떻게 진화됐는가에 관해 잘 알려진 두 개의 모델은 runaway selection 모델과 truth-in-advertising 모델이다. 전자의 모델은 다음 책 속에서 전개되어 있다.

R. A. Fisher, *The Genetical Theory of Natural Selection*(Oxford: Clarendon Press, 1930).

후자의 모델은 다음을 참조하면 된다.

A. Kodric-Brown—J. H. Brown, Truth in advertising: the kinds of traits favored by sexual selection. *American Naturalist* 14 pp.309~323, 1984.

이들 다양한 모델은 다음 논문 속에서 비교 검토되고 있다.

Mark Kirkpatrick · Michael Ryan, The evolution of mating preference and the paradox of the lek. *Nature* 350 pp.33~38, 1991.

코너는 위험한 인간 행동에 관해 다른 견해를 발전시켰다.

Melvin Konner, *Why the reckless survive*(New York: Viking, 1990)

아메리카 원주민의 관장에 관해서는 다음의 책을 참조하라.

Peter Furst · Michael Coe, Ritual enemas. *Natural History Magazine* 86 pp.88~91, March 1977.

Johannes Wilbert, *Tobacco and Shamanism is South America*(New Haven: Yale University Press, 1987).

Justin Kerr, *The Maya Vase Book*, 2 bols(New York: Kerr Associates, 1989 and 1990).

커의 책 제2권 349~361페이지에는 마야의 항아리들이 그려져 있는데, 그중 한 항아리에 관장에 대한 그림이 자세히 묘사되어 있다.

12장 광활한 우주 속의 외톨이

지적인 우주 생물 존재에 대해 처음 논한 것은 다음 책에 실려 있다.

I. S. Shklovskii · Carl Sagan, *Intelligent Life in the Universe*(San Francisco: Holden-Day, 1966).

만약 인간이 우주 생물을 발견했다면 어떤 의미가 있을까에 대한 찬반양론의 다양한 논의가 다음 책의 주제다.

E. Regis, Jr. (ed.), *Extraterrestrials: Science and Alien Intelligence* (Cambridge, Mass.: Cambridge University Press, 1985).

13장 최후의 첫 대면

코널리와 앤더슨이 저술한 다음 책에서는 뉴기니 고지에서 만난 백인과 뉴기니인의 눈을 통해 그 만남이 묘사되고 있다. 본문 342페이지는 다음 책을 근거로 해 쓰였다.

Bob Connolly · Robin Anderson, *First Contact*(New York: Viking Penguin, 1987).

맨 처음 만남과 접촉 전의 상황에 관해 기술한 다른 책으로는, 남서 뉴기니 사위족을 그렸다.

Don Richardson, *Peace Child*(Ventura: Regal Books, 1974).

다음은 베네수엘라와 브라질에 사는 야노마모원주민에 대해 기술한 책이다.

Napoleon A. Chagnon, *Yanomamo, The Fierce People*, 3rd edition(New York: Holt, Rinehart and Winston, 1983)

뉴기니 탐험사로는 다음의 책이 있다.

Gavin Souter, *New Guinea: The Last Unknown*(London: Angus and Robertson, 1963)

제3차 아치볼드 탐험대 지도자들이 저술한 발림 강 대협곡에 입성했을 때의 보고서는 다음과 같다.

Richard Archbold et al., Results of the Archbold Expedition. *Bulletin of the American Museum of Natural History* 79 pp.197~288, 1942.

이전에 뉴기니 산악지대를 종단했던 탐험대 기록으로는 다음의 두 권이 있다.

A. F. R. Wollaston, *Pygmies and Papuans*(London: Smith Elder, 1912).

A. S. meek, *A Naturalist in Cannibal Land*(London: Fisher Unwin, 1913).

14장 어쩌다가 정복자가 된 인간들

문명 발달과 관련지어 식물의 재배화와 동물의 가축화를 다룬 책에는 다음의 책이 있다.

C. D. Darlington, *The Evolution of Man and Society*(New York: Simon and Schuster, 1969).

Peter J. Ucko · G. W. Dimbleby, *The Domestication and Exploitation of Plants and Animals*(Chicago: Aldine, 1969).

Erich Isaac, *Geography of Domestication*(Englewood Cliffs, N. J.: Prentice-Hell, 1970).

David R. Harris · Gordon C. Hillman, *Foraging and Farming*(London: Unwin Hyman, 1989).

동물의 가축화에 관한 문헌으로는 다음 책을 들 수 있다.

S. Bokonyi, *History of Domestic Mammals in Central and Eastern Europe*(Budapest: Akademiai, 1974).

S. J. M. Davis · F. R. Valla, Evidence for domestication of the dog 12,000 years ago in the Natufian of Israel. Nature 276 pp.608~610, 1978.

Juliet Clutton-Brock, Mand-made dogs. Science 197 pp.1340~1342, 1977.

_____, *Domesticated Animals from Early Times*(London: British Museum of Natural History, 1981).

Andrew Sherratt, Plough and pastoralism: aspects of the secondary products revolution, in Ian Hodder et al. (eds.), Pattern of the Past(Cambridge: Cambridge University Press, 1981) pp.261~305.

Stanley J. Olsen, *Origins of the Domestic Dog*(Tucson: University of Arizona Press, 1985)

E. S. Wing, Domestication of Andean mammals, in F. Vuilleumier · M. Monasterio (eds.), *High Altitude Tropical Biogeography*(New York: Oxford University Press, 1986) pp.246~264.

Simon N. J. Davis, *The Archaeology of Animals*(New Haven: Yale University Press, 1987).

Dennis C. Turner · Patrick Bateson, *The Domestic Cat: The Biology of Its Behavior*(Cambridge: Cambridge University Press, 1988).

Wolf Here · Manfred Rohrs, *Haustiere—zoologisch gesehen*, 2nd ed. (Stuttgart: Fischer, 1990).

특히 말의 가축화와 그 중요성에 관해서는 다음 책에 잘 나타나 있다.

Frank G. Row, *The Indian and the Horse*(Norman: University of Oklahoma Press, 1955).

Robin Law, *The horse in West African History*(Oxford: Oxford University Press, 1980).

Mattew J. Kust, *Man and Horse in History*(Alexandria, Va.: Plutarch Press, 1983).

다음은 전차를 포함해서 바퀴가 달린 차의 발전을 소재로 한 문헌이다.

M. A. Littauer J. H. Crouwel, *Wheeled Vehicles and Ridden*

Animals in the Ancient Near East(Leiden: Brill, 1979).

Stuart Piggortt, *The Earliest Wheeled Transport*(London: Thames and Hudson, 1983).

Edward Shaughnessy, Historical perspectives on the introduction of the chariot into China. *Harvard Journal of Asiatic Studies* 48 pp.189~237, 1988.

위의 세 번째 논문에서는 중국으로 전래된 말과 전차가 기록되어 있다. 전반적인 식물 재배에 관해서는 다음을 참조하라.

Kent V. Flannery, The origins of agriculture. *Annual Review of Anthropology* 2 pp.271~310, 1973.

Charles B. Heiser, Jr., *Seed to Civilization*, new edition(Cambridge, Mass.: Harvard University Press, 1990).

_____, *Of Plants and Peoples*(Norman: University of Oklahoma Press, 1985).

David Rindos, *The Origins of Agriculture: An Evolutionary Perspective*(New York: Academic Press, 1984).

Hugh H. Iltis, Maize evolution an agriculture origins. in T. R. Soderstrom et al. (ed.), *Grass Systematics and Evolution*(Washington, D. C.: Smithsonian Institution Press, 1987) pp.195~213.

일티스의 위의 논문 및 다른 논문은 신구 세계의 곡류 재배의 용이함의 차이에 관한 착안을 발전시키는 데 공헌했다. 구세계의 곡류 재배에 관해서는 아래 문헌에 실려 있다.

Jane Renfrew, *Palaeoethnobotany*(New York: Columbia University Press, 1973).

Daniel Zohary·Maria Hopf, *Domestication of Plants in the Old World*(Oxford: Clarendon Press, 1988).

신세계에 관해서는 다음의 책에 나타나 있다.

Richard S. MacNeish, The food-gathering and incipient agricultural stage of prehistoric Middle America. in Robert Wauchope and Robert C. West (eds.), *Handbook of middle American Indians*, Volume 1: Natural Environment and Early Cultures(Austin: University of Texas Press, 1964) pp.413~426.

P. C. Mangelsdorf et al., Origins of agriculture in Middle America. in Robert Wauchops and Robert C. West(eds), *Handbook of Middle American Indians* pp.427~445.

D. Ugent, The potato. *Science* 170 pp.1161~1166, 1970.

C. B. Heiser, Jr., Origins of some cultivated New World plants. *Annual Reviews of Ecology and Systematics* 10 pp.309~326, 1979.

H. H. Iltis, From teosinte to maize: the catastrophic sexual dismutation. *Science* 222 pp.886~894, 1983.

William F. Keegan, *Emergent Horticultural Economies of the Eastern Woodlands*(Carbondale: Southern Illinois University, 1987).

B. D. Smith, Origins of agriculture in eastern North America. *Science* 246 pp.1566~1571, 1989.

질병, 해충, 잡초의 확산에 관해서 대륙 사이의 비대칭성을 지적한 선구적인 책이 세 권 있다.

William H. McNeil, *Plagues and Peoples*(Garden City, N. Y.: Anchor Press, 1976).

Alfred W. Crosby, *The Columbian Exchange: Biological and Cultural Consequences of 1492*(Westport: Greenwood Press, 1972).

_____, *Ecological Imperialism: The Biological Expansion of Europe, 900~1900* (Cambridge: Cambridge University Press, 1986).

15장 말馬, 히타이트어, 그리고 역사

인도유럽어족을 둘러싼 문제를 다룬 최근의 두 권은 자극적이고 심도 있는 지식을 다룬 책이다.

Colin Renfrew, *Archaeology and Language*(Cambridge: Cambridge University Press, 1987).

J. P. Mallory, *In Search of the Indo-Europeans*(London: Thames and Hudson, 1989).

15장에서 설명했던 바와 같이 선행 인도유럽어의 기원 연대와 장소에 관해서는 개인적으로 맬로리의 결론에 동의하고, 렌프루 견해에는 부정적으로 생각한다.

좀 오래됐지만 아직까지 그 이론이 주목받고 있는 포괄적인 논문집에는 다음의 것이 있다.

George Cardona et al., *Indo-European and Indo-Europeans*(Philadelphia: University of Pennsylvania Press, 1970).

이 분야의 전문지는 《The Journal of Indo-European Studies》다.

맬로리와 내가 긍정적으로 생각하는 견해는 마리야 김부타스의 책에서도 지지받고 있다. 그녀의 책은 네 권이 있다.

Marija Gimbutas, *The Balts*(New York: Praeger, 1963).

_____, *The Slavs*(London: Thames and Hudson, 1971).

_____, *The Goddesses and Gods of Old Europe*(London: Thames and Hudson, 1982).

_____, *The Language of the Goddess*(New York: Harper & Row, 1989).

초기 인도유럽어를 다룬 책과 논문으로는 다음의 것이 있다.

Emile Benveniste, *Indo-European Language and Society*(London: Faber and Faber, 1973).

Edgar Polomé, *The Indo-European in the Fourth and Third Millennia*(Ann Arvor: Karoma, 1982).

Wolfram Bernhard·Anneleise Kandler-Palsson, *Ethnogenese europäischer Völker*(Stuttgart: Fischer, 1986).

Wofram Nagel, Indogermanen und Alter Orient: Rückblick und Ausblick auf den Stand des Indogermanenproblems. *Mitteilungen der Deutschen Orient-Gesellschaft zu Berlin* 119 pp.157~213, 1987.

다음의 책에서도 인도유럽어에 대해 나와 있다.

Henrik Birnbaum·Jaan Puhvel, *Ancient indo-European Dialects*(Berkeley: University of California Press, 1966).

W. B. Lockwood, *Indo-European Philology*(London: Hutchinson, 1969).

Norman Bird, *The Distribution of Indo-European Root Morphemes*(Wiesbaden: Harrassowitz, 1982).

Philip Baldi, *An Introduction to the Indo-European Language*(Carbondale: Southern Illinois University Press, 1983).

다음 책에서는 인도유럽어의 어원 추론에 나무 이름을 사용하여 조사했다.

Paul Friedrich, *Photo-Indo-European Trees*(Chicago, University of Chicago Press, 1970).

원시 인도유럽어를 재구성한 예는 다음 책의 1장에 실려 있다. 본 책의 405~406페이지의 문장은 그들의 예를 약간 변화시킨 것이다.

W. P. Lehmann · L. Zgusta, Schleicher's tale after a century. in Bela Brogyana (ed.), *Studies in Diachronic, Synchronic, and Topological Linguistics*(Amsterdam: Benjamins, 1979) pp.455~466.

인도유럽어족의 확대에 있어서 말[馬]의 역할에 관련된 문헌은 14장 인용 항목 속에 나타나는 말의 가축화와 그 중요성에 관한 각 연구를 참조하라. 특히 이 문제를 다룬 논문은 다음 두 편이다.

David Anthony, The 'Kurgan culture', Indo-European origins and the domestication of the horse: a reconsideration. *Current Anthropology* 27 pp.291~313, 1986.

David Anthony · Dorcas Brown, The origins of horseback riding *Antiquity* 65 pp.22~38, 1991.

16장 종족 학살의 성향

제노사이드에 관한 전반적 연구서로는 다음 세 권이 있다.

Irving Horowitz, *Genocide: State Power and Mass Murder*(New Brunswick: Transaction Books, 1976).

Leo Kuper, *The Pity of It All*(London: Gerald Duckworth, 1977).

_____, *Genocide: Its Political Use in the 20th Century*(New Haven: Yale University Press, 1981).

천재적인 정신과 의사 로버트 J. 리프톤은 제노사이드가 범행자와 희생자에게 어떠한 심리적 효과를 미치는가에 대한 연구를 다음 두 권에 정리하고 있다.

Robert J. Lofton, *Death in Life: Survivors of Hiroshima*(New york: Random House, 1967)

_____, *The Broken Connection*(New York: Simon and Schuster, 1979).

태즈메이니아인과 기타 오스트리아 원주민의 몰살에 관한 책에는 다음과 같은 것이 있다.

N. J. B. Plomley, *Friendly Mission: The Tasmanian Journals and Papers of George Augustus Robinson* 1829~1834(Hobart: Tasmanian Historical Research Association, 1966).

C. D. Rowley, *The Destruction of Aboriginal Society*, vol.1(Canberra: Australian National University Press, 1970).

Lyndall Ryan, *The Aboriginal Tasmanians*(St. Lucia: University of Queensland Press, 1981).

오스트레일리아 백인이 태즈메이니아인을 절멸시켰다는 견해에 대해서 분개하며, 반론을 제기한 패트리시아 코반 부인의 편지는 다음 책의 부록에 재기록되어 있다.

J. Peter White·James F. O'Connell, *A Prehistory of Australia, New Guinea, and Sahul*(New York: Academic Press, 1982).

백인 이주민에 의한 아메리카 원주민의 근멸을 다룬 책과 논문은 많은데, 다음은 그 대표적인 서적이다.

Wilcomb E. Washburn, The moral and legal justification for dispossessing the Indians. in James Morton Smoth(ed.), *Seventeenth Century America*(Chapel Hill: University of North Carolina Press, 1959) pp.15~32.

Alvin M. Josephy, Jr., *The American Heritage Book of Indians*(New York: Simon and Schuster, 1961).

Howard Peckham · Charles Gibson, *Attitudes of Colonial Powers Towards the American Indian*(Salt Lake City: University of Utah Press, 1969).

Francis Jennings, *The Invasion of America: Indians, Colonialism, and the Cant of conquest*(Chapel Hill: University of North Carolina Press, 1975).

Wilcomb E. Wachburn, *The Indian in America*(New York: Harper&Row, 1975).

Arrell Morgan Gibson, *The American Indian, Prehistory to the Present*(Lexington, Mass.: Heath, 1980).

Wilbur H. Jacobs, *Dispossessing the American Indian*(Norman: University of Oklahoma Press, 1985).

다음은 야히족 원주민 몰살과 생존자 이시를 주제로 한 테오도라 크로버의 책이다.

Theodora Kroeber, *Ishi in Two Worlds: A Biography of the Last Wild Indian in North America*(Berkeley: University of California Press, 1961).

브라질 원주민의 절멸에 대해서는 다음 책을 참조하라.

Sheldon Davis, *Victims of the Miracle*(Cambridge: Cambridge University Press, 1977).

다음은 스탈린 시대의 제노사이드를 다룬 책이다.

Robert Conquest, *The Harvest of Sorrow*(New York: Oxford University Press, 1986).

동물 세계에서 같은 종끼리 있었던 최대 학살에 관한 기술은 다음 책에 나와 있다.

E. O. Wilson, *Sociobiology*(Cambridge, Mass.: Harvard University Press, 1975).

Cynthia Moss, *Portrait in the Wild*, 2nd ed. (Chicago: University of Chicago Press, 1982).

Jane Goodall, *The Chimpanzees of Gombe*(Cambridge, Mass.: Harvard University Press, 1986).

이 책에서 인용한 하이에나의 살상에 관한 출처는 다음 책이다.

Hans Kruuk, *The Spotted Hyena: a Study of Predation and Social Behavior*(Chicago: University of Chicago Press, 1972).

17장 황금시대의 환상

홍적세 후기와 현대 초기에 있었던 동물의 멸종은 다음 책에서 포괄적으로 논의되고 있다.

Paul Martin·Richard Klein(eds.), *Quaternary Extinctions*(Tucson: University of Arizona Press, 1984).

삼림 파괴의 역사에 관해서는 다음 책을 참조하라.

John Perlin, *A Forest Journey*(New York: Norton, 1989).

뉴질랜드의 동식물, 지형, 기후에 관해서는 다음 책에서 광범위하게 다루어지고 있다.

G. Kuschel (ed.), *Biogeography and Ecology in New Zealand*(Hague: Junk, V. T., 1975).

뉴질랜드의 종의 멸종에 관해서는 마틴과 클라인이 쓴 앞의 책 32~34장에 정리되어 있다. 모아새에 관한 우리의 지식은 다음 책에 정리되어 있다.

Atholl Anderson, *Prodigious birds*(Cambridge: Cambridge University Press, 1989).

모아새에 관해서는《New Zealand Journal of Ecology》지 특집호에도 다루어지고 있다. 그중에서도 리처드 홀다웨이의 논문(11~25항)과 이안 앳킨슨의 논문(67~96항)이 주목받고 있다. 또한 다음 논문도 모아새에 관련된 중요한 문헌이다.

G. Caughley, The colonization of New Zealand by the polynesians, *Journal of the Royal Society of New Zealand* 18 pp.245~270, 1988.

A. Anderson, Mechanics of overkill in the extinction of New Zealand moas. *Journal of Archaelogical Science* 16 pp.137~151, 1989.

마다가스카르와 하와이의 종의 멸종도 마틴과 클라인이 쓴 앞의 책 26장과 35장에 각각 실려 있다. 헨더슨 섬 이야기는 다음 논 문에 실려 있다.

David Steadman · Storrs Olsen, Bird remains from an archaelogical site on Henderson Island, South Pacific: man-caused extinction on an 'uninhabited' island. *Proceedings of the National Academy of Science*. 82 pp.6191~6195, 1985.

아메리카의 종의 멸종에 관해서는 18장의 문헌 항목을 참조하라.

이스터 섬 문명의 무서운 종말에 관해서는 다음 책에 자세히 설명되어 있다.

Patrick V. Kirch, *The Evolution of the Polynesian Chiefdoms*(Cambridge: Cambridge University Press, 1984).

이스터 섬에서의 산림 파괴를 재구성한 논문으로는 다음의 것이 있다.

J. Flenley, Stratigraphic evidence of environmental change on Easter Island. *Asian Perspectives* 22 pp.33~40, 1979.

J. Flenley and S. King, Late Quaternary pollen records from Easter island. *Nature* 307 pp.47~50, 1984.

차코 협곡의 아나사지 정착민의 흥망에 관한 설명으로는 다음의 서적이 있다.

J. L. Betancourt·T. R. Van Devender, Holocene vegetation in Chaco Canyon, New Mexico. *Science* 214 pp.656~658, 1981.

M. L. Samuels·J. L. Betancourt, Modeling the long-term effects of fuelwood harvests on pinyon-juniper woodlands. *Environmental Management* 6 pp.505~515, 1982.

J. L. Betancourt et al., Prehistoric long-distance transport of construction beams, Chaco Canyon, New Mexico. *American Antiquity* 51 pp.370~375, 1986.

Kendrick Frazier, *people of Chaco: A Canyon and Its Culture*(New York: Norton, 1986).

Alden C. Hayes et al., *Archaeological Surveys of Chaco Canyon*(Albuquerque: University of New Mexico Press, 1987).

'숲쥐 두엄 더미'에 관해 독자가 알고 싶어 하는 모든 것은 다음 책에 실려 있다. 특히 이 책 19장에는 페트라에서 출토된 바위너구리의 두엄 더미에 대한 분석이 실려 있다.

Julio Betancourt, Thomas Van Devender · Paul Matin, *Packrat Middens*(Tucson: University of Arizona Press, 1990).

환경 파괴와 그리스 문명 쇠퇴의 관계는 다음 논문에서 토의되고 있다.

K. O. Pope · T. H. van Andel, Late Quaternary civilization and soil formation in the southern Argolid: its history, causes and archaeological implications. *Journal of Archaeological Science* 11 pp.281~306, 1984.

T. H. van Andel et al., Five thousand years of land use and abuse in the southern Argolid. *Hesperia* 55 pp.103~128, 1986.

C. Runnels · T. H. van Andel, The evolution of settlement in the southern Argolid, Greece: an economic explanation. *Hesperia* 56 pp.303~334, 1987.

마야 문명의 흥망에 관한 책으로는 다음과 같은 것이 있다.

T. Patrick Culbert, *The Classic Maya Collapse* (Albuquerque: University of New Mexico Press, 1973).

Michael D. Coe, *The Maya*, 3rt ed.(London: Thames and Hudson, 1984).

Sylvanus G. Morley et al., *The Ancient Maya*, 4th ed.(Stanford: Stanford University Press, 1983).

Charles Gallenkamp, *Maya: The Riddle and Rediscovery of a Lost*

Civilization, 3rd rev. ed. (New York: Viking Penguin, 1985).

Linda Schele · David Freidel, *A Forest of Kings*(new York: William Morrow, 1990).

다음 책은 각 문명의 붕괴를 비교하여 논술하고 있다.

Norman Yoffee and George L. Cowgill (eds.), *The Collapse of Ancient States and Civilization*(Tucson: University of Arizona Press, 1988).

18장 신세계에서의 전격전과 감사 축제

다음 책은 신세계로 인류의 이주와 대형 동물의 멸종에 관한 입문서로써, 찬반양론의 문헌을 풍부하게 다뤘다. 그중 한 권은 17장 항목에서 예로 든 마틴과 클라인이 함께 쓴 책이고 나머지 두 권이 다음 책이다.

Brian Fagan, *The Great Journey*(New York: Thames and Hudson, 1987).

Ronald C. Carlisle (ed.), *Americans Before Columbus: Ice-Age origins*(Ethnology Monograph No. 12, Department of Anthropology, University of Pittsburgh, 1988).

전격전 가설은 폴 마틴의 다음 논문에 있고, 두 번째 논문에는 수리 모델이 제시되어 있다.

Paul Martin, The discovery of America. *Science* 179 pp.969~974, 1973.

J. E. Mosimann · Martin, Simulating overkill by Paleoindians. *American Scientist* 63 pp.304~313, 1975.

클로비스 문화와 그 기원에 관한 C. 밴스 헤인즈 주니어의 일련의 논문은 앞에서 밝힌 마틴과 클라인이 쓴 책 속의 1장 외 다음 책에 출판되어 있다.

C. Vance Haynes, Jr., Fluted projectile points: their age and dispersion. *Science* 145 pp.1408~1413, 1961.

_____, The Clovis culture. *Canadian Journal of Anthropology* 1 pp.115~121, 1980.

_____, Clovis origin update, *The Kiva* 52 pp.83~93, 1987.

새스타땅늘보와 해링턴산양의 동시 멸종에 대해서는 다음 논문을 참조하라.

J. I. Mead et al., Extinction of Harrington's mountain goat. *Preceedings of the National Academy of Science* 83 pp.836~839, 1986.

클로비스인 이전에 인류가 있었다고 하는 주장에 대한 반론은 다음 논문에 실려 있다.

Roger Owen, The Americas: the case against an Ice0Age human population. in Fred H. Smith · Frank Spencer(eds.), *The Origins of Modern Humans*(New York: Liss, 1984) pp.517~563.

Dena Dincauze, An archaeologial evaluation of the case for pre-Clovis occupations. *Advances in World Archaeology* 3 pp.275~323, 1984.

Thomas Lynch, Glacial-age man in South America? A critical review. *American Antiquity* 55 pp.12~36, 1990.

메도크로프트 석굴에서 인간이 생활했던 연대가 클로비스인 도착 이전이라고 주장하는 논문은 다음 두 편이다.

James Adovasio, Aeadowcroft Rockshelter, 1973~1977: a synopsis. in J. E. Ericson et al.(eds.), *Peopling of the New World*(Lost Altos,

Calif.: Ballena Press, 1982) pp.97~131.

_____, Who are those guys?: some biased thoughts on the intial peopling of the New World. in Ronald C. Carlisle (ed.), *Americans Before Columbus: Ice-Age Origins(Ethnology Monograph* No. 12, *Department of Anthropology,* University of Pittsburgh, 1988) pp.45~61.

몬테베르데 유적의 상세한 보고서는 여러 권이 출판될 계획인데, 그 첫 번째 서적으로 다음의 것이 있다.

T. D. Dillehay, *Monte Verde: A Late Pleistocene Settlement in Chile,* Bolume 1: *Palaeoenvironment and Site Contexts*(Washington, D. C. Smithsonian Institution Press, 1989).

최초의 미국인과 최후의 맘모스 이야기에 흥미가 있는 독자는 계간으로 발행되는 신문, 《맘모스 트럼펫Mammoth Trumpet》을 구독하라. 신청은 다음의 주소로 하면 된다.

Center for the Study of the First Americans, Anthropology Department, Oregon State University, Corvallis, Ore., 97331.

19장 제2의 구름

멸종된 종과 멸종의 위험에 처한 종 하나하나에 대한 설명은 국제자연보호연맹이 출판하고 있는 레드데이터북에 잘 나와 있다. 동식물 분류군별 별책도 출판되어 있으며, 대륙별로 분류된 책도 연이어 출판되고 있다. 조류에 관한 책은 국제조류보호협회가 출판하고 있다.

Warren B. King (ed.), *Endangererd Birds of the World: The ICBP Ren Data Book*(Washington, D. C.: Smithsonian Institution Press, 1981).

N. J. Collar · P. Andrew, *Birds to Watch: The ICBP World Checklist of Threatened Birds*(Cambridge: ICBP, 1988).

현대 및 빙하기 종의 멸종에 관한 요약과 분석, 그리고 그 관계에 대해서는 나의 논문을 참조하라.

J. Diamond, Historic extinctions: a Rosetta Stone for understanding prehistoric extinctions, in Martin · Klein (eds.) *Quaternaly Extinctions*(Tucson: University of Arizona Press, 1984) pp.824~862.

허술하게 다루기 쉬운 종의 멸종 문제는 나의 다음 논문에 실려 있다.

J. Diamond, Extant unless proven extinct? Or extinct unless proven extant? *Conservation Biology* 1 pp.77~79, 1987.

생존하고 있는 모든 생물 종 수는 다음 논문에서 추정되고 있다.

Terry Erwin, Tropical forests: their richness in Coleoptera and other arthropod species. *The Coleopterist's Bulletin* 36 pp.74~75, 1982.

홍적세와 현세 초기 종의 멸종에 관한 문헌 안내는 17, 18장에서 거론한 내용을 참조하라. 또한 올슨에 의한 섬에 사는 새들의 멸종에 관한 종합적인 이론서로는 다음의 것이 있다.

Storrs Olson, Extinction on island man as a catastrophe. in David Western and Mary Pearl (eds.), *Conservation for the Twenty-first Century*(New York: Oxford University Press, 1989) pp.50~53.

같은 책인 앳킨슨 논문도 참고가 될 것이다.

Ian Atkinson, introduced animals and extinctions. *Conversation for the Twenty-first Century*, pp.54~75.

에필로그: 아무 교훈도 얻지 못하고 모든 것을 잊고 말 것인가?

종의 멸종과 인간이 직면하고 있는 그 외의 위기 현상과 미래, 그 원인 그리고 무엇을 해야만 하는가에 대해서는 많은 책에서 논의되고 있다. 다음에 다룬 책이 그 대표적인 서적이다.

John J. Berger, *Restoring the Earth: How Americans are Working to Renew Our Damaged Environment*(New York: Knopf, 1985)

_____(ed.), *Environmental Restoration: Science and Strategies for Restoring the Earth*(Washington, D. C.: Island Press, 1990).

John Cairns, Jr., *Rehabilitating Damaged Ecosystems*(Boca Raton, F 1.: CRC Press, 1988).

_____, K. L. Dikson·E. E. Herricks, *Recovery and Restoration of Damaged Ecosystems*(Charllottesville: University Press of Virginia, 1977).

Anne·Paul Ehrlich, *Earth*(New York: Franklin Watts, 1987).

Paul·Anne Ehrlich, *Extinction*(New York: Random House, 1981).

_____, *The Population Explosion*(New York: Simon and Schuster, 1990).

_____, *Healing Earth*(New York: Addison Wesley, 1991).

Paul Ehrlich et al., *The Cold and the Dark*(New York: Norton, 1984).

D. Furguson·N. Furguson, *Sacred Cows at the Public Trough*(Bend, Ore.: Maverick Publications, 1983).

Suzanne Head·Robert Heinzman (eds.), *Lessons of the Rainforest*(San Francisco: Sierra Club Books, 1990).

Jeffrey A. McNeely, *Economics and Biological Diversity*(Gland: International Union for the Conservation of Nature, 1988).

_____ et al., *Conserving the World's Biological Diversity*(Gland: International Union for the Conservation of Nature, 1990).

Norman Myers, *Conversion of Tropical Moist Forests*(Washington D. C.: National Academy of Sciences, 1980).

_____, *Gaia: An Atlas of Planet management*(New York: Doubleday, 1984).

_____, *The Primary Source*(New York: Norton, 1985).

Michael Oppenheimer and Robert Boyle, *Dead Heat: The Race against the Greenhouse Effect*(New York: Basic Books, 1990).

Walter V. Reid · Kenton R. Miller, *Keeping Options Alive: The Scientific Basis for Conserving Biodiversity*(Washington D. C.: World Resources Institute, 1989).

Sharon L. Roan, Ozone crisis: *The Fifteen-Year Evolution of a Sudden Global Emergency*(New York: Wiley, 1989).

Robin Russell Jones · Tom Wigley (eds.), *Ozone Depletion: Health and Enviromental Consequences*(New York: Wiley, 1989).

Steven H. Schneider, *Global Warming: Are We Entering the Greenhouse Century?* 2nd ed. (San Francisco: Sierra Club Books, 1990).

Michael E. Soúle (ed.), *Conservation Biology: The Science of Scarcity and Diversity*(Sunderland, Mass.: Sinauer, 1986).

John Terborgh, *Where Have All the Birds Gone?* (Princeton: Princeton University Press, 1990).

E. O. Wilson, *Biophilia*(Cambridge, Mass.: Harvard University Press, 1984).

_____ (ed.); *Biodiversity*(Washington, D. C.: National Academy Press, 1988).

마지막으로 더욱더 다양한 지식을 알기 위해서, 또는 책을 읽고자 하는 사람들은 후손이 멸종되어 버릴 위험성을 줄이기 위해서 무언가 해야만 한다고 생각할 것이다. 본문에서도 논술했듯이, 정치적으로 활동하거나 자연보호단체에 약간의 헌금을 기부하는 등 평범한 사람이 할 수 있는 일은 많다. 다음의 예로 든 것은 잘 알려져 있는 큰 단체의 이름, 주소, 전화번호다.

Conservation International, 1015 Eighteenth Street NW, Suit 10000, Washington, D. C. 20036(202-429-5660)

Defenders of Wildlife, 1244 Nineteenth Street NW, Washington, D. C. 20036(202-659-9510)

Ducks Unlimited, 1 Waterfowl Way, Long Grove, IL 60047(708-438-4300)

Environmental Defense Fund, 257 Park Avenue South, New York, NY 10010(212-505-2100)

Friends of the Earth, 218 D Street SE, Washington, D. C. 20002(202-544-2600)

Greenpeace, 436 U Street NW, Box 3720, Washington, D. C. 20007(202-462-8817)

League of Conservation Voters, 1150 Connecticut Avenue NW,

Washington, D. C. 20036(202-785-8683)

National Audubon Society, 950 Third Avenue, New York, NY 10022(212-546-9100)

National Resources Defense Council, 40 West Twentieth Street, New York, NY 10011(212-727-2700)

Nature Conservancy, 1815 Lynn Street, Arlington, VA 22209(703-841-5300)

Rainforest Action Network, 301 Broadway, Suite A, San Francisco, CA 94133(415-398-4404)

Sierra Club, 730 Polk Street, San Francisco, CA 94109(415-776-2211)

Trout Unlimited, 501 Church Street NE Vienna, VA 22180(703-281-1100)

Wilderness Society, 900 Seventeenth Street NW, Washington, D. C. 20006-2596(202-833-2300)

World Wildlife Fund, National Headquarters, 1250 Twenty-Fourth Street NW, Suite 500, Washington, D. C. 20037(202-223-8210)

Zero Population Growth, 1400 Sixteenth Street NW, Suite 320, Washington, D. C. 20036(202-332-2200)

찾아보기

ㄱ

가루깍지벌레	279	거품벌레	279
가우르	354	검둥오리	472
가위개미	279, 322	검정가슴뱀독수리	229
가젤	299, 355	꼬리감는원숭이	236
개각충	279	광대파리	527
개미새	528, 531	군대개미	97
개미핥기	320	굴뚝새	476, 515
개코원숭이	68, 106, 183, 225, 443	글립토돈트	501
거대 들소	524	기니피그	359, 367
거대 말	524	긴코너구리	528
거대 영양	524	긴팔원숭이	37, 106, 113, 157, 236

ㄴ

나무늘보	484	노랑할미새	175
나일농어	527	늪휘파람새	527

ㄷ

대형 귀뚜라미	473	땅늘보	359, 501, 504, 505
대형 기러기	472	땅거북	214, 484
대형 달팽이	473	땅돼지	320
딱따구리핀치	64		

ㄹ

라마	359, 367	로르샤흐 테스트	126, 132
랑구르원숭이	210	로키산양	354

ㅁ

마스토돈	501, 504	메추라기	167
마운틴고릴라	59	맥	354, 357
매머드	84, 127, 501, 524	물범 사냥꾼	413, 416

ㅂ

바바리원숭이	139	부시먼	69, 82, 182, 282, 288, 426
바우어새	20, 97, 217, 265	붉은눈비레오	47
반투족	90, 176, 331	보노보	18, 43, 112, 138, 156, 175, 234, 322, 432, 534
밤울음새	262		
버빗원숭이	94, 221	비버	20, 97, 501
밴팅	354	뿔매미	279
보넷긴팔원숭이	59		

ㅅ

샤텔페롱문화	91	소나무휘파람새	527
새스타땅늘보	505	손가락조	361
샙서커딱따구리	320	시궁쥐	526
상모솔새	319	시클리드	54

ㅇ

아구티쥐	528	오스트랄로피테신	220
아나사지	465, 498	오스트랄로피테쿠스	63, 323
아르마딜로	501	오스트랄로피테쿠스 로우버스투스	63
아메리카들소	354, 504		
아시아무플런	356	오스트랄로피테쿠스 아프리카누스	63
아프리카코끼리	355		
알파카	359	오셀롯	529
야크	354	올리고세	322
어치	266	유럽 찌르레기	526
여우원숭이	481	육생 달팽이	521
옅은해안참새	517	이집트민목독수리	64
오랑우탄	37, 102, 113, 261		

ㅈ

잔점배무늬독수리	222	주머니사자	485
작은꿀새	478	주머니쥐	355
작은청왜가리	146	주머니코뿔소	485
제노사이드	553	중대백로	146
재규어	528	진주조	361
재갈매기	147		

ㅋ

코요테	62	큰뿔양	354
코끼리물범	115	큰뿔사슴	524
코끼리새	480	큰푸른왜가리	146
쿠루병	343	클로스긴팔원숭이	59

ㅌ

트라이아스기	322	테오신트	360
테스토스테론	124		

ㅍ

파카	528	피그미하마	482
페커리돼지	354		

ㅎ

하이에나	332, 355, 429	흉내지빠귀	262
한센병	287, 343	흙돼지	482
호모사피엔스	62, 220, 323, 454, 500, 535	흰기러기	139, 147, 185
		흰눈비레오	19, 47
호모에렉투스	65	흰허리민목독수리	223, 229
호모트라글로다이트스	50, 56	흰손긴팔원숭이	175
호모패니스쿠스	50	흰정수리북미멧새	175
호모하빌리스	63		

옮긴이 **김정흠**

1927년 평안북도 용천에서 태어나 2005년 별세했다. 서울대학교 물리학과 및 동 대학원을 졸업했으며, 미국 로체스터 대학에서 이학박사 학위를 받았다. 고려대학교 교수, 고려대학교 명예교수, 선문대학교 교수, 한국천문학회 감사 등을 역임했으며, 저서로《미래의 세계》《미래의 바다》《김정흠 박사의 재미있는 과학 여행》, 역서로《양자역학》《일요일의 시간여행》등 다수가 있다.

제3의 침팬지

1판 1쇄 1996년 9월 2일   1판 29쇄 2015년 6월 16일
2판 1쇄 2015년 10월 23일   2판 15쇄 2024년 6월 7일

지은이   재레드 다이아몬드
옮긴이   김정흠

펴낸이   임지현
펴낸곳   (주)문학사상
주소   경기도 파주시 회동길 363-8, 201호(10881)
등록   1973년 3월 21일 제1-137호

전화   031) 946-8503
팩스   031) 955-9912
홈페이지 www.munsa.co.kr
이메일   munsa@munsa.co.kr

ISBN 978-89-7012-934-1 (03470)